智能制造领域高素质技术技能型人才培养“十五五”系列教材

自动化生产线安装与调试

实践应用(数字孪生)

主　编◎谭伟超　刘子贵

副主编◎徐焯基　朱　冬　肖世耀　张晓枫

参　编◎宋承玲　张　想　黄国星　徐高明

洪延武　王军平

華中科技大學出版社

http://press.hust.edu.cn

中国·武汉

内 容 简 介

本书共分三篇：基础篇聚焦自动化生产线核心部件的基础知识与应用，包括传感器技术、电动机驱动原理和PLC通信等；应用篇通过上料分档、电池装配、自动点焊等8个真实生产单元项目应用，系统地介绍了自动化生产线设备的机械安装、电气接线、编程控制和参数调整等核心技能；虚实结合篇开创性地融入数字孪生技术，对应用篇中生产线的8个核心单元进行数字孪生建模，实现设备动作模拟、工艺参数优化和虚拟联调等数字化实训功能。

本书可作为高职高专院校机电一体化、电气自动化等专业相关课程的教材，也可作为职业本科、职业技能竞赛的相关教材，还可以作为相关工程技术人员的参考资料。

图书在版编目(CIP)数据

自动化生产线安装与调试实践应用. 数字孪生 / 谭伟超，刘子贵主编. -- 武汉 ：华中科技大学出版社，2025. 3. -- ISBN 978-7-5772-1990-5

Ⅰ. TP278

中国国家版本馆 CIP 数据核字第 20256KH047 号

自动化生产线安装与调试实践应用(数字孪生)

Zidonghua Shengchanxian Anzhuang yu Tiaoshi Shijian Yingyong (Shuzi Luansheng)

谭伟超　刘子贵　主编

策划编辑：张　毅

责任编辑：张　毅

责任监印：朱　玢

出版发行：华中科技大学出版社(中国·武汉)　　电话：(027)81321913

武汉市东湖新技术开发区华工科技园　　邮编：430223

录　　排：武汉正风天下文化发展有限公司

印　　刷：武汉科源印刷设计有限公司

开　　本：787mm×1092mm　1/16

印　　张：19.5

字　　数：486 千字

版　　次：2025 年 3 月第 1 版第 1 次印刷

定　　价：69.80 元

前言 QIANYAN

在智能制造与工业 4.0 深度融合的今天，对自动化生产线进行智能化升级已成为制造业转型的核心驱动力。本书根据教育部《高等学校课程思政建设指导纲要》和职业教育国家规划教材的建设要求，以培养具有大国工匠精神的“高素质技术技能型人才”为目标，由浅入深、循序渐进地展开内容。

为培养满足新能源产业需求的复合型工程师人才，本书以新能源圆柱形锂电池生产实训柔性生产线的安装与调试为项目背景，突破传统教材的知识碎片化局限，构建了“基础知识—工程应用—数字孪生”三位一体的立体化知识体系：基础篇以自动化生产线的核心部件为切入点，系统介绍传感器技术、电动机驱动原理、工业网络通信等基础模块，通过典型元器件的实操案例，为学习者构建自动化系统的认知框架；应用篇通过对上料分档、电池装配、自动点焊等 8 个真实生产单元项目应用的深度剖析，将机械安装、电气接线、编程控制和参数调整等核心技能融入设备拆解、参数整定和编程等工程任务，实现理论到实践的跨越；虚实结合篇则前瞻性地引入数字孪生技术，基于博途软件与西门子 PLC 虚拟仿真平台，对 8 个核心单元进行 1∶1 数字孪生建模，通过虚拟联调仿真、工艺参数优化、虚实数据交互等创新实训，探索“理论验证—虚拟调试—物理实现”的智能调试新范式。

本书是新形态、立体化教材，读者扫二维码即可观看微课和动画视频；内容丰富，重点突出，强调知识的实用性，重视培养学生的实践技能和激发学生的学习兴趣；每个项目配有典型、实用的例题和习题，供读者训练使用。

本书由谭伟超（江门职业技术学院）、刘子贵（江门职业技术学院）担任主编，徐焯基（江门职业技术学院）、朱冬（娄底职业技术学院）、肖世耀（广东轻工职业技术大学）、张晓枫（江门职业技术学院）担任副主编，参编的有江门职业技术学院宋承玲、张想、黄国星、徐高明、洪延武和海目星（江门）激光智能装备有限公司的王军平。

本书在编写过程中，得到了江门职业技术学院优质教材教改项目和海目星（江门）激光智能装备有限公司的大力支持，在此表示衷心的感谢。

因时间和水平有限，本书难免存在疏漏和不足之处，欢迎使用本书的读者提出宝贵意见。

编　者

2025 年 3 月

目录 MULU

基　础　篇

应　用　篇

虚实结合篇

基础篇

基础篇包含4个项目，主要介绍自动化生产线中核心部件的基础知识，包括传感器技术、电动机驱动原理、工业网络通信等基础模块，通过典型元器件案例解析，构建自动化生产线系统的认知框架。

项目1 认识传感器

知识目标

(1) 了解各类传感器的工作原理,熟悉各类传感器的关键参数、材质适应性、环境影响因素;

(2) 了解各类传感器的应用场景及使用注意事项;

(3) 了解工业相机的选型方法、分辨率和帧率选择以及I/O口接线方法。

能力目标

(1) 能根据检测需求选择合适的传感器类型;

(2) 根据各类传感器的使用特性,能设计简单检测电路,并具备故障诊断能力。

素质目标

(1) 遵守传感器的安装规范,培养工业场景中的安全防护意识;

(2) 通过项目式学习,提升跨学科知识整合能力;

(3) 了解传感器技术在智能制造中的核心作用,培养行业责任感。

1.1 光电开关

光电开关也称为光电传感器,俗称"电眼",是一种利用光电效应原理来检测物体是否存在、物体位置以及对物体进行计数的传感器。光电开关主要由发射器和接收器两部分组成,发射器发射光线(通常为红外线或可见光),接收器接收从发射器发出并经过被检测物体反射或透过后的光线。光电开关根据接收到的光线强度变化来判断物体是否存在或物体位置。

一、工作原理

微课视频

光电开关的工作原理基于光电效应,即在光照射下,某些物质(如光敏电阻、光电三极管等)的电性质会发生变化。发射器发出的光束,当无物体遮挡时,可以直接照射到接收器；当有物体遮挡时，光束被部分或完全遮挡，导致接收器接收到的光信号减弱或消失，从而产生电信号的变化，驱动输出电路产生开关信号，如图 1-1 所示。

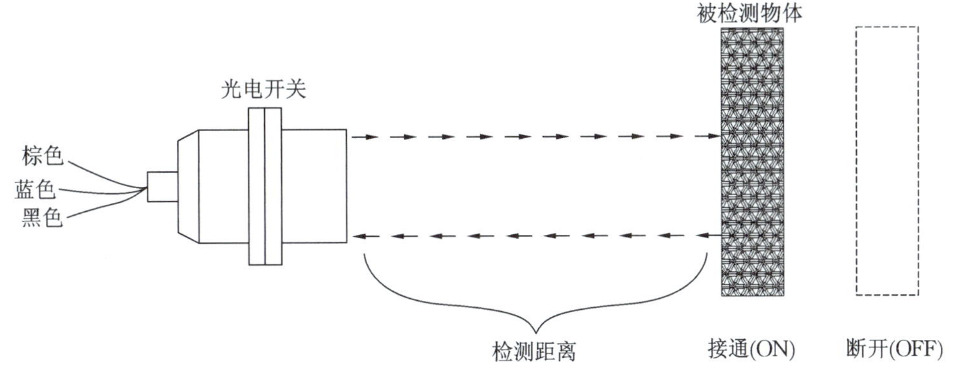

图 1-1 光电开关的工作原理

二、分类

按照结构不同，光电开关可分为以下四类，如图 1-2 所示。

（a）漫反射式 （b）镜面反射式 （c）对射式 （d）槽式

图 1-2 光电开关的类型

（1）漫反射式光电开关：其发射器和接收器集成在一起，当物体经过时，会把足够的光量反射回接收器，从而产生开关信号。

（2）镜面反射式光电开关：其发射器和接收器也是一体的，但需要通过反射镜将光线反射回接收器。

（3）对射式光电开关：其发射器和接收器是分开的，并且它们之间形成一个光轴，当物体通过这个光轴时会阻断光线，从而产生开关信号。

（4）槽式光电开关：通常采用 U 形结构，适合检测高速运动的物体。

如果被检测物体表面光量较大或反射率较高，可以选择漫反射式光电开关；如果被检测物体为不透明物体，则对射式光电开关是首选，也可以选择镜面反射式光电开关；如果被检测物体在高速移动，可以选择槽式光电开关。用于分辨透明与不透明物体时，也可以选择槽式光电开关。

三、使用注意事项

（1）避免强光干扰：强光可能会干扰光电开关的正常工作，因此在安装时尽量避免将光电开关置于强光直射的环境中。

（2）避免尘埃和污物影响：光电开关的发射器和接收器上如果有尘埃或污物，可能会影响光的传播和接收，因此需要定期清洁。

（3）避免机械振动：过大的机械振动可能会影响光电开关的稳定性，安装时应确保稳固。

（4）避免相互干扰：多组光电开关并列安装时应保持距离或采用不同频率，减少串扰。

（5）选择合适的被检测物：对于漫反射式光电开关，被检测物体的表面反射率会影响检测距离。

（6）选择合适的检测距离：根据实际应用需求选择合适的检测距离，以保证光电开关的准确性和可靠性。

（7）清洁维护：定期用擦镜纸清洁光电开关的透镜，避免使用化学溶剂造成永久损坏。

（8）电源稳定：确保供电电源稳定，避免电压波动对光电开关造成损害。

（9）遵循安装指南：按照制造商提供的安装指南进行安装和调试，确保光电开关的正确使用。

光电开关通过复杂的设计和精确的光线控制，能够在工业和日常生活场景中实现对物体存在与否的精准检测。用户在选择时应根据具体需求和工作环境选择合适的类型，并注意上述使用事项，以确保光电开关的性能和可靠性。

1.2 光纤开关

光纤开关也称为光纤传感器，是一种通过光纤线缆来传输光信号，并将光信号转换为电信号的传感器。

一、工作原理

微课视频

光纤开关的工作原理是将光源入射的光束经由光纤送入调制器，其在调制器内与外界被测参数相互作用后，光学性质发生变化，成为被调制的光信号，再经过光纤送入光电器件，经解调器解调后获得被测参数，如图 1-3 所示。

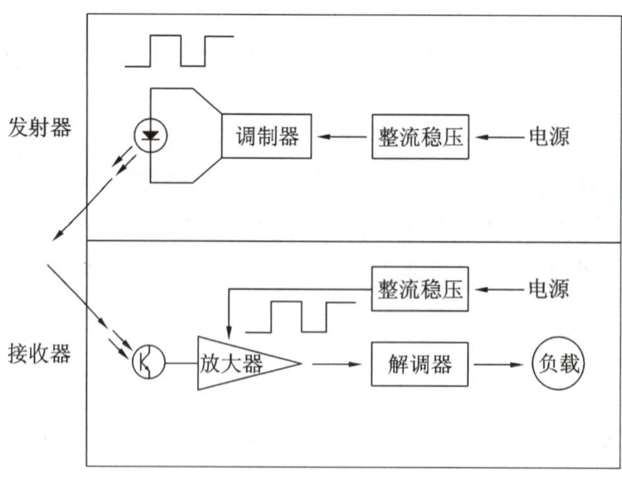

图 1-3　光纤开关的工作原理

光纤开关一般由光纤探头、光纤线缆、光纤放大器等部分组成，如图 1-4 所示。光纤其实可以理解为一个导光体，或者称为导光的线绳。在应用的时候，光纤不可以折弯，在剪断它的时候也不可以直接用剪刀去剪，要用专门的光纤切割刀具，保持它圆柱面的圆度，否则会影响其导光性。光纤的个体差异不大，价格便宜。

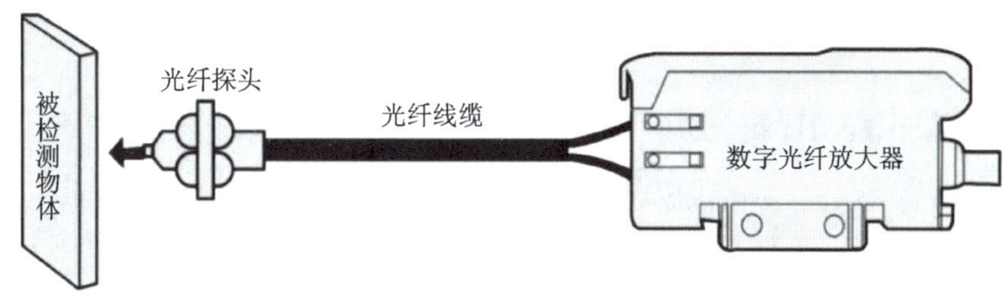

图 1-4　光纤开关的组成

光纤开关通常需配备一个光纤放大器，如图 1-5 所示。光纤放大器的功能是把光纤传递过来的光信号转变成电信号。光纤放大器的个体差异很明显。一般情况下，性能越高、精度越高，则光纤放大器的价格越高。

光纤开关用光作为敏感信息的载体，用光纤作为传递敏感信息的配置。它具有直径小、质地软、重量轻的特点，还具有绝缘无感应的电气性能，以及防水、耐高温、耐腐蚀的化学性能等。

二、分类

微课视频

常用的光纤开关有 12 种，如图 1-6 所示。

（1）漫反射普通光纤开关：可检测常规物体的有无和位置。

（2）对射普通光纤开关：可检测流水线上不透明物体或半透明物体的有无。

（3）同轴光纤开关：可检测料袋的标记，通过不同颜色、不同反光率进行区分。

（4）矩阵光纤开关：可用于落料检测、纠偏检测、大小物体区分。

（5）测试光纤开关：属于侧面出光检测型，适合狭窄空间安装使用。

（6）直角光纤开关：可检测 IC 针脚的有无。

（7）槽型光纤开关：可检测单、双张透明薄膜和深色物体缝隙。

图 1-5　光纤放大器

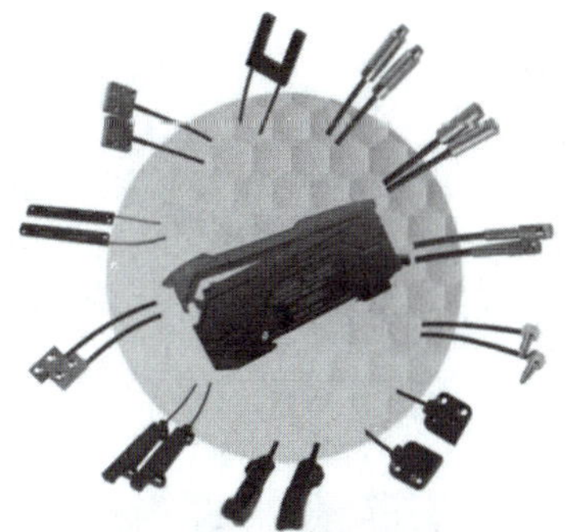

图 1-6　光纤开关的分类

(8) 带固定连接器的光纤开关：在流水线上用于产品检测、计数、定位，该开关应固定安装，以避免振动对检测产生影响。

(9) 窗口光纤开关：用于产品计数、检测和落料检测。

(10) 特细光纤开关：可检测小型 IC 芯片针脚和微型 IC 芯片的有无。

(11) 液位光纤开关：可检测液体的液位，可用于强酸、强碱环境。

(12) 耐高温光纤开关：最高可耐 700 ℃的高温。

三、使用注意事项

(1) 防尘防水：光纤开关内部光学元件对灰尘和水分敏感，使用时要注意防尘防水。

(2) 避免机械振动：光纤开关对机械振动敏感，使用时要避免强烈的振动。

(3) 接口兼容性：选择光纤开关时，要注意其与现有光纤系统接口的兼容性。

(4) 维护和校准：定期对光纤开关进行维护和校准，确保其性能稳定可靠。

(5) 保持清洁：确保光纤开关端口的清洁，避免灰尘或污渍影响信号质量。

(6) 避免过度弯曲：在布线时应避免光纤开关过度弯曲，以免造成信号衰减或断裂。

(7) 适当保护：光纤开关较为脆弱，应避免硬物碰撞或压迫，以免造成损坏。

(8) 定期检查：定期检查光纤开关的工作状态和性能，确保其稳定运行。

(9) 专业操作：当进行光纤开关连接或切换操作时，应由专业人员执行，以免误操作导致系统故障。

(10) 保护眼睛和光纤连接器：直视光纤开关的出口可能会对眼睛造成伤害，且为防止污染，未使用时建议盖上防尘帽。

(11) 避免恶劣环境影响：不宜在强酸强碱或化学腐蚀性较强的环境中使用光电开关。

(12) 操作和连接要谨慎：应避免摔落、压折或错误固定光纤开关，以免造成损坏。

1.3 接近开关

接近开关也称为无触点接近开关，是一种基于物体距离检测的无触点位置开关，能够在无须物理接触的情况下感知目标物体的存在，是一种电子开关量传感器。接近开关通常由感应头、高频振荡器、放大器和外壳组成。常见的接近开关外形有圆柱形和方形两种，如图 1-7 所示。

图 1-7 接近开关

接近开关结合了行程开关、微动开关的特性和传感性能，能够准确地反映运动机构的位置和行程。当金属或其他特定材料的对象接近感应区时，它会发出电气指令。接近开关凭借其无须接触就能感知物体的能力，在自动化控制和检测系统中发挥着重要作用。它们广泛应用于制造业、汽车、航空以及其他许多需要精确位置检测的领域。正确选择和使用接近开关,可以显著提高系统的自动化水平和可靠性。

一、工作原理

当金属物体或其他导电物体移动至接近开关的感应区域时,不同类型的接近开关(如电感式、电容式等),会产生不同的物理变化(如涡流、电位差变化等),这些变化经过接近开关内部的电路处理后,会产生一个信号输出,从而驱动其他电气元件或向控制系统提供指令,如图 1-8 所示。

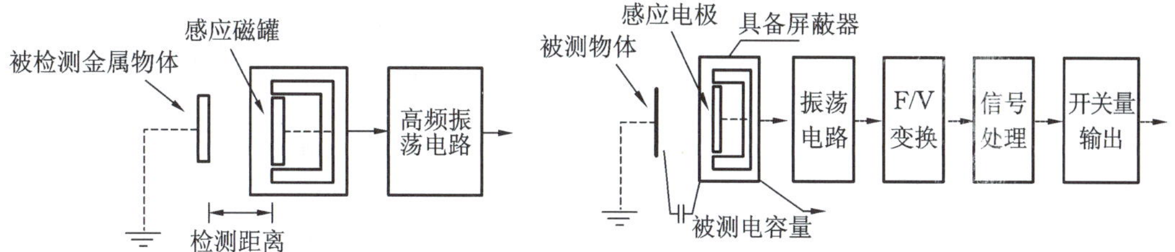

图 1-8　接近开关的工作原理

电感式接近开关内部由电感线圈、电容器和三极管组成的振荡回路发送交变电磁波,当金属物体接近时,会在物体内部产生涡流,影响振荡回路,从而被检测到。电容式接近开关则通过检测电容器电位差的变化来感知物体的接近。

二、分类

按照工作原理,接近开关可分为以下三类。

(1) 电感式接近开关:适用于检测金属材料。

(2) 电容式接近开关:适用于检测非金属物体或液体、粉末等物质。

(3) 霍尔式接近开关:适用于检测含有磁性材料的物体。

三、使用注意事项

(1) 根据被检测物体的大小和环境条件选择合适的接近开关类型。

(2) 根据被检测物体的材质选择合适的检测方式,比如导磁材料应选用霍尔式接近开关。

(3) 安装接近开关时应考虑环境因素的影响,确保稳定性和响应频率符合要求。

(4) 确保接近开关的安装位置能够准确检测到目标物体,同时避免外部干扰。

(5) 根据实际需要调整接近开关的灵敏度,以确保其正确响应。

(6) 定期检查接近开关的工作状态,及时维护和更换以保证系统的可靠性。

1.4　磁性开关

磁性开关是一种常见的传感器,用于检测磁场变化并产生电信号的设备,如图 1-9 所示。它通常由一个感应线圈和一个触发装置组成,通过感应磁场的变化来实现开关的功能。

一、工作原理

微课视频

当磁性开关的感应线圈与磁铁或铁磁物质靠近时，会产生变化的磁场。这个变化的磁场会被感应线圈捕捉到并转换成电信号输出。当物体离开时，磁场会消失，感应线圈输出的信号也会随之消失。因此，通过控制输出信号的状态，可以实现对物体的检测和控制。其工作原理如图 1-10 所示。

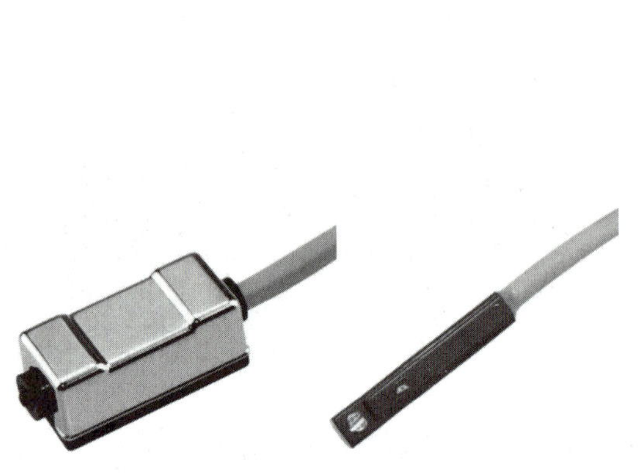

图 1-9　磁性开关

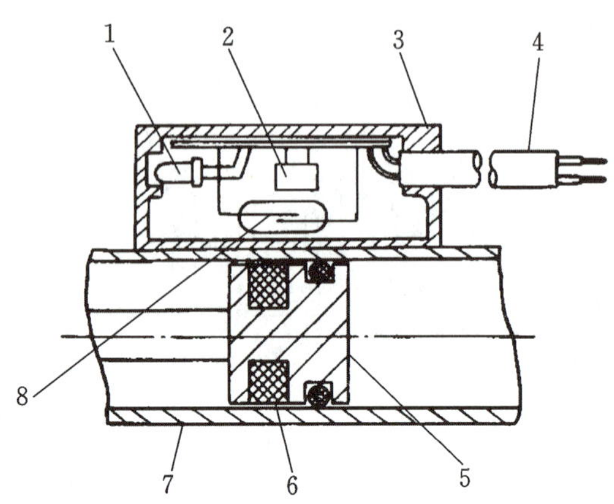

图 1-10　磁性开关的工作原理

1—动作指示灯；2—保护电路；3—开关外壳；4—导线；5—活塞；6—磁环（永久磁铁）；7—缸筒；8—舌簧开关

二、分类

磁性开关以其独特的工作原理和灵活的接线方式，在工业自动化和其他领域中发挥着重要作用。使用时，应根据具体需求和场景选择合适的开关类型和接线方式。

根据其工作原理和应用，磁性开关可以分为以下几类。

（1）磁簧开关：是一种磁场作用在磁簧管上，使磁簧管发生形变从而控制电路通断的开关。磁簧管由高磁导率的材料制成，当有磁场作用时，磁簧管会迅速吸合，使触点闭合；当磁场消失时，磁簧管会在弹性作用下恢复到原始状态，使触点断开。磁簧开关广泛应用于家电、工业设备等领域。

（2）霍尔效应开关：是一种基于霍尔效应原理的磁性开关。当有磁场作用在霍尔元件上时，霍尔元件中会产生霍尔电压，从而改变电路的状态。霍尔效应开关具有无触点、无磨损、响应速度快等优点，广泛应用于汽车、家电、工业自动化等领域。

（3）磁阻开关：是一种基于磁阻效应的磁性开关。磁阻效应是指某些材料的电阻值会随着磁场的变化而变化的现象。磁阻开关通过检测磁阻变化来判断磁场的有无，从而实现开关的闭合和断开。磁阻开关具有体积小、灵敏度高、稳定性好等特点，常用于精密测量、位置检测等场合。

（4）磁电开关：是一种基于磁电效应的磁性开关。磁电效应是指某些材料在磁场中会出现因电荷分布不均匀而产生电势差的现象。磁电开关通过检测电势差的变化来判断磁场的有无，从而实现开关的闭合和断开。磁电开关具有结构简单、成本低、可靠性高等特点，常

用于家电、汽车等领域。

(5) 磁敏开关:是一种利用磁敏材料特性的磁性开关。磁敏材料是指在磁场中会发生物理或化学变化的敏感材料。磁敏开关通过检测磁敏材料的性质变化来判断磁场的有无,从而实现开关的闭合和断开。磁敏开关具有灵敏度高、响应速度快、抗干扰能力强等特点,常用于精密测量、位置检测等场合。

三、使用注意事项

(1) 确保磁铁或铁磁物质与磁性开关之间的距离符合要求。

(2) 避免在有强磁场、大电流的环境中使用磁性开关。

(3) 确保环境温度适宜,以免影响性能。

(4) 务必在接入设备时搭配负载使用,以免烧毁磁性开关。

(5) 根据实际应用场景选择合适的接线方式,如插接线、插头接线或插座接线等。

(6) 定期检查和维护,确保设备正常运行。

1.5 数显真空压力传感器

数显真空压力传感器是一种用于测量和显示真空压力的电子设备,可以将压力信号转换为电信号,并通过显示屏直观地显示出来,如图 1-11 所示。

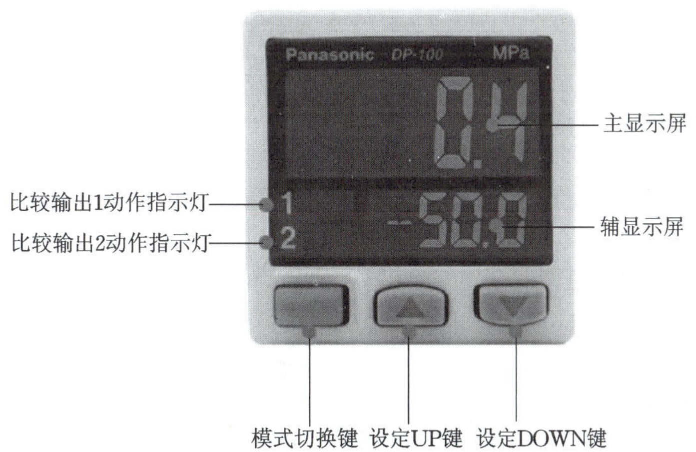

图 1-11 数显真空压力传感器

微课视频

一、工作原理

我们可以从以下几方面来理解数显真空压力传感器的工作原理。

(1) 压力感应:传感器内部包含一个敏感元件,这个元件可以是金属膜片、半导体材料或其他能够随着压力变化而产生形变的材料。当外部压力作用于传感器时,敏感元件会发生形变。

（2）信号转换：敏感元件的形变会转化为电信号。例如，在半导体压力传感器中，压力引起半导体材料电阻的变化，从而产生电压信号。

（3）信号放大与处理：产生的电信号通常比较微弱，需要通过放大电路进行放大。放大后的信号再经过滤波、调零、补偿等处理，以提高测量的准确性和稳定性。

（4）数显转换：处理后的电信号被送入模/数转换器（A/D 转换器），将模拟信号转换为数字信号。数字信号可以被微处理器处理，并驱动显示屏显示出对应的压力数值。

（5）校准与输出：数显真空压力传感器通常需要校准来确保测量的准确性。校准后的数据可以通过显示屏直接读取，也可以输出到其他设备或控制系统，用于进一步的监控和控制。

数显真空压力传感器具有以下特点。

（1）检测精确度高：数显真空压力传感器可进行高精度的压力测量，这对于需要精确控制压力的应用场景非常重要。

（2）易于读取：与传统的压力表相比，数显真空压力传感器的数字显示屏可以更直观、更快速地读取压力值。

（3）可靠性高：数显真空压力传感器在稳定性和可靠性方面表现出色，能够在不同的环境条件下稳定工作。

（4）使用便捷：数显真空压力传感器设计时考虑了用户使用的便利性，因此它们通常易于安装和使用。

（5）通用性强：数显真空压力传感器适用于多种行业和应用，包括实验室、制造业、医疗设备等。

二、选型和用途

在选择数显真空压力传感器时，需要考虑的因素包括量程、精度、兼容性、安装方式以及是否需要特殊功能（如模拟输出、报警功能等）。市场上有多个品牌和型号可供选择。图 1-12（扫码查看）所示为松下 DP-100 系列数显真空压力传感器的型号说明图。

图 1-12

数显真空压力传感器的常见用途有电子零件的吸附确认、总压力确认、空气泄漏检测等，如图 1-13 所示。

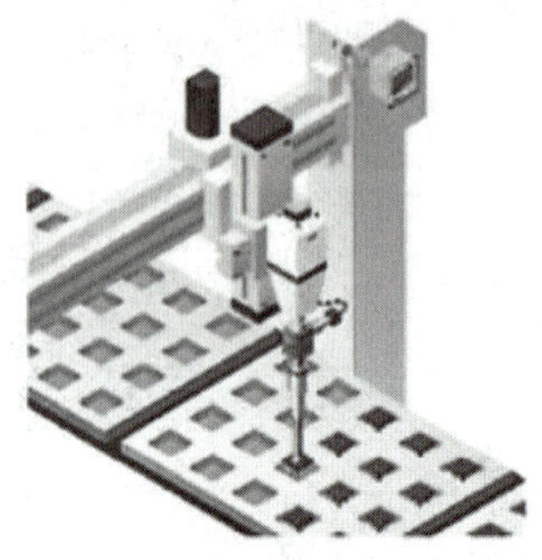

（a）电子零件的吸附确认

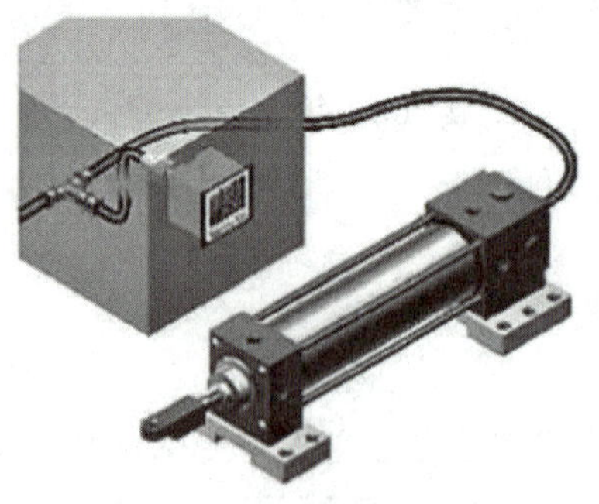

（b）总压力确认

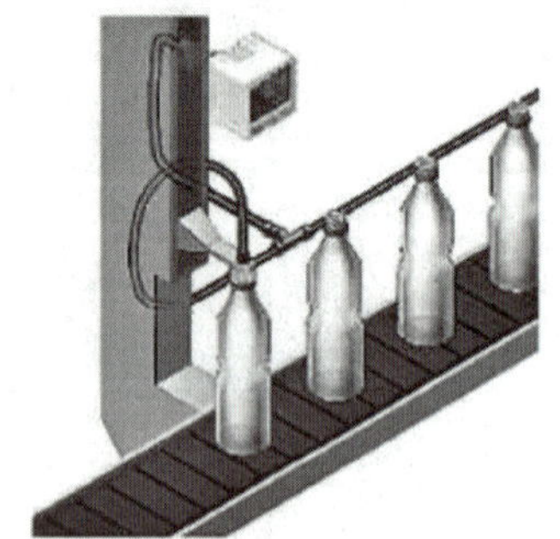

（c）空气泄漏检测

图 1-13　数显真空压力传感器的用途

三、使用注意事项

(1) 勿将数显真空压力传感器作为人体保护用的检测装置。

(2) 若进行以人体保护为目的的检测，应使用符合各国人体保护用相关法律及规格的产品。

(3) 数显真空压力传感器用于检测非腐蚀性气体，不可用于检测液体或腐蚀性气体。

(4) 严禁使用数显真空压力传感器检测具有易燃性、毒性等会对人体造成危害的流体。

1.6 安全光栅

安全光栅也称为安全光幕，是一种用于安全防护的光电传感器装置，如图1-14所示。它通过发射和接收红外信号来形成一道无形的保护屏障，具有全程自检、稳定性好、分辨率高、安装简便、抗扰能力强、功耗低、响应时间短等特点。

图1-14 安全光栅

一、工作原理

微课视频

安全光栅由一组发射器和接收器组合而成，主要基于光电效应和光的衍射原理来工作。它通过发射器发出光线，当一个物体进入这些光线形成的保护区域时，它会阻断或反射光线，导致接收器无法接收到光信号。这种中断或变化会被安全光栅系统检测到，并触发相应的信号。

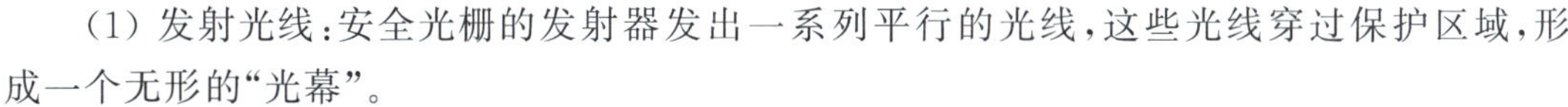

(1) 发射光线：安全光栅的发射器发出一系列平行的光线，这些光线穿过保护区域，形成一个无形的“光幕”。

(2) 接收光线：位于“光幕”另一侧的接收器负责接收这些光线。在没有障碍物的情况下，接收器能够顺利接收到光信号。

(3) 监测中断：当有物体进入“光幕”区域，光线会被物体阻挡或反射，导致接收器无法接收到完整的光信号。这时，安全光栅会检测到光信号的变化。

(4) 信号转换：安全光栅将接收到的光信号转换为电信号，并通过内置的电子电路处理这些信号。

(5) 控制响应：一旦检测到光信号的中断或变化，安全光栅会立即发出控制信号，通常是给工业控制系统或直接作用于机械设备，以停止潜在的危险操作，从而保护操作人员的安全。

二、选型

安全光栅的选型应从以下几点考虑。

(1) 应用需求：确定需要保护的区域的大小、形状以及所需的检测精度。不同的应用场景可能需要不同类型和规格的安全光栅。

（2）环境条件：考虑工作环境的特点，如温度、湿度、振动等，选择能够在这些条件下稳定工作的安全光栅。

（3）响应时间：了解安全光栅的响应时间，确保它能够在检测到障碍物时迅速停止设备。

（4）安全等级：根据设备对人造成的危险程度选择相应安全等级的安全光栅。

（5）光束间距：也称为分辨率，是指发射端或接收端两盏灯之间的距离。这个参数决定了安全光栅能够检测到的最小物体大小。

图 1-15

市场上有多个品牌和型号的安全光栅可供选择。图 1-15（扫码查看）是东莞宜令 YSN 系列安全光栅的型号说明图。

三、接线

YSN 系列安全光栅的接线如图 1-16 所示。

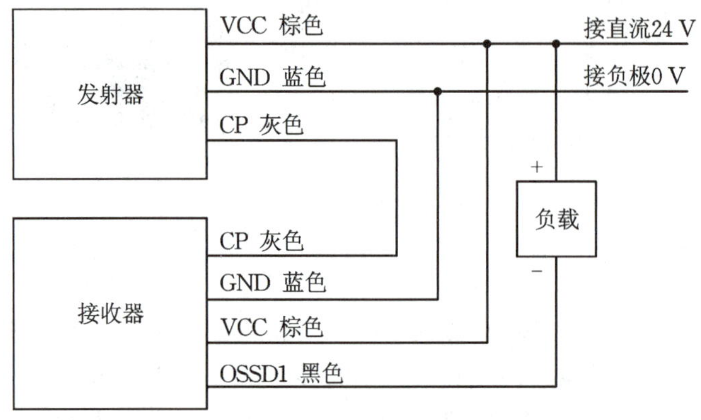

图 1-16　安全光栅的接线图

工作电源：直流 24 V±20%。

工作状态：通光状态时发射器与接收器两边都亮绿灯，挡光状态时接收器一边亮红灯。

输出状态：通光状态时 OSSD1 信号线输出 0 V，最大驱动电流不大于 200 mA。挡光状态时 OSSD1 信号线无输出，为悬空。

接线方法：

（1）发射器棕色线 VCC 与接收器棕色线 VCC 相接，再接电源正极直流 24 V。

（2）发射器蓝色线 GND 与接收器蓝色线 GND 相连，再接电源负极 0 V。

（3）发射器灰色线 CP 与接收器灰色线 CP 相连。

（4）发射器黑色线 OSSD1 与接收器黑色线 OSSD1 相连，为输出信号线，接 PLC 端口或者接继电器负极。

四、安装

1. 安装前的准备工作

（1）开始安装前，要关闭设备电源，避免发生危险。

（2）备齐安装工具，包括电钻、钻头、丝锥、十字头和一字头螺丝刀、六棱扳手、活口扳手、尖嘴钳等。

2. 安全距离的计算

为确保操作者的人身安全，安全光栅的安装位置必须符合安全距离的要求；否则，存在发生事故的可能。安全距离是指安全光栅的光幕与模具刃口间的最小距离，其计算方法根据压力机制动方式的不同依照公式计算。安全距离是确保安全光栅实现保护功能的必要条件之一，安装时必须要确保。

对于滑块能在行程的任意位置制动停止的压力机，安全距离为

$$D_s=1.6(T_1+T_2)$$

式中：D_s为安全距离(m)；1.6为人手的伸展速度(m/s)；T_1为光电保护装置的响应时间(0.02 s)；T_2为压力机的制动时间，即从制动开始到滑块停止的时间(s)，根据实际制动情况测定。

对于滑块不能在行程的任意位置制动停止的压力机，安全距离为

$$D_s=1.6T_s$$

式中：D_s为安全距离(m)；1.6为人手的伸展速度(m/s)；T_s为从人手离开光幕(即允许启动滑块)至压力机滑块到达下死点的时间，即滑块的下行程时间(s)。T_s可根据公式计算或实际测定

$$T_s=(1/2+1/N)T_n$$

式中：N为离合器的接合槽数；T_n为曲轴回转一周的时间(s)。

3. 安装位置的确定

安装位置是指安全光栅的光幕相对于机床上下模口的位置，即在保证安全距离的前提下，安全光栅的最下一束光不得高于下模口的下边缘，最上一束光不得低于上模口的上边缘。

1.7 工业相机

工业相机是机器视觉系统中的关键组件，如图1-17所示。它的主要功能是将光信号转换为有序的电信号，用于自动化检测、定位引导、测量和识别等任务。

图1-17 工业相机

一、工作原理

工业相机通过图像传感器将接收到的光信号转换为电信号，然后对这些电信号进行处理以生成图像。图像传感器接收图像数据后，通过内置的各类ISP图像处理算法完成图像数据处理，最后通过GigE Vision协议完成图像数据的高速传输。

微课视频

二、选型

在选择工业相机时，需要考虑以下几个重要因素。

(1) 应用场景：不同的工业应用场景对相机的像素、帧率、间距等参数有不同的要求。

例如，表面瑕疵检测需要高分辨率和良好的光线控制，而快速扫描检测则更注重高帧率。

(2) 分辨率和帧率选择：分辨率是图像传感器中包含的像素点数。分辨率的选择要根据目标的精度需求和工业相机的输出方式。例如，如果工业相机的分辨率高于显示器的分辨率，则高分辨率的优势可能无法完全展现。

帧率是指每秒采集图像的帧数，根据被测物体的运动速度来选择适当的帧率。快速移动的物体需要高帧率；反之，则可以选择较低的帧率。

(3) 芯片选择：CCD 和 CMOS 是两种常见的芯片类型。CCD 在高速收集、高质量图像和分辨率等方面表现更好，但成本和功耗相对较高。CMOS 芯片因其低成本和低功耗而在市场上更常见。

(4) 快门和曝光选择：快门控制光线照射感光元件的时间，而曝光则影响图像的亮度和清晰度。在动态拍摄环境下，选择合适的快门和曝光设置尤为重要。

三、I/O 接线

不同型号工业相机的外观和 I/O 接口定义有所不同。下面以海康工业相机使用 Line 0 作为硬件触发信号源为例进行讲解。

(1) 输入信号源为 PNP 设备时，I/O 接线如图 1-18 所示。

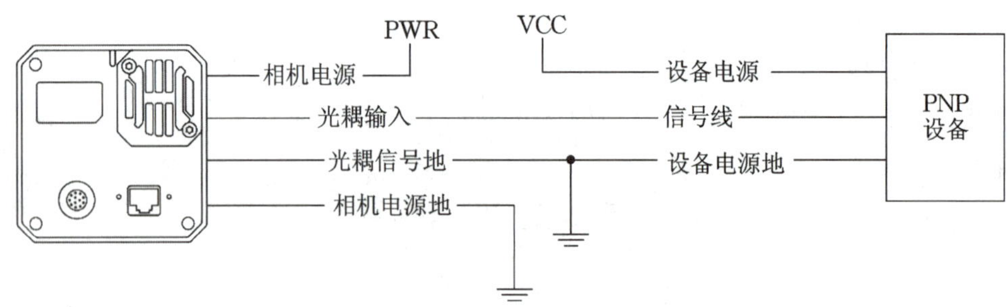

图 1-18　Line 0 接 PNP 设备

(2) 输入信号源为 NPN 设备时，I/O 接线如图 1-19 所示。

若 NPN 设备的 VCC 为 24 V，推荐使用 4.7 kΩ 的上拉电阻。

若 NPN 设备的 VCC 为 12 V，推荐使用 1 kΩ 的上拉电阻。

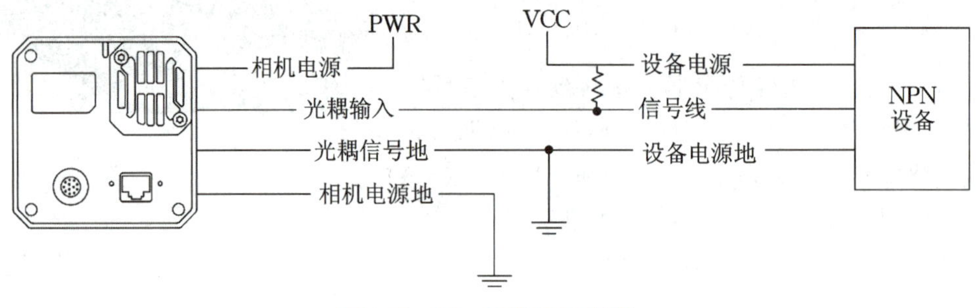

图 1-19　Line 0 接 NPN 设备

(3) 输入信号源为开关设备时，I/O 接线如图 1-20 所示。

若开关设备的 VCC 为 24 V，建议串联一个 4.7 kΩ 的电阻，用于保护电路。

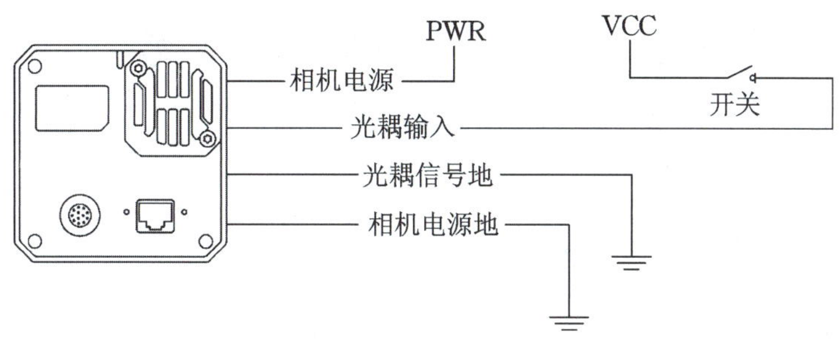

图 1-20 Line 0 接开关

四、使用注意事项

(1) 避免在高温、潮湿或灰尘多的环境中使用工业相机，以免影响其性能和寿命。

(2) 定期清洁相机镜头和外壳，确保图像质量不受影响。

(3) 在安装相机镜头时要小心操作，避免对镜头和接口造成损坏。

(4) 根据应用需求调整相机的参数，如曝光时间、增益、对比度等，以获得最佳的图像效果。

项目2

认识电动机和驱动器

知识目标

(1) 掌握不同类型电动机的工作原理与运行特性;
(2) 理解驱动器的功能作用,熟悉步进驱动器、伺服驱动器的工作原理;
(3) 熟悉电动机与驱动器的关键参数及技术指标含义;
(4) 了解工业相机的安装注意事项。

能力目标

(1) 能够根据具体应用需求,正确选择适配的电动机与驱动器,并匹配相关参数;
(2) 熟练完成电动机与驱动器的安装、接线、参数设置及调试操作;
(3) 可将电动机与驱动器集成到控制系统中,实现精准控制与稳定运行。

素质目标

(1) 培养严谨规范的电气操作习惯和安全意识,保障设备与人员安全;
(2) 增强在机电系统设计中优化电动机驱动方案的创新思维与实践能力;
(3) 提升团队协作和沟通能力,适应复杂机电一体化项目的开发需求。

2.1 单相电动机和电子调速器

一、工作原理

微课视频

电子调速器的工作原理是在电动机控制回路中串入双向可控硅,控制可控硅的导通角,从而控制电动机的端电压。当外接电源电压或负载波动引起转速变动时,与电动机同轴连接的测速发电动机输出信号通过积分器与转速给定信号进行比较,其误差放大后与过零触发信号经驱动移相触发器实现电压自动调整,从而使转速稳定在给定值,需要改变转向时,只需将电动机正反转接头对换即可。

电子调速器采用了新颖的电子线路及集成元件,具有体积小、精度高、调速范围宽、能耗低、寿命长、机械特性优良、使用方便的特点，单相电容启动，能与单相异步电动机、微型齿轮减速器、速度传感器等组成机电一体化产品，实现反馈恒速和无级调速。电子调速器广泛应用于包装、印刷、食品、电子、仪器仪表、服装机械、医疗机械等行业，在生产流水线用于调速、驱动装置。

二、使用方法

(1) 关闭电源，按接线图连接好并确认线路连接正确，勿任意修改。

(2) 把电子调速器固定好，速度调到最低“0”，以避免开启电源时产生瞬间大电流，造成永久性损坏。

(3) 开启电源，调整速度旋钮到需要的位置，不需要时应关闭电源。

(4) 电子调速器与电动机连接后，如果发现转矩或转速不符合要求，应调整产品侧面的微调电位器(速度设定调整)，如图 2-1 所示。

(5) 如果要变换电动机的运转方向，只用换装控制器背面接线座上“CCW”与“CW”的跳线，如图 2-2 所示。选择 COM 与 CW 短接，则电动机做顺时针旋转；选择 COM 与 CCW 短接，则电动机做逆时针旋转。

注意：须等电动机完全停止运转后，方可变换方向。

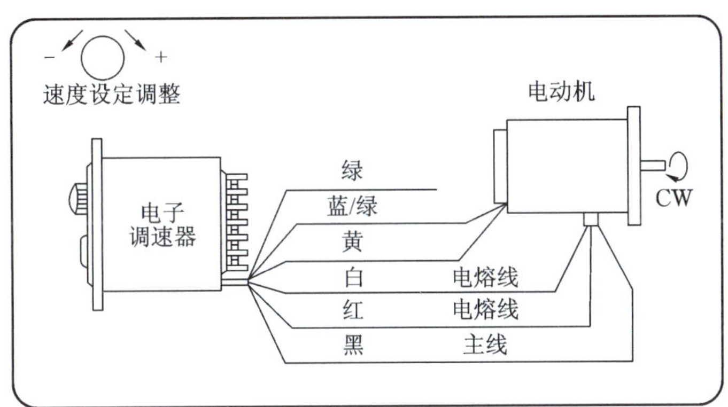

图 2-1 速度设定调整

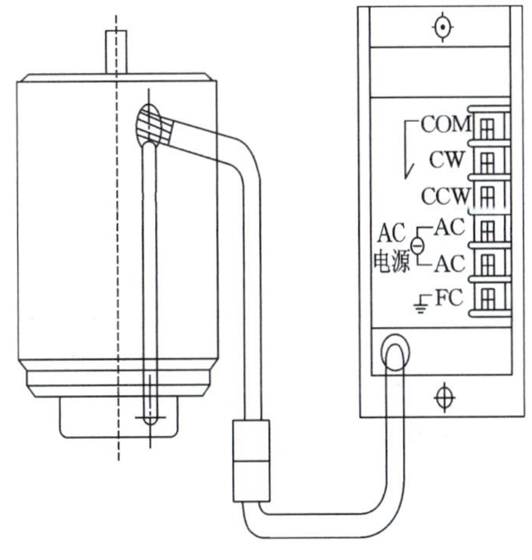

图 2-2 通过 CW 和 CCW 的跳线变换电动机运转方向

三、使用注意事项

（1）勿将电子调速器安装于具有放射性的电热元件旁或暴露于阳光直射下。

（2）勿将电子调速器安装于湿度高、温度高、振动大、有腐蚀性气液体或漂浮性尘埃及金属颗粒场所。

（3）电子调速器运行时会发热，且靠自然风散热，因此请保持电子调速器四周具有一定的空间以通风透气。

（4）电子调速器有功率大小之分，只能与同功率的电动机配套使用。

（5）接线要牢固，避免接线处松动引起发热而烧坏电子调速器。

（6）电子调速器对电动机停止控制后，即使电源开关（或启停开关）仍处于关闭状态，电子调速器后面的六个接线端子仍然带电，应拔下电源插头，以防触电。

（7）非专业人员勿拆卸机壳，以免损坏电子调速器或对人身造成伤害。

2.2 步进电动机和步进驱动器

一、工作原理

微课视频

步进电动机是利用电磁铁原理，将脉冲信号转换成线位移或角位移的电动机。每给电动机一个脉冲信号，电动机就转过一个步距角，带动机械移动一小段距离。

步进电动机的速度控制是通过减小或增大输入脉冲的频率来实现的：当脉冲的频率减小时，步进电动机的速度就减慢；当脉冲的频率增大时，步进电动机的速度就加快。我们通过改变频率来提高步进电动机的速度或者位置精度。

步进电动机的位置控制是靠给定的脉冲数实现的。给定一个脉冲，转过一个步距角。当停止的位置确定以后，也就决定了步进电动机需要给定的脉冲数。

二、步进驱动器的接口

微课视频

下面我们以雷赛 MA860C V3.0 为例介绍步进驱动器的接口。

1. 接口描述

1）控制信号接口

步进驱动器控制信号接口如表 2-1 所示。

表 2-1　步进驱动器控制信号接口

接口	功能
PUL＋（脉冲＋）	脉冲信号：脉冲上升沿有效，信号通过一位滑动开关选择直流 5 V 挡位或 24 V 挡位
PUL－（脉冲－）	

续表

接口	功能
DIR+(方向+)	方向信号:高/低电平信号,为保证电动机可靠换向,方向信号应先于脉冲信号至少 5 μs 建立。电动机的初始运行方向与电动机的接线有关,互换任一相绕组(如 A+、A−交换)可以改变电动机初始运行的方向,信号通过一位滑动开关选择直流 5 V 挡位或 24 V 挡位
DIR−(方向−)	
ENA+(使能+)	使能信号:此信号用于使能或禁止。使能信号接通时,驱动器将切断电动机各相的电流使电动机处于自由状态,此时驱动器不响应脉冲。如果不需要此功能,将使能信号端悬空即可,信号通过一位滑动开关选择直流 5 V 挡位或 24 V 挡位
ENA−(使能−)	
BR+(抱闸+)	抱闸信号:最高承受电压为直流 30 V,最大饱和电流为 100 mA
BR−(抱闸−)	
ALM+(报警+)	报警信号:此信号用于驱动器故障信号输出,为光电隔离 OC 输出,最高承受电压为直流 30 V,最大饱和电流为 100 mA
ALM−(报警−)	

2) **强电接口**

步进驱动器强电接口如表 2-2 所示。

表 2-2 步进驱动器强电接口

接口	功能
A+、A−	电动机 A 相线圈
B+、B−	电动机 B 相线圈
AC	交流电源输入端,允许输入电压范围为 20~80 V,推荐输入电压范围为 48~70 V;同时也支持直流电源输入,允许输入电压范围为 30~100 V
AC	

3) **232 通信接口**

步进驱动器 232 通信接口如表 2-3 所示。

表 2-3 步进驱动器 232 通信接口

图示	管脚号	信号	名称
4 3 2 1	1	5 V	5 V 电源
	2	TX	发送信号
	3	GND	5 V 电源地
	4	RX	接收信号

4）滑动开关

MA860C V3.0 驱动器有一个滑动开关，用来设置 5 V 或 24 V 信号，如表 2-4 所示。

表 2-4　步进驱动器滑动开关

图示	信号	名称
5 V　24 V	5 V	脉冲信号、方向信号输入电平 5 V
	24 V	脉冲信号、方向信号输入电平 24 V

5）状态指示

绿色 LED 为电源指示灯，当驱动器接通电源时，该 LED 常亮；当驱动器切断电源时，该 LED 熄灭。红色 LED 为故障指示灯，当出现故障时，该 LED 以 3 s 为周期循环闪烁；当故障被清除时，该 LED 熄灭。红色 LED 在 3 s 内的闪烁次数代表不同的故障信息，具体如表 2-5 所示。

表 2-5　步进驱动器红色 LED 故障说明

闪烁次数	闪烁波形	故障说明
1 次		过流或相间短路故障
2 次		过压故障（直流电压大于 160 V）

注：以上报警均可以通过调试软件进行打开或者关闭。

2. 控制信号接口电路

MA860C V3.0 驱动器采用差分式接口电路，可适用差分信号、单端共阴及共阳等接口，内置高速光电耦合器，允许接收长线驱动器、集电极开路和 PNP 输出电路的信号。现在以集电极开路和 PNP 输出电路为例，接口电路示意图如图 2-3 所示。

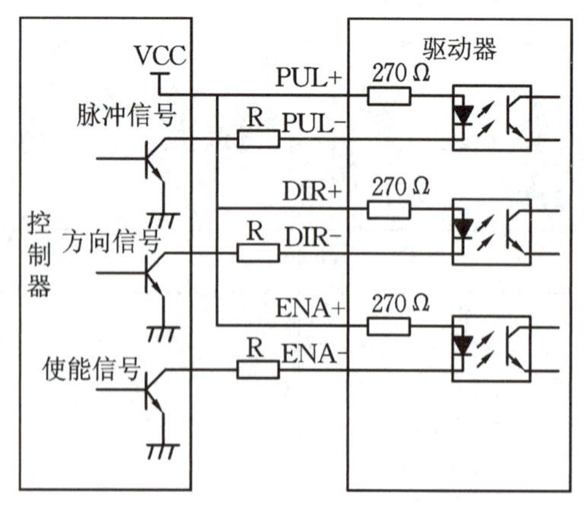

（a）共阳极接法

（b）共阴极接法

图 2-3　控制信号接口电路

说明：当控制信号是 5 V 时，需要将滑动开关拨到 5 V 信号选择位置；当控制信号是 24 V 时，需要将滑动开关拨到 24 V 信号选择位置；当控制信号是 12 V 时，需要将滑动开关拨到 5 V 信号选择位置，同时信号端需要串联 1 kΩ 的电阻。

3. 控制信号时序图

为了避免一些误动作和偏差，PUL、DIR 和 ENA 控制信号应满足一定要求，如图 2-4 所示。

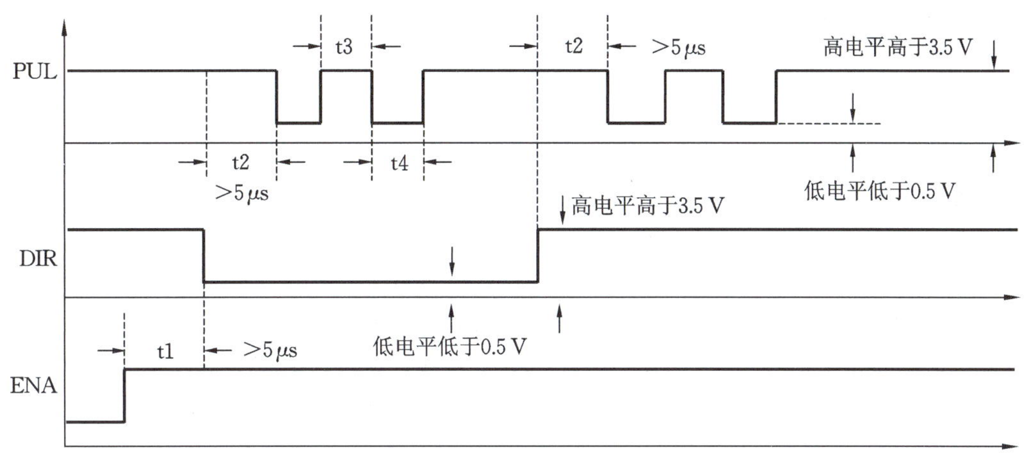

图 2-4　控制信号时序图

说明：

(1) t1：ENA 信号应提前 DIR 信号至少 5 ms，确定其状态为高电平。一般情况下建议 ENA＋和 ENA－悬空即可；

(2) t2：DIR 信号至少提前 PUL 信号下降沿 5 μs；

(3) t3：脉冲宽度不小于 2.5 μs；

(4) t4：低电平宽度不小于 2.5 μs。

4. 报警信号接口电路

MA860C V3.0 驱动器报警信号接口电路如图 2-5 所示。报警信号的逻辑可以通过串口调试软件进行设置。

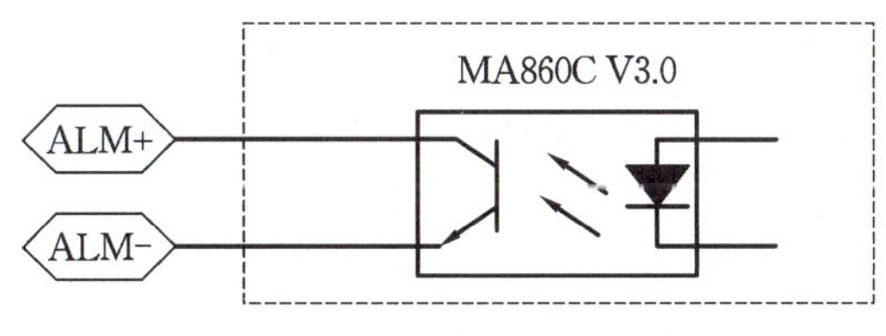

图 2-5　报警信号接口电路

一般“ALM＋”连接控制卡或者控制器的 ALM 输入端，“ALM－”连接控制卡或控制器的公共负端。

5. 抱闸信号接线

MA860C V3.0 驱动器抱闸信号接线如图 2-6 所示。

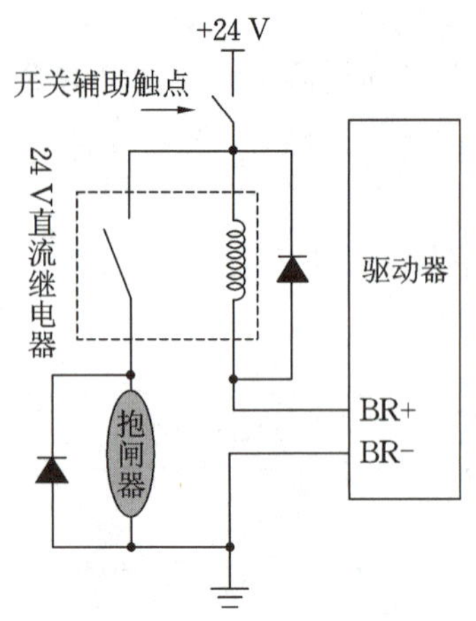

图 2-6　抱闸信号接线

6. 驱动器接线要求

（1）为了防止驱动器受干扰，建议控制信号采用屏蔽电缆线，并且屏蔽层与地线短接。除特殊要求外，控制信号电缆的屏蔽线单端接地，即屏蔽线的上位机一端接地，屏蔽线的驱动器一端悬空。同一机器内只允许在同一点接地，如果不是真实接地，可能干扰严重，此时地线不接屏蔽层。

（2）脉冲信号线和方向信号线与电动机线不允许并排包扎在一起，最好分开至少 10 cm 以上，否则电动机噪声容易干扰脉冲信号、方向信号，引起电动机定位不准、系统不稳定等故障。

（3）如果一个电源供多台驱动器，应在电源处采取并联连接，不允许链状连接；

（4）严禁带电拔插驱动器强电端子，带电的电动机停止时仍有大电流流过线圈，拔插强电端子将导致巨大的瞬间感生电动势，将烧坏驱动器。

（5）严禁将导线头加锡后接入接线端子，否则可能因接触电阻变大而过热，损坏端子。

（6）接线线头不能裸露在端子外，以防意外短路而损坏驱动器。

三、控制模式

1. “脉冲＋方向”模式

“脉冲＋方向”模式使用两个信号线，一个用于传输脉冲信号（PUL），这些脉冲的数量对应于电动机运行的距离，频率对应于速度；另一个是方向信号（DIR），用来指示电动机的转动方向。在这种方式下，只需改变方向信号的电平即可改变电动机转向，而步进则是通过脉冲信号来控制的。

2. “正反脉冲”模式

“正反脉冲”模式通常使用 A/B 两相正交脉冲，即两个脉冲序列交替发送，这两个脉冲序列相位相差 90°，分别控制不同的线圈。这种模式下，每个脉冲会同时控制电动机的步进和方向，因此可以实现更加精确地控制，尤其是在需要高分辨率或平滑运转的应用场合。

“脉冲＋方向”控制模式适用于对转向有特定需求的场合，而“正反脉冲”控制模式则适用于需要高精细控制的场合。通过设定步进驱动器的拨码开关（SW9）可以选择控制模式。

四、参数设定

MA860C V3.0 驱动器采用八位拨码开关设定工作电流、静止电流、每转脉冲、脉冲模式、平滑方式，如图 2-7 所示。

1. 电流设定

1）工作（动态）电流设定

步进驱动器工作（动态）电流设定如表 2-6 所示。

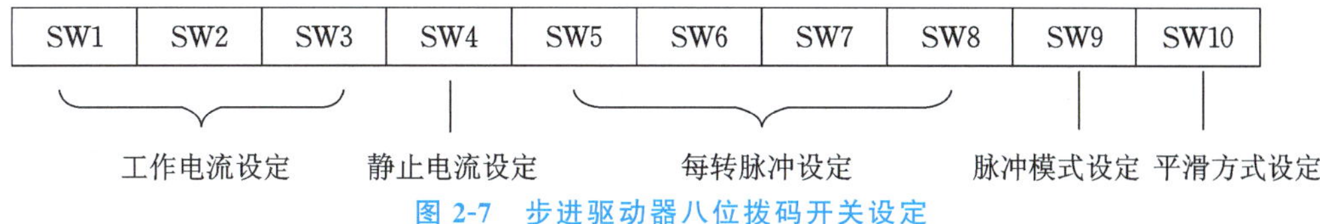

图 2-7　步进驱动器八位拨码开关设定

表 2-6　步进驱动器工作(动态)电流设定

输出峰值电流	输出均值电流	SW1	SW2	SW3	说明
Default(2.40 A)		on	on	on	SW1、SW2、SW3 全为 on 时，是 default 挡位，可以用调试软件进行修改，电流设置范围是 100～7200 mA
3.08 A	7.20 A	off	on	on	
3.77 A	3.14 A	on	off	on	
4.45 A	3.71 A	off	off	on	
5.14 A	4.28 A	on	on	off	
5.83 A	4.86 A	off	on	off	
6.52 A	5.43 A	on	off	off	
7.20 A	6.00 A	off	off	off	

2) 静止(静态)电流设定

SW4 设置静止(静态)电流：SW4 为 off(出厂默认)，驱动器停止接收脉冲约 0.4 s 后，输出电流为峰值的 50%(设置半流，在某些应用场合可以降低驱动器和电动机的发热)；SW4 为 on，驱动器输出电流在电动机静止时为峰值的 90%。

2. 每转脉冲设定

步进驱动器每转脉冲设定如表 2-7 所示。

表 2-7　步进驱动器每转脉冲设定

每转脉冲数/个	SW5	SW6	SW7	SW8	每转脉冲数/个	SW5	SW6	SW7	SW8
400	on	on	on	on	1000	on	on	on	off
800	off	on	on	on	2000	off	on	on	off
1600	on	off	on	on	4000	on	off	on	off
3200	off	off	on	on	5000	off	off	on	off
6400	on	on	off	on	8000	on	on	off	off
12800	off	on	off	on	10000	off	on	off	off
25600	on	off	off	on	20000	on	off	off	off
51200	off	off	off	on	40000	off	off	off	off

3. 脉冲模式设定

SW9 设定脉冲模式：①SW9 为 off，设定为“脉冲＋方向”模式（出厂默认）；②SW9 为 on，设定为“正反脉冲”模式。

4. 平滑方式设定

SW10 设定平滑方式，如表 2-8 所示。

表 2-8　步进驱动器平滑方式设定

SW10 状态	上位机参数
off	参数为 4（非 0）：无微细分无滤波（出厂默认） 参数为 0：微细分
on	参数为 0：无滤波 参数为 1：1.6 ms 参数为 2：3.2 ms 参数为 3：6.4 ms 参数为 4：12.8 ms（出厂默认） 参数为 5：25.6 ms 参数为 6：50 ms

五、典型接线图

图 2-8

步进驱动器典型接线图如图 2-8 所示（扫码查看）。

2.3　伺服电动机和伺服驱动器

伺服电动机是一种用于精确控制位置、速度和转矩的电动机，广泛应用于自动化控制系统中。

一、工作原理

微课视频

伺服电动机内部转子是永磁体，而驱动器控制的 U、V、W 三相电会形成电磁场，转子在磁场的作用下转动。同时电动机自带的编码器将信号反馈给驱动器，驱动器根据反馈值与目标值做比较，从而调整转子转动的角度。伺服电动机的精度取决于编码器的精度。

二、控制模式

微课视频

伺服电动机有三种基本的控制模式：转矩控制、速度控制和位置控制。

(1) 转矩控制是通过外部模拟量的输入或直接的地址赋值来设定电动机轴对外输出的转矩。

(2) 速度控制是在转矩控制的基础上,增加速度环,用于控制电动机的转速。

(3) 位置控制则是在速度控制的基础上,再增加位置环,用于控制电动机的运行位置。

三、参数设置

在不同的控制模式下,伺服电动机的参数设置会有所不同,以满足不同的控制要求。可以根据实际应用需求,通过伺服驱动器的参数设置功能来调整电动机的工作状态。表 2-9 所示为汇川 SV660P 型伺服驱动器常用参数设置。

表 2-9 汇川 SV660P 型伺服驱动器常用参数设置

参数	设定值	功能描述	备注
H0310	1	DI5 端子功能选择,1 为使能	
H0311	1	DI5 端子逻辑选择,1 为高电平有效	方向改变不了时,需将 H0311 的设定值改为 0,并断电重启
H0231	1	系统参数初始化	
H0202	0	旋转方向选择,0 为 CCW	断电重启才能生效
H0408	9	DO5 端子功能选择,9 为抱闸输出	断电重启才能生效
H0502	5000 个	每转脉冲数	
H0225	1	制动电阻设置,0 为使用内置电阻	
H0226	2000 W	外接制动电阻功率	
H0227	50 Ω	外接制动电阻阻值	

四、典型接线图

图 2-9

图 2-9(扫码查看)为汇川 SV660P 型系列伺服驱动器的位置模式接线图。速度控制模式和转矩控制模式的接线图可参考 SV660P 的说明书。

说明:

(1) 内部 +24 V 电源电压范围为 20~28 V,最大工作电流为 200 mA。

(2) DI8 和 DI9 为高速 DI,请根据功能选择使用。

(3) 脉冲口接线请选用双绞屏蔽线,屏蔽层必须两端接 PE,GND 与上位机信号地可靠连接。高速脉冲指令输入和低速脉冲指令输入(差分输入方式)硬件上为同一个接口,根据输入脉冲的频率,设置对应的功能码。

(4) DO 输出电源用户自备,电源电压范围为 5~24 V。DO 端口最大允许直流电压为 30 V,最大允许电流为 50 mA。

(5) 分频输出线缆请选用双绞屏蔽线,屏蔽层必须两端接 PE,GND 与上位机信号地可靠连接。

2.4　磁粉制动器和张力控制器

磁粉制动器是一种利用电磁原理和磁粉来传递转矩的装置，它能够通过改变激磁电流的大小来精确控制转矩。磁粉制动器和张力控制器配套使用，可以实现卷材在收放过程中的恒张力控制。这种组合通常用于印刷、分切、涂布、复合等机械设备中，确保材料在加工过程中保持适当的张力，从而提高产品质量和生产效率。

一、工作原理

磁粉制动器的工作原理是在定子和转子之间的工作间隙中填充磁粉，当电流通过线圈时，产生磁场使磁粉链连接定子和转子，从而传递转矩。这种传递方式使得转矩与激磁电流之间呈现线性关系，即通过调节电流的大小可以控制转矩的大小。

张力控制器的工作原理主要是对材料张力进行实时监测和调整，以保持恒定的张力水平。

二、操作面板

下面以 PB-B2-0.6 型磁粉制动器和 KTC800A 型张力控制器为例进行介绍。

KTC800A 型张力控制器的操作面板如图 2-10 所示。

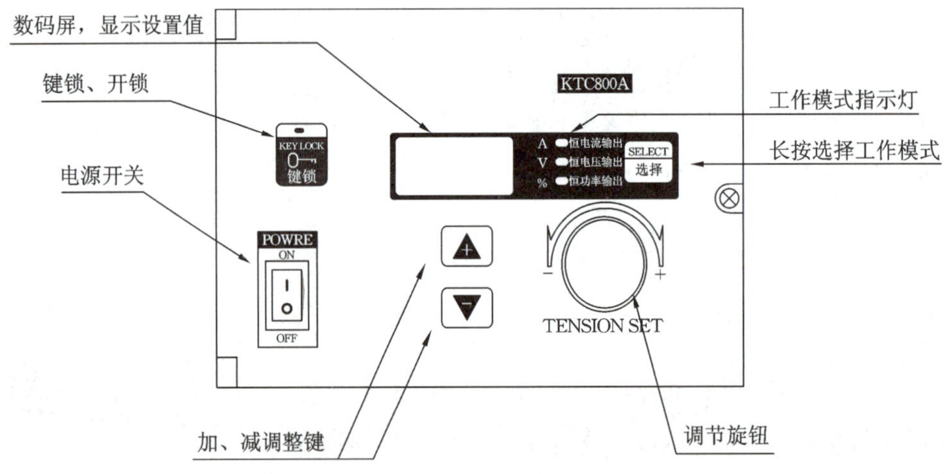

图 2-10　张力控制器的操作面板

KTC800A 型张力控制器具有以下特点：①采用适应性强的开关电源供电。②电源输入为交流 185～264 V，输出为直流 0～24 V。③采用脉宽调制，效率高。④具有四种控制方式可供选择：恒电流输出，恒电压输出，恒功率输出，外接电位器。⑤采用按键和脉冲电位器调节张力。⑥采用自动过流保护，有多种安装方式，安装便利，美观实用。

三、接线方式

以 KTC800A 型张力控制器为例，有以下三种接线方式。

(1) 使用面板旋钮调节输出转矩,如图 2-11 所示。

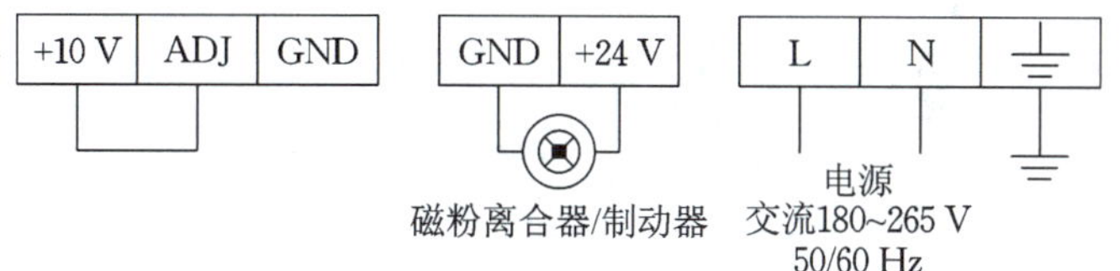

图 2-11 面板旋钮调节输出转矩接线图

(2) 使用外接电位器调节输出电压,如图 2-12 所示。

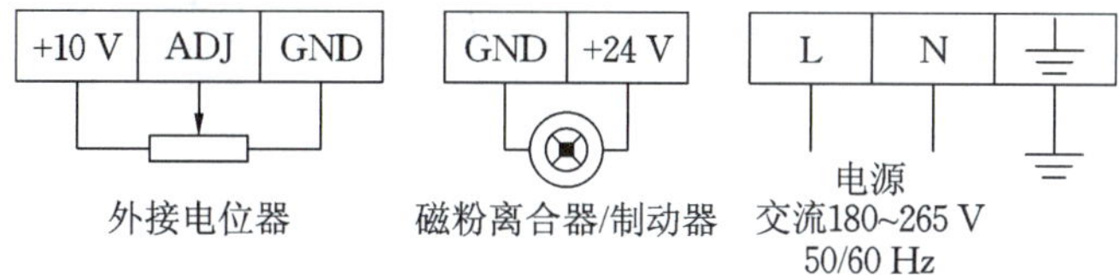

图 2-12 外接电位器调节输出电压接线图

(3) 使用外部 0～10 V 输入,对应输出 0～24 V/4 A,如图 2-13 所示。

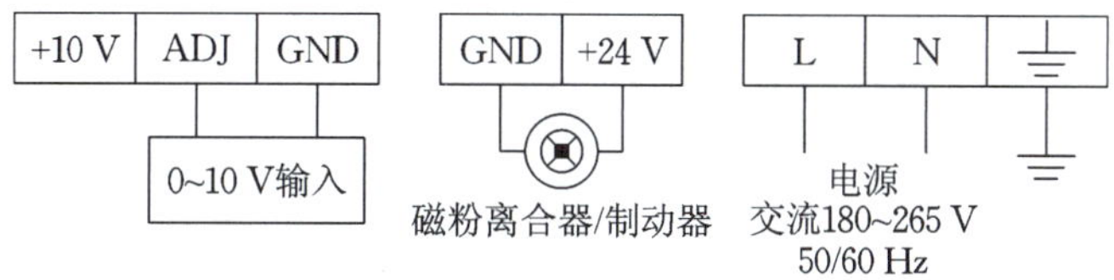

图 2-13 外部输入接线图

项目3 认识网络通信

知识目标

(1) 了解西门子 PLC 的 S7 协议通信设定;
(2) 了解组态 S7 网络的方法;
(3) 熟悉通信相关指令及各参数的使用。

能力目标

(1) 会连接西门子 PLC 与其他物理设备网络组态接线;
(2) 能操作两台 S7-1200 PLC 在一个项目中组态;
(3) 能使用控制指令实现通信功能。

素质目标

(1) 培养严谨细致的编程与调试习惯,确保通信数据准确、稳定传输;
(2) 增强在工业自动化系统中优化 PLC 网络通信方案的创新思维与实践能力;
(3) 激发对工业网络通信技术的探索热情,培养工程职业素养。

3.1 PLC 之间的网络通信

西门子 PLC 的以太网通信是基于工业以太网技术的一种通信方式,它利用以太网的高速度和高可靠性来传输数据和控制信号。

西门子 PLC 的以太网通信提供了多种协议和模式,以满足不同工业自动化需求。了解这些基本概念有助于更好地利用西门子 PLC 进行工业控制和数据采集。

一、常用的通信方式

微课视频

1. 开放式用户通信

1) 功能概述

开放式用户通信是基于以太网进行数据交换的协议,适用于 PLC 之间、PLC 与第三方设备之间、PLC 与高级语言之间等进行数据交换。S7-1200 PLC 通过集成的以太网接口与开放式用户通信连接，通过调用发送指令和接收指令进行数据交换。

2）通信指令

如图 3-1 所示，开放式用户通信指令主要有三个：TSEND_C 指令、TRCV_C 指令和 TMAIL_C 指令，还包括一个其他指令文件夹。其中，TSEND_C 和 TRCV_C 是常用指令。

名称	描述	版本
▸ S7 通信		V1.3
▾ 开放式用户通信		V8.1
TSEND_C	正在建立连接和发送...	V3.2
TRCV_C	正在建立连接和接收...	V3.2
TMAIL_C	发送电子邮件	V6.1
▸ 其它		
▸ OPC UA		
▸ WEB 服务器		V1.1
▸ 其它		
▸ 通信处理器		
▸ 远程服务		V1.9

图 3-1 开放式用户通信指令

（1）TSEND_C 指令（发送指令）。如图 3-2 所示，REQ 管脚为数据连接和发送请求端，在上升沿执行该指令。CONNECT 管脚为指向连接描述结构的指针，数据类型为 VARIANT。DATA 管脚为指向发送区的指针，该发送区包含要发送数据的地址和长度。传送结构时，发送端和接收端的结构必须相同，数据类型为 VARIANT。

（2）TRCV_C 指令（接收指令）。如图 3-3 所示，EN_R 管脚为启用接收功能端，CONNECT 管脚为指向连接描述结构的指针，数据类型为 VARIANT。DATA 管脚为指向接收区的指针，传送结构时，发送端和接收端的结构必须相同，数据类型为 VARIANT。

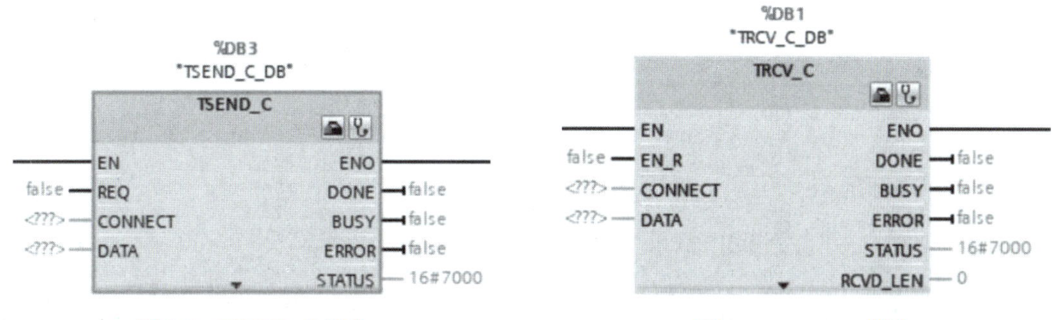

图 3-2 TSEND_C 指令　　图 3-3 TRCV_C 指令

2. S7 通信

微课视频

1）功能概述

S7 通信是西门子 S7 系列 PLC 基于 MPI、PROFIBUS 和以太网的一种优化的通信协议，它是面向连接的协议，在进行数据交换前，必须与通信伙伴建立连接。本协议属于西门子私有协议。S7 通信服务集成在 S7 控制器中，属于 ISO 参考模型第 7 层（应用层）的服务，采用“客户端—服务器”原则。S7 连接属于静态连接，可以与同一个通信伙伴建立多个连接，在同一时刻可以访问的通信伙伴的数量取决于 CPU 的连接资源。S7-1200 PLC通过集成的 PROFINET 接口支持 S7 通信，使用单边通信方式，只要客户端调用 PUT/GET 通信指令即可。

2）硬件组网

如图 3-4 所示，用一个交换机将多台 PLC 和计算机连接在一起，并设置好 IP 地址，这样就搭建好了一个 S7-1200 PLC 以太网通信网络。

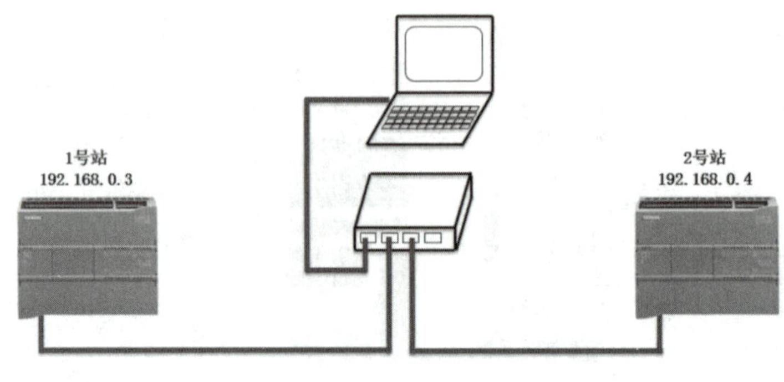

图 3-4 硬件组网

3）组态连接

第 1 步：打开博途软件，进入项目视图后，在左侧的项目树中，点击“添加新设备”，添加 2 台新 PLC 设备，命名为“1 号站”和“2 号站”。

第 2 步：用鼠标点中“1 号站”的 PROFINET 通信口的绿色小方框，然后拖拽出一条线，到“2 号站”的 PROFINET 通信口的绿色小方框上，然后松开鼠标，连接就建立起来了。

第 3 步：如图 3-5 所示，在项目树中，选择“1 号站”，双击“设备组态”，在其巡视窗口中的“属性”→“常规”选项卡中，选择“PROFINET 接口[X1]”→“以太网地址”，修改 CPU 以太网地址。用同样的步骤，修改“2 号站”CPU 以太网地址。

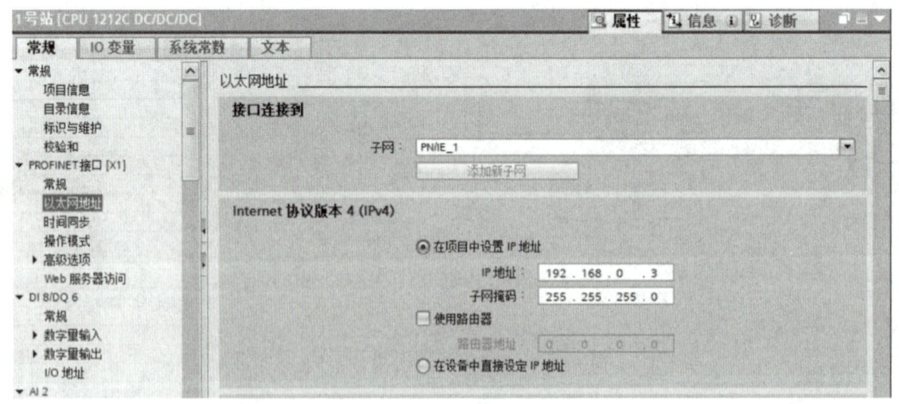

图 3-5 IP 地址设置

第 4 步：如图 3-6 所示，在其巡视窗口的“属性”→“常规”选项卡中，选择“防护与安全”→“连接机制”，分别激活两台 PLC“允许来自远程对象的 PUT/GET 通信访问”复选框，这样才能使用 PUT/GET 指令进行通信。

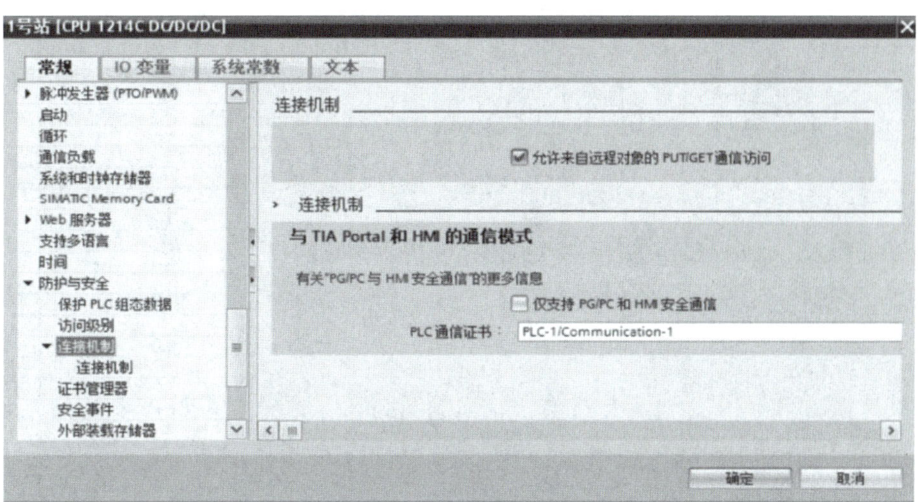

图 3-6　连接机制设置

第 5 步：如图 3-7 所示，分别向两台 PLC 下载设置好的参数，由于 S7-1200 PLC 默认 IP 为 192.168.0.1，因此，第 1 次下载时，需要单独下载到各个 PLC 里（下载时仅保留 1 台 PLC 与交换机连接）。下载完成后，两台 PLC 的 IP 地址才能更新为第 3 步设置的 IP 地址，如图 3-8 所示。

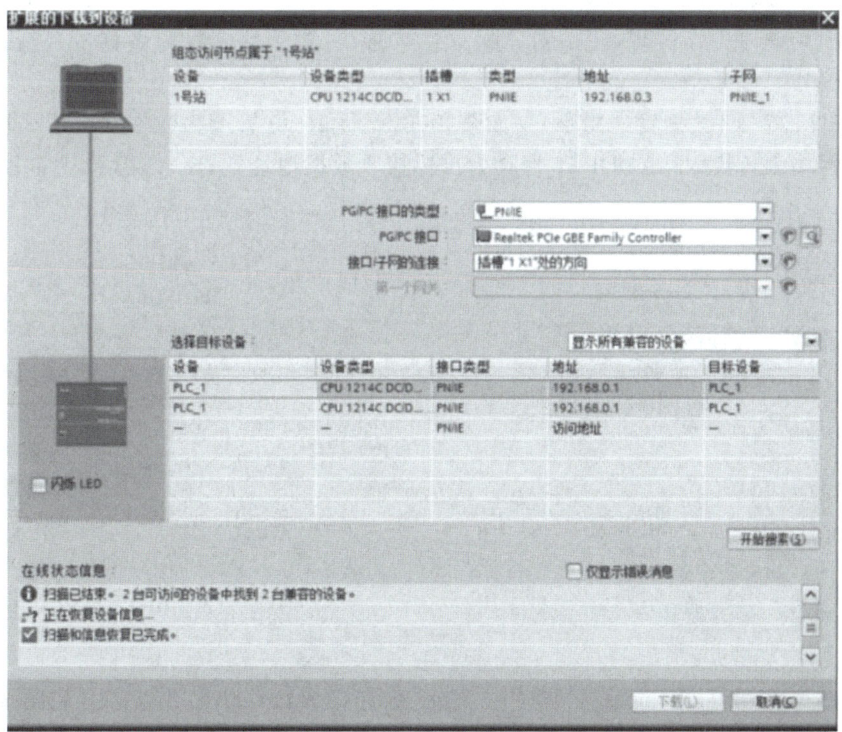

图 3-7　首次下载情况

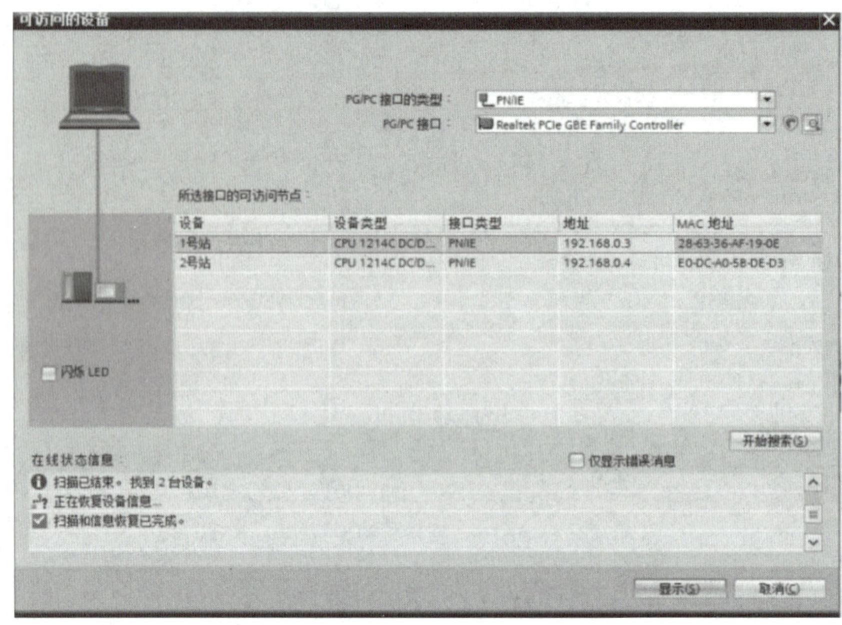

图 3-8　再次下载 IP 地址更新情况

4）通信指令

如图 3-9 所示，S7 通信指令主要有两个：PUT 指令和 GET 指令。在博途软件里，每个指令块拖拽到程序工作区时，会自动分配背景数据块，背景数据块的名称可自行修改，背景数据块的编号可以手动或自动分配。

（1）PUT 指令（数据发送指令）。如图 3-10 所示，REQ 管脚为数据发送请求端，ID 管脚为链接的网络 ID（名称），ADDR_1 管脚为目标接收数据地址端，SD_1 管脚为本地发送数据地址端。

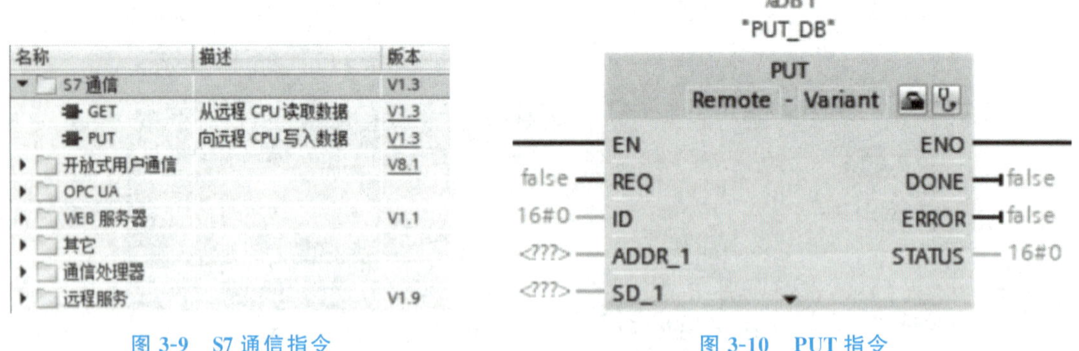

图 3-9　S7 通信指令　　　　图 3-10　PUT 指令

点击图 3-10 中的图标，开始 PUT 指令的连接参数和块参数组态。如图 3-11 所示，选择“连接参数”，设置 2 号站为伙伴，其他选型默认。在“连接名称”里可以查看伙伴 ID（十六进制）为“100”。

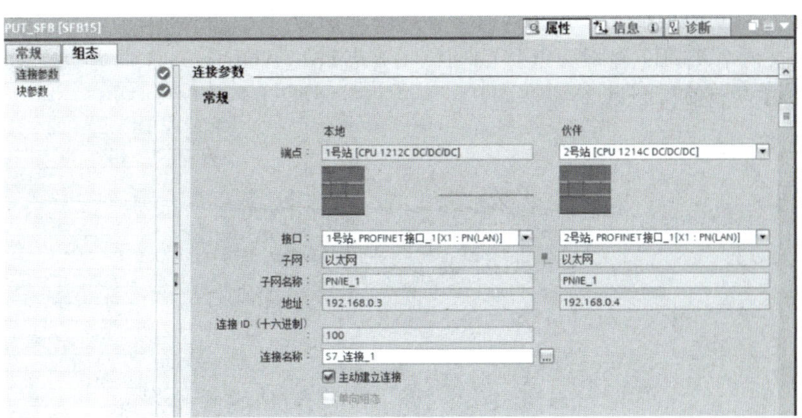

图 3-11 连接参数设置

如图 3-12 所示，选择“块参数”，设置启动发送请求 REQ 为“M2.1”，写入区域（ADDR_1）起始地址（目标地址）为“Q0.0”，长度为“1”，数据类型为“Byte”。发送区域（SD_1）起始地址（本地地址）为“M5.0”，长度为“1”，数据类型为“Byte”。暂不设置其他“块参数”。

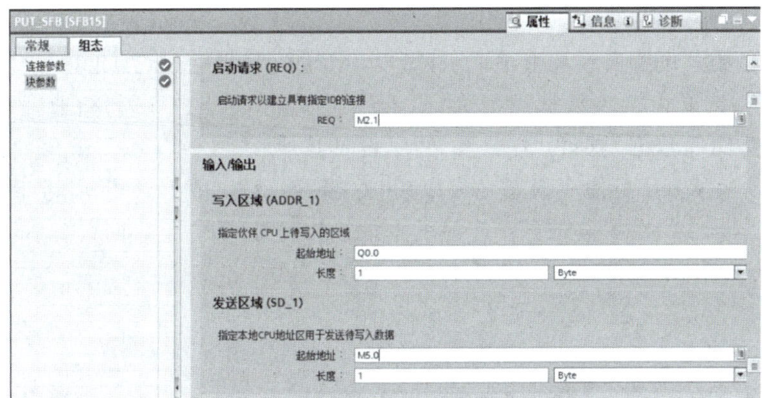

图 3-12 块参数设置

如图 3-13 所示，PUT 指令组态完成以后，当 M2.1 产生上升沿时，将本地 1 号站的 MB5 1 Byte 的数据发送给 2 号站（伙伴站）的目标地址 QB0 上，即本地站的 M5.0～M5.7 对应控制 2 号站（伙伴站）的 Q0.0～Q0.7。

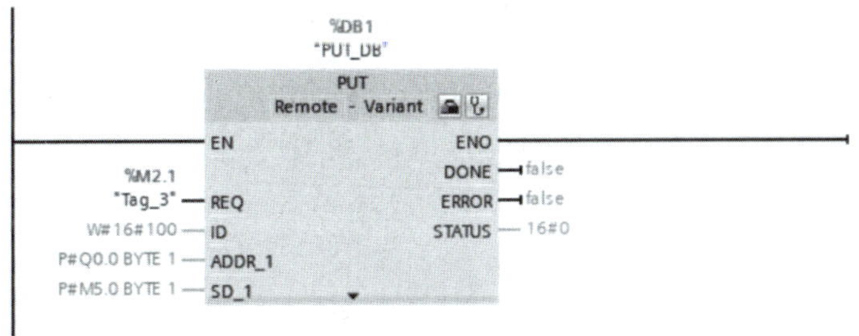

图 3-13 PUT 指令应用

（2）GET 指令（数据读取指令），与 PUT 指令组态方法一样。如图 3-14 所示，REQ 管脚为数据读取请求端，ID 管脚为链接的网络 ID（名称），ADDR_1 管脚为目标读取数据地址端，RD_1 管脚为本地接收数据地址端。

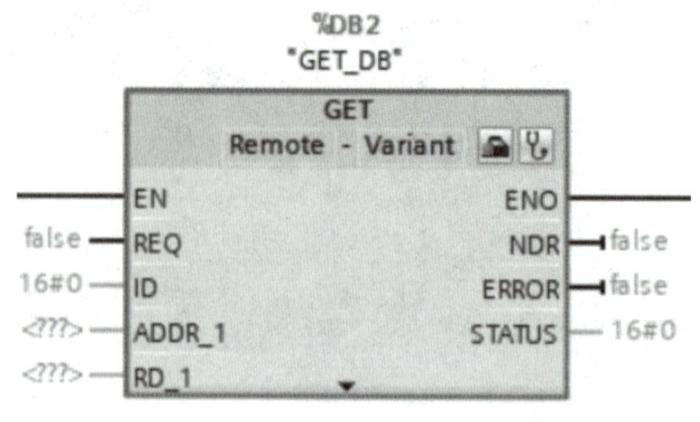

图 3-14　GET 指令

点击图 3-14 中的图标，开始 GET 指令的连接参数和块参数组态。选择“连接参数”，设置 2 号站为伙伴，其他选型默认。在“连接名称”里可以查看伙伴 ID（十六进制）为“100”。

选择“块参数”，设置启动读取请求 REQ 为“M0.1”，读取区域（ADDR_1）起始地址（目标地址）为“I0.0”，长度为“1”，数据类型为“Byte”。接收区域（RD_1）起始地址（本地地址）为“Q0.0”，长度为“1”，数据类型为“Byte”。暂不设置其他“块参数”。

如图 3-15 所示，GET 指令组态完成以后，每当 M0.1 产生上升沿时，将目标 2 号站（伙伴站）的 IB0 1 Byte 的数据读取到 1 号站的本地接收地址 QB0 上，即伙伴站的 I0.0～I0.7 对应控制本站的 Q0.0～Q0.7。

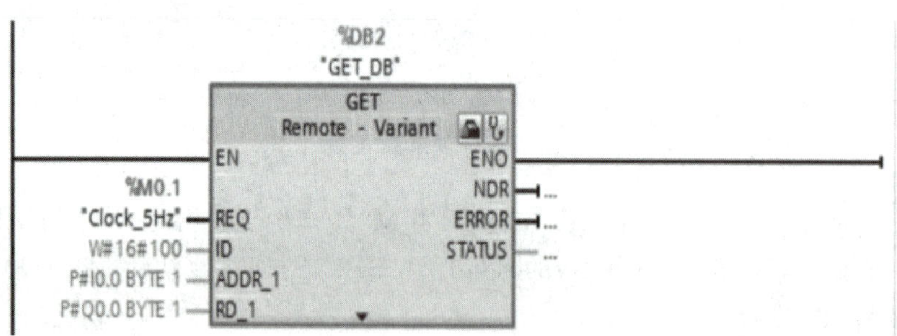

图 3-15　GET 指令应用

因此，通过 PUT 和 GET 两条指令可以实现多台 PLC 之间的数据交换，实现相互控制功能。

3. PROFINET IO device 通信

1）功能概述

微课视频

PROFINET 基于工业以太网技术，使用 TCP/IP 和 IT 标准，是一种实时的现场总线标准。PROFINET 为自动化通信领域提供了一个完整的网络解决方案，包括实时以太网、运动控制、分布式自动化、故障安全以及网络安全等应用，可以实现通信网络的一网到底，即从上到下都可以使用同一网络。PROFINET 设备分为 IO 控制器、IO

设备和 IO 监视器。

(1) PROFINET IO 控制器:指用于对连接的 IO 设备进行寻址的设备,这意味着 IO 控制器将与分配的现场设备交换输入/输出信号。

(2) PROFINET IO 设备:指分配给其中一个 IO 控制器的分布式现场设备,如远程 IO、变频器和伺服控制器等。

(3) PROFINET IO 监控器:指用于调试和诊断的编程设备,如 PC 或 HMI 设备等。

2) 传输方式

PROFINET 包括非实时数据传输(NRT)、实时数据传输(RT)、等时实时数据传输(IRT)三种传输方式。PROFINET IO 通信使用 OSI 参考模型第 1 层、第 2 层和第 7 层,支持灵活的拓扑方式,如总线型、星型、树型和环型等。

S7-1200 PLC 通过集成的以太网接口既可以作为 IO 控制器控制现场 IO 设备,也可以作为 IO 设备被上一级 IO 控制器控制,此功能称为智能 IO 设备功能。

3) 通信口的通信能力

S7-1200 PLC PROFINET 通信口的通信能力如表 3-1 所示。

表 3-1 S7-1200 PLC PROFINET 通信口的通信能力

CPU 硬件版本	接口类型	控制器功能	智能 IO 设备功能	可带 IO 设备最大数量
V4.0	PROFINET	有	有	16 个
V3.0	PROFINET	有	无	16 个
V2.0	PROFINET	有	无	8 个

二、典型案例

1. 案例要求

两台 S7-1200 PLC 进行通信,一台作为 1 号站,另一台作为 2 号站。1 号站 PLC 发送 5 个字数据给 2 号站。

2. 硬件设计

硬件系统组成:两台 CPU 1214C DC/DC/DC,一台四口交换机,一台已安装博途软件的编程计算机。参照前面“组态连接”的五个步骤,添加 2 台新 PLC 设备,创建 PROFINET 连接,设置好 IP 地址,均启用系统和时钟存储器,分别向两台 PLC 下载设置好的参数。

3. 软件设计

1) 1 号站程序设计

(1) 创建 PLC 变量表。如图 3-16 所示,根据任务要求,创建变量 MW12 为发送状态、M10.3 为数据发送错误标志、M10.2 为数据发送中标志、M10.1 为数据发送完成标志,分别对应 TSEND_C 指令的 STATUS、ERROR、BUSY 和 DONE 管脚。

(2) 创建发送数据区。在项目树中,选择“1 号站[CPU1214C DC/DC/DC]”→“程序块”→“添加新块”,选择“数据块(DB)”创建数据块,数据块名称为“数据块_1”,手动修改数据块编号为“10”,点击“确定”,如图 3-17 所示。

PLC变量表

	名称	数据类型	地址	保持
1	发送状态	Word	%MW12	☐
2	数据发送错误	Bool	%M10.3	☐
3	数据发送中	Bool	%M10.2	☐
4	数据发送完成	Bool	%M10.1	☐

图 3-16　PLC 变量表

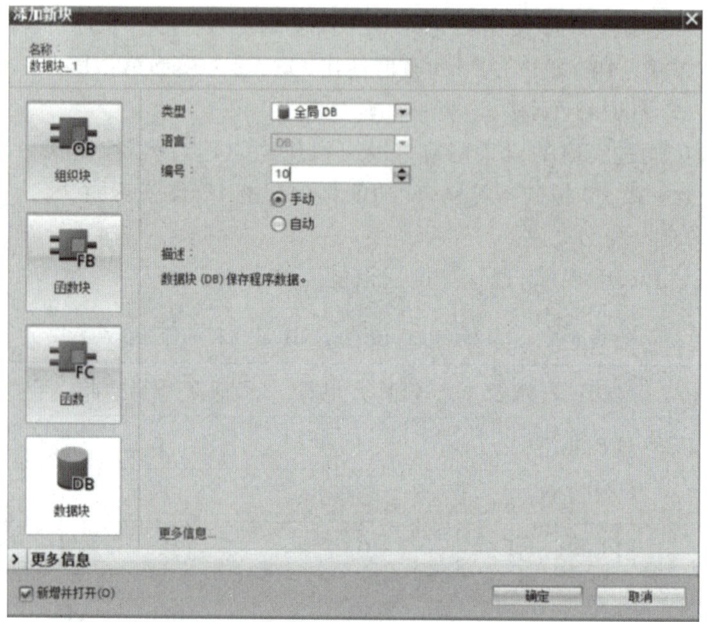

图 3-17　创建数据块

需要在数据块属性中取消“优化的块访问”，点击“确定”，如图 3-18 所示。

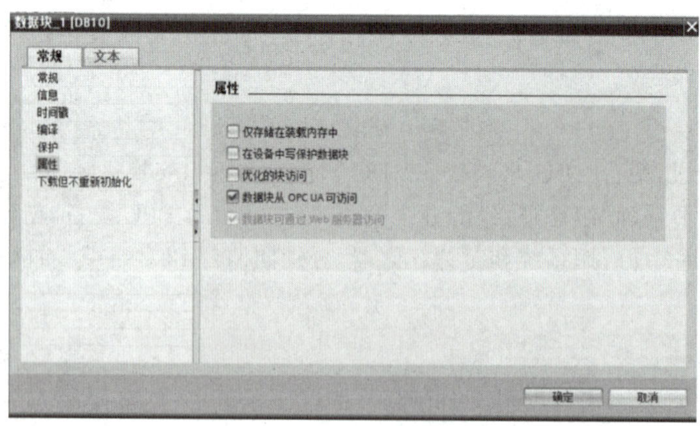

图 3-18　数据块属性设置

在数据块中，创建 5 个字的数组用于存储发送数据，如图 3-19 所示。

(3) 编写 OB1 主程序。将 TSEND_C 指令插入 OB1 主程序中，自动生成背景数据块。选中指令的任意部分，在其巡视窗口中，选择“属性”→“组态”选项卡，“连接参数”对话框如

数据块_1

	名称	数据类型	偏移量	起始值	保持
1	▼ Static				
2	▼ 发送数据区	Array[0..4] of Word	0.0		
3	发送数据区[0]	Word	0.0	16#0	
4	发送数据区[1]	Word	2.0	16#0	
5	发送数据区[2]	Word	4.0	16#0	
6	发送数据区[3]	Word	6.0	16#0	
7	发送数据区[4]	Word	8.0	16#0	

图 3-19 创建发送数据区

图 3-20 所示，伙伴选“2 号站”，连接数据 1 号站选择“_1 号站_Send_DB”、2 号站选择“_2 号站_Receive_DB”，勾选 1 号站“主动建立连接”，伙伴端口默认“2000”。

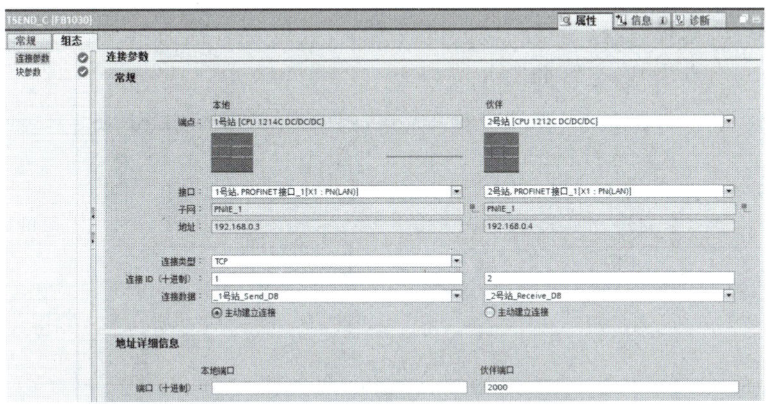

图 3-20 TSEND_C 指令的连接参数

如图 3-21 所示，在管脚 REQ 端，M0.5 每隔 1 s 产生一个上升沿，满足该指令的执行条件；管脚 CONT 端设置为“1”，表示建立并保持通信连接；管脚 CONNECT 指向连接描述结构的数据块为“_1 号站_Send_DB”；管脚 DATA 端指向发送区的地址为“数据块_1”发送数据区。

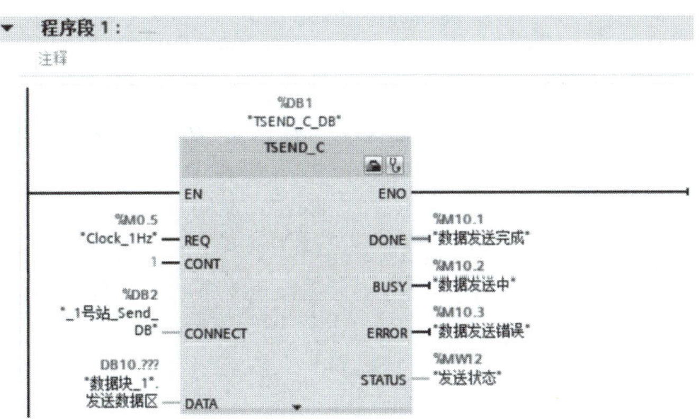

图 3-21 1 号站程序

2）2 号站程序设计

（1）创建 PLC 变量表。如图 3-22 所示，根据任务要求，创建变量 MW30 为数据接收量、MW20 为接收状态、M10.3 为数据接收错误标志、M10.2 为数据接收中标志、M10.1 为数据接收完成标志，分别对应 TRCV_C 指令的 RCVD_LEN、STATUS、ERROR、BUSY 和 DONE 管脚。

PLC点表

	名称	数据类型	地址	保持
1	数据接收量	Word	%MW30	
2	接收状态	Word	%MW20	
3	数据接收错误	Bool	%M10.3	
4	数据接收中	Bool	%M10.2	
5	数据接收完成	Bool	%M10.1	

图 3-22　PLC 变量表

（2）创建接收数据区。在项目树中，选择“2 号站[CPU1214C DC/DC/DC]”→“程序块”→“添加新块”，选择“数据块(DB)”创建数据块，数据块名称为“数据块_1”，手动修改数据块编号为“100”，点击“确定”，如图 3-23 所示。

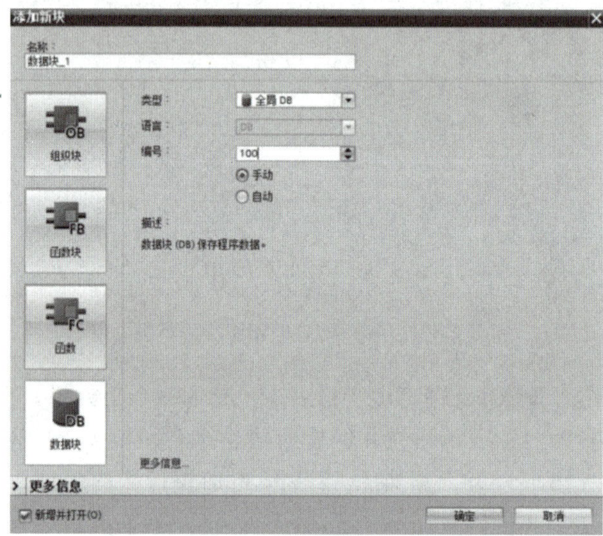

图 3-23　创建数据块

需要在数据块属性中取消“优化的块访问”，点击“确定”，如图 3-24 所示。

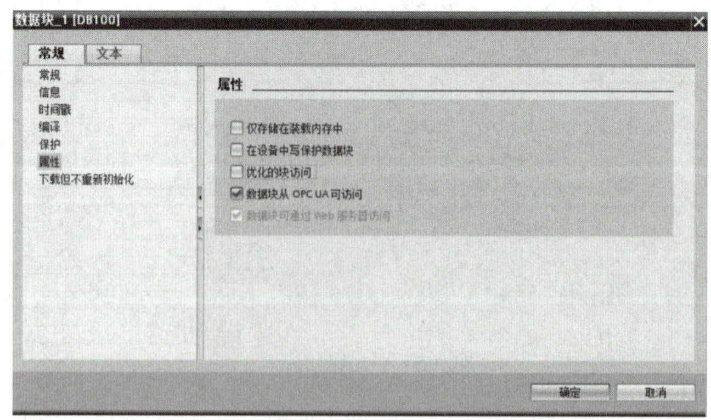

图 3-24　数据块属性设置

在数据块中，创建 5 个字的数组用于存储接收数据，如图 3-25 所示。

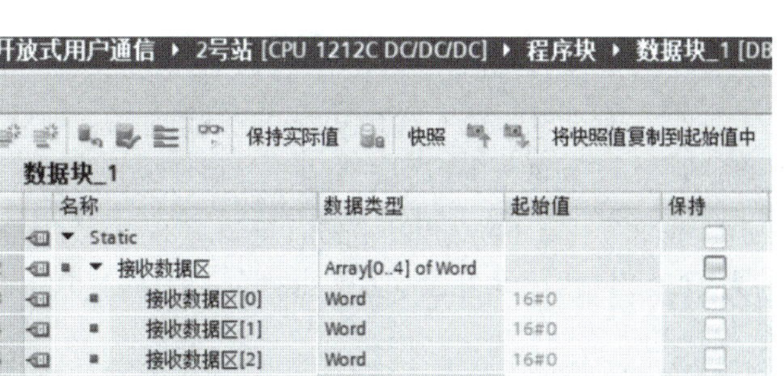
开放式用户通信 ▸ 2号站 [CPU 1212C DC/DC/DC] ▸ 程序块 ▸ 数据块_1 [DB

保持实际值 快照 将快照值复制到起始值中

数据块_1

	名称	数据类型	起始值	保持
1	▼ Static			
2	▪ ▼ 接收数据区	Array[0..4] of Word		
3	▪ 接收数据区[0]	Word	16#0	
4	▪ 接收数据区[1]	Word	16#0	
5	▪ 接收数据区[2]	Word	16#0	
6	▪ 接收数据区[3]	Word	16#0	
7	▪ 接收数据区[4]	Word	16#0	

图 3-25 创建接收数据区

(3) 编写 OB1 主程序。将 TRCV_C 指令插入 OB1 主程序中，自动生成背景数据块。选中指令的任意部分，在其巡视窗口中，选择“属性”→“组态”选项卡，“连接参数”对话框如图 3-26 所示，伙伴选“1 号站”，连接数据 1 号站选择“_1 号站_Send_DB”、2 号站选择“_2 号站_Receive_DB”，勾选 1 号站“主动建立连接”，伙伴端口默认“2000”。

图 3-26 TRCV_C 指令的连接参数

如图 3-27 所示，在管脚 EN_R 端，M0.5 每隔 1 s 产生一个上升沿，满足该指令的执行条件；管脚 CONT 端设置为“1”，表示建立并保持通信连接；管脚 CONNECT 指向连接描述结构的数据块为“_2 号站_Receive_DB”；管脚 DATA 端指向接收区的地址为“数据块_1”接收数据区。

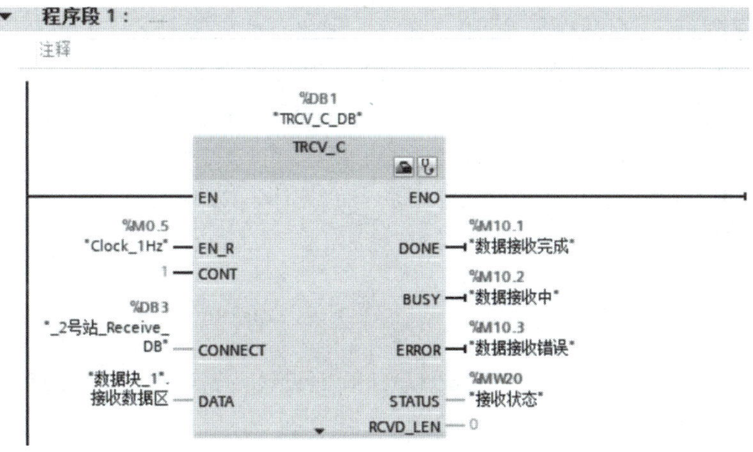

图 3-27 2 号站程序

4. 仿真调试

程序编译之后，分别将 1 号站程序和 2 号站程序下载到两台 S7-1200 PLC，通过监控表监控通信数据，监控表如图 3-28 和图 3-29 所示，修改 1 号站发送数据区的 5 个数据，分别为 16＃1111、16＃2222、16＃3333、16＃4444、16＃5555，可以发现 2 号站接收数据区的 5 个地址中存放的数据分别为 16＃1111、16＃2222、16＃3333、16＃4444、16＃5555，表明 1 号站发送数据、2 号站接收数据成功。

	i	名称	地址	显示格式	监视值	修改值
1		"数据块_1".发送数据区[0]	%DB10.DBW0	十六进制	16#1111	16#1111
2		"数据块_1".发送数据区[1]	%DB10.DBW2	十六进制	16#2222	16#2222
3		"数据块_1".发送数据区[2]	%DB10.DBW4	十六进制	16#3333	16#3333
4		"数据块_1".发送数据区[3]	%DB10.DBW6	十六进制	16#4444	16#4444
5		"数据块_1".发送数据区[4]	%DB10.DBW8	十六进制	16#5555	16#5555

图 3-28　1 号站监控表

	i	名称	地址	显示格式	监视值	修改值
1		"数据块_1".接收数据区[0]	%DB100.DBW0	十六进制	16#1111	
2		"数据块_1".接收数据区[1]	%DB100.DBW2	十六进制	16#2222	
3		"数据块_1".接收数据区[2]	%DB100.DBW4	十六进制	16#3333	
4		"数据块_1".接收数据区[3]	%DB100.DBW6	十六进制	16#4444	
5		"数据块_1".接收数据区[4]	%DB100.DBW8	十六进制	16#5555	

图 3-29　2 号站监控表

3.2　PLC 和触摸屏的通信

一、触摸屏简介

威纶触摸屏由威纶通科技有限公司生产，该公司是集研发、生产、制造、销售于一体的人机界面供应商。威纶触摸屏包括多个不同系列的产品，主要系列如下。

（1）MT 系列：普通型触摸屏，适用于常规的工业自动化应用。

（2）TK 系列：经济型触摸屏，适用于对成本敏感且功能需求不是很高的用户。

（3）X 系列：高端型触摸屏，提供了更先进的功能和更高的性能，适合对界面要求高、功能复杂或数据处理能力强的应用场景。

选择合适的产品时，需要考虑实际应用场合的具体需求，比如屏幕尺寸、分辨率、输入/输出接口类型、程序兼容性以及成本等因素。

二、典型案例

使用威纶 EasyBuilder Pro 软件完成 HMI 画面设计，并实现 PLC 与 HMI 的通信及联合仿真。

1. HMI 画面设计

1）新建文件并添加触摸屏

打开威纶 EasyBuilder Pro 软件，在文件目录下点击“新建”，选择需要添加的触摸屏机型，如图 3-30 所示。

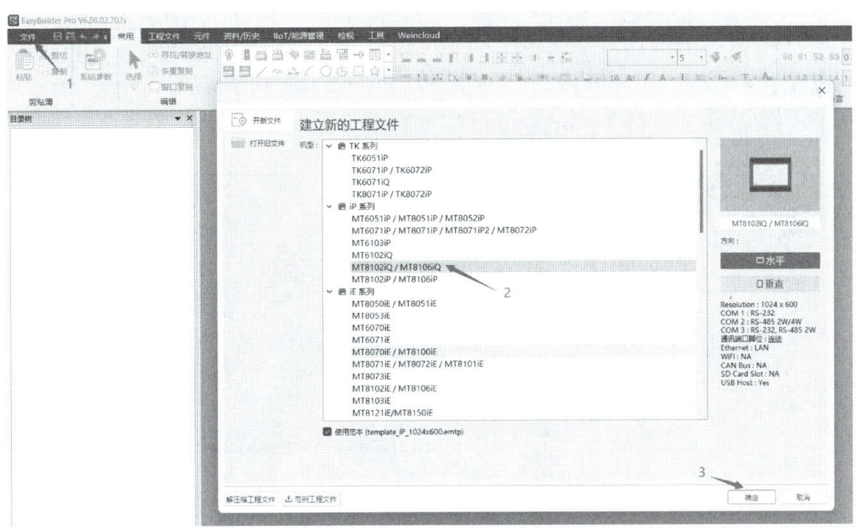

图 3-30 选择触摸屏机型

2）新增 PLC 设备

完成添加触摸屏机型后，在自动弹出的系统参数设置页面点击“新增设备”，选择合适的 PLC 型号。在本案例中，我们选择西门子 S7-1200 系列 PLC（绝对地址以太网连接方式），如图 3-31 所示。

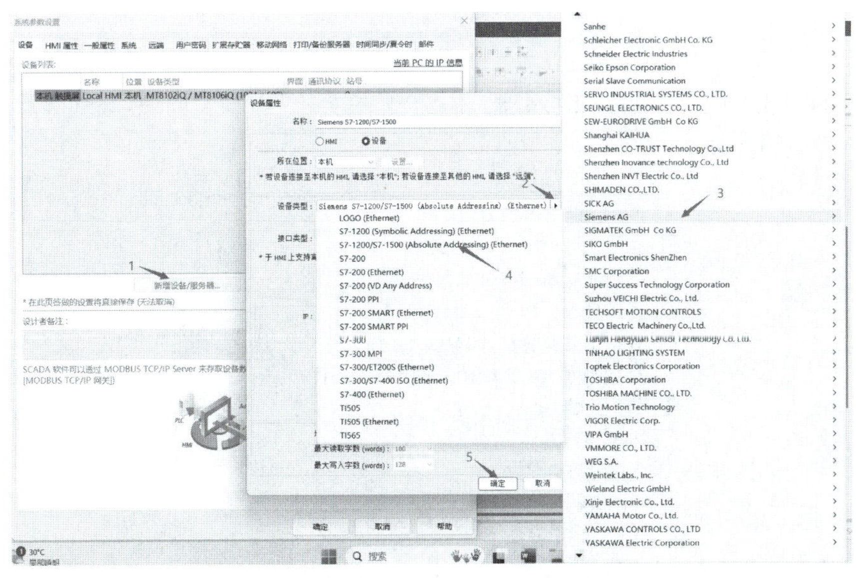

图 3-31 添加 PLC

注意：在图 3-31 中的设备属性页面中，可以设置 PLC 的 IP 地址，本案例中设置为默认。

3）更改窗口名称

(1) 右键点击目录树中的 10 号窗口，点击“设置”，在窗口设置页面将窗口名称改为“首页”，在该界面中，我们还可以对窗口的大小、外框、背景颜色、重叠窗口等属性进行设置，如图 3-32 所示。

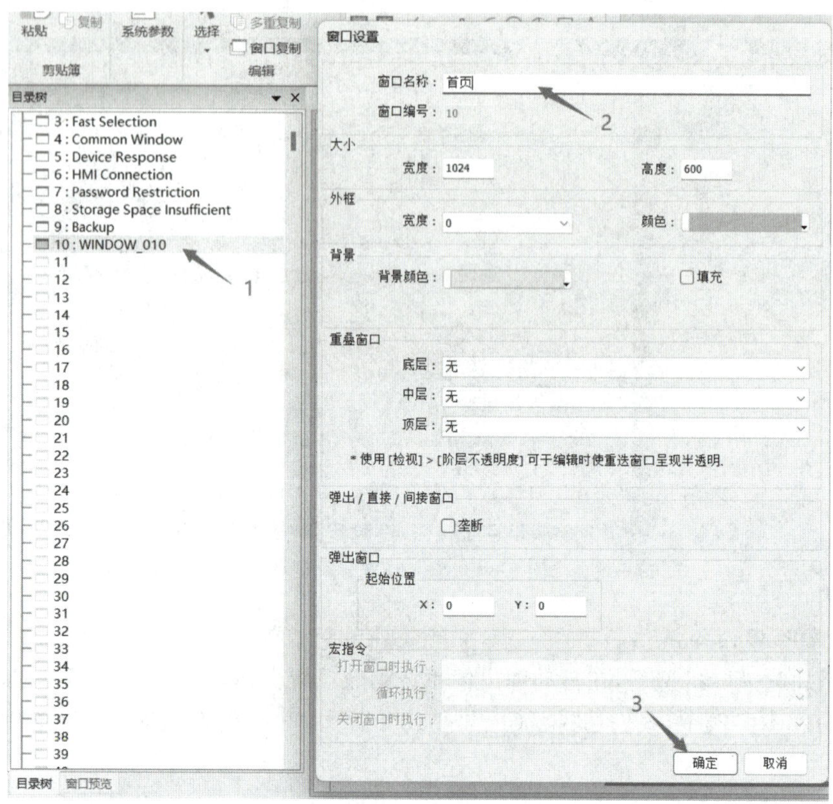

图 3-32　更改窗口名称

(2) 右键点击 11 号窗口，点击“新增”，添加“监控界面”窗口。同理，添加多种不同功能的窗口，如图 3-33 所示。

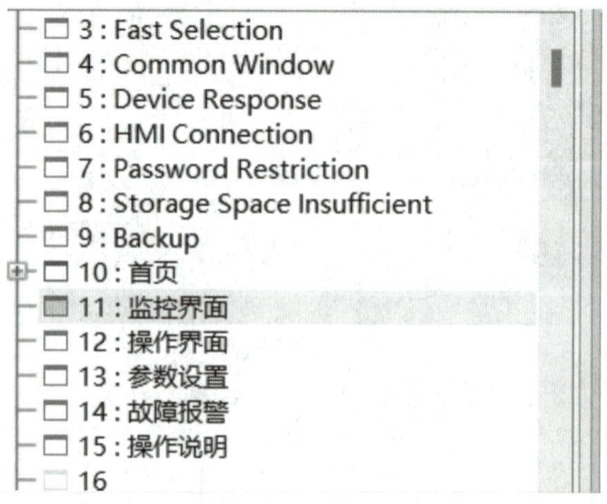

图 3-33　新增窗口

4) 画面设计

(1) 添加文字。点击“首页”窗口,在元件栏中点击“文字”,输入设备的名称信息后,选择合适的字体、尺寸及颜色,点击“确定”,如图 3-34 所示。

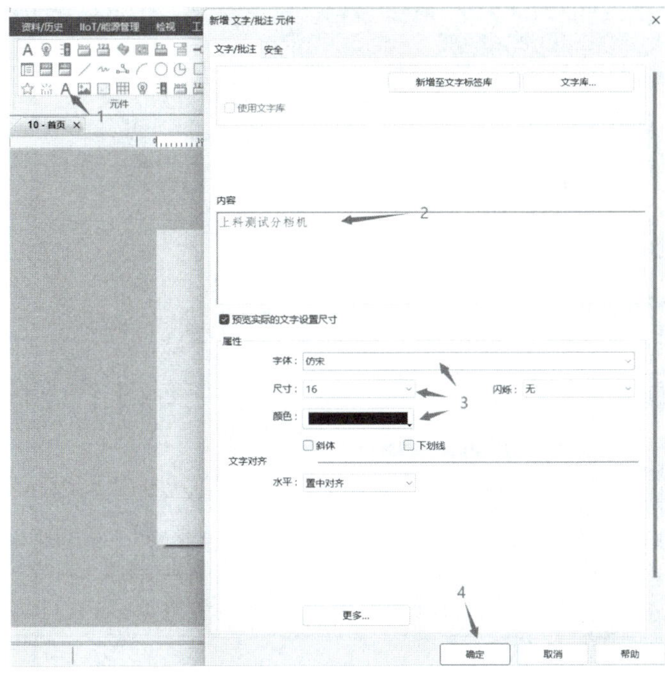

图 3-34 添加文字

(2) 添加功能键。下面以添加一个切换基本窗口功能键为例,介绍添加功能键的步骤。

① 在元件栏中点击“功能键”,将功能键设置为“切换基本窗口”,窗口编号选择“11.监控界面”,如图 3-35 所示。

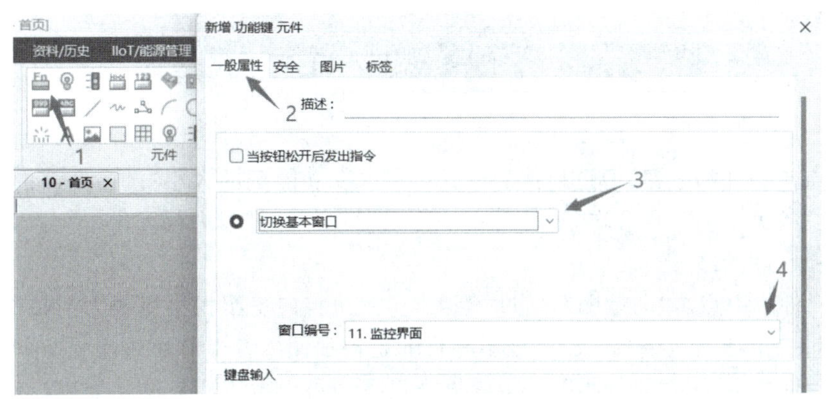

图 3-35 设置功能键属性

② 设置完功能键属性后,点击“标签”,输入标签内容并选择合适的字体、尺寸和颜色等,最后点击“确定”,如图 3-36 所示。

同理,在首页窗口分别添加可以切换到“操作界面”“参数设置”“故障报警”和“操作说明”的功能键,如图 3-37 所示。

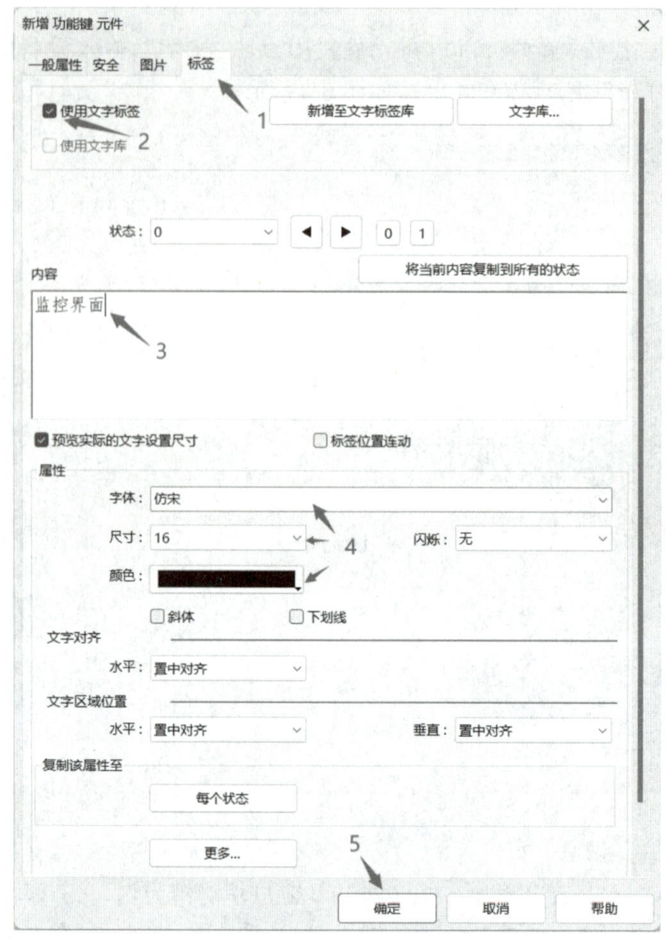

图 3-36　功能键标签设置

图 3-37　功能键布局

注意：点击添加的按钮，通过拖拽的方式可以改变功能键的大小；选中全部的按钮，通过排列栏中的“等大小”“水平均分”等功能可以对按钮的排列进行美化。

（3）添加向量图。

① 在元件栏中点击“向量图”，通过“等大小”按钮将向量图大小更改为与功能键大小相同，并在向量图上插入文字“首页”。该步骤目的是提示使用者当前处在首页界面。

② 在元件栏中点击“向量图”，并将其大小设置为可以覆盖所有的功能键，点击“移至底层”，如图 3-38 所示。该步骤的目的是让功能键更有立体感。

图 3-38　添加向量图

(4) 添加图片。在元件栏中点击“图片”,点击“图库”→“新增”,选择想要添加的图片,再点击“打开”→“确定”,完成 LOGO 添加,如图 3-39 所示。

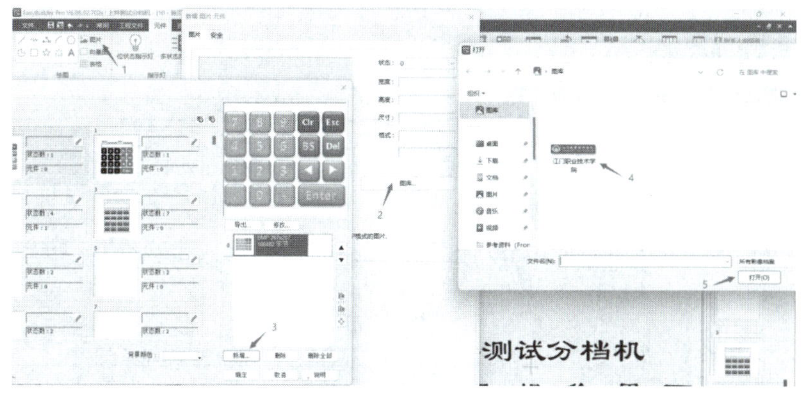

图 3-39　添加图片

(5) 插入日期和时间。在元件栏中点击“时间相关”,选择“日期和时间”,设置合适的格式后点击“确定”,如图 3-40 所示。

图 3-40　插入日期和时间

(6) 完成首页窗口设置。按照同样的方法完成“监控界面”“操作界面”“参数设置”“故障报警”和“操作说明”窗口的设计,如图 3-41 所示。

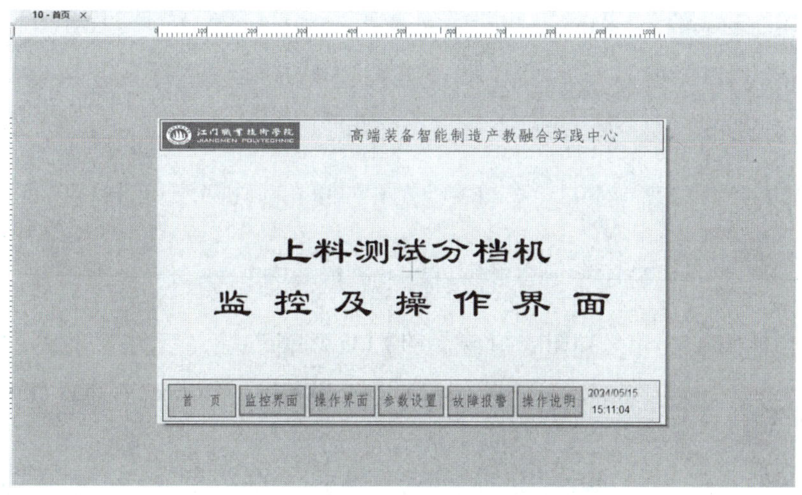

图 3-41　首页窗口设置完成效果图

2. 变量连接

1) PLC 编程及设置

(1) 在博途 V18 软件中添加一个 CPU 1214C DC/DC/DC,并将 IP 地址设置为“192.168.1.111”,子网掩码设置为“255.255.255.0”,如图 3-42 所示。

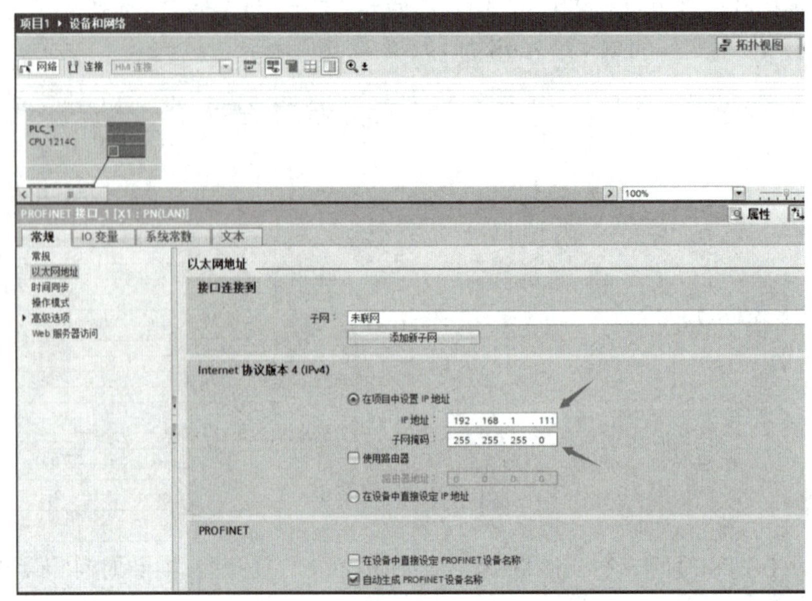

图 3-42　IP 地址及子网掩码设置

（2）在 CPU 属性设置中，勾选"允许来自远程对象的 PUT/GET 通信访问"，使触摸屏可以访问 PLC，如图 3-43 所示。

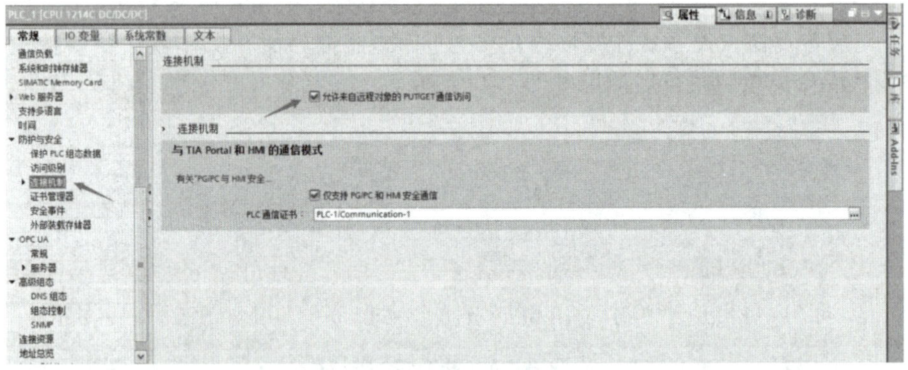

图 3-43　允许来自远程对象的 PUT/GET 通信访问

（3）根据任务需要，定义如图 3-44 所示的 PLC 变量。

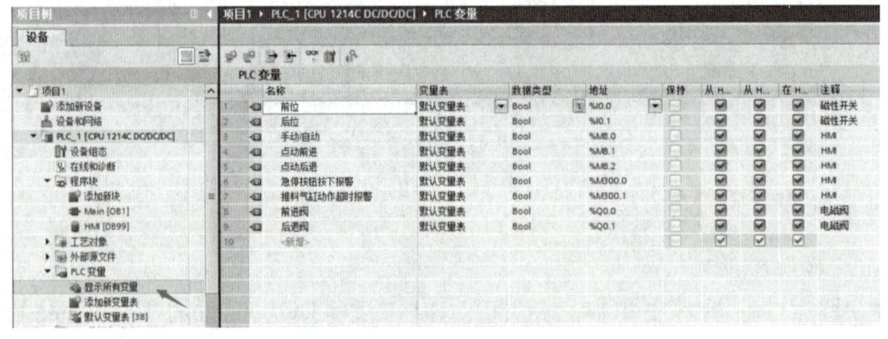

图 3-44　定义 PLC 变量

(4) 建立数据块 DB99,根据任务需要,定义如图 3-45 所示的变量。在 DB99 数据块的属性中,取消勾选"优化的块访问"。

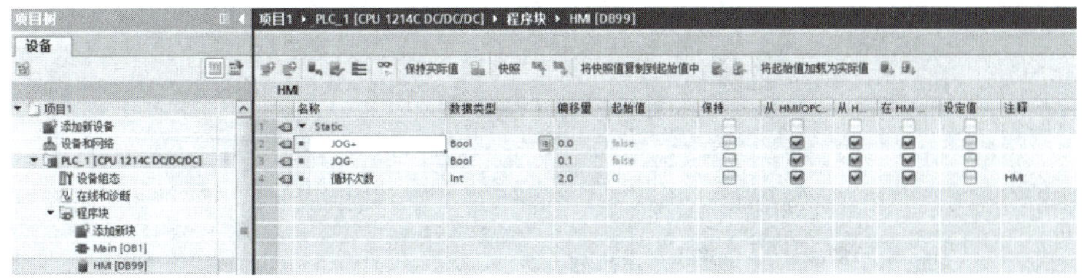

图 3-45 添加数据块

2) HMI 编程及设置

(1) 在 EasyBuider 端更改设备 IP 地址为"192.168.1.111"(与 PLC 端保持一致),如图 3-46 所示。

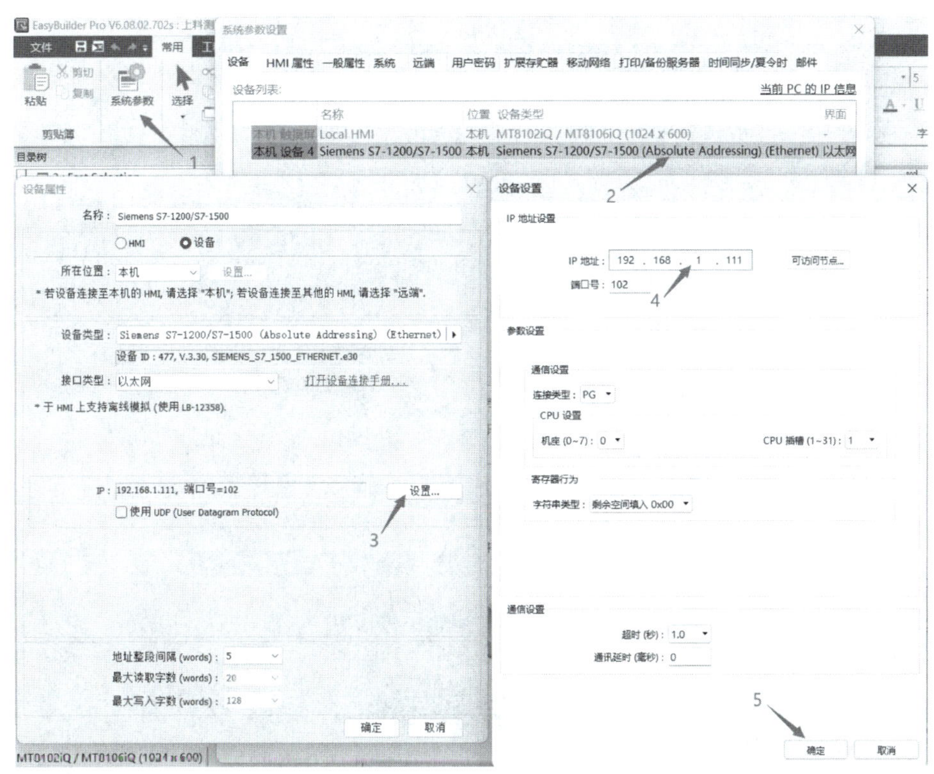

图 3-46 修改 IP 地址

(2) HMI 编程。

① 监控界面。在监控界面添加如图 3-47 所示的元件。

以"I0.0 前位"为例,点击"添加位状态指示灯",在一般属性界面填写读取地址(与博途端的符号表保持一致),如图 3-48 所示。在图片选项卡中可以设置指示灯的样式及显示颜色。

② 操作界面。在操作界面添加如图 3-49 所示的元件。

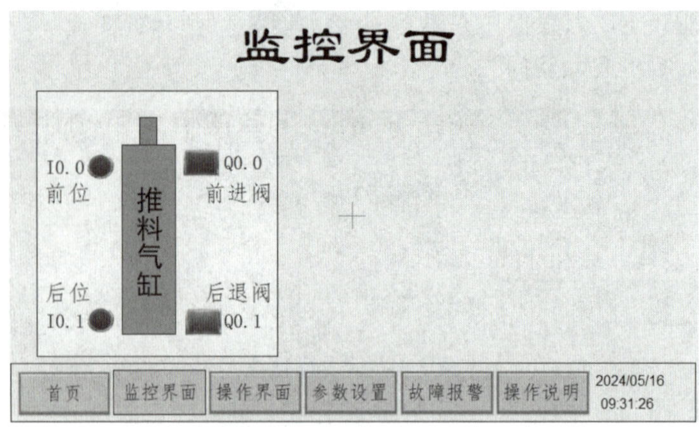

图 3-47　监控界面

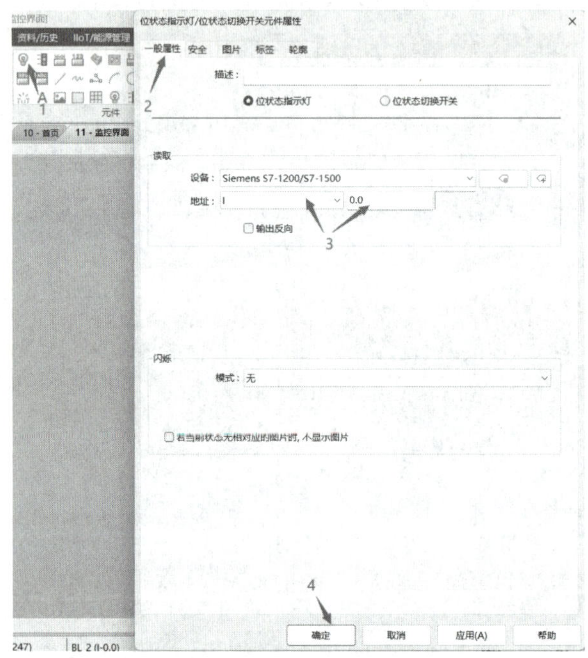

图 3-48　位指示灯

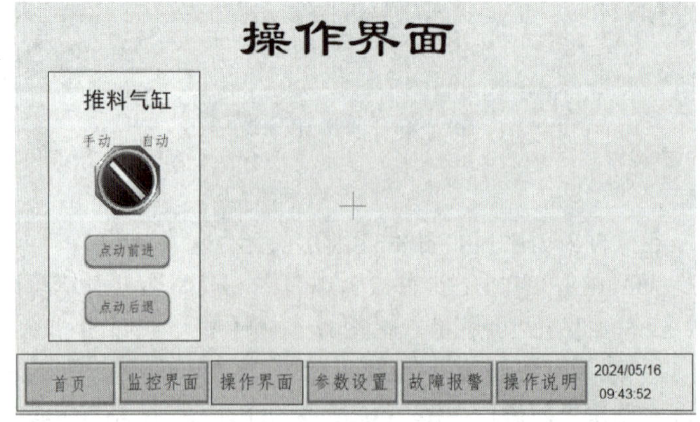

图 3-49　操作界面

以“手/自动切换开关”为例，点击“添加位状态切换开关”，在一般属性界面将地址前半部分设置为“M”，后半部分设置为“8.0”（与博途端保持一致），操作模式改为“切换开关”，如图 3-50 所示。“切换开关”模式是指按一次变为 on，再按一次则变为 off；点动按钮的操作模式则设置为复归型，是指按下变为 on，松开变为 off。

③ 参数设置。在参数设置界面添加一个数值元件。点击“添加数值”，在一般属性界面将地址前半部分设置为“DB99”，后半部分设置为“2”（与博途端保持一致），如图 3-51 所示。在“格式”选项卡中可以设置数值元件的显示格式及上下限。

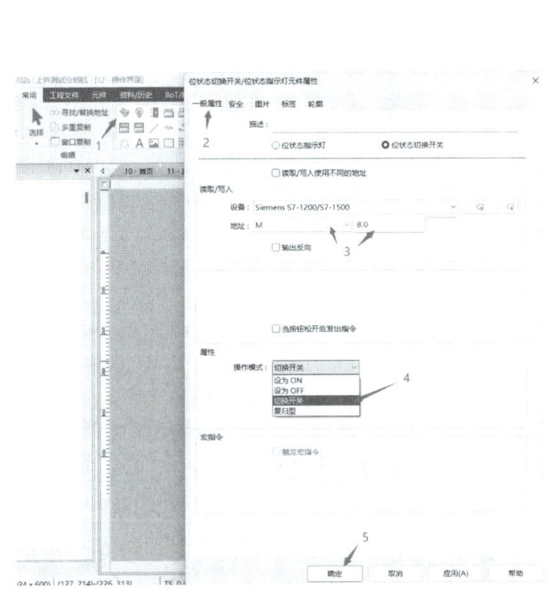

图 3-50 切换开关

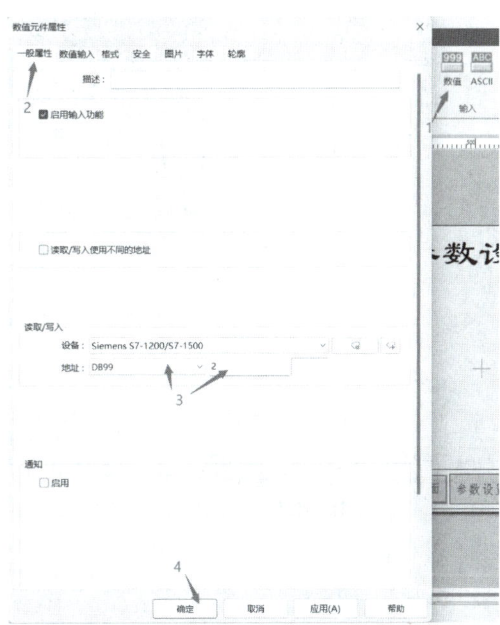

图 3-51 数值元件

④ 故障报警。在故障报警界面添加如图 3-52 所示的元件。

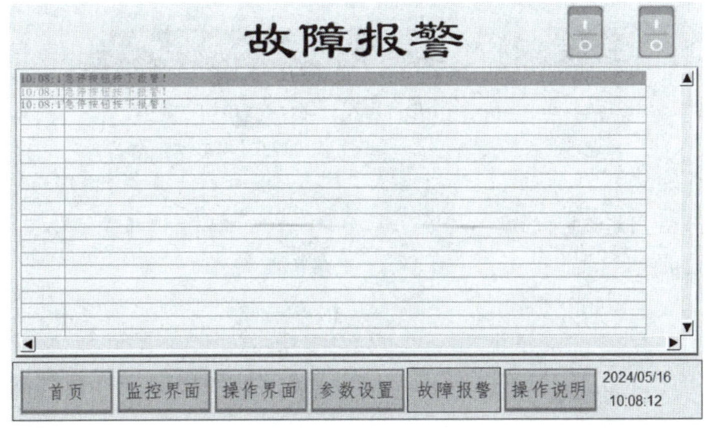

图 3-52 故障报警

要实现故障报警，首先要进行事件登录。以“急停按钮按下报警”为例，在“资料/历史”目录中点击“事件登录”，点击“新增”，报警（事件）登录类型改为“位”，地址前半部分设置为

“M”，后半部分设置为“300.1”(与博途端保持一致)，如图 3-53 所示。添加完成后，双击“新增的事件”，可在信息选项卡中更改事件名称。

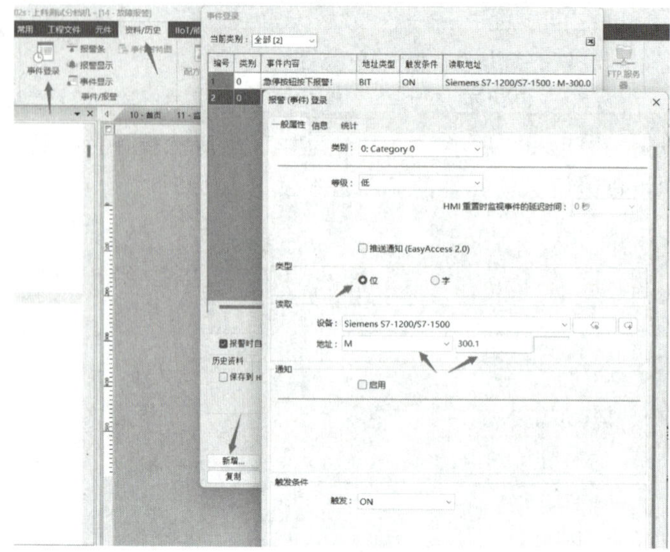

图 3-53　报警(时间)登录

在全部事件添加完成后，点击“资料/历史”目录中“事件显示”，地址设置为“LW0”，点击“确定”，即可添加一个可以记录报警事件的列表。

⑤ 操作说明。在操作说明界面添加设备的简要说明，此处不做赘述。

3. 仿真

1) 离线仿真

威纶触摸屏的离线仿真功能主要用于在不连接实际 PLC 的情况下测试和验证触摸屏程序的正确性和操作逻辑。

点击“工程文件”目录下的“离线模拟”，点击程序中添加的各个元件，检查功能是否正常，如图 3-54 所示。

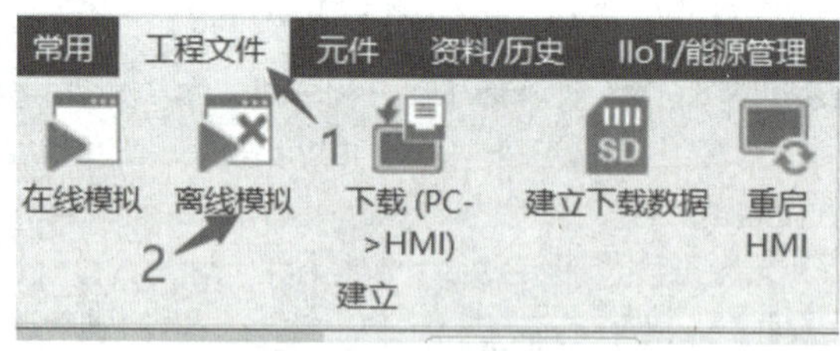

图 3-54　离线仿真

2) 在线仿真

威纶触摸屏的在线仿真功能主要用于在实际的工控环境中进行测试和验证，也可以与博途 S7-PLCSIM 进行联合仿真。

(1) 博途端设置。

① 在 S7-PLCSIM 界面添加一个 S7-1200 的仿真并启动，如图 3-55 所示。

② 下载 PLC 程序并点击“转至在线”。

图 3-55　添加 S7-1200 仿真

(2) NetToPLCsim 端设置。

右键 NetToPLCsim 软件，点击“以管理员身份运行”(需以管理员身份运行，否则无法正常工作)，点击“Add”，在 Station 界面中“Plcsim IP Adress”修改为“192.168.1.111”(与 PLC 的 IP 地址保持一致)，“Network IP Adress”修改为“192.168.1.222”(与西门子 PLC SIM 虚拟网卡的 IP 地址保持一致)，“Plcsim Rack/Slot”设置为“0/1”(与博途端 PLC 的机架号和槽号保持一致)，点击“OK”，点击“Start Server”，完成 NetToPLCsim 端设置，如图 3-56 所示。

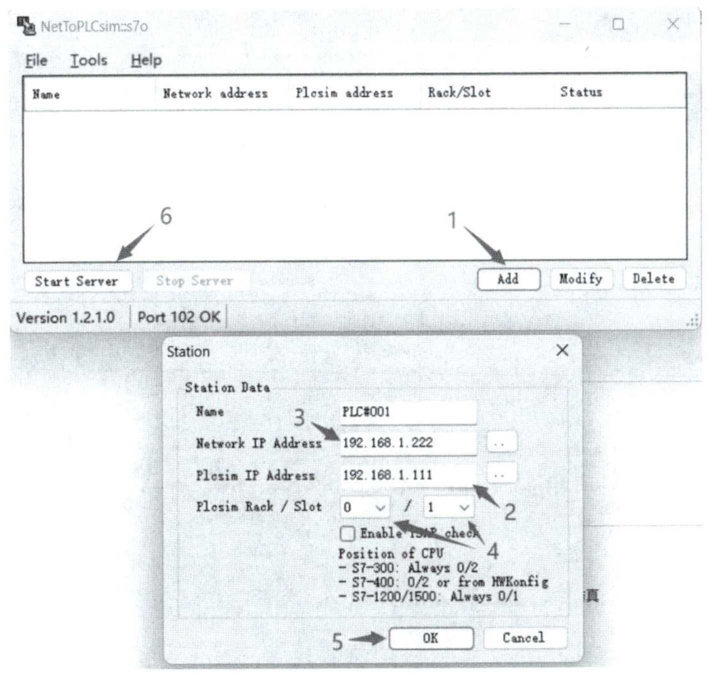

图 3-56　NetToPLCsim 设置

(3) EasyBuilder Pro 端设置。

① 点击“系统参数”，在 HMI 属性目录中修改合适的端口号，如图 3-57 所示。

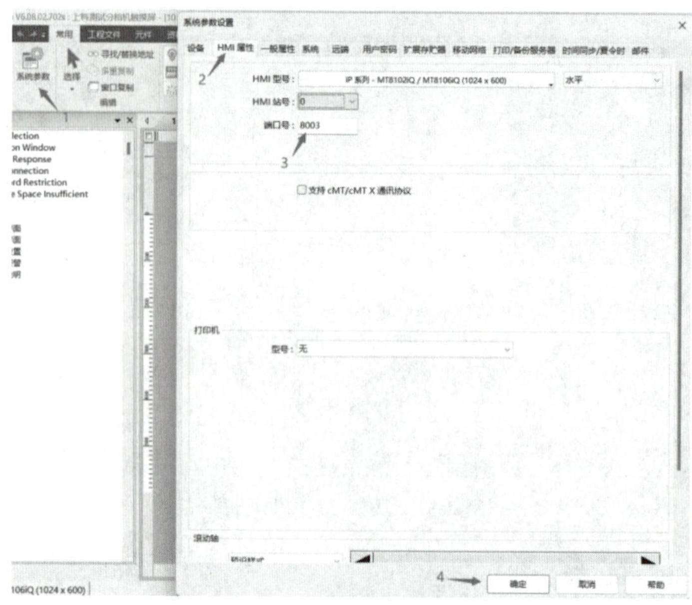

图 3-57　HMI 的端口号设置

② 在系统参数界面的设备目录里，双击 PLC 设备，点击“设置”，把 IP 地址修改为“192.168.1.222”，如图 3-58 所示。

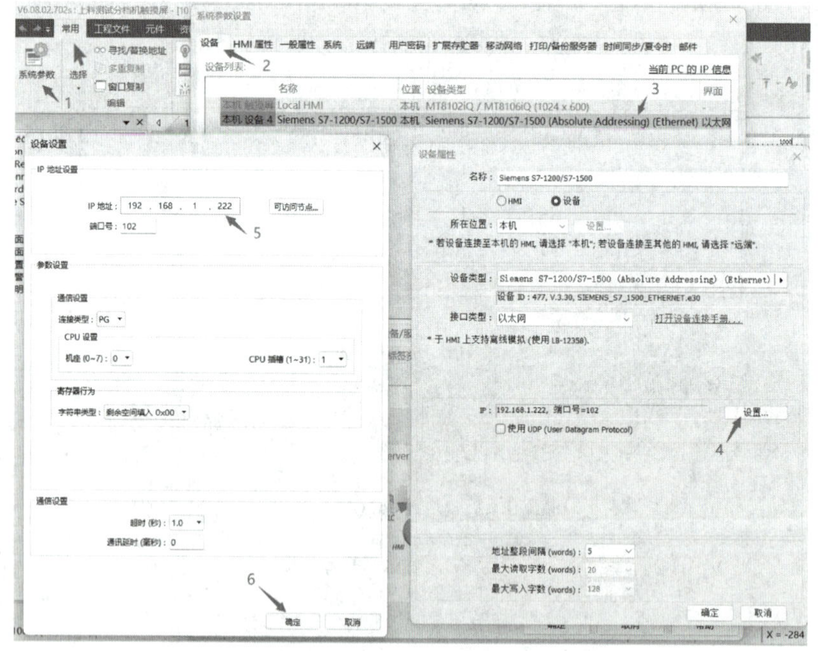

图 3-58　IP 地址设置

注意：此处 IP 地址应与 NetToPLCsim 端的“Network IP Adress”即本地虚拟网卡的 IP 地址保持一致，而不是博途端 PLC 的 IP。

③ 点击工程文件目录中的“在线模拟”，即可实现威纶 HMI 与博途软件的联合仿真。点击 HMI 仿真窗口中的功能键，可在博途端的监控表中观察到 PLC 变量的变化。

项目4

认识自动化生产线

知识目标

(1) 了解实训柔性生产线的基本组成及基本功能；
(2) 了解实训柔性生产线的控制系统组成及功能特点；
(3) 熟悉实训柔性生产线的维修与保养要求。

能力目标

(1) 具备使用工具对生产线进行日常维护、故障诊断与快速修复的能力；
(2) 可优化生产线工艺流程，通过数据分析提升生产效率与产品质量。

素质目标

(1) 培养严谨的工程思维与规范操作意识，确保生产安全与设备稳定运行；
(2) 提升团队协作与沟通能力，适应多岗位协同作业的生产项目需求。

4.1 自动化生产线的基本组成及功能

一、关键单元

新能源圆柱形锂电池生产实训柔性生产线是一种高效、自动化的生产设备，专门设计用于生产和加工圆柱形锂电池。该生产线包括多个关键单元，每个单元都在电池生产过程中发挥着重要作用。

首先，上料测试分档单元负责将锂电池送入生产线并进行初步测试，以确保电池的质量符合标准。然后，电芯入支架单元将电池放入支架中，以便后续的加工和组装。

正反面自动上镍片焊接单元负责在电池的正极和负极上进行镍片的焊接工作。这个单元需要精确和细致的操作，以确保电池的电气连接稳定可靠。

打螺丝焊锡单元是将电池组件固定在一起的重要部分。通过紧固螺丝和焊锡，确保电池的各个部分牢固地连接在一起，从而提高电池的结构稳定性和可靠性。

点胶贴绝缘垫片单元负责在电池上涂抹胶水并贴上绝缘垫片，以保护电池并防止短路。这一步骤对于电池的安全性至关重要。装下壳单元将电池外壳安装到电池支架上。

外壳打螺丝贴标单元是将电池装入外壳并固定，同时贴上标签以标识电池的相关信息。性能测试打码贴标单元则负责对电池进行最终的性能测试，并在测试合格后打上标记和标签，以便于后续的追踪和管理。

整个生产线的设计注重效率和灵活性，可以根据不同的生产需求进行调整和优化。通过自动化的生产流程，该实训柔性生产线能够提高生产效率，降低人力成本，并确保产品品质量的一致性。

二、电气控制系统

新能源圆柱形锂电池生产实训柔性生产线的电气控制系统是一套高度集成、自动化的电气控制解决方案，它能够实现高效、稳定的电池生产。该系统通过精确控制各单元的操作，确保生产线的顺畅运行和产品质量的一致性。

1. 系统组成

该电气控制系统由以下几个关键部分组成。

（1）主控制器：作为系统的核心，主控制器采用了西门子 S7-1200 系列 PLC，负责协调和管理整个生产线的运行。它接收来自各个单元的信号，并根据预设的程序和算法进行处理，以实现自动化的生产流程。

（2）传感器和执行器：分布在各个单元中，传感器用于实时监测生产线的状态，如位置、速度、转矩等参数，并将数据传输给主控制器。执行器则根据主控制器的指令执行相应的动作，如焊接、打螺丝、点胶等操作。

（3）人机界面（HMI）：该生产线采用了威纶触摸屏，它提供操作员与生产线之间的交互界面，使操作员能够实时监控生产过程、调整参数、诊断故障等。

（4）通信网络：连接主控制器、HMI 等，实现数据和信息的高速传输和共享。

（5）电源和气源：为整个生产线提供稳定、可靠的电源和气源供应，确保设备的正常运行。

2. 功能特点

（1）高度自动化：通过精确的电气控制，实现生产过程的自动化，减少人工干预，提高生产效率。

（2）良好的灵活性：系统具备良好的可编程性和可扩展性，可根据不同的生产需求进行调整和优化。

（3）良好的稳定性：采用先进的控制算法和故障诊断机制，确保生产线的稳定运行，缩短停机时间。

（4）可靠的质量控制：通过实时监测和反馈调节，保证产品质量的一致性和可靠性。

（5）友好的用户界面：提供直观的人机界面，方便操作员进行操作和监控。

三、供电电源和气源处理装置

1. 供电电源

新能源圆柱形锂电池生产实训柔性生产线的供电电源应确保安全和稳定，所有电源线路均应符合当地电气安全标准，并且有足够的保护措施，如短路保护和过载保护。定期检查电源线路和设备接地，确保没有潜在的安全隐患。

2. 气源处理装置

新能源圆柱形锂电池生产实训柔性生产线的气源处理装置包括多种设备和配件，以确保压缩空气的质量满足工业生产的要求。

（1）空气过滤器：用于过滤主管路中的水分和异物，预防故障的发生。其工作原理是利用百叶窗导流板产生旋转效应，将大颗粒、水滴和油滴离心分离，而更小的颗粒则被滤芯过滤。杯子组件中积留的冷凝水需要定期排除。

（2）减压阀：用于调整并向执行元件供应恒定的空气压力，最小化压力波动。

（3）截止阀：用于控制气流的开启和关闭，是气源的基本组成部分。

（4）慢启阀：用于缓慢地将压缩空气引入系统，避免因快速充气而产生冲击或噪声。

（5）压力开关：用于监测和控制系统中的压力，当压力达到预设值时，可以触发报警或其他控制动作。

（6）手滑阀：在某些要求不高的设备中，可能会使用手滑阀来手动调节气流的大小。

（7）排水口：用于排除过滤器中积累的水分，防止水分对系统造成损坏。

这些设备和配件共同构成了气源处理装置的核心部分，它们确保了压缩空气的质量，从而保障了整个气动系统的稳定运行。在实际应用中，根据不同的工况和需求，可能会有更多的辅助设备和配件被添加到气源处理装置中。

4.2 自动化生产线的维修与保养

一、例行保养

例行保养是在自动化设备运行的前后及过程中进行的清洁和检查。

（1）每天确认以下内容：

① 空压源压力是否正常，压力表是否达到系统要求压力（0.5 MPa）；

② 复位时轴运动是否异常；

③ 缓冲器是否松动，若松动则进行紧固；机台运动模组螺丝是否紧固，以确保机台的正常运作。

（2）每天开机作业前，将两点组合过滤器内的水分清除干净，以防止空压源的水分进入机构而造成损坏。每月向油雾器中添加润滑油，如图 4-1 所示。

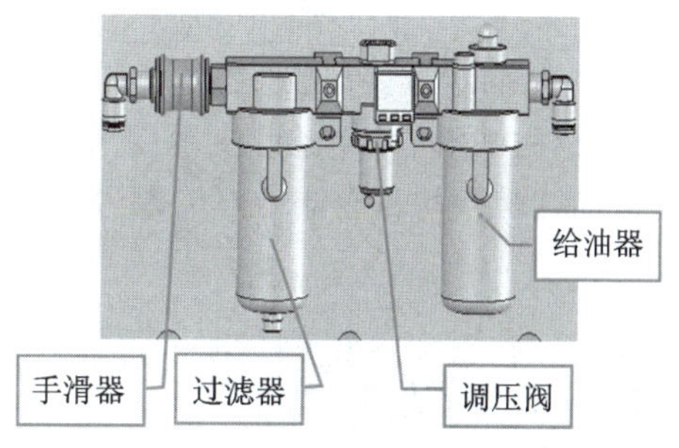

图 4-1 向油雾器中添加润滑油

排水步骤如下：

① 将电源与空压源关闭；

② 将两点组合过滤器的排水开关按照方向打开，进行排水；

③ 水分清除干净后，再将排水开关按照方向关闭；

④ 清除后方可开机作业。

（3）每周至少添加绝缘纸冲切模具专用的润滑油一次，每天对模具进行喷油清理，且每三天清理废料一次。步骤如下：

① 将电源与空压源关闭；

② 向绝缘纸冲切模具油槽内添加润滑油，直至油面超过油槽中海绵面并完全覆盖；

③ 用棉布条擦拭冲切模具各冲切面的灰尘废屑，并均匀喷涂润滑油至各表面；

④ 将收卷反转 5 圈左右，将机台大板上侧绝缘纸收卷部件处的底纸拉开直至可以方便取出废料盒，将盒内废料清理干净后用同样方法放回原处；

⑤ 清除后方可开机作业。

（4）每周必须对点焊机焊针进行检查，若有损坏应及时更换，以保证焊接质量，如图 4-2 所示。步骤如下：

① 关闭电源与空压源；

② 用螺丝扳手拧松点焊针夹套，更换焊针，将夹套夹紧锁牢，夹套固定螺丝先轻锁（焊针位置需使用较大力量才可移动）；

③ 用定位夹具套紧焊针，锁牢夹套固定螺丝，安装完成后方可开机作业。

（5）每三个月清洁机台两侧的风扇滤网，并在机台使用期满半年时更换滤网，以保持机器通风散热良好，从而延长机台的使用寿命，如图 4-3 所示。步骤如下：

① 将电源与空压源关闭；

② 将风扇罩向外侧打开并取下风扇罩；

③ 将风扇罩内的滤网取出并清洁干净，再将风扇罩组合至风扇。

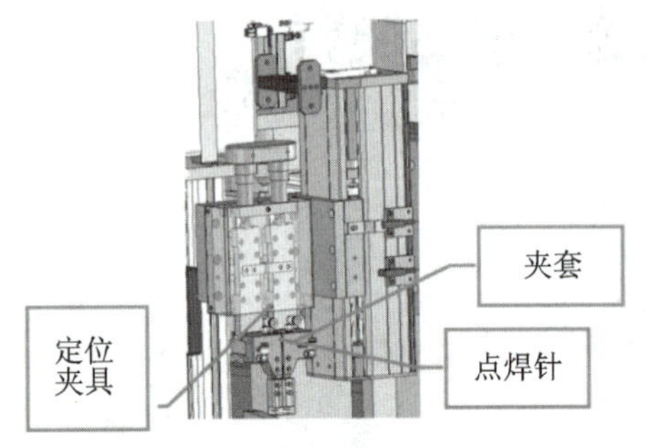

图 4-2　检查点焊机焊针

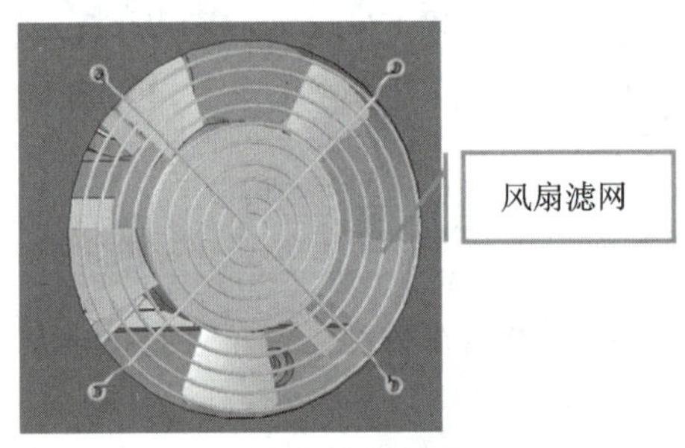

图 4-3　清洁风扇滤网

（6）每周给重要部位（受力大或精度要求高）的线性导轨、导轴导套、轴承等活动摩擦部位添加专用润滑油一次（请使用专用的润滑油保养以延长机台的使用年限）。添加润滑油后，请确认是否均匀涂抹于部位内侧，完成后将护罩等工件恢复定位，方可开机作业。

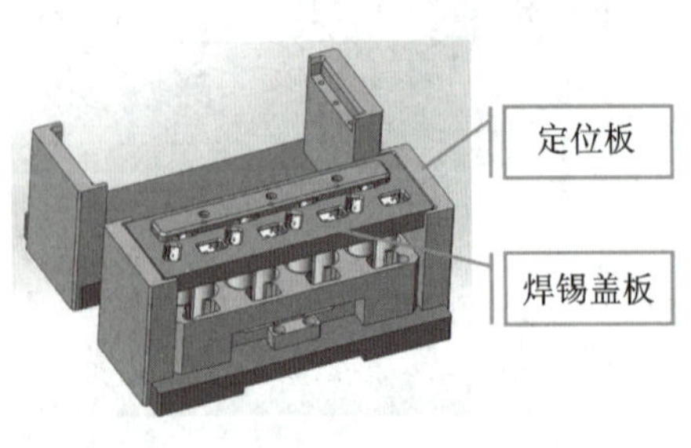

图 4-4　清除焊锡机压盖上的焊渣

（7）每天清除焊锡机压盖上的焊渣，以保证焊锡质量，如图 4-4 所示。步骤如下：

① 将电源与空压源关闭；

② 手动取下焊锡盖板；

③ 将焊锡盖板上的焊渣清理干净，再将盖板安装至原来位置。

（8）每季度检查可编程控制器的电池电量指示灯，发现缺电应立即更换电池。

二、消耗品的更换

1. 更换测试针

当现场测试结果数值出现跳动、各数值差距较大、任意一个或多个结果无数值或为0等情况时需更换测试针，如图4-5所示。步骤如下：

① 将电源与空压源关闭；

② 拆卸需要更换测试针处的测试针压板，取出测试针并剪断测试针尾部的测试线；

③ 拆卸测试针并换上新的测试针，重新将测试线焊在新的测试针上。

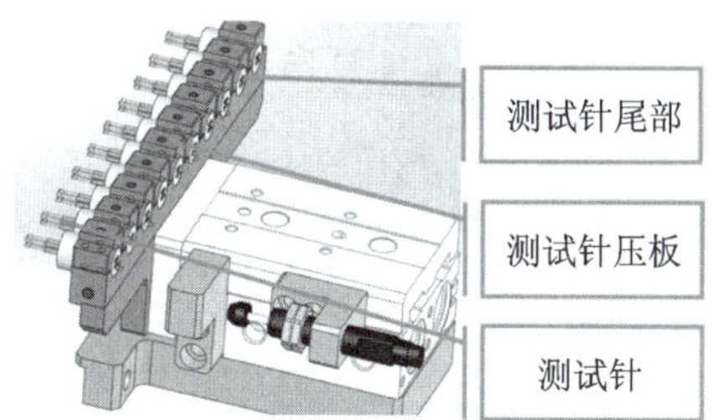

图4-5　更换测试针

2. 更换皮带

当无法夹紧或皮带磨损时需更换皮带，如图4-6所示。步骤如下：

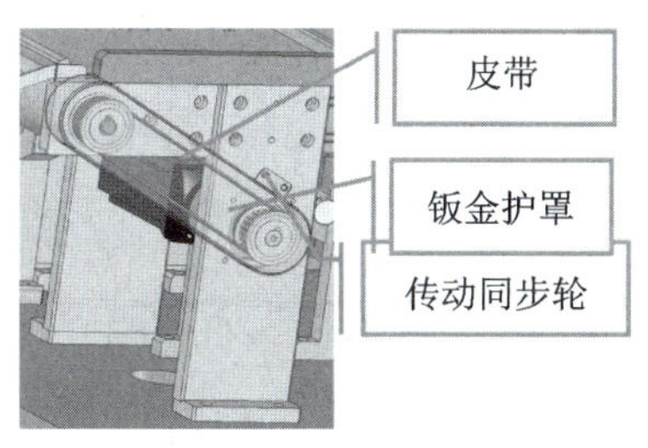

图4-6　更换皮带

① 将电源与空压源关闭；

② 将钣金护罩打开(更换皮带时，要将传动同步轮的固定螺丝拧松)；

③ 将两个同步轮之间的距离调至尽可能小，取下损坏的皮带。换上新皮带后重新调节传动同步轮的位置，确认皮带处于张紧状态后拧紧固定螺丝；

④ 皮带必须平顺地套在传动同步轮上，不可歪斜、脱离同步轮；

⑤ 需锁紧皮带固定螺丝，锁紧时应注意固定螺丝的定位，以防止皮带张紧度不足，造成皮带及机构的损伤。

3. 更换弹簧

当现场弹簧弹力失效或弹力达不到要求时需更换弹簧，如图4-7所示。步骤如下：

① 将电源与空压源关闭；

② 拆下轴芯，取出旧弹簧，更换新的弹簧；

③ 将轴芯装回原来位置后方可开机作业。

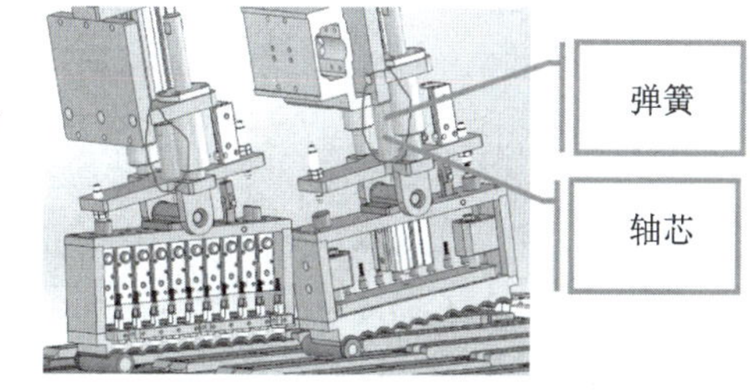

图4-7　更换弹簧

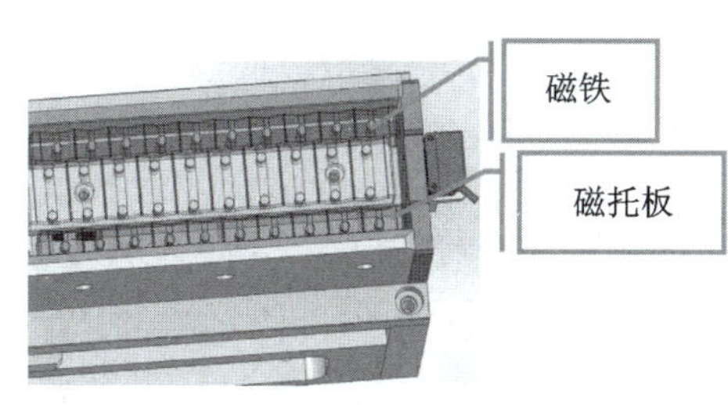

图4-8　更换磁铁

4. 更换磁铁

当磁铁磁力消退并影响机构的运行时需更换磁铁，如图4-8所示。步骤如下：

① 将电源与空压源关闭；

② 拆下磁托板，在磁托板装磁铁的相同位置的反面打一个小于磁铁直径的小孔(与磁铁位置同心)，用铁针将磁铁敲出，再打完胶水后更换新的磁铁；

③ 将磁托板装回原处后方可开机作业。

5. 更换联轴器

当联轴器无法夹紧或失效时需更换联轴器，如图 4-9 所示。步骤如下：

① 将电源与空压源关闭；

② 用扳手拧松联轴器两侧的夹紧螺丝，并在拆卸电动机后取出联轴器；

③ 更换新的联轴器，重新固定伺服电动机、锁紧联轴器、夹紧螺丝后方可开机作业。

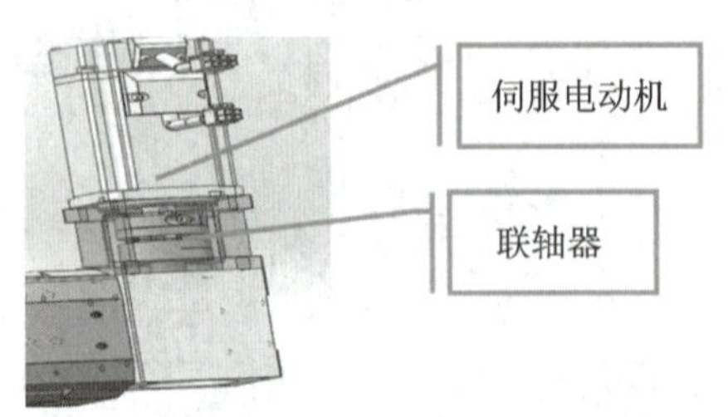

图 4-9　更换联轴器

6. 更换胶轮

当胶轮表面起泡、变形或破损并直接影响运行质量时需更换胶轮，如图 4-10 所示。步骤如下：

① 将电源与空压源关闭；

② 拆卸护罩、同步带、同步轮，拧松锁紧套、夹紧螺丝后取出夹紧套，然后拆卸轴承，取出胶轮；

③ 新的胶轮套上轴承后装回原位置，用锁紧套夹紧胶轮，装回同步轮，张紧皮带、装回护罩后方可开机作业。

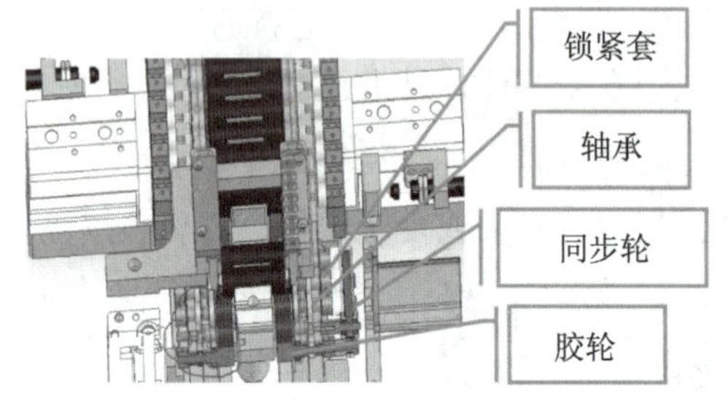

图 4-10　更换胶轮

7. 更换备品加工件

出现螺丝孔损坏、零件变形或断裂、包胶脱落等直接影响机器运行质量的状况时需更换备品加工件，如图 4-11 所示。步骤如下：

① 将电源与空压源关闭；

② 尽可能直接拆除需要更换的零件。若必须先拆除其他几个零件，按顺序依次拆除，并用酒精抹布清洗零件；

③ 按拆除的反向顺序依次安装零件。若零件内有气路或油路等循环系统，务必做密封处理，按顺时针方向缠绕密封胶带，必要时需要安装合适的密封圈。所有零件装回原来位置并在活动关节处添加润滑油后方可开机作业。

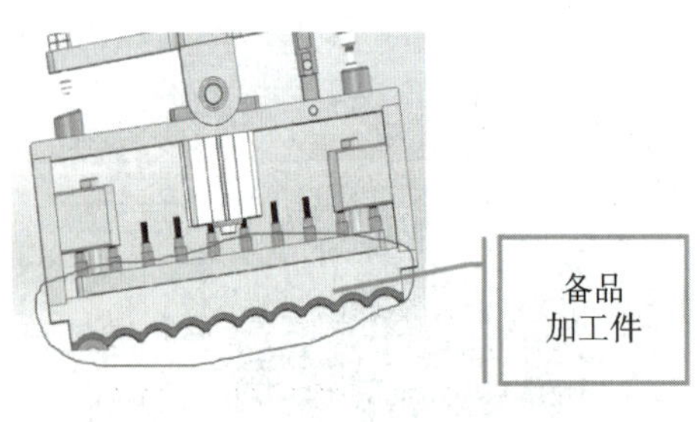

图 4-11　更换其他备品加工件

三、其他保养

(1) 换季保养：主要内容是更换适应季节的润滑油、燃油，采取防冻措施，增加防冻设施等。

(2) 转移保养：自动化设备转移前应进行转移保养，可根据自动化设备的技术状况进行保养，必要时可进行防腐处理。

(3) 停放保养：停用及封存自动化设备前应进行保养，主要是清洁、防腐、防潮等。

保养完成后要进行认真检查和验收，并编写有关资料，确保记录齐全、真实。

应用篇

应用篇以新能源圆柱形锂电池生产实训柔性生产线为项目背景，通过对上料分档、电池装配和自动点焊等8个真实生产单元应用的深度剖析，将机械安装、电气接线、编程控制和参数调整等核心技能融入设备拆解、参数整定和编程等工程任务，实现从理论到实践的跨越。

项目5

上料测试分档机的装调与应用

知识目标

(1) 了解上料测试分档机的机构组成；

(2) 了解上料测试分档机的工作原理；

(3) 熟悉上料测试分档机的工作流程；

(4) 掌握 PLC 和 HMI 编程的基础知识和步骤。

能力目标

(1) 能独立编写 PLC 程序，控制上料、测试及分档流程，包括上料机器人的运动、电池测试仪参数的设置以及与辅助机构的协同工作；

(2) 会设计合适的触摸屏 HMI，能够轻松设定电池测试仪参数、分档规则、启动程序和监控生产状态；

(3) 能调整电池测试仪探针的位置，确保探针和电极的准确对位；

(4) 会编程控制上料机器人，实现电池的精确搬运和放置；

(5) 能根据电池测试仪工作参数的设置，确保测试效果满足要求；

(6) 在确保安全和可靠的前提下，会优化控制程序，尽可能地提高机器运行效率。

素质目标

(1) 提升学生的积极探索新知识的素质；

(2) 提升学生的团队协作意识。

工作情景

在锂电池生产线中，上料测试分档机负责将电池准确送入测试站并进行性能检测，这一过程需要精确控制和实时监测，因此对自动化系统的依赖性极高，理解并能够操控上料测试分档机至关重要。

本项目专注于新能源圆柱形锂电池生产线中的第一个关键设备——上料测试分档机，通过本项目的学习，我们将掌握这台机器的工作原理、操作流程，以及如何利用 PLC、触摸屏和电池测试仪进行有效控制和测试。图 5-1 所示为上料测试分档机的主要结构。

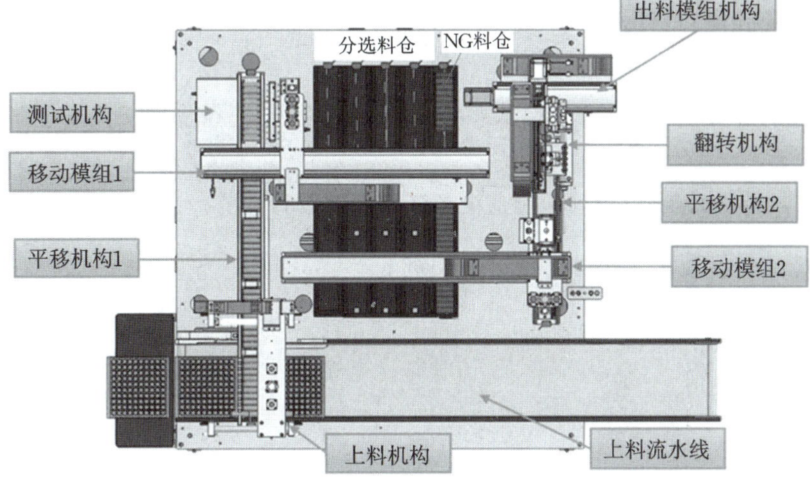

图 5-1 上料测试分档机的主要结构

项目思政

在匠心筑梦的征途中，工匠精神不仅是技艺的极致追求，更是新时代青年学子的精神灯塔。它蕴含着专注执着、精益求精、勇于创新、敬业乐群的深刻内涵。作为未来社会的建设者，我们当以工匠精神为镜，砥砺前行，在专业学习与实践探索中，不断锤炼自我，追求卓越，为国家和民族的伟大复兴贡献青春力量。

在学习具体操作之前，需要了解以下几个重要知识点。

1. 主要功能

电池的性能测试、分选，把测试结果不良的电池放入 NG 料仓。

2. 结构组成

上料测试分档机由机械、电气控制、气动和电动驱动等部分组成，其中机械部分包括测试机构、移动模组 1、平移机构 1、上料机构、上料流水线、出料模组机构、翻转机构、平移机构 2、移动模组 2 等。

3. 遵循的原则

电气元器件选型时通常应遵循如下原则。

(1) 普遍性原则：优先选择广泛使用并经过验证的元器件，减少开发风险。

(2) 高性价比原则：在功能和性能相近的情况下，尽量选择性价比高的元器件，降低成本。

(3) 采购方便原则：选择容易购买、供货周期短的元器件，确保生产计划顺利进行。

(4) 持续发展原则：选择在可预见的未来不会停产的元器件，保障长期稳定供应。

(5) 可替代原则：尽量选用有多种品牌兼容的元器件，以备不时之需。

(6) 向上兼容原则：如果可能，选择之前老产品使用过的元器件，充分利用现有的设计和经验。

(7) 资源节约原则：充分利用元器件的全部功能和管脚，避免资源浪费。

(8) 生命周期匹配原则：考虑元器件本身的生命周期与产品生命周期的匹配，保证产品在整个生命周期内的稳定供应。

(9) 节能环保原则：在满足工程要求的前提下，尽可能选择具有节能功能的设备，如变频器、高效电动机等。

(10) 符合国家标准要求：确保所选设备满足国家及行业的标准和规范要求。

【任务实施】

一、任务要求

1. 工作流程

(1) 上料机构将电池通过磁铁吸起并左移，电池一边左移一边旋转 90°，放入平移机构 1。

(2) 电池移动到测试机构进行测试，测试完毕后通过移动模组 1 移动到分选料仓，不合格的放入 NG 料仓。

(3) 移动模组 2 抓取分选料仓中合格的电池，放入平移机构 2 并移动到指定位置，翻转机构将电池翻转 90°。

(4) 出料模组机构的机械手将电池抓取到下一台机。

2. 任务分析

(1) 编写 PLC 程序，控制上料、测试及分档流程，包括上料机器人的运动、电池测试仪参数的设置以及与辅助机构的协同工作。

(2) 设计合适的触摸屏 HMI(human-machine interface，人机界面)，使操作员能够轻松设定电池测试仪参数、分档规则、启动程序和监控生产状态。

(3) 调整电池测试仪探针位置，确保探针和电极的准确对位。

(4) 编程控制上料机器人，实现电池的精确搬运和放置。

(5) 设置电池测试仪的工作参数，确保测试效果满足要求。

(6) 人工移除不合格的电池，利用电池测试仪记录的参数分析不合格的原因。

(7) 在确保安全和可靠的前提下，优化程序，尽可能地提高机器效率。

二、硬件结构设计

我们从以下三个方面来介绍上料测试分档机的硬件设计。

1. 外部供电电源

这台设备内部所使用的电动机、机器人、测试设备等都是交流 220 V、50 Hz 的设备，所以外部供电电源应为交流 220 V、50 Hz 电源。

2. 电柜内电气元器件的选型

电柜内电气元器件分布如图 5-2 所示。

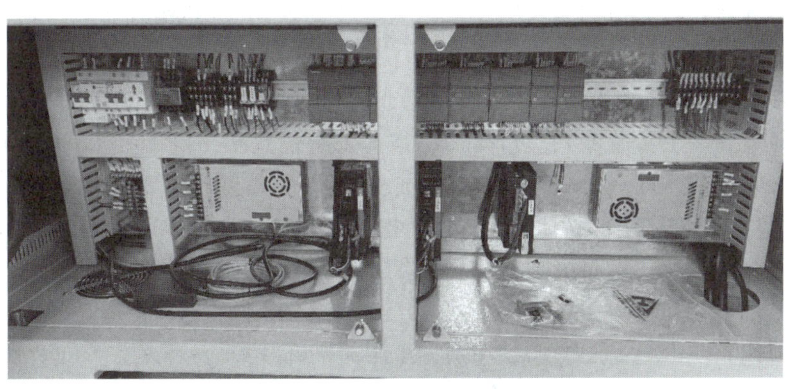

图 5-2　电柜内电气元器件分布

(1) 总电源开关为 LW30-32 型转换开关，选择这种开关的好处是不用打开电柜门就可以接通或关断电源。

(2) 在电柜内左上角设置了一个漏电保护开关，它主要用于保护柜内插座。注意：凡是与人员操作有关的插座都需要设置漏电保护开关，但是漏电保护开关通常不用做整机的漏电保护，因为伺服驱动器会存在漏电现象。如果在伺服驱动器的前端加装了漏电保护开关，极有可能会误动作。

(3) 电柜下层放置了汇川 SV660P 型伺服驱动器和雷赛 MA860C 型步进驱动器，它们可以通过接收高速脉冲的方式进行精确的位置控制。

(4) 开关电源为雷赛智能 LSP 系列 360 W、24 V 开关电源，其功能是给 PLC、电磁阀等元器件提供稳定的直流 24 V 电源。

(5) 电柜内还有一排中间继电器，用来与一些外围设备(如机器人等)进行信号交互。

(6) PLC 选用西门子 S7-1200 系列，CPU 模块为 S7-1214C DC/DC/DC，第一个 DC 指的是 PLC 输入电源为直流 24 V，第二个 DC 指的是 PLC 输入端采用的是直流输入的方式，第三个 DC 指的是 PLC 以直流的方式输出，即该 PLC 是源型输出的 PLC。它可以通过高速脉冲控制伺服或步进驱动器，但最多只能控制四个轴。这台 PLC 还扩展了若干个 I/O 扩展模块。

3. 电柜外电气元器件

电柜外电气元器件分布如图 5-3 所示。

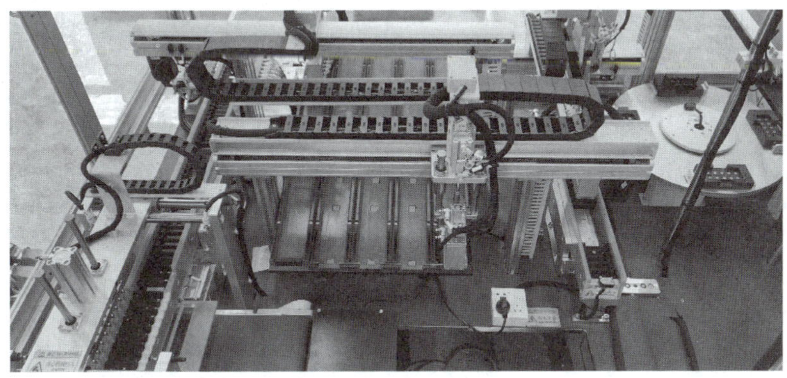

图 5-3　电柜外电气元器件分布

电柜外传感器包括光电开关、接近开关、磁性开关等，电柜外执行器则包括步进电动机、交流伺服电动机、电磁阀等。

(1) 设备选用了对射型光电开关、漫反射型光电开关和槽型光电开关。对射型光电开关有一个发射集和一个接收集，它可靠性高，但对安装位置有一定的要求。漫反射型光电开关发射集和接收集位于同一壳体内，它安装方便，但对物体颜色较为敏感，通常不适合检测黑色的物体。每一套搬运模组都设置了三个槽型光电开关，用作前极限、后极限和原点检测。搬运模组之所以选择槽型光电开关，主要是槽型光电开关检测精度高且能安装在狭小的空间内。

(2) 根据不同的安装位置要求，使用两种不同的接近开关，一种是方形的 20 mm×20 mm 的电感式接近开关，另一种是圆柱形 M8 电感式接近开关。电感式接近开关的检测距离较近，通常只有 10 mm 左右，主要用来检测金属器件，不同材料的金属检测距离不同。

(3) 所有气缸都安装了磁性开关。磁性开关内部是一个干簧管，它主要用于检测气缸磁环，当磁环靠近磁性开关时，磁性开关接通；反之，磁性开关就断开。

(4) 步进电动机用来驱动输送皮带，它与电柜内部的步进驱动器配套使用，可以很方便地调节皮带速度。

(5) 交流伺服电动机用来驱动搬运模组，它与电柜内部的伺服驱动器配套使用，用来实现搬运模组的位置精确控制。

(6) 电磁阀主要用于控制气缸，它们的输入电压都是直流 24 V。

(7) 设备配有一台测试仪，它和 PLC 之间有信号交互。当电池到达指定位置且探针与电极接触后，PLC 就会向测试仪发出一个“就绪”信号，测试仪收到“就绪”信号后采集测试数据。测试数据采集完毕后，测试仪用数据的形式向 PLC 发送测试数据，以便后续分选至 OK 或 NG 滑槽。

三、确定地址分配

PLC 扩展 5 个信号模块，I/O 地址分配表如表 5-1～表 5-6 所示。

表 5-1 CPU 模块 I/O 地址分配表

输入	注释	输出	注释
I0.00	分选上料电动机原点	Q0.00	分选上料电动机脉冲信号
I0.01	分选出料电动机原点	Q0.01	分选出料电动机脉冲信号
I0.02		Q0.02	料盒传送流水线电动机脉冲信号
I0.03		Q0.03	
I0.04	分选上料电动机 CW 限位	Q0.04	分选上料电动机方向信号
I0.05	分选上料电动机 CCW 限位	Q0.05	分选出料电动机方向信号
I0.06	分选出料电动机 CW 限位	Q0.06	料盒传送流水线电动机方向信号
I0.07	分选出料电动机 CCW 限位	Q0.07	
I1.00		Q1.00	

续表

输入	注释	输出	注释
I1.01		Q1.01	
I1.02	分选上料电动机驱动报警		
I1.03	分选出料电动机驱动报警		
I1.04			
I1.05			

表 5-2　扩展信号模块 1 I/O 地址分配表

输入	注释	输出	注释
I2.00	“启动”按钮	Q2.00	灯塔—绿灯
I2.01	“停止”按钮	Q2.01	灯塔—黄灯
I2.02	“复位”按钮	Q2.02	灯塔—红灯
I2.03	“急停”按钮	Q2.03	灯塔—蜂鸣器
I2.04	门禁输入	Q2.04	LED 灯
I2.05	气压检测	Q2.05	电动机使能
I2.06		Q2.06	
I2.07		Q2.07	
I3.00	流水线料盒到位检测	Q3.00	
I3.01	流水线料盒余料检测	Q3.01	
I3.02	上料传送上料工位余料检测	Q3.02	
I3.03	上料传送出料工位余料检测	Q3.03	
I3.04	出料传送上料工位余料检测	Q3.04	
I3.05	出料传送出料工位余料检测	Q3.05	
I3.06		Q3.06	
I3.07		Q3.07	

表 5-3　扩展信号模块 2 I/O 地址分配表

输入	注释	输出	注释
I4.00	料盒侧定位气缸原点	Q4.00	料盒侧定位气缸
I4.01	料盒侧定位气缸到位	Q4.01	料盒取料升降气缸
I4.02	料盒取料升降气缸原点	Q4.02	料盒取料横移气缸
I4.03	料盒取料升降气缸到位	Q4.03	上料传送平移气缸

续表

输入	注释	输出	注释
I4.04	料盒取料横移气缸原点	Q4.04	上料传送升降气缸
I4.05	料盒取料横移气缸到位	Q4.05	测试气缸
I4.06	上料传送平移气缸原点	Q4.06	分选上料升降气缸
I4.07	上料传送平移气缸到位	Q4.07	分选上料角度气缸
I5.00	上料传送升降气缸原点	Q5.00	分选出料升降气缸
I5.01	上料传送升降气缸到位	Q5.01	分选出料角度气缸
I5.02	1＃测试气缸原点	Q5.02	出料传送平移气缸
I5.03	2＃测试气缸原点	Q5.03	出料传送升降气缸
I5.04	分选上料升降气缸原点	Q5.04	极性调转升降气缸
I5.05	分选上料升降气缸到位	Q5.05	极性调转旋转气缸
I5.06	分选上料角度气缸原点	Q5.06	出料翻转气缸
I5.07	分选出料角度气缸原点	Q5.07	料盒压壳气缸

表 5-4　扩展信号模块 3 I/O 地址分配表

输入	注释	输出	注释
I6.00	分选出料升降气缸原点	Q6.00	分选出料脱磁气缸
I6.01	分选出料升降气缸到位	Q6.01	极性调转脱磁气缸
I6.02	出料传送平移气缸原点	Q6.02	出料翻转脱磁气缸
I6.03	出料传送平移气缸到位	Q6.03	
I6.04	出料传送升降气缸原点	Q6.04	
I6.05	出料传送升降气缸到位	Q6.05	
I6.06	极性调转升降气缸原点	Q6.06	1＃归档上料脱磁气缸
I6.07	极性调转升降气缸到位	Q6.07	2＃归档上料脱磁气缸
I7.00	极性调转旋转气缸原点	Q7.00	3＃归档上料脱磁气缸
I7.01	极性调转旋转气缸到位	Q7.01	4＃归档上料脱磁气缸
I7.02	出料翻转气缸原点	Q7.02	5＃归档上料脱磁气缸
I7.03	出料翻转气缸到位	Q7.03	6＃归档上料脱磁气缸
I7.04	料盒压壳气缸原点	Q7.04	7＃归档上料脱磁气缸
I7.05	料盒压壳气缸到位	Q7.05	8＃归档上料脱磁气缸
I7.06		Q7.06	9＃归档上料脱磁气缸
I7.07		Q7.07	10＃归档上料脱磁气缸

表 5-5 扩展信号模块 4 I/O 地址分配表

输入	注释	输出	注释
I8.00	1＃分选上料手爪电池接近开关检测	Q8.00	1＃测试通道切换开关
I8.01	2＃分选上料手爪电池接近开关检测	Q8.01	2＃测试通道切换开关
I8.02	3＃分选上料手爪电池接近开关检测	Q8.02	3＃测试通道切换开关
I8.03	4＃分选上料手爪电池接近开关检测	Q8.03	4＃测试通道切换开关
I8.04	5＃分选上料手爪电池接近开关检测	Q8.04	5＃测试通道切换开关
I8.05	6＃分选上料手爪电池接近开关检测	Q8.05	6＃测试通道切换开关
I8.06	7＃分选上料手爪电池接近开关检测	Q8.06	7＃测试通道切换开关
I8.07	8＃分选上料手爪电池接近开关检测	Q8.07	8＃测试通道切换开关
I9.00	9＃分选上料手爪电池接近开关检测	Q9.00	9＃测试通道切换开关
I9.01	10＃分选上料手爪电池接近开关检测	Q9.01	10＃测试通道切换开关
I9.02		Q9.02	
I9.03		Q9.03	
I9.04		Q9.04	
I9.05		Q9.05	
I9.06		Q9.06	
I9.07		Q9.07	

表 5-6 扩展信号模块 5 I/O 地址分配表

输入	注释	输入	注释
I10.00	1 档料槽电池到位接近开关检测(上)	I12.00	1＃分选出料手爪电池接近开关检测
I10.01	1 档料槽电池到位接近开关检测(下)	I12.01	2＃分选出料手爪电池接近开关检测
I10.02	2 档料槽电池到位接近开关检测(上)	I12.02	3＃分选出料手爪电池接近开关检测
I10.03	2 档料槽电池到位接近开关检测(下)	I12.03	4＃分选出料手爪电池接近开关检测
I10.04	3 档料槽电池到位接近开关检测(上)	I12.04	5＃分选出料手爪电池接近开关检测
I10.05	3 档料槽电池到位接近开关检测(下)	12.05	1＃极性调转手爪电池接近开关检测
I10.06	4 档料槽电池到位接近开关检测(上)	I12.06	2＃极性调转手爪电池接近开关检测
I10.07	4 档料槽电池到位接近开关检测(下)	I12.07	3＃极性调转手爪电池接近开关检测
I11.00	1 档料槽防叠料光电开关检测	I13.00	4＃极性调转手爪电池接近开关检测
I11.01	2 档料槽防叠料光电开关检测	I13.01	5＃极性调转手爪电池接近开关检测

续表

输入	注释	输入	注释
I11.02	3 档料槽防叠料光电开关检测	I13.02	
I11.03	4 档料槽防叠料光电开关检测	I13.03	
I11.04	NG 料槽防叠料光电开关检测	I13.04	
I11.05		I13.05	
I11.06		I13.06	
I11.07		I13.07	

四、HMI 画面设计

1. HMI 画面设计的原则

HMI 画面设计应遵循的原则有很多，具体如下。

（1）安全性原则：这是 HMI 设计中最重要的原则。所有显示信息都应该按照人机工程学进行合理排布，以操作员的行为习惯进行设计。设计师需要特别注意与安全相关信息的展示、视觉警告、文字易读性和防止显示眩光等问题。

（2）及时反馈原则：HMI 应提供即时的反馈，以便操作员能够了解他们的操作是否得到了系统的响应和结果。

（3）简洁性原则：HMI 设计应遵循 KISS（keep it simple and stupid）原则，即保持简单和直观。操作员不需要深入了解复杂的逻辑或烦琐的流程，而是应该能够通过最简单的操作完成任务。

（4）可视化原则：HMI 应能够以清晰而有意义的方式显示数据，使用图形、图表等可视化手段帮助操作员理解流程并做出决策。

（5）定制性原则：HMI 应能够根据特定过程或设备的需求以及操作员的偏好进行定制。

（6）扩展性原则：随着技术的发展和过程的复杂化，HMI 设计应具备处理更多数据和复杂性的能力。

（7）远程访问原则：HMI 应支持远程访问，以便操作员可以从远处监视和控制过程。

（8）一致性原则：界面元素的一致性对于确保用户体验和操作效率至关重要。设计师应保持界面布局和组织的一致性，以创建清晰、易于导航和直观的界面。

这些原则共同构成了 HMI 设计的框架，旨在提高操作效率、确保用户安全并提升用户体验。在设计 HMI 时，设计师需要综合考虑这些原则，以确保最终的产品既实用又符合用户的使用习惯。

2. HMI 画面的组成

HMI 是连接 PLC、变频器、伺服系统等工业控制设备与操作员之间的桥梁。HMI 画面通常由以下几个主要部分构成。

（1）主页面：这是用户进入 HMI 时最先看到的画面。它通常会包含系统的概括信息，如系统名称、设备状态概览、当前运行模式、当前日期与时间等，如图 5-4 所示。

（2）监控页面：这个页面显示了系统的各种实时数据和状态，如温度、压力、速度、产量等，如图 5-5 所示。这些数据通常是动态更新的，以便操作员能够实时了解设备的运行情况。

（3）操作页面：这是用户进行各种操作的地方，如启动/停止设备、设置目标值、调整参数等，如图 5-6 所示。操作页面通常会设计得直观易用，以减少操作错误。

（4）参数设置页面：在这个页面，用户可以设置或修改系统的各种参数，如目标位置、运行速度、压合时间等，如图 5-7 所示。这些参数通常需要登录权限才能修改。

（5）故障报警页面：当系统出现故障或异常时，这个页面会显示相关的报警信息，如故障类型、故障位置、故障时间、与故障相关的 I/O 等，如图 5-8 所示。这有助于操作员快速定位问题并进行相应的处理。

（6）操作说明：简易的使用说明书，包括设备的操作方法、注意事项、故障排除等内容。对于复杂的系统，操作说明是非常重要的，它可以帮助操作员正确地使用设备并避免错误。

以上就是 HMI 画面的主要组成部分，不同的系统可能会有所不同，但大体上都是这样的结构。

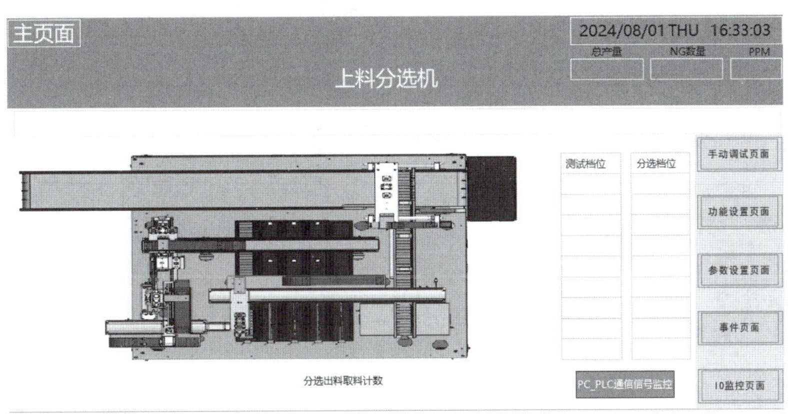

图 5-4 主页面

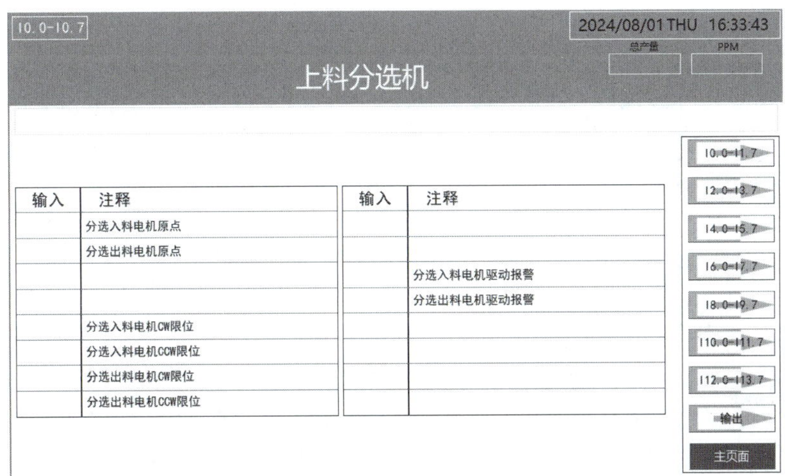

图 5-5 监控页面

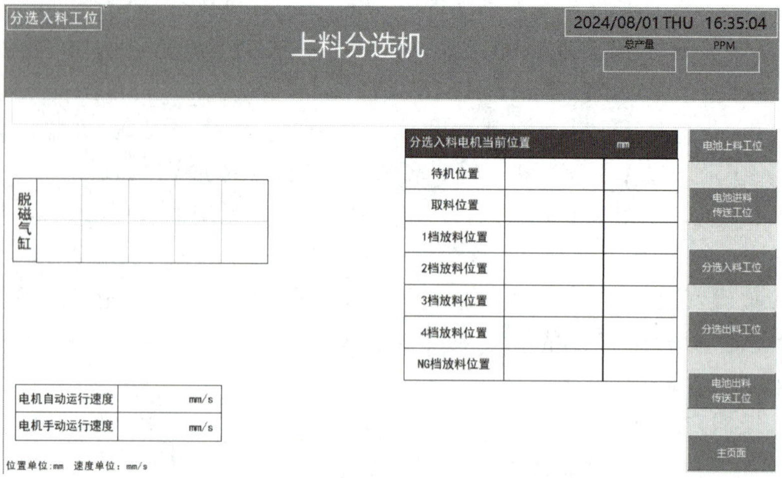

图 5-6　操作页面

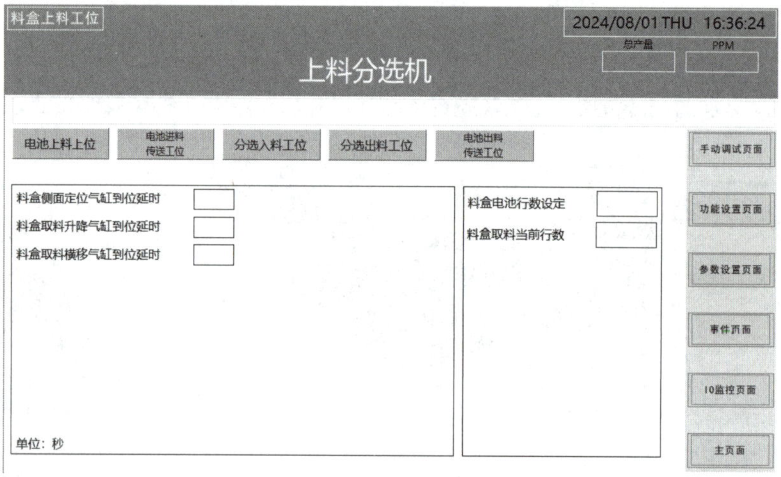

图 5-7　参数设置页面

图 5-8　故障报警页面

根据以上内容，使用威纶 EasyBuilder Pro 软件绘制 HMI 界面。HMI 画面设计的具体方法，可参考视频资料。

微课视频

五、软件设计

1. 程序流程图

上料测试分档机的程序流程图如图 5-9 所示。各段程序内部的动作、条件及步号可根据前面章节所学知识进行绘制。在自动模式且设备已启动的状态下，各段程序独立执行相关动作，程序段和程序段之间存在一些“衔接关系”，如“就绪”“完成”等。

图 5-9　上料测试分档机的程序流程图

2. 程序分段

上料测试分档机的自动程序可以分为以下四段，各段相关程序如图 5-10～图 5-13 所示。

(1) 上料段：控制范围包括上料流水线、上料机构、平移机构 1、测试机构。

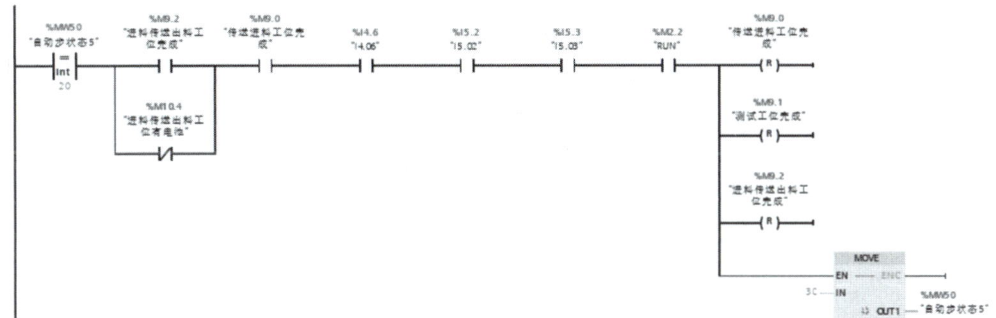

图 5-10　上料传送上料工位完成程序

(2) 上料移载段：控制范围包括移动模组 1 及其夹爪。

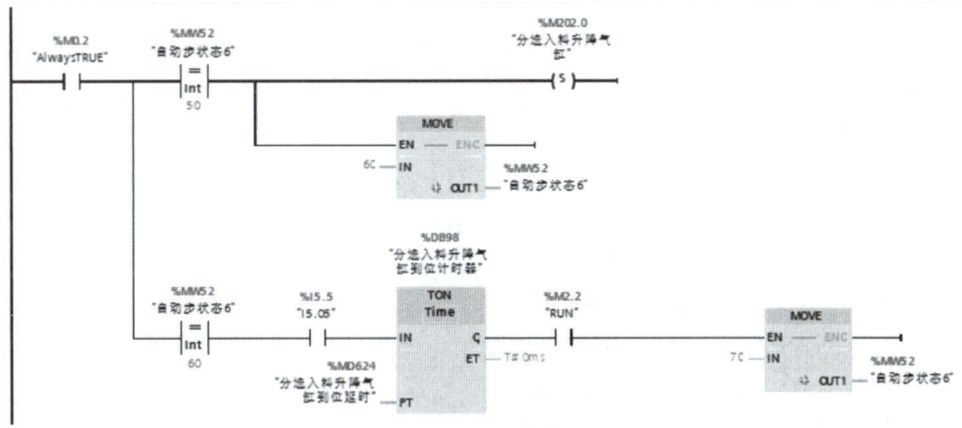

图 5-11　分选上料升降气缸程序

（3）出料移载段：控制范围包括移动模组2及其夹爪。

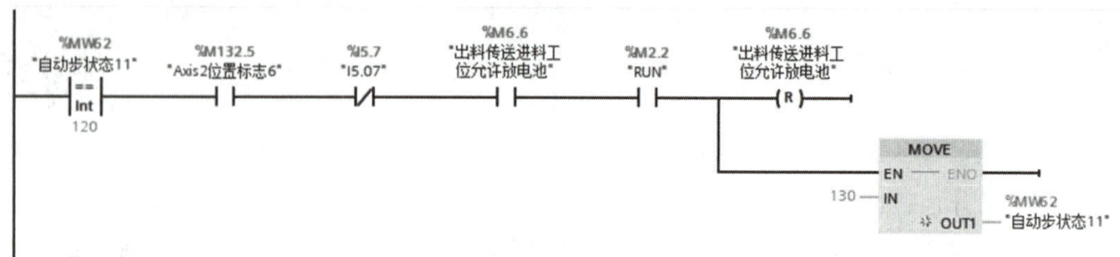

图 5-12　出料传送上料工位允许放电池程序

（4）出料段：控制范围包括平移机构2、翻转机构、出料模组机构。

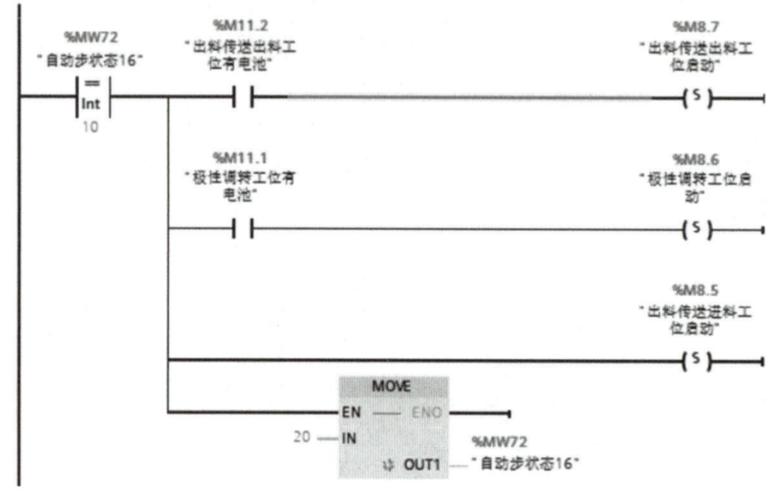

图 5-13　出料传送出料工位启动程序

3. 程序架构

上料测试分档机的程序架构如图5-14所示。

（1）初始化：对不需要经常修改的参数强制赋值，以方便后续调试。

（2）故障报警：当设备发生异常状况时，触发报警并在触摸屏上进行显示。例如，急停报警、极限报警、伺服报警、气缸磁性开关异常报警、气缸动作超时报警等。有些报警要触发整台设备停机，如急停报警、安全光栅报警等；有些报警仅需触发局部停机（不必触发整台设备停机），如伺服报警、动作超时报警等。

（3）启动与停止：编写一个"启—保—停"程序。按下"启动"按钮，则启动标志自锁；按下"停止"按钮或发生触发整台设备停机的故障，则启动标志自锁解除。

（4）三色灯：电源接通，则黄灯常亮；启动标志为"on"，则三色灯绿灯常亮；存在故障报警，则三色灯红灯闪烁，蜂鸣器间歇性鸣叫；

（5）与其他设备通信：编写与其他设备通信的相关程序。

（6）存放与HMI信号交互相关的数据。

（7）上料段：编写与上料动作相关的程序。

(8) 上料移载段：编写与上料移载动作相关的程序。

(9) 出料移载段：编写与出料移载动作相关的程序。

(10) 出料段：编写与出料动作相关的程序。

六、程序调试

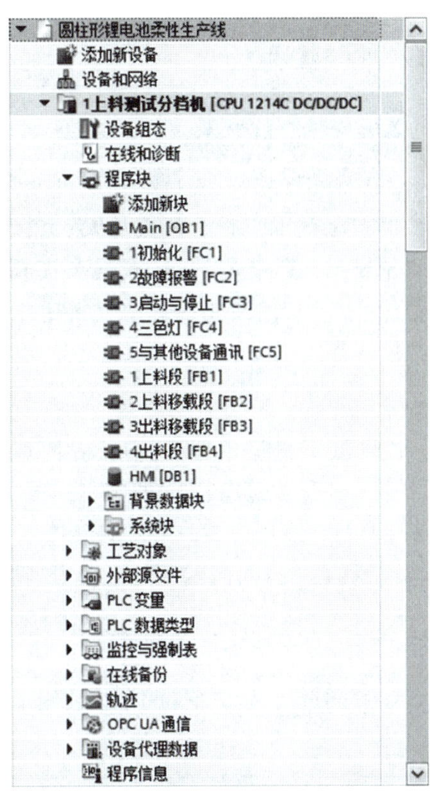

图 5-14 上料测试分档机的程序架构

程序调试的一般步骤如下。

1. 编译下载程序

(1) 在 TIA 博途环境中完成程序编写后，点击“编译”按钮开始编译程序。

(2) 编译结束后，如果存在任何错误，点击博途环境中的错误提示箭头，它会直接跳转到出错的程序段。通常情况下，错误部分会以红色高亮来显示。请修正所有编程错误，直到没有任何错误或警告信息。

(3) 将编译无误的程序下载至 PLC。注意：当下载至 PLC 时，请使用鼠标右键点击“CPU”，并选择“硬件和软件同时下载”选项。如果仅点击“下载程序块”或直接点击“下载”按钮，通常只下载软件部分。

(4) 确保博途设备配置与实际硬件配置一致，包括模块数量、硬件版本、订货号以及 PLC 与触摸屏的 IP 地址等信息。

2. 消除报警

在所有程序下载完毕后，接通电源和气源，并观察触摸屏上显示的报警信息。初次启动可能会遇到许多报警，这可能是由于现场接线与设计图纸不一致、方向定义错误、开关安装不当、急停故障、气缸异常等原因造成的。通过不断调试设备和程序，直至所有报警被清除。

3. 手动和自动调试

(1) 将所有机械装置切换到手动模式。

(2) 对每个执行机构进行点动测试，如皮带运转、气缸升降等，以确认控制方向正确且部件响应命令。若执行机构不按预期动作，可能的原因包括硬件接线错误、按钮安装方向错误或触摸屏变量设置不正确等。

(3) 对每项功能逐一进行自动测试。例如，在搬运机构的自动模式下，夹爪可能会执行上升、下降或寻找原点的动作来测试其自动功能。类似地，单独测试每段程序的功能，直到每项功能可以独立运行无误。

(4) 将所有程序切换到自动模式并进行联合调试。检查部件之间的通信和协作是否正常，解决任何不联动或联动错误的问题。进行联动测试时，应先进行空载测试再进行带载测试，先以低速运行然后逐渐提速。首先确认在空载低速条件下各功能的动作是否符合预期。

(5) 提升效率。在确保设备安全及稳定运行的前提下，逐步提高设备的运行速度，以实现最佳的经济效益。

【技能训练】

上料测试分档机的自动程序可分为上料段、上料移载段、出料移载段、出料段。其中，上料段的控制范围包括上料流水线、上料机构、平移机构 1。

请输出电气物料清单，根据电气原理图和程序流程图，编写 PLC 程序和 HMI 程序，下载程序并调试，使其实现自动上料功能。

一、训练准备

为了更好地完成任务，需要弄清楚以下几个问题。

(1) 认真阅读任务单，理解任务内容，明确任务目标，做好器材准备，同时拟订任务实施计划。

引导问题 1：如何编写气缸报警程序？

____

____

引导问题 2：如何通过 PLC 控制电磁阀？

____

____

引导问题 3：如何将程序流程图转换为梯形图？

____

____

(2) 准备工具。

完成该任务，需要准备的工具包括：____________________________

(3) 根据题目要求，列写表 5-7 所示电气物料清单。

表 5-7 电气物料清单

序号	物料名称	型号/规格	数量	单位
1				
2				
3				
4				
5				
6				
8				
9				

(4) 器材准备。

螺丝刀、尖嘴钳、剪线钳、内六角扳手、万用表、网线、计算机等。

(5) 分组。

根据学生以往学习成绩由教师分组或学生自由组合。

建议每组组员 2～3 人,组长分配组员任务。

二、训练过程

1. 编写和优化 PLC 程序和 HMI 程序

____

____

____

____

2. 硬件连接

按电气原理图、工艺要求、安全规范和设备要求完成接线。

3. 程序编辑与下载

把编写好的程序分别下载到 PLC 和 HMI。

4. 调试

在教师的监护下完成设备调试。

填写表 5-8 所示功能调试记录表。

表 5-8 功能调试记录表

序号	操作	PLC 面板上指示灯		机构动作
		输入端指示灯	输出端指示灯	
1				
2				
3				

【任务评价】

1. 小组展示

(1) 各小组派代表展示程序流程图和梯形图程序,并解释含义。

(2) 各小组展示实训成果,测试控制效果。

2. 自我评估与总结

(1) 掌握了哪些知识点?

____

____

（2）在绘图、接线、编程、下载、调试过程中出现了哪些问题？是如何解决的？

______

______

（3）谈谈心得体会。

______

______

3. 教师评价

根据各组学生在完成任务中的表现，给予综合评价，填写表5-9。

表5-9　训练评价表

序号	主要内容	考核要求	评分标准	配分	扣分	得分
1	方案设计	1. 绘制电气原理图； 2. 绘制程序流程图； 3. 设计梯形图程序	1. 电气原理图表达不正确或画法不规范，每处扣2分； 2. 程序流程图表达不正确或画法不规范，每处扣2分； 3. 梯形图程序表达不正确或画法不规范，每处扣2分； 4. 指令有错误，每处扣2分	30		
2	安装与接线	按I/O接线图在板上正确安装，接线要正确、紧固、美观	1. 接线不紧固、不美观，每处扣2分； 2. 接点松动，每处扣1分； 3. 不按I/O接线图接线，每处扣2分	25		
3	程序设计与调试	能正确设计PLC程序，按动作要求模拟调试，达到设计要求	1. 调试步骤不正确，扣5分； 2. 不能实现启动，扣10分； 3. 不能实现按时间顺序启动，扣10分； 4. 不能按要求实现停止，扣10分	35		
4	职业素养	1. 遵守国家相关专业安全文明生产规程，遵守学院纪律； 2. 工作岗位“6S”完成情况	1. 迟到或不遵守教学场所规章制度，扣5分； 2. 不按“6S”要求，扣5分； 3. 出现重大事故或人为损坏设备，扣完10分	10		
备注			合计	100		
小组成员签名						
教师签名						
日期						

4. “6S”管理

小组和教师都完成工作任务并总结以后,各小组对自己的工作岗位进行“整理、整顿、清扫、清洁、安全、素养”处理;归还所借的工具和实习器件。

【知识巩固】

1. 判断题

(1) LW30-32 型转换开关允许不打开电柜门就可以接通或关断电源。(　　)

(2) 漏电保护开关适用于所有设备的漏电保护,包括伺服驱动器。(　　)

(3) 汇川 SV660P 型伺服驱动器和雷赛 MA860C 型步进驱动器不能通过接收高速脉冲进行位置控制。(　　)

(4) 凡是与人员操作有关的插座都需要设置漏电保护开关。(　　)

(5) 开关电源的功能是给 PLC、电磁阀等元器件提供稳定的直流 24 V 电源。(　　)

2. 填空题

(1) 西门子 S7-1214C DC/DC/DC,第一个 DC 指的是 PLC 的________。

(2) 西门子 S7-1214C DC/DC/DC CPU 模块是源型输出的 PLC,且最多能控制________个轴。

3. 简答题

(1) 上料测试分档机的自动程序可以分为几大段?段与段之间如何进行信号交互?

____

____

(2) 上料测试分档机 HMI 画面由哪几部分组成?各界面的名称和主要功能是什么?

____

____

【技能拓展】

在掌握了上料测试分档机的基本操作和编程之后,可以进一步探索如下高级技能:

(1) 进行资料收集,了解锂电池的工作原理和各项性能要求。

(2) 如果电池测试分档模块增加一个档位,程序的优化与修改。

(3) 学习移动模组、平移机构和翻转机构的故障排除方法,提高问题解决能力。

(4) 探索如何将设备连接到更广泛的生产网络,实现数据共享和远程监控。

完成本项目后,我们应具备独立操作和维护上料测试分档机的能力,同时能够理解和应用 PLC、触摸屏和电池测试技术。

项目6 电芯入支架机的装调与应用

知识目标

(1) 了解电芯入支架机的机构组成；
(2) 了解电芯入支架机的工作原理；
(3) 熟悉电芯入支架机的工作流程；
(4) 掌握 PLC 和 HMI 编程的基础知识和步骤。

能力目标

(1) 能正确选择 PLC、触摸屏、伺服电动机、步进电动机的型号；
(2) 能根据电芯入支架机的结构组成和工作原理输出电气物料清单；
(3) 能独立绘制电芯入支架机的电气原理图；
(4) 能根据电芯入支架机的工作原理和工作流程绘制程序流程图；
(5) 能在 TIA 博途环境下将程序流程图转换为 PLC 程序；
(6) 能在威纶 EasyBuilder 环境下设计 HMI 画面；
(7) 会上传/下载 PLC 和 HMI 程序；
(8) 能根据硬件环境进行 PLC 和 HMI 程序调试。

素质目标

(1) 提升学生的动手能力和实操经验；
(2) 培养学生的创新思维和解决问题的能力；
(3) 增强学生的逻辑思维和应对突发情况的能力。

动画演示

工作情景

电芯入支架机是高度自动化的设备，它需要精确定位和快速响应来保证生产的连续性和电池(即电芯)的正确安装。这一过程不仅涉及机械动作的控制，还包含对产品质量的检测和判断。因此，理解和应用 PLC、触摸屏以及 CCD 视觉系统的工作原理显得尤为重要。

本项目重点学习新能源圆柱形锂电池生产线中的第二个关键设备——电芯入支架机。通过本项目的学习，将掌握如何结合 PLC、触摸屏和 CCD 视觉系统实现电池的自动装载至支架中，这是确保电池组装质量和效率的关键步骤。图 6-1 所示为电芯入支架机的主要结构。

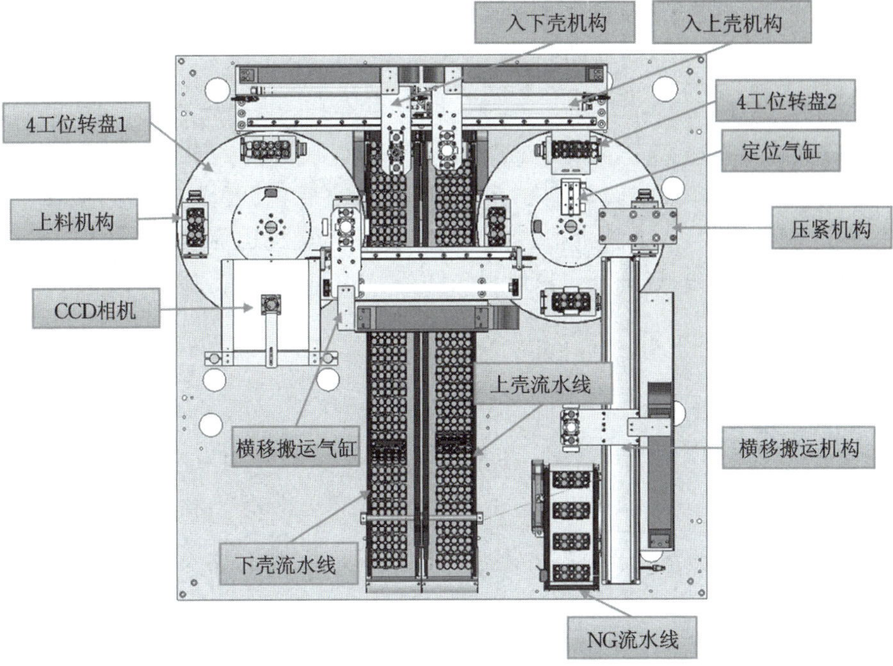

图 6-1　电芯入支架机的主要结构

项目思政

艺无止境，意思即一门学问、一种技艺应当不断提高，精益求精，没有精熟到头的时候。生产实践就是工匠的课堂，杰出的工匠总是努力钻研，提高技艺，给予自己更高的目标和更为强劲的动力，在技艺的波涛中劈波斩浪，扬帆远行。2011 年，谭亮从某大专院校电气自动化技术专业毕业，来到广东一家公司工作。初到单位，好学的谭亮跟着师傅虚心学习，他“白手起家”，深知自当刻苦努力。工作中，他一边研究设备，一边细心观察师傅的操作，不懂就问，绝不偷懒。有一次下班后，公司一厂的涂布机突发烘箱温度不稳定故障，涂布机有近 30 个发热管和温控表工作异常。谭亮听闻，顾不上吃饭，赶紧返回岗位，逐个检查发热管，查看各温控表参数，一直忙到凌晨 3 点才把问题全部解决。十年来，他坚守一线，勤学苦练电气设备故障处理技术，从一名普通大专生淬炼成为公司的电气“金牌大夫”。

为解决生产线产能不足问题，谭亮主动研发半自动注液机、半自动包装机、半自动测短路机，独立设计电气图纸，安装电气线路，调试机械动作，编写 PLC 程序，开发人机界面。经过生产和工艺人员验证，设备达到了设计要求，产品符合工艺、品质要求，大大减轻了公司产能不足的压力。谭亮没有停下脚步，他继续钻研，不断解决技术难题，公司二厂装配车间的焊接机、包装机、注液机，制片车间的分条机，都在他的优化测试和系统改造下提升了效率，这些举措给公司创造了丰厚的效益。在追求梦想的路上，谭亮永不停歇，越战越勇，艺无止境。

在实施该任务之前，需要掌握该设备的主要组成部分。

1. 主要功能

电池入上下壳，把入壳不良的电池放入 NG 料仓。设备采用 4 工位转盘机构，以提高生产效率。

2. 结构组成

电芯入支架机由机械、电气控制、气动和电动驱动、CCD 视觉系统等部分组成，其中机械部分包括 4 工位转盘 1、4 工位转盘 2、上料机构、CCD 相机、入下壳机构、横移搬运气缸、下壳流水线、上壳流水线、入上壳机构、定位气缸、横移搬运机构等。掌握 CCD 视觉系统的基本组成，包括相机、光源、镜头和图像处理软件。

【任务实施】

微课视频

一、任务要求

1. 工作流程

(1) 入下壳机构把下壳放至 4 工位转盘 1，旋转至上料机构，放入电池，CCD 相机拍照检测是否合格；

(2) 横移搬运气缸把入下壳完成的电池搬运至 4 工位转盘 2；

(3) 4 工位转盘 2 旋转至指定工位，定位气缸夹紧电池，通过入上壳机构装上支架；

(4) 转至下一工位，通过压紧机构固紧上下支架；

(5) 横移搬运机构把不合格的电池搬运至 NG 流水线，合格的电池搬运至出料机构。

2. 任务分析

(1) 编写适用于电芯入支架机的控制程序，包括转盘、压合、CCD 视觉系统、流水线以及与辅助机构的协同工作。

(2) 设计并实现与机器操作相匹配的触摸屏 HMI，确保操作员能够轻松设置压合时间参数和监控进程。

(3) 配置 CCD 视觉系统，并学习如何校准相机，以及如何处理和解析图像数据以用于质量控制。

(4) 集成所有系统组件，进行整机调试，确保机械动作、视觉检测和数据处理无缝对接。

(5) 实际操作电芯入支架机，进行 PLC 和 HMI 编程、测试和故障排除。

二、硬件结构设计

我们从以下三个方面来介绍电芯入支架机的硬件设计。

1. 外部供电电源

这台设备内部所使用的单相电动机、伺服电动机等都是交流 220 V、50 Hz 的设备，所以外部供电电源为交流 220 V、50 Hz 电源。

2. 电柜内电气元器件的选型

电柜内电气元器件分布如图 6-2 所示。

图 6-2 电柜内电气元器件分布

(1) 总电源开关为 LW30-32 型转换开关,选择这种开关的好处是不用打开电柜门就可以接通或关断电源。

(2) 在电柜内左上角设置了一个漏电保护开关,它主要用于保护柜内插座。注意:凡是与人员操作有关的插座都需要设置漏电保护开关,但是漏电保护开关通常不用做整机的漏电保护,因为伺服驱动器会存在漏电现象。如果在伺服驱动器的前端加装了漏电保护开关,极有可能会误动作。

(3) 电柜下层放置了三台汇川 SV660P 型伺服驱动器,它们可以通过接收高速脉冲的方式进行精确的位置控制。五台单相调速器中,三台用来驱动输送皮带,另外两台则用来驱动转盘的凸轮分割器。

(4) 开关电源为雷赛智能 LSP 系列 360 W、24 V 开关电源,其功能是给 PLC、电磁阀等元器件提供稳定的直流 24 V 电源。

(5) 电柜内还有一排中间继电器,用来与一些外围设备(如 CCD 相机等)进行信号交互。

(6) PLC 选用西门子 S7-1200 系列,CPU 模块为 S7-1214C DC/DC/DC,第一个 DC 指的是 PLC 输入电源为直流 24 V,第二个 DC 指的是 PLC 输入端采用的是直流输入的方式,第三个 DC 指的是 PLC 以直流的方式输出,即该 PLC 是源型输出的 PLC。它可以通过高速脉冲控制伺服或步进,但最多只能控制四个轴。这台 PLC 还扩展了若干个 I/O 扩展模块。

3. 电柜外电气元器件

电柜外电气元器件分布如图 6-3 所示。

电柜外传感器包括光电开关、接近开关、磁性开关等,电柜外执行器则包括单相电动机、交流伺服电动机、电磁阀等。

(1) 设备选用了对射型光电开关、漫反射型光电开关和槽型光电开关。对射型光电开关有一个发射集和一个接收集,它可靠性高,但对安装位置有一定的要求。漫反射型光电开关发射集和接收集位于同一壳体内,它安装方便,但对物体颜色较为敏感,通常不适合检测黑色的物体。每一套搬运模组都设置了三个槽型光电开关,用作前极限、后极限和原点检

图 6-3　电柜外电气元器件分布

测。搬运模组之所以选择槽型光电开关，主要是槽型光电开关检测精度高且能安装在狭小的空间内。

(2) 设备中两个转盘采用了凸轮分割器结构。凸轮分割器是一种高精度的回转装置，它依靠输入轴上的共轭凸轮与输出轴上带有均匀分布滚针轴承的分度盘无间隙垂直啮合，以实现间歇性的分度运动。在这个过程中，接近开关主要用于检测和控制分度器的转动位置，确保动作精准同步。

(3) 横移搬运机构由一个无杆气缸驱动，该无杆气缸设有两个圆柱形 M8 电感式接近开关，用来检测气缸位置。

(4) 除以上无杆气缸外的其他气缸都安装了磁性开关。磁性开关内部是一个干簧管，它主要用于检测气缸磁环，当磁环靠近磁性开关时，磁性开关接通；反之，磁性开关就断开。

(5) 交流伺服电动机用来驱动搬运模组，它与电柜内部的伺服驱动器配套使用，用来实现搬运模组的位置精确控制。

(6) 电磁阀主要用于控制气缸，它们的输入电压都是直流 24 V。

(7) 设备还配有一个 CCD 相机，用于检测电池与下壳的装配情况。该 CCD 相机由 PLC 通过继电器触发拍照，可以向 PLC 输出 OK 信号或 NG 信号。

三、确定地址分配

PLC 扩展 4 个信号模块，I/O 地址分配表如表 6-1～表 6-5 所示。

表 6-1　CPU 模块 I/O 地址分配表

输入	注释	输出	注释
I0.00	入支架 X 轴电动机原点	Q0.00	入支架 X 轴电动机脉冲信号
I0.01	入支架 Y 轴电动机原点	Q0.01	入支架 Y 轴电动机脉冲信号
I0.02	出料电动机原点	Q0.02	出料电动机脉冲信号

续表

输入	注释	输出	注释
I0.03		Q0.03	
I0.04	入支架 X 轴电动机 CW 限位	Q0.04	入支架 X 轴电动机方向信号
I0.05	入支架 X 轴电动机 CCW 限位	Q0.05	入支架 Y 轴电动机方向信号
I0.06	入支架 Y 轴电动机 CW 限位	Q0.06	出料电动机方向信号
I0.07	入支架 Y 轴电动机 CCW 限位	Q0.07	
I1.00	出料电动机 CW 限位	Q1.00	
I1.01	出料电动机 CCW 限位	Q1.01	
I1.02	入支架 X 轴电动机驱动报警	Q1.02	
I1.03	入支架 Y 轴电动机驱动报警	Q1.03	
I1.04	出料电动机驱动报警	Q1.04	
I1.05		Q1.05	

表 6-2　扩展信号模块 1 I/O 地址分配表

输入	注释	输出	注释
I2.00	“启动”按钮	Q2.00	灯塔—绿灯
I2.01	“停止”按钮	Q2.01	灯塔—黄灯
I2.02	“复位”按钮	Q2.02	灯塔—红灯
I2.03	“急停”按钮	Q2.03	灯塔—蜂鸣器
I2.04	门禁输入	Q2.04	LED 灯
I2.05	气压检测	Q2.05	电动机使能
I2.06		Q2.06	下支架上料流水线
I2.07		Q2.07	上支架上料流水线
I3.00	1＃转盘到位光电开关检测	Q3.00	1＃转盘调速电动机
I3.01	1＃转盘停止光电开关检测	Q3.01	2＃转盘调速电动机
I3.02	2＃转盘到位光电开关检测	Q3.02	NG 出料流水线
I3.03	2＃转盘停止光电开关检测	Q3.03	
I3.04	入支架取料完成余料对射光电开关检测	Q3.04	
I3.05	下支架上料工位余料检测	Q3.05	
I3.06	2＃转盘上料工位余料检测	Q3.06	
I3.07		Q3.07	

表 6-3　扩展信号模块 2 I/O 地址分配表

输入	注释	输出	注释
I4.00	入支架上气缸原点	Q4.00	入支架上气缸
I4.01	入支架上气缸到位	Q4.01	入支架下气缸
I4.02	入支架下气缸原点	Q4.02	中转搬运横移气缸
I4.03	入支架下气缸到位	Q4.03	中转搬运升降气缸
I4.04	中转搬运横移气缸原点	Q4.04	中转搬运夹子气缸
I4.05	中转搬运横移气缸到位	Q4.05	下支架取料横移气缸
I4.06	中转搬运升降气缸原点	Q4.06	下支架取料升降气缸
I4.07	中转搬运升降气缸到位	Q4.07	下支架取料夹子气缸
I5.00	中转搬运夹子气缸原点	Q5.00	上支架拉线取料升降气缸
I5.01	中转搬运夹子气缸到位	Q5.01	上支架拉线取料旋转气缸
I5.02	下支架取料横移气缸原点	Q5.02	上支架拉线取料夹子气缸
I5.03	下支架取料横移气缸到位	Q5.03	装上支架横移气缸
I5.04	下支架取料升降气缸原点	Q5.04	装上支架升降气缸
I5.05	下支架取料升降气缸到位	Q5.05	装上支架夹子气缸
I5.06	下支架取料夹子气缸原点	Q5.06	装上支架电池侧定位气缸(转盘内侧)
I5.07	下支架取料夹子气缸到位	Q5.07	装上支架电池侧定位气缸(转盘外侧)

表 6-4　扩展信号模块 3 I/O 地址分配表

输入	注释	输出	注释
I6.00	上支架流水线取料升降气缸原点	Q6.00	压壳气缸
I6.01	上支架流水线取料升降气缸到位	Q6.01	出料搬运升降气缸
I6.02	上支架流水线取料旋转气缸原点	Q6.02	出料搬运夹子气缸
I6.03	上支架流水线取料旋转气缸到位	Q6.03	
I6.04	上支架流水线取料夹子气缸原点	Q6.04	
I6.05	上支架流水线取料夹子气缸到位	Q6.05	
I6.06	装上支架横移气缸原点	Q6.06	
I6.07	装上支架横移气缸到位	Q6.07	
I7.00	装上支架升降气缸原点	Q7.00	
I7.01	装上支架升降气缸到位	Q7.01	
I7.02	装上支架夹子气缸原点	Q7.02	

续表

输入	注释	输出	注释
I7.03	装上支架夹子气缸到位	Q7.03	
I7.04	装上支架电池侧定位气缸原点(转盘内侧)	Q7.04	
I7.05	装上支架电池侧定位气缸原点(转盘外侧)	Q7.05	
I7.06	压壳气缸原点	Q7.06	
I7.07	压壳气缸到位	Q7.07	

表 6-5 扩展信号模块 4 I/O 地址分配表

输入	注释	输入	注释
I8.00	出料搬运升降气缸原点	I9.00	下支架到位检测光纤开关 1
I8.01	出料搬运升降气缸到位	I9.01	下支架到位检测光纤开关 2
I8.02	出料搬运夹子气缸原点	I9.02	上支架到位检测光纤开关 1
I8.03	出料搬运夹子气缸到位	I9.03	上支架到位检测光纤开关 2
I8.04		I9.04	OK 流水线防叠料检测
I8.05		I9.05	NG 流水线防叠料检测
I8.06		I9.06	NG 流水线满料检测
I8.07		I9.07	

四、HMI 画面设计

使用威纶 EasyBuilder Pro 软件设计 HMI 画面，画面分为主页面、调试页面、功能设置页面、参数设置页面、事件页面和 I/O 监控页面。其中主页面、调试页面和 I/O 监控页面设计参考如图 6-4～图 6-6 所示。

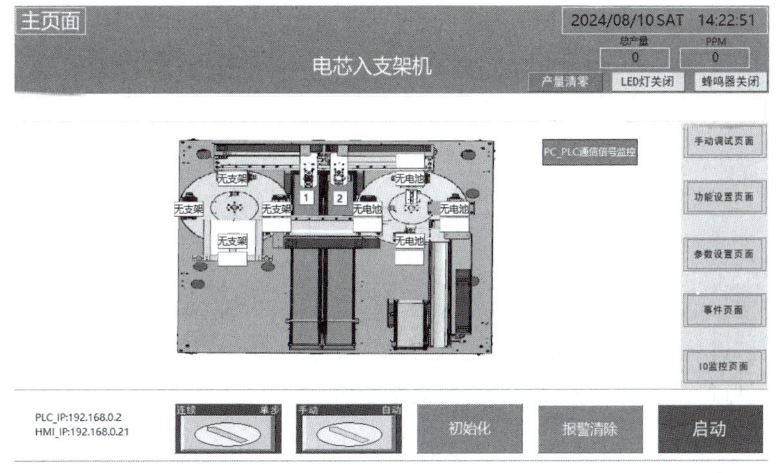

图 6-4 主页面

图 6-5　调试页面

图 6-6　I/O 监控页面

以上就是 HMI 画面的主要组成部分，不同的系统可能会有所不同，但大体上都是这样的结构。

根据以上内容，使用威纶 EasyBuilder Pro 软件绘制 HMI 画面。HMI 画面设计的具体方法，可参考视频资料。

微课视频

五、软件设计

1. 程序流程图

电芯入支架机的程序流程如图 6-7 所示。各段程序内部的动作、条件及步号可根据前面章节所学知识进行绘制。在自动模式且设备已启动的状态下，各段程序独立执行相关动作，程序段和程序段之间存在一些“衔接关系”，如“就绪”“完成”等。

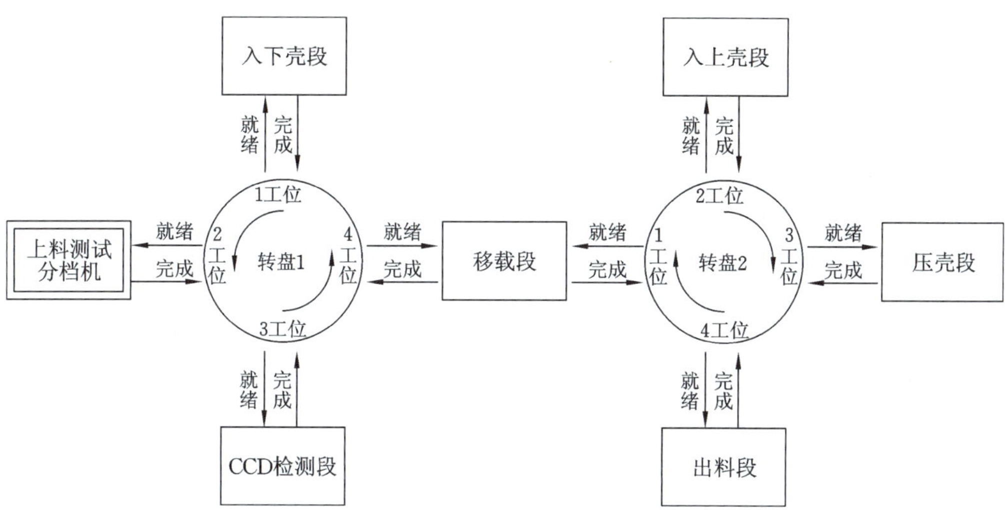

图 6-7 电芯入支架机程序流程图

2. 程序分段

电芯入支架机的自动程序可以分为以下八段，各段相关程序如图 6-8～图 6-15 所示。

(1) 转盘 1 段：控制 1 号 90°凸轮分割器。

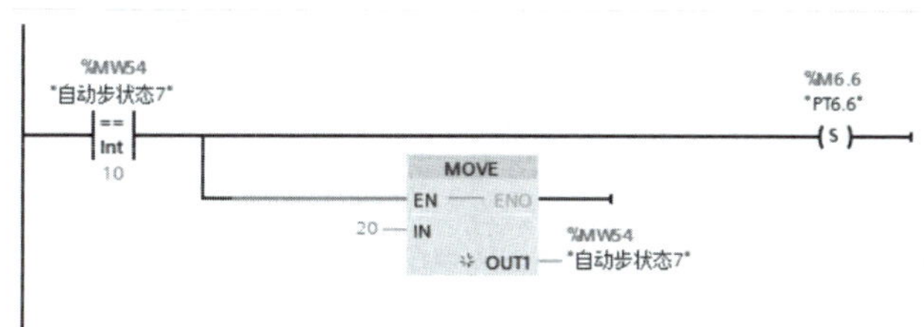

图 6-8 转盘 1 出料工位允许取料程序

(2) 入下壳段：控制范围包括下壳流水线、入下壳机构、夹爪。

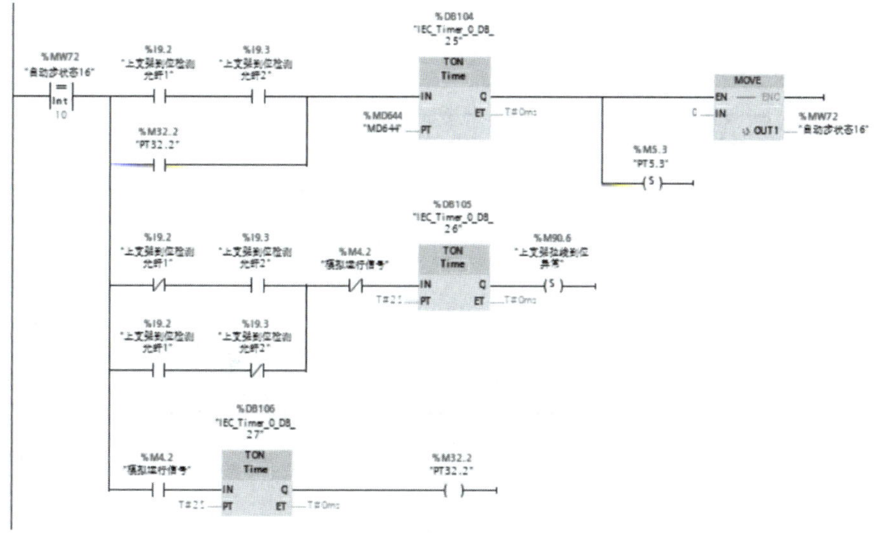

图 6-9 下支架到位程序

（3）CCD 检测段：检测下壳和电池的装配情况。

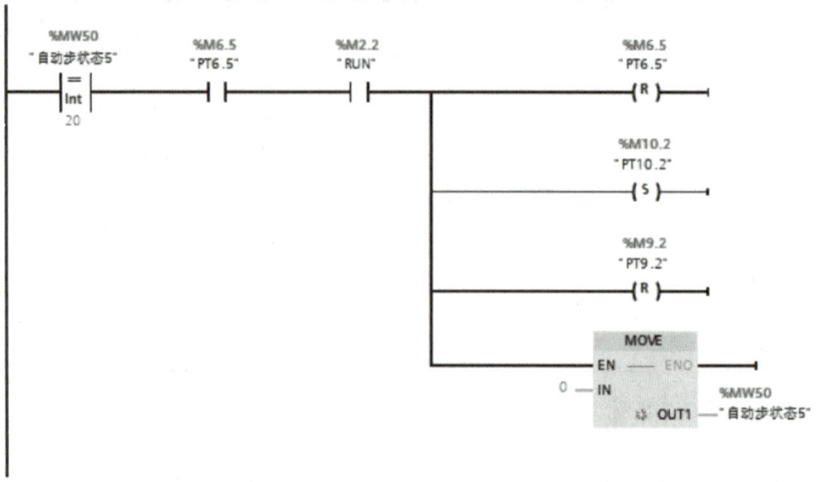

%MW50
"自动步状态5"
==
Int
20
%M6.5
"PT6.5"
%M2.2
"RUN"
%M6.5
"PT6.5"
R
%M10.2
"PT10.2"
S
%M9.2
"PT9.2"
R
MOVE
EN
ENO
0
IN
OUT1
%MW50
"自动步状态5"

图 6-10　极性检测程序

（4）移载段：将检测完的产品转移到转盘 2。

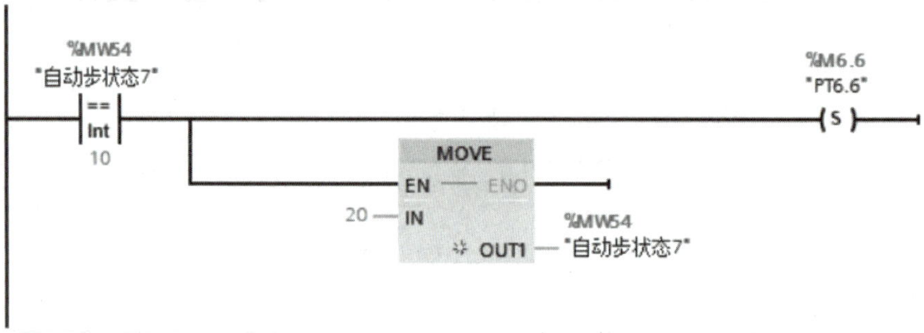

%MW54
"自动步状态7"
==
Int
10
%M6.6
"PT6.6"
S
MOVE
EN
ENO
20
IN
OUT1
%MW54
"自动步状态7"

图 6-11　转盘 2 出料工位允许取料程序

（5）转盘 2 段：控制 2 号 90°凸轮分割器。

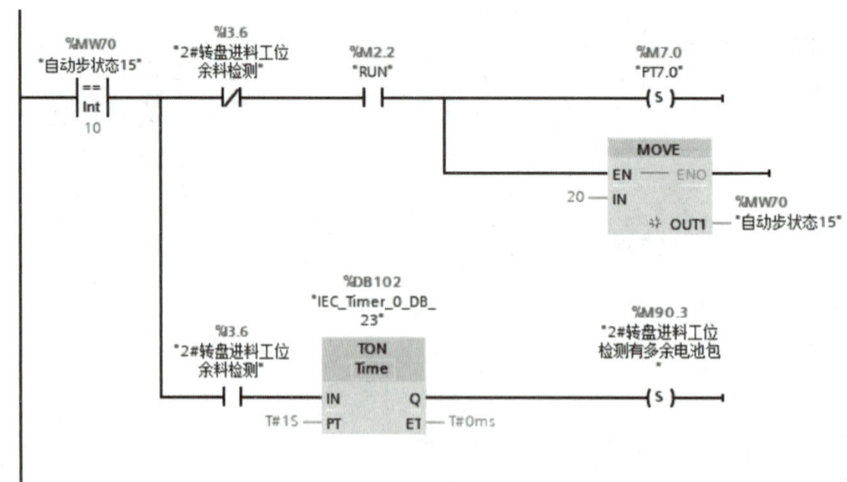

图 6-12　转盘 2 进料工位允许放电池程序

(6) 入上壳段:控制范围包括上壳流水线、入上壳机构、夹爪。

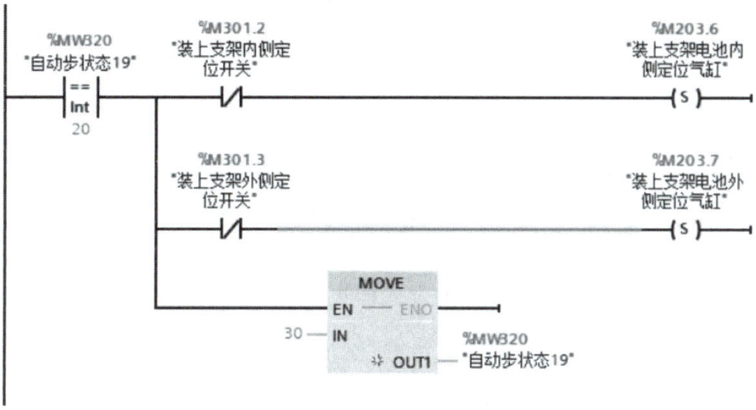

%MW320
"自动步状态19"
==
Int
20
%M301.2
"装上支架内侧定位开关"
%M203.6
"装上支架电池内侧定位气缸"
S
%M301.3
"装上支架外侧定位开关"
%M203.7
"装上支架电池外侧定位气缸"
S
MOVE
EN — ENO
30 — IN
OUT1 — %MW320 "自动步状态19"

图 6-13　装上支架程序

(7) 压合段:控制压紧机构。

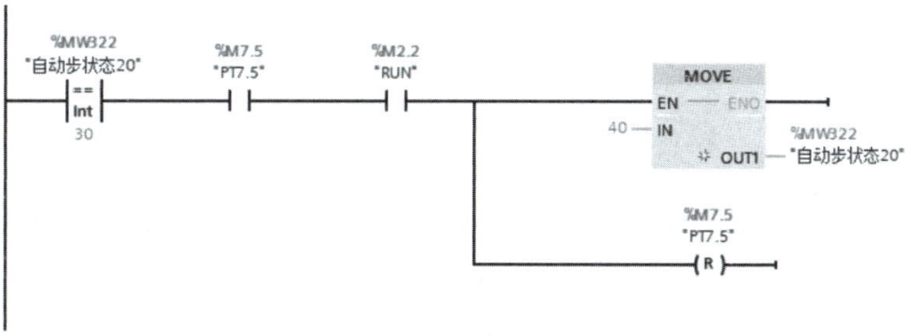

%MW322
"自动步状态20"
==
Int
30
%M7.5
"PT7.5"
%M2.2
"RUN"
MOVE
EN — ENO
40 — IN
OUT1 — %MW322 "自动步状态20"
%M7.5
"PT7.5"
R

图 6-14　压合程序

(8) 出料段:将产品转移至 OK 流水线或 NG 流水线。

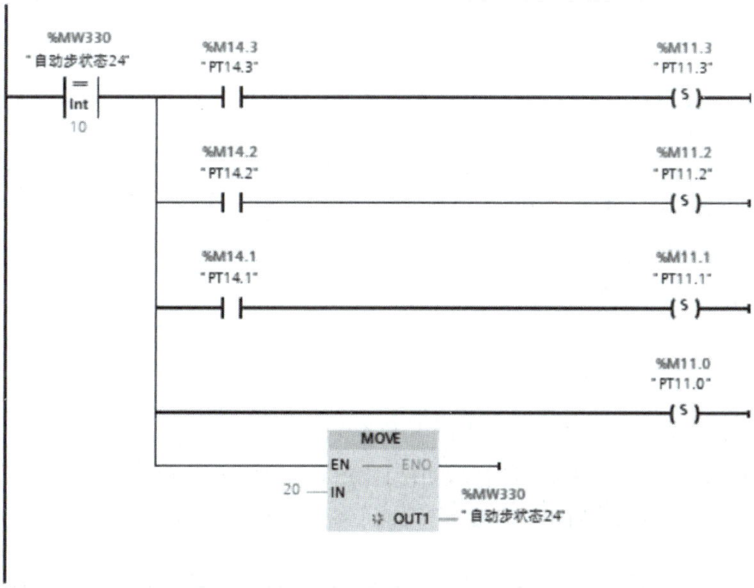

%MW330
"自动步状态24"
==
Int
10
%M14.3
"PT14.3"
%M11.3
"PT11.3"
S
%M14.2
"PT14.2"
%M11.2
"PT11.2"
S
%M14.1
"PT14.1"
%M11.1
"PT11.1"
S
%M11.0
"PT11.0"
S
MOVE
EN — ENO
20 — IN
OUT1 — %MW330 "自动步状态24"

图 6-15　转盘出料工位启动程序

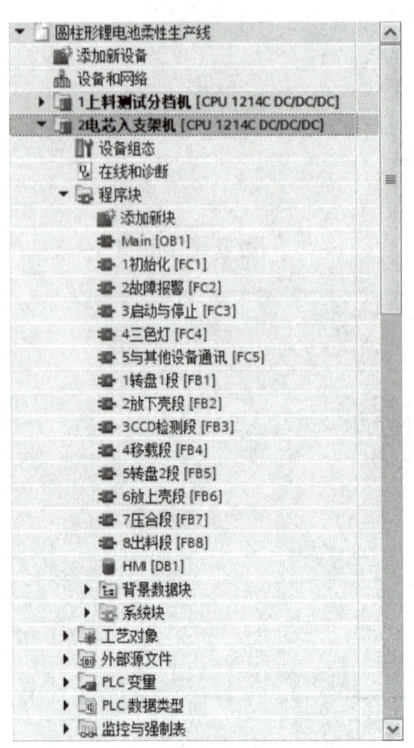

图 6-16　电芯入支架机的程序架构

3. 程序架构

电芯入支架机的程序架构如图 6-16 所示。

（1）初始化：对不需要经常修改的参数强制赋值，以方便后续调试。

（2）故障报警：当设备发生异常状况时，触发报警并在触摸屏上进行显示。例如，急停报警、极限报警、伺服报警、气缸磁性开关异常报警、气缸动作超时报警等。有些报警要触发整台设备停机，如急停报警、安全光栅报警等；有些报警仅需触发局部停机（不必触发整台设备停机），如伺服报警、动作超时报警等。

（3）启动与停止：编写一个“启—保—停”程序。按下“启动”按钮，则启动标志自锁；按下“停止”按钮或发生触发整台设备停机的故障，则启动标志自锁解除。

（4）三色灯：电源接通，则黄灯常亮；启动标志为“on”，则三色灯绿灯常亮；存在故障报警，则三色灯红灯闪烁，蜂鸣器间歇性鸣叫。

（5）与其他设备通信：编写与其他设备通信的相关程序。

（6）存放与 HMI 信号交互相关的数据。

（7）转盘 1 段：编写与转盘 1 动作相关的程序。

（8）入下壳段：编写与入下壳动作相关的程序。

（9）CCD 检测段：编写与 CCD 检测动作相关的程序。

（10）移载段：编写与移载动作相关的程序。

（11）转盘 2 段：编写与转盘 2 动作相关的程序。

（12）入上壳段：编写与入上壳动作相关的程序。

（13）压合段：编写与压合动作相关的程序。

（14）出料段：编写与出料动作相关的程序。

【技能训练】

电芯入支架机的自动程序可以分为转盘 1 段、入下壳段、CCD 检测段、移载段、转盘 2 段、入上壳段、压合段、出料段。其中，转盘 1 段的控制范围包括 1 号 90°凸轮分割器。

请输出电气物料清单，根据电气原理图和程序流程图，编写 PLC 程序和 HMI 程序，下载程序并调试，使其实现转盘自动运转功能。

一、训练准备

为了更好地完成任务，需要弄清楚以下几个问题。

（1）认真阅读任务单，理解任务内容，明确任务目标，做好器材准备，同时拟订任务实施计划。

引导问题 1：凸轮分割器的工作原理？如何通过接近开关定位？

____

____

引导问题 2:如何通过 PLC 控制凸轮分割器,使其停止准确位置?

____

____

引导问题 3:调试过程中,如何强制其他段程序的"就绪"和"完成"信号?

____

____

(2) 准备工具。

完成该任务,需要准备的工具包括:________________

(3) 根据题目要求,列写表 6-6 所示电气物料清单。

表 6-6 电气物料清单

序号	物料名称	型号/规格	数量	单位
1				
2				
3				
4				
5				
6				
8				
9				

(4) 器材准备。

螺丝刀、尖嘴钳、剪线钳、内六角扳手、万用表、网线、计算机等。

(5) 分组。

根据学生以往学习成绩由教师分组或学生自由组合。

建议每组组员 2~3 人,组长分配组员任务。

二、训练过程

1. 编写 PLC 程序和 HMI 程序

____

____

____

____

2. 硬件连接

按电气原理图、工艺要求、安全规范和设备要求完成接线。

3. 程序编辑与下载

把编写好的程序分别下载到 PLC 和 HMI。

4. 调试

在教师的监护下完成设备调试。

填写表 6-7 所示功能调试记录表。

表 6-7　功能调试记录表

序号	操作	PLC 面板上指示灯		机构动作
		输入端指示灯	输出端指示灯	
1				
2				
3				

【任务评价】

1. 小组展示

（1）各小组派代表展示程序流程图和梯形图程序，并解释含义。

（2）各小组展示实训成果，测试控制效果。

2. 自我评估与总结

（1）掌握了哪些知识点？

____

____

（2）在绘图、接线、编程、下载、调试过程中出现了哪些问题？是如何解决的？

____

____

（3）谈谈心得体会。

____

____

3. 教师评价

根据各组学生在完成任务中的表现，给予综合评价，填写表 6-8。

表 6-8　训练评价表

序号	主要内容	考核要求	评分标准	配分	扣分	得分
1	方案设计	1. 绘制电气原理图； 2. 绘制程序流程图； 3. 设计梯形图程序	1. 电气原理图表达不正确或画法不规范，每处扣 2 分； 2. 程序流程图表达不正确或画法不规范，每处扣 2 分； 3. 梯形图程序表达不正确或画法不规范，每处扣 2 分； 4. 指令有错误，每处扣 2 分	30		

续表

序号	主要内容	考核要求	评分标准	配分	扣分	得分
2	安装与接线	按 I/O 接线图在板上正确安装，接线要正确、紧固、美观	1. 接线不紧固、不美观，每处扣 2 分； 2. 接点松动，每处扣 1 分； 3. 不按 I/O 接线图接线，每处扣 2 分	25		
3	程序设计与调试	能正确设计 PLC 程序，按动作要求模拟调试，达到设计要求	1. 调试步骤不正确，扣 5 分 2. 不能实现启动，扣 10 分； 3. 不能实现按时间顺序启动，扣 10 分； 4. 不能按要求实现停止，扣 10 分	35		
4	职业素养	1. 遵守国家相关专业安全文明生产规程，遵守学院纪律； 2. 工作岗位“6S”完成情况	1. 迟到或不遵守教学场所规章制度，扣 5 分； 2. 不按“6S”要求，扣 5 分； 3. 出现重大事故或人为损坏设备，扣完 10 分	10		
备注			合计	100		
小组成员签名						
教师签名						
日期						

4. “6S”管理

小组和教师都完成工作任务并总结以后，各小组对自己的工作岗位进行“整理、整顿、清扫、清洁、安全、素养”处理；归还所借的工具和实习器件。

【知识巩固】

1. 判断题

(1) 汇川 SV660P 型伺服驱动器可以通过接收高速脉冲的方式进行精确的位置控制。(　　)

(2) 六轴焊锡机控制系统控制的是多台步进电机。(　　)

(3) 开关电源给 PLC、电磁阀、步进驱动器等元器件提供交流 24 V 电源。(　　)

(4) 中间继电器用于与外围设备进行信号交互。(　　)

2. 填空题

(1) 西门子 S7-1214C DC/DC/DC，第三个 DC 指的是 PLC 的________。

(2) 总电源开关选择的是________型转换开关。

3. 简答题

（1）电芯入支架机的自动程序可以分为几大段？段与段之间如何进行信号交互？

____

____

（2）电芯入支架机 HMI 画面由哪几部分组成？各界面的名称和主要功能是什么？

____

____

【技能拓展】

在掌握了电芯入支架机的基本操作和编程之后，可以进一步探索如下高级技能。

（1）探索多轴运动控制和同步技术，提高设备的运动精度和速度。

（2）学习机器视觉的高级应用，如 3D 成像和深度学习算法，进一步提升检测的准确性。

（3）实现与其他工业网络的连接，如工业互联网平台，以便进行远程监控和数据分析。

（4）参与新型电芯入支架机的研发和改进，运用所学知识解决实际问题。

完成本项目后，我们应具备独立操作和维护电芯入支架机的能力，并能够熟练运用 PLC、触摸屏和 CCD 视觉系统的相关知识。

项目7 正反面自动上镍片焊接机的装调与应用

知识目标

（1）了解正反面自动上镍片焊接机的机构组成；
（2）了解正反面自动上镍片焊接机的工作原理；
（3）熟悉正反面自动上镍片焊接机的工作流程；
（4）掌握PLC和HMI编程的基础知识和步骤。

能力目标

（1）能正确选择PLC、触摸屏、伺服电动机、步进电动机的型号；
（2）能根据正反面自动上镍片焊接机的结构组成和工作原理输出电气物料清单；
（3）能独立绘制正反面自动上镍片焊接机的电气原理图；
（4）能根据正反面自动上镍片焊接机的工作原理和工作流程绘制程序流程图；
（5）能在TIA博途环境下将程序流程图转换为PLC程序；
（6）能在威纶EasyBuilder环境下设计HMI画面；
（7）会上传/下载PLC和HMI程序；
（8）能根据硬件环境进行PLC和HMI程序调试。

素质目标

（1）提高学生团队沟通协作的能力；
（2）培养学生精益求精的工作素养。

微课视频

工作情景

正反面自动上镍片焊接机是电池生产线中的高精密设备，负责将镍片精确焊接到电池电极上。这一过程要求极高的精度，因此对自动化控制技术提出了很高的要求。

本项目聚焦于新能源圆柱形锂电池生产线中的第三个关键设备——正反面自动上镍片

焊接机。通过本项目的学习，将深入了解并掌握如何使用 PLC、触摸屏、CCD 视觉系统、四轴机器人、电阻焊接机构和压差测试点胶机构，以实现高精度的镍片焊接功能。图 7-1 所示为正反面自动上镍片焊接机的主要结构。

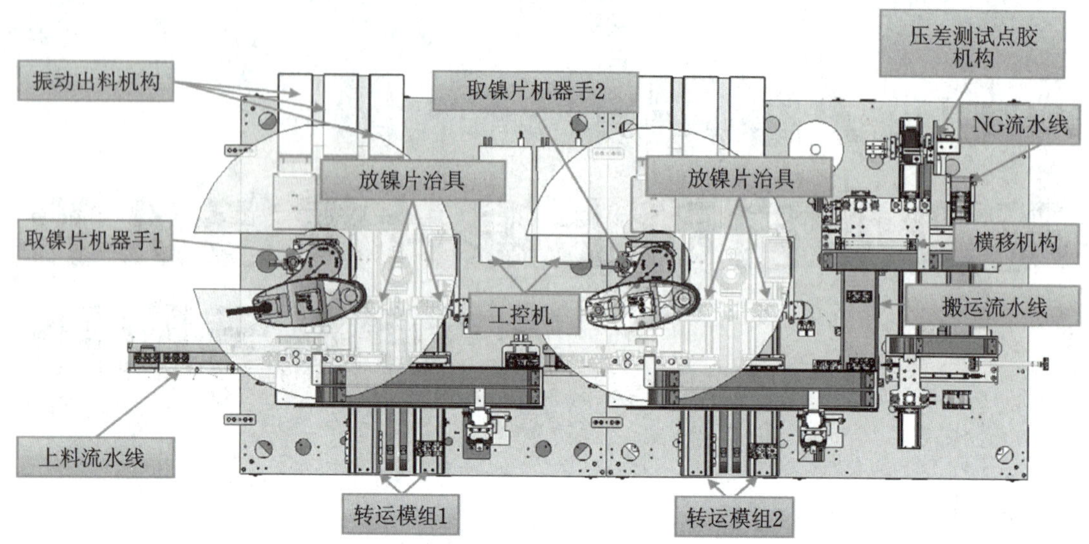

图 7-1　正反面自动上镍片焊接机的主要结构

项目思政

《梁溪漫志・张文潜粥记》引东坡帖："吴子野劝食白粥，云能推陈致新，利膈养胃。"推陈出新，意为去掉旧事物的糟粕，取其精华，并使它向新的方向发展。对于杰出的工匠，技艺水平的提升总是与创新相伴而行。面对生产实践中遇到的各种问题，他们以与时俱进、推陈出新的方式，推动着技术技能的发展。

包玉合，中南钻石有限公司研究员，高级工程师。1999 年，包玉合成立了工作室，经过一年研究，他终于突破了把石墨变成金刚石的技术，制作出了第一台样机。经过上百次的实验，他摸索出了一套全新的超硬材料生产控制算法，很好地解决了工艺合成中的重大技术难题，该设备在国内同行业创造了多个第一，始终处于领先水平。2002 年他成功研发人造金刚石智能化控制系统，在中南钻石有限公司 3500 多台金刚石合成设备中得到应用，为公司创造了巨大的经济效益和社会效益。2008 年，在他的主持下，团队成功研究出国内首创的 PCD 超硬复合材料自动化控制系统，年创造直接经济效益达 300 多万元。

多年的研究工作，让包玉合成为电气设备方面的专家。厂里有很多高精尖设备，比如金刚石深加工设备——美国原装的超声波显微镜，这样的设备如果出了故障，修理费是一笔不小的支出。2013 年，引进的新设备开始出现问题，于是他带领技术人员仔细研究，跳出旧思维，寻求新角度，结果仅仅一天时间，他们就将设备故障成功排除，并且利用国产零部件将故障零件予以替换，为公司节约了一大笔费用。推陈出新的理念，在工匠精神中折射出新的思路、新的希望、新的机遇，包玉合这样的大国工匠，演绎着属于自己的全新篇章。

在实施该任务之前,需要掌握该设备的主要组成部分。

1. 主要功能

自动上镍片焊接、压差测试。两个机器手同时工作,以提高生产效率。

2. 结构组成

正反面自动上镍片焊接机由机械、电气控制、气动和电动驱动、CCD 视觉系统、四轴机器人、电阻焊接机构、压差测试点胶机构等部分组成,其中机械部分包括上料流水线、振动出料机构、取镍片机器手 1、取镍片机器手 2、放镍片治具、工控机、转运模组 1、转运模组 2、压差测试点胶机构、NG 流水线、横移机构、搬运流水线等。

3. CCD 视觉系统

精确定位和质量检测。

4. 四轴机器人

在三维空间内精确搬运和定位。

5. 电阻焊接机构

了解其工作原理及如何通过编程控制焊接参数。

6. 压差测试点胶机构

在完成焊接后进行强度测试和补胶。

【任务实施】

微课视频

一、任务要求

1. 工作流程

(1) 电池通过上料流水线进入,搬运机构把电池搬运至转运模组 1,送达指定位置。

(2) 送达指定位置后,放镍片治具夹持电池到达放镍片的位置。

(3) 取镍片机器手 1 从振动出料机构中取镍片,然后通过 CCD 视觉系统确定位置,将镍片放到治具中。

(4) 装上镍片的电池搬运至转运模组 2,送达指定位置进行焊接。

(5) 电池焊接后,再通过搬运机构搬运至翻转机构,送达下一台机。

(6) 下一台机的上镍片方式与本机的一样,装上镍片的电池搬运至搬运流水线,送达指定位置,通过横移气缸移至横移机构,再通过横移机构运送至压差测试点胶机构。

(7) 测试或点胶不合格的电池放入 NG 流水线,合格的电池搬运至出料机构。

2. 任务分析

(1) 编写 PLC 程序,控制整个焊接流程,包括机器人的运动、焊接参数的设置以及与辅助机构的协同工作。

(2) 设计合适的触摸屏 HMI,使操作员能够轻松设定焊接参数、启动程序和监控生产状态。

(3) 配置并调整 CCD 视觉系统,确保镍片和电极的准确对位。

（4）编程控制四轴机器人，实现镍片的精确搬运和放置。

（5）设置电阻焊接机构的工作参数，确保焊接效果满足质量标准。

（6）利用压差测试点胶机构进行焊接质量检测，并对不合格的焊接点进行补胶处理。

（7）在实际的操作环境中，全面测试设备的性能，并进行必要的调试和优化。

二、硬件结构设计

我们从以下三个方面来介绍正面自动上镍片机的硬件设计。反面自动上镍片机和正面自动上镍片机的硬件相似，这里不做赘述。

1. 外部供电电源

这台设备内部所使用的电动机、机器人、振动送料器、点焊机等都是交流 220 V、50 Hz 的设备，所以外部供电电源应为交流 220 V、50 Hz 电源。

2. 电柜内电气元器件的选型

电柜内电气元器件分布如图 7-2 所示。

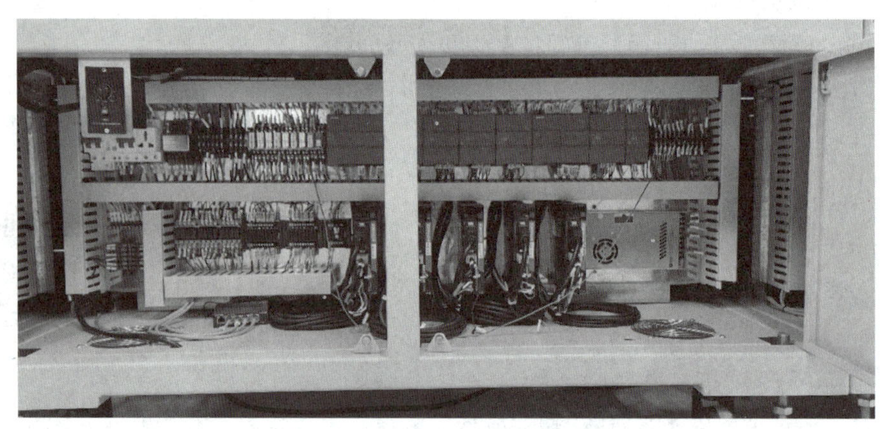

图 7-2　电柜内电气元器件分布

（1）总电源开关为 LW30-32 型转换开关，选择这种开关的好处是不用打开电柜门就可以接通或关断电源。

（2）在电柜内左上角设置了一个漏电保护开关，它主要用于保护柜内插座。注意：凡是与人员操作有关的插座都需要设置漏电保护开关，但是漏电保护开关通常不用做整机的漏电保护，因为伺服驱动器会存在漏电现象。如果在伺服驱动器的前端加装了漏电保护开关，极有可能会误动作。

（3）电柜下层放置了五台汇川 SV660P 型伺服驱动器，它们可以通过接收高速脉冲的方式进行精确的位置控制。

（4）开关电源为雷赛智能 LSP 系列 360 W、24 V 开关电源，其功能是给 PLC、电磁阀、CCD 相机等元器件提供稳定的直流 24 V 电源。

（5）电柜内还有一排中间继电器，用来与一些外围设备（如机器人、振动盘、点焊机等）进行信号交互。

（6）PLC 选用西门子 S7-1200 系列，CPU 模块为 S7-1214C DC/DC/DC，用来控制电磁阀和五台伺服电动机。这两台 PLC 还扩展了若干个 I/O 扩展模块。

3. 电柜外电气元器件

电柜外电气元器件分布如图 7-3 所示。

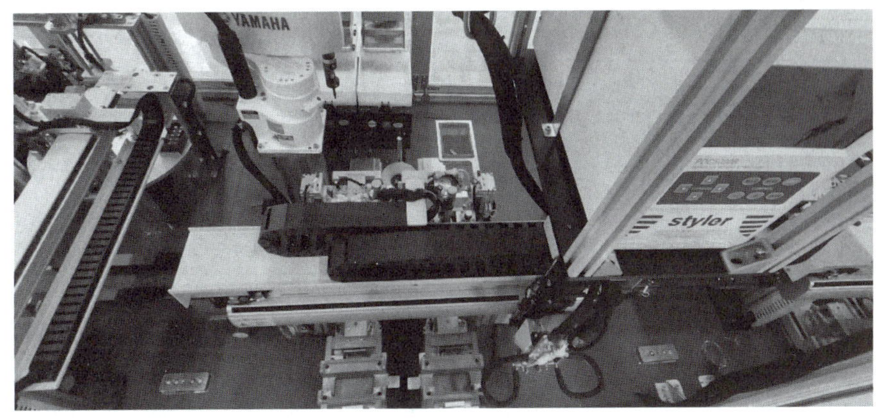

图 7-3 电柜外电气元器件分布

电柜外传感器包括光电开关、光纤开关、磁性开关等，电柜外执行器则包括单相电动机、交流伺服电动机、电磁阀等。

(1) 设备选用了对射型光电开关、光纤开关和槽型光电开关。对射型光电开关有一个发射极和一个接收极，它可靠性高，但对安装位置有一定的要求。光纤开关可以方便地安装在狭小空间内，用于检测已装好壳体的电池。每一套搬运模组都设置了三个槽型光电开关，用作前极限、后极限和原点检测。搬运模组之所以选择槽型光电开关，主要是槽型光电开关检测精度高且能安装在狭小的空间内。

(2) 所有气缸都安装了磁性开关。磁性开关内部是一个干簧管，它主要用于检测气缸磁环，当磁环靠近磁性开关时，磁性开关接通；反之，磁性开关就断开。

(3) 单相电动机用来驱动输送皮带，它与电柜内部的单相调速器配套使用，可以很方便地调节皮带速度。

(4) 交流伺服电动机用来驱动搬运模组，它与电柜内部的伺服驱动器配套使用，用来实现搬运模组的位置精确控制。

(5) 电磁阀主要用于控制气缸，它们的输入电压都是直流 24 V。

(6) 设备共有两台 CCD 相机。上方的 CCD 相机用于引导机器人从柔性振动盘吸取镍片，该 CCD 相机和机器人及柔性振动盘之间有信号交互。下方的 CCD 相机则用于镍片精确定位，以便将镍片精准地放置到电极上。

(7) 点焊机用来焊接镍片和电池，由 PLC 通过继电器触发。

(8) 设备还配有四轴机器人和柔性振动盘，它们和 PLC 之间有信号交互。当装好壳体的电池到达指定位置后，PLC 就会向机器人发出一个“就绪”信号，机器人收到“就绪”信号后开始放置镍片。放好镍片后，机器人向 PLC 发送“完成”信号。

三、确定地址分配

PLC 扩展 4 个信号模块，I/O 地址分配表如表 7-1～表 7-5 所示。

表 7-1　CPU 模块 I/O 地址分配表

输入	注释	输出	注释
I0.00	搬运电动机原点	Q0.00	搬运电动机脉冲信号
I0.01		Q0.01	
I0.02		Q0.02	
I0.03		Q0.03	
I0.04	搬运电动机 CW 限位	Q0.04	搬运电动机方向信号
I0.05	搬运电动机 CCW 限位	Q0.05	
I0.06		Q0.06	
I0.07		Q0.07	1＃供料器启动
I1.00	搬运电动机驱动报警	Q1.00	2＃供料器启动
I1.01		Q1.01	3＃供料器启动
I1.02		Q1.02	
I1.03		Q1.03	
I1.04		Q1.04	
I1.05		Q1.05	

表 7-2　扩展信号模块 1 I/O 地址分配表

输入	注释	输出	注释
I2.00	“启动”按钮	Q2.00	灯塔—绿灯
I2.01	“停止”按钮	Q2.01	灯塔—黄灯
I2.02	“复位”按钮	Q2.02	灯塔—红灯
I2.03	“急停”按钮	Q2.03	灯塔—蜂鸣器
I2.04	门禁输入	Q2.04	LED 灯
I2.05	气压检测	Q2.05	电动机使能
I2.06		Q2.06	上料流水线
I2.07		Q2.07	1＃振动盘组合信号 1
I3.00	上料流水线电池到位检测	Q3.00	1＃振动盘组合信号 2
I3.01	翻转出料防叠料检测	Q3.01	1＃振动盘组合信号 3
I3.02	机器人取料真空	Q3.02	2＃振动盘组合信号 1
I3.03		Q3.03	2＃振动盘组合信号 2

续表

输入	注释	输出	注释
I3.04		Q3.04	2＃振动盘组合信号 3
I3.05		Q3.05	3＃振动盘组合信号 1
I3.06		Q3.06	3＃振动盘组合信号 2
I3.07		Q3.07	3＃振动盘组合信号 3

表 7-3　扩展信号模块 2 I/O 地址分配表

输入	注释	输出	注释
I4.00	1＃搬运取料升降气缸原点	Q4.00	1＃搬运取料升降气缸
I4.01	1＃搬运取料升降气缸到位	Q4.01	1＃搬运上料升降气缸
I4.02	1＃搬运上料升降气缸原点	Q4.02	1＃搬运夹子气缸
I4.03	1＃搬运上料升降气缸到位	Q4.03	2＃搬运取料升降气缸
I4.04	1＃搬运夹子气缸原点	Q4.04	2＃搬运夹子气缸
I4.05	1＃搬运夹子气缸到位	Q4.05	1＃镍片上料旋转气缸
I4.06	2＃搬运取料升降气缸原点	Q4.06	1＃镍片上料正面盖板取放升降气缸
I4.07	2＃搬运取料升降气缸到位	Q4.07	1＃镍片上料反面盖板取放升降气缸
I5.00	2＃搬运夹子气缸原点	Q5.00	2＃镍片上料旋转气缸
I5.01	2＃搬运夹子气缸到位	Q5.01	2＃镍片上料正面盖板取放升降气缸
I5.02	出料搬运翻转气缸原点	Q5.02	2＃镍片上料反面盖板取放升降气缸
I5.03	出料搬运翻转气缸到位	Q5.03	出料搬运翻转气缸
I5.04	出料搬运夹子气缸原点	Q5.04	出料搬运夹子气缸
I5.05	出料搬运夹子气缸到位	Q5.05	
I5.06		Q5.06	
I5.07		Q5.07	

表 7-4　扩展信号模块 3 I/O 地址分配表

输入	注释	输出	注释
I6.00	1＃镍片上料旋转气缸原点	Q6.00	1＃镍片上料正面取盖板真空
I6.01	1＃镍片上料旋转气缸到位	Q6.01	2＃镍片上料正面取盖板真空
I6.02	1＃镍片上料正面盖板取放升降气缸原点	Q6.02	1＃镍片上料正面放盖板破真空
I6.03	1＃镍片上料正面盖板取放升降气缸到位	Q6.03	2＃镍片上料正面放盖板破真空
I6.04	1＃镍片上料反面盖板取放升降气缸原点	Q6.04	1＃镍片上料反面取盖板真空

续表

输入	注释	输出	注释
I6.05	1＃镍片上料反面盖板取放升降气缸到位	Q6.05	2＃镍片上料反面取盖板真空
I6.06	2＃镍片上料旋转气缸原点	Q6.06	1＃镍片上料反面放盖板破真空
I6.07	2＃镍片上料旋转气缸到位	Q6.07	2＃镍片上料反面放盖板破真空
I7.00	2＃镍片上料正面盖板取放升降气缸原点	Q7.00	机器人取料真空
I7.01	2＃镍片上料正面盖板取放升降气缸到位	Q7.01	机器人取料破真空
I7.02	2＃镍片上料反面盖板取放升降气缸原点	Q7.02	
I7.03	2＃镍片上料反面盖板取放升降气缸到位	Q7.03	
I7.04	1＃镍片上料正面取盖板真空	Q7.04	
I7.05	2＃镍片上料正面取盖板真空	Q7.05	
I7.06	1＃镍片上料反面取盖板真空	Q7.06	
I7.07	2＃镍片上料反面取盖板真空	Q7.07	

表 7-5　扩展信号模块 4 I/O 地址分配表

输入	注释	输出	注释
I8.00	机器人报警信号输入	Q8.00	机器人报警清除
I8.01	机器人使能信号输入	Q8.01	机器人复位启动
I8.02	机器人复位完成信号	Q8.02	机器人使能信号
I8.03	机器人运行中信号	Q8.03	机器人运行启动
I8.04		Q8.04	机器人暂停信号
I8.05		Q8.05	机器人急停信号
I8.06		Q8.06	
I8.07		Q8.07	
I9.00	机器人组合信号 1(DO20)	Q9.00	机器人组合信号 1(DI20)
I9.01	机器人组合信号 2(DO21)	Q9.01	机器人组合信号 2(DI21)
I9.02	机器人组合信号 3(DO22)	Q9.02	机器人组合信号 3(DI22)
I9.03	机器人组合信号 4(DO23)	Q9.03	机器人组合信号 4(DI23)
I9.04	机器人组合信号 5(DO24)	Q9.04	机器人组合信号 5(DI24)
I9.05	机器人组合信号 6(DO25)	Q9.05	机器人组合信号 6(DI25)
I9.06		Q9.06	
I9.07		Q9.07	

四、HMI 画面设计

使用威纶 EasyBuilder Pro 软件设计 HMI 画面，画面分为主页面、调试页面、功能设置页面、参数设置页面、事件页面和 I/O 监控页面。其中主页面、调试页面和 I/O 监控页面设计参考如图 7-4～图 7-6 所示。

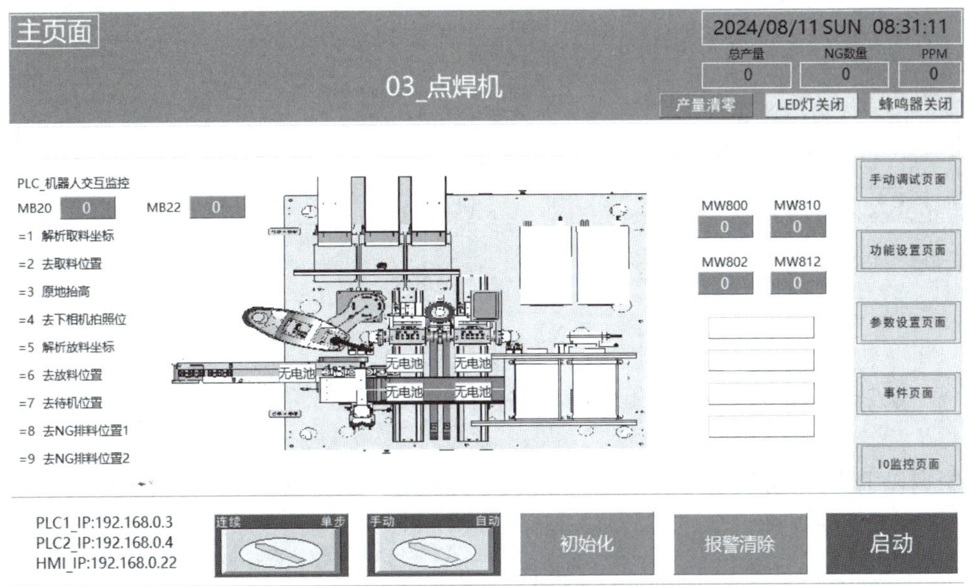

图 7-4 主页面

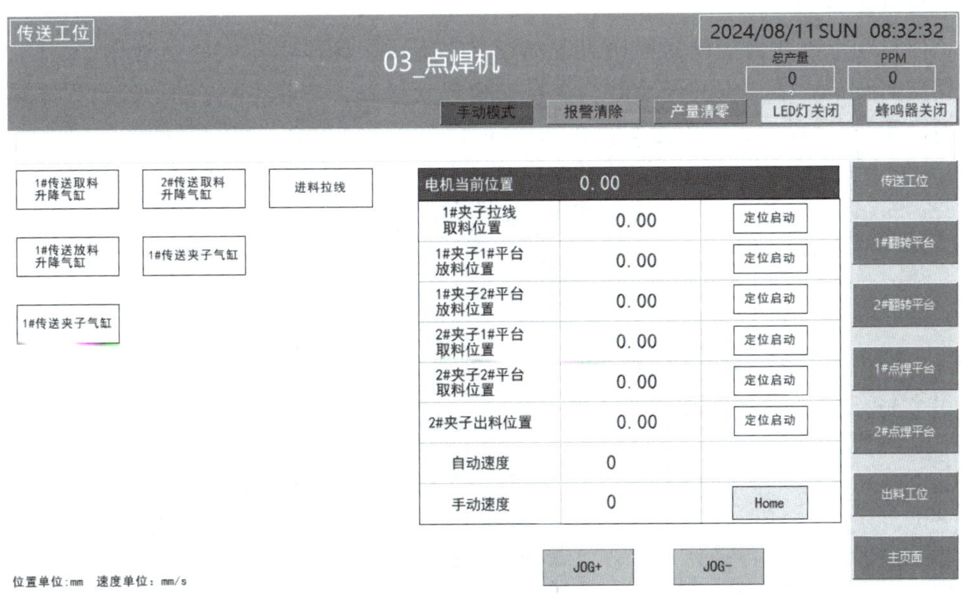

图 7-5 调试页面

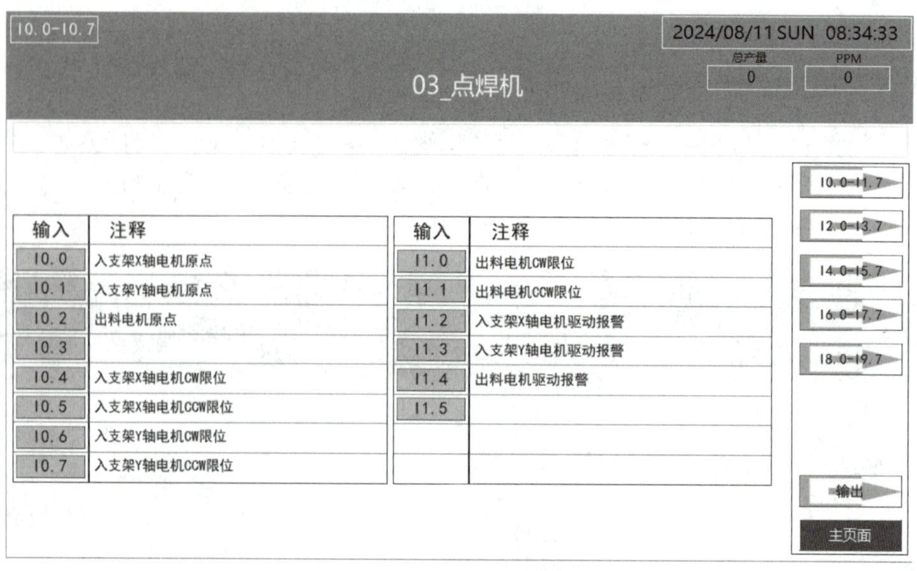

图 7-6　I/O 监控界面

以上就是 HMI 画面的主要组成部分，不同的系统可能会有所不同，但大体上都是这样的结构。

根据以上内容，使用威纶 EasyBuilder Pro 软件绘制 HMI 画面。HMI 画面设计的具体方法，可参考视频资料。

微课视频

五、软件设计

1. 程序流程图

正面自动上镍片焊接机的程序流程如图 7-7 所示。各段程序内部的动作、条件及步号可根据前面章节所学知识进行绘制。在自动模式且设备已启动的状态下，各段程序独立执行相关动作，程序段和程序段之间存在一些“衔接关系”，如“就绪”“完成”等。

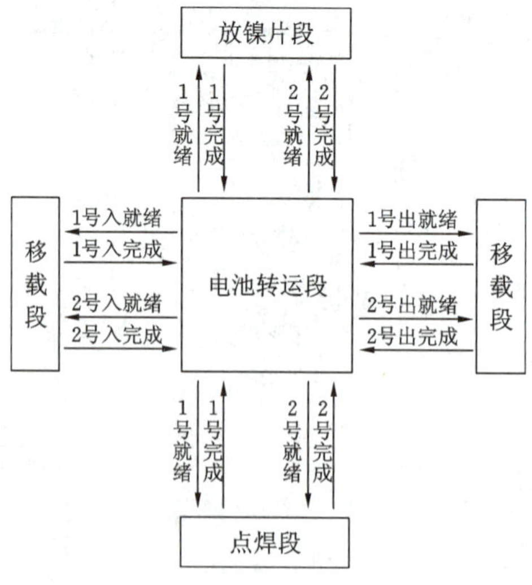

图 7-7　正面自动上镍片焊接机程序流程图

2. 程序分段

正面自动上镍片焊接机的自动程序可以分为以下四段,各段相关程序如图 7-8～图 7-11 所示。

(1) 移载段:控制范围包括上料流水线、搬运机构及夹爪。

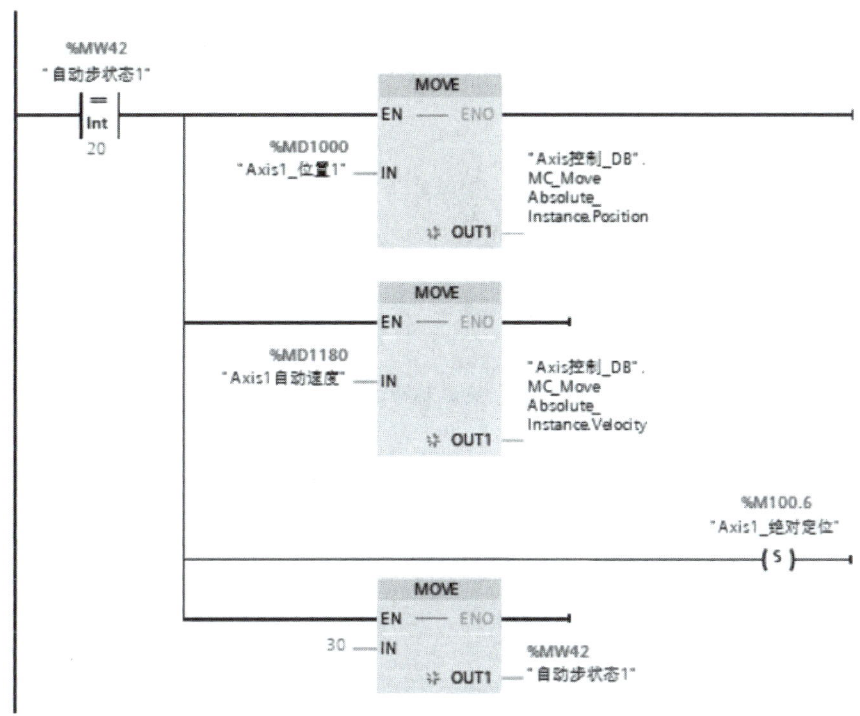

图 7-8　上料机构抓取电池程序

(2) 电池转运段:控制范围包括转运模组 1、转运模组 2。

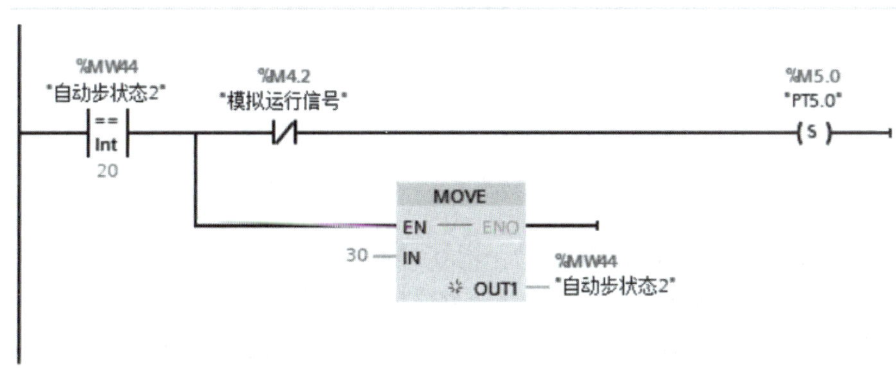

图 7-9　镍片旋转后放置程序

(3) 放镍片段:控制范围包括取镍片机器手 1、取镍片机器手 2、CCD 相机、振动出料机构。

(4) 点焊段:控制范围包括点焊模组和点焊机。

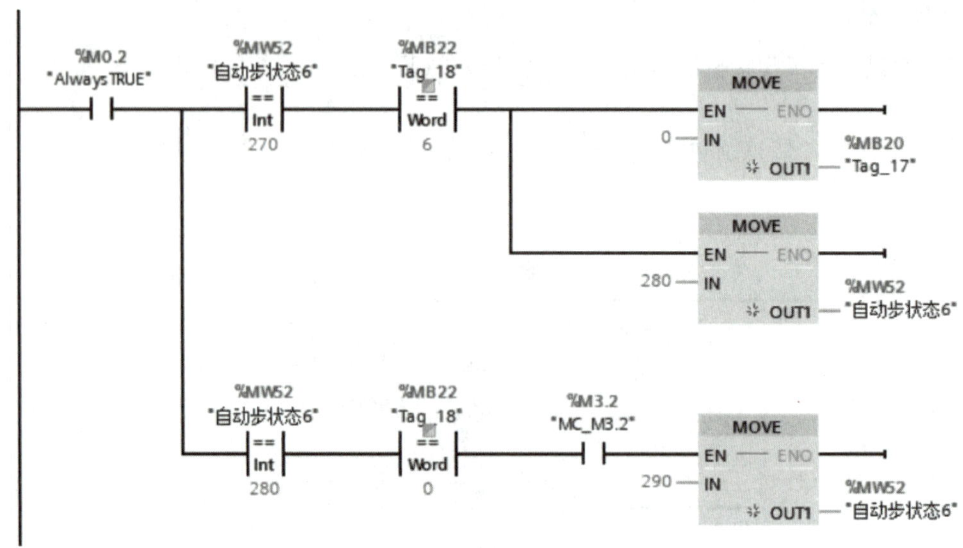

图 7-10　机器人移动到放料位置程序

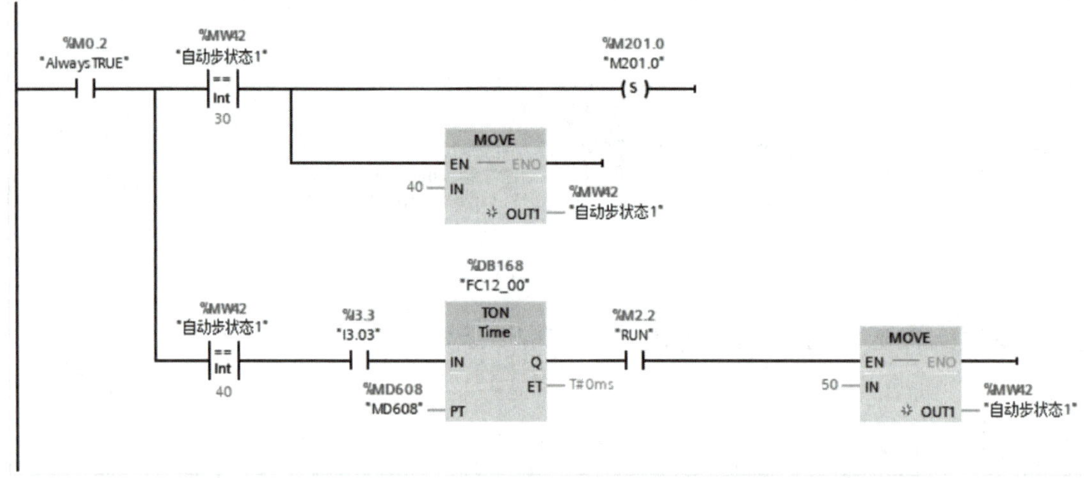

图 7-11　1 号电焊平台前定位气缸定位程序

3. 程序架构

正面自动上镍片焊接机的程序架构如图 7-12 所示。

(1) 初始化：对不需要经常修改的参数强制赋值，以方便后续调试。

(2) 故障报警：当设备发生异常状况时，触发报警并在触摸屏上进行显示。例如，急停报警、极限报警、伺服报警、气缸磁性开关异常报警、气缸动作超时报警等。有些报警要触发整台设备停机，如急停报警、安全光栅报警等；有些报警仅需触发局部停机（不必触发整台设备停机），如伺服报警、动作超时报警等。

(3) 启动与停止：编写一个“启—保—停”程序。按下“启动”按钮，则启动标志自锁；按下“停止”按钮或发生触发整台设备停机的故障，则启动标志自锁解除。

(4) 三色灯：电源接通，则黄灯常亮；启动标志为“on”，则三色灯绿灯常亮；存在故障报警，则三色灯红灯闪烁，蜂鸣器间歇性鸣叫。

(5) 与其他设备通信：编写与其他设备通信的相关程序。

(6) 存放与 HMI 信号交互相关的数据。

(7) 移载段：编写与移载动作相关的程序。

(8) 电池转运段：编写与电池转运动作相关的程序。

(9) 放镍片段：编写与放镍片动作相关的程序。

(10) 点焊段：编写与点焊动作相关的程序。

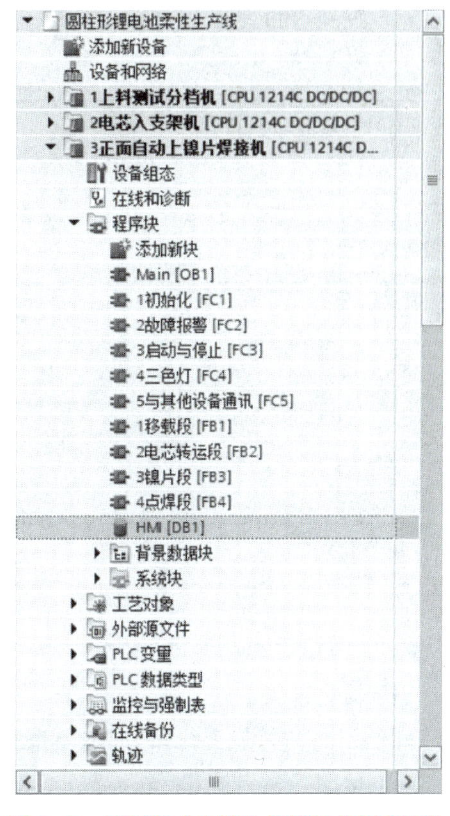

图 7-12 正面自动上镍片焊接机的程序架构

【技能训练】

正面自动上镍片焊接机的自动程序可分为移载段、电池转运段、放镍片段、点焊段。其中，移载段的控制范围包括上料流水线、搬运机构及夹爪。

请输出电气物料清单，根据电气原理图和程序流程图，编写 PLC 程序和 HMI 程序，下载程序并调试，使其实现自动移载功能。

一、训练准备

为了更好地完成任务，需要弄清楚以下几个问题。

(1) 认真阅读任务单，理解任务内容，明确任务目标，做好器材准备，同时拟订任务实施计划。

引导问题 1：如何设置伺服驱动器参数？

____

____

引导问题 2：如何在触摸屏上修改定位位置和定位速度？

____

____

引导问题 3：学习多轴同步运动控制，提高机器人动作的流畅性和协调性。

____

____

(2) 准备工具。

完成该任务，需要准备的工具包括：______________________________

(3) 根据题目要求，列写表 7-6 所示电气物料清单。

表 7-6　电气物料清单

序号	物料名称	型号/规格	数量	单位
1				
2				
3				
4				
5				
6				
8				
9				

(4) 器材准备。

螺丝刀、尖嘴钳、剪线钳、内六角扳手、万用表、网线、计算机等。

(5) 分组。

根据学生以往学习成绩由教师分组或学生自由组合。

建议每组组员 2～3 人，组长分配组员任务。

二、训练过程

1. 编写 PLC 程序和 HMI 程序

2. 硬件连接

按电气原理图、工艺要求、安全规范和设备要求完成接线。

3. 程序编辑与下载

把编写好的程序分别下载到 PLC 和 HMI。

4. 调试

在教师的监护下完成设备调试。

填写表 7-7 所示功能调试记录表。

表 7-7 功能调试记录表

序号	操作	PLC 面板上指示灯		机构动作
		输入端指示灯	输出端指示灯	
1				
2				
3				

【任务评价】

1. 小组展示

(1) 各小组派代表展示程序流程图和梯形图程序,并解释含义。

(2) 各小组展示实训成果,测试控制效果。

2. 自我评估与总结

(1) 掌握了哪些知识点?

____

(2) 在绘图、接线、编程、下载、调试过程中出现了哪些问题? 是如何解决的?

____

____

(3) 谈谈心得体会。

____

____

3. 教师评价

根据各组学生在完成任务中的表现,给予综合评价,填写表 7-8。

表 7-8 训练评价表

序号	主要内容	考核要求	评分标准	配分	扣分	得分
1	方案设计	1. 绘制电气原理图; 2. 绘制程序流程图; 3. 设计梯形图程序	1. 电气原理图表达不正确或画法不规范,每处扣 2 分; 2. 程序流程图表达不正确或画法不规范,每处扣 2 分; 3. 梯形图程序表达不正确或画法不规范,每处扣 2 分; 4. 指令有错误,每处扣 2 分	30		
2	安装与接线	按 I/O 接线图在板上正确安装,接线要正确、紧固、美观	1. 接线不紧固、不美观,每处扣 2 分; 2. 接点松动,每处扣 1 分; 3. 不按 I/O 接线图接线,每处扣 2 分	25		

续表

序号	主要内容	考核要求	评分标准	配分	扣分	得分
3	程序设计与调试	能正确设计 PLC 程序，按动作要求模拟调试，达到设计要求	1. 调试步骤不正确，扣 5 分 2. 不能实现启动，扣 10 分； 3. 不能实现按时间顺序启动，扣 10 分； 4. 不能按要求实现停止，扣 10 分	35		
4	职业素养	1. 遵守国家相关专业安全文明生产规程，遵守学院纪律； 2. 工作岗位“6S”完成情况	1. 迟到或不遵守教学场所规章制度，扣 5 分； 2. 不按“6S”要求，扣 5 分； 3. 出现重大事故或人为损坏设备，扣完 10 分	10		
备注			合计	100		
小组成员签名						
教师签名						
日期						

4. “6S”管理

小组和教师都完成工作任务并总结以后，各小组对自己的工作岗位进行“整理、整顿、清扫、清洁、安全、素养”处理；归还所借的工具和实习器件。

【知识巩固】

1. 判断题

(1) 设备运行过程中若有人为遮挡安全光栅，不会触发停机。(　　)

(2) 搬运模组选择槽型光电开关，主要是因为其检测精度高且能安装在狭小的空间内。(　　)

(3) 单相电动机用来驱动输送皮带，与电柜内部的单相调速器配套使用。(　　)

2. 填空题

(1) 正面自动上镍片焊接机的外部供电电源应为交流________ V、________ Hz 电源。

(2) ________主要用于保护柜内插座。

(3) 搬运模组选择________开关，主要是该开关检测精度高且能安装在狭小的空间内。

(4) 交流伺服电动机与电柜内部的________配套使用，用来实现搬运模组的精确位置控制。

3. 简答题

(1) 正面自动上镍片焊接机的自动程序可以分为几大段？段与段之间如何进行信号交互？

(2) 正面自动上镍片焊接机 HMI 画面由哪几部分组成？各界面的名称和主要功能是什么？

____

____

【技能拓展】

在掌握了正反面自动上镍片焊接机的基本操作和编程之后，可以进一步探索如下高级技能：

(1) 探索如何实现利用机器视觉技术进行焊接质量实时监控。

(2) 研究如何将设备集成到更广泛的生产网络中，实现数据的远程监控和分析。

(3) 参与新型焊接技术的研究和开发，不断提高焊接效率和质量。

完成本项目后，我们应具备独立操作和维护正反面自动上镍片焊接机的能力，并能够熟练运用 PLC、触摸屏、CCD 视觉系统、四轴机器人等先进技术。

项目8 打螺丝焊锡机的装调与应用

知识目标

(1) 了解打螺丝焊锡机的机构组成；
(2) 了解打螺丝焊锡机的工作原理；
(3) 熟悉打螺丝焊锡机的工作流程；
(4) 掌握PLC和HMI编程的基础知识和步骤。

能力目标

(1) 能正确选择PLC、触摸屏、伺服电动机、步进电动机的型号；
(2) 能根据打螺丝焊锡机的结构组成和工作原理输出电气物料清单；
(3) 能独立绘制打螺丝焊锡机的电气原理图；
(4) 能根据打螺丝焊锡机的工作原理和工作流程绘制程序流程图；
(5) 能在TIA博途环境下将程序流程图转换为PLC程序；
(6) 能在威纶EasyBuilder环境下设计HMI画面；
(7) 会上传/下载PLC和HMI程序；
(8) 能根据硬件环境进行PLC和HMI程序调试。

素质目标

(1) 激发学生的创新思维和探索精神；
(2) 增强学生的环保意识和可持续发展观念。

动画演示

工作情景

在锂电池生产线的组装过程中，打螺丝和焊锡是两个关键步骤，它们能确保电池组件的机械强度和电气连接的稳定性。

本项目聚焦于新能源圆柱形锂电池生产线中的第四个关键设备——打螺丝焊锡机，通过本项目的学习，深入了解打螺丝焊锡机的操作原理、设备组成以及操作流程，掌握必要的理论知识和实践技能，以便在未来的工作中能够熟练地运用此类设备。图8-1所示为打螺丝焊锡机的主要结构。

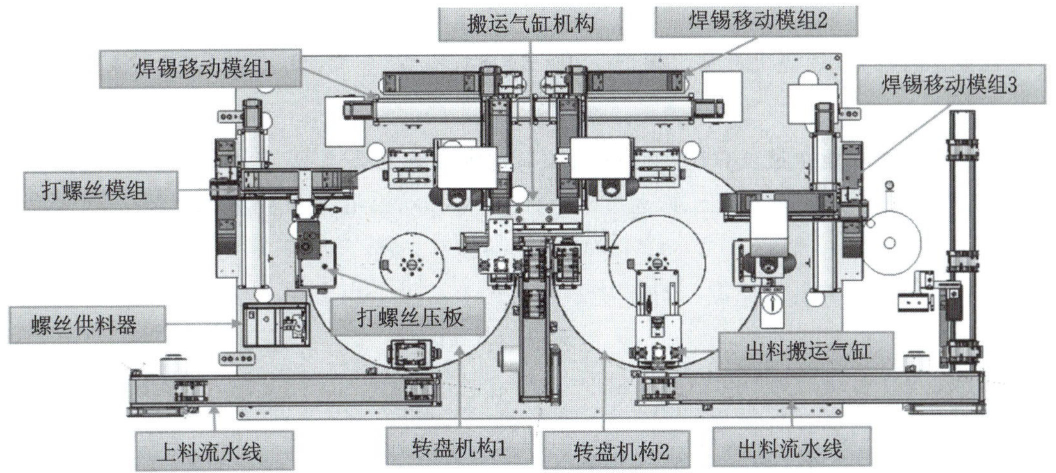

图 8-1 打螺丝焊锡机的主要结构

项目思政

大国工匠，他们在各自的岗位上发挥着奉献精神和无限的创造力，为实现中国梦而努力拼搏，成就中国由制造大国变成制造强国的梦想。正如《大国工匠》纪录片的片首语提道："他们耐心专注，咫尺匠心，诠释极致追求；他们锲而不舍，身体力行，传承匠心精神；他们千锤百炼，精益求精，打磨中国制造。他们是劳动者，一念执着，一生坚守。"

CRH380A 型动车组曾经以世界第一的速度试跑京沪高铁，是中国高铁的一张国际名片。姚智慧就是打造这张名片的关键人物之一。她用灵巧的双手，娴熟地梳理搭建列车系统密密麻麻的电线，取得了零差错的优异成绩。在工作中，她对工艺高标准、严要求，力求卓越，精益求精。一次次的精准训练，只为能更精准地剥开电线的外皮，确保剥开的线头没有毛刺。她独创"干扰式"背诵法，将工艺流程倒背如流。

2015 年 7 月 17 日，习近平总书记来到中车长春轨道客车公司视察，姚智慧主动请缨，自信地站在总书记面前，声音洪亮、清晰流利地背出了所有工艺流程。总书记对姚智慧的表现赞不绝口："这个'工序一口清'很厉害！"她认真地回复总书记："因为每列动车有 19726 根线束，近 10 万个接线点，必须将工艺流程倒背如流，才能保证高质量完成每道工序！"多年来，姚智慧把工匠创新的精神渗透到科研工作中，她先后参与了 CRH380A 型动车组、CRH5 型动车组以及复兴号动车组等 13 种车型近 50 个重点工序生产攻关任务，取得了多项创新成果，累计解决难题 36 项。

不忘初心，方得始终。在高铁装配车间里，姚智慧心怀梦想、脚踏实地，精益求精、勇于创新，将汗水播撒在工作岗位上。她以中国女性的坚韧和"工匠精神"迎接一个个挑战，创造一个个奇迹，用汗水和智慧擦亮了"中国制造"的金字招牌，也收获着属于自己的光荣与梦想。

在学习具体操作之前，我们需要了解以下几个重要知识点。

1. 主要功能

电池包打螺丝、焊锡机焊锡。设备采用双转盘机构、三个焊锡机，以提高生产效率。

2. 结构组成

打螺丝焊锡机由机械、电气控制、气动和电动驱动等部分组成，其中机械部分包括上料流水线、转盘机构 1、转盘机构 2、搬运气缸机构、焊锡移动模组 1、焊锡移动模组 2、焊锡移动模组 3、打螺丝模组、螺丝供料器、出料搬运气缸等。

3. 掌握螺丝供料器的原理和调整方法

（1）螺丝供料器的工作原理和技术参数。

（2）螺丝供料器的类型和适用场景。

（3）螺丝供料器的调整步骤和注意事项。

（4）螺丝供料器的故障常见原因及解决方法。

（5）案例分析：某型号供料器在不同生产线上的调整经验和性能对比。

4. 熟悉打螺丝模组的功能和操作

（1）打螺丝模组的结构组成和工作原理。

（2）打螺丝过程中的关键参数，如转矩、速度等。

（3）打螺丝模组的日常维护和故障排除。

（4）打螺丝模组的优化策略和改进措施。

（5）案例分析：通过调整打螺丝模组参数，解决产品不良率问题的案例。

5. 了解焊锡模组的使用方法和技巧

（1）焊锡模组的工作原理和技术要求。

（2）焊锡过程中的温度、时间控制技巧。

（3）焊接质量的评价标准和方法。

（4）焊锡模组的维护保养和故障处理。

（5）案例分析：焊锡模组参数优化后，焊接效率提升的具体数据展示。

6. 认识转盘机构的设计与运作机制

（1）转盘机构的设计原理和功能特点。

（2）转盘机构的驱动方式和控制策略。

（3）转盘机构在不同生产线布局中的应用案例。

（4）转盘机构的效率优化和节能措施。

（5）案例分析：转盘机构改造前后的生产节拍对比和成本效益分析。

【任务实施】

一、任务要求

1. 工作流程

（1）电池包通过上料流水线进入，人工放至转盘机构 1。

(2) 转盘机构1把电池包运送至打螺丝工位，打螺丝机对电池包打螺丝。

(3) 打完螺丝转至下一工位，焊锡机1开始工作，对电池包进行焊锡。

(4) 焊锡后转至下一工位，通过搬运气缸机构搬运至转盘机构2。

(5) 转盘机构2移动电池包至焊锡机2，焊锡机2工作，紧接着焊锡机3进行焊锡。

(6) 电池包通过出料搬运气缸搬运至出料流水线，流至下一台机。

2. 任务分析

1) 操作打螺丝焊锡机

(1) 安全操作规程：列出操作前的安全检查清单，如电源线检查、紧急"停止"按钮功能测试等。

(2) 启动与关机流程：详细说明机器启动前的准备工作和关机后的清理工作。

(3) 实操指南：提供详细的操作步骤，包括加载程序、调整参数、开始加工等。

(4) 质量控制：介绍如何监控生产过程中的质量，并及时调整机器设置以确保产品质量。

(5) 案例操作：记录一次完整的操作流程，包括操作时间、遇到的问题及解决方案，如"操作员A在操作过程中发现螺丝供料不稳定，通过调整供料器高度解决问题"。

2) 编写PLC程序控制机器运行

(1) 绘制示意图：根据工艺要求绘制动作顺序示意图。

(2) 程序编写：根据程序流程图编写PLC程序，包括逻辑控制、故障报警等。

(3) 程序调试：在教师的指导下调试PLC程序，确保程序的正确执行。

(4) 性能优化：通过优化PLC程序提高机器运行效率和稳定性。

(5) 案例分析：展示一个PLC程序优化前后的运行数据对比，如"经过程序优化，机器循环时间从30 s缩短至25 s"。

3) 使用触摸屏进行机器设置和监控

(1) 界面设计：根据操作需求设计直观易懂的触摸屏HMI。

(2) 功能设置：设置触摸屏的各项功能，如报警显示、生产计数等。

(3) 实时监控：使用触摸屏实时监控生产状态和机器运行数据。

(4) 故障诊断：通过触摸屏快速诊断机器故障并进行相应处理。

(5) 案例应用：记录一次使用触摸屏进行故障诊断的过程，包括发现问题、分析原因和解决问题的步骤。

二、硬件结构设计

我们从以下三个方面来讲解打螺丝焊锡机的硬件设计。

1. 外部供电电源

这台设备内部所使用的电动机、自动焊锡机、电动螺丝刀等都是交流220 V、50 Hz的设备，所以外部供电电源应为交流220 V、50 Hz电源。

2. 电柜内电气元器件的选型

电柜内电气元器件分布如图8-2所示。

图 8-2　电柜内电气元器件分布

(1) 总电源开关为 LW30-32 型转换开关，选择这种开关的好处是不用打开电柜门就可以接通或关断电源。

(2) 在电柜内左上角设置了一个漏电保护开关，它主要用于保护柜内插座。注意：凡是与人员操作有关的插座都需要设置漏电保护开关，但是漏电保护开关通常不用做整机的漏电保护，因为伺服驱动器会存在漏电现象。如果在伺服驱动器的前端加装了漏电保护开关，极有可能会误动作。

(3) 电柜下层放置了汇川 SV660P 型伺服驱动器，它们可以通过接收高速脉冲的方式进行精确的位置控制。六轴焊锡机控制系统控制与焊锡机相关的多台步进电动机。

(4) 开关电源为雷赛智能 LSP 系列 360 W、24 V 开关电源，其功能是给 PLC、电磁阀、步进驱动器等元器件提供稳定的直流 24 V 电源。

(5) 电柜内还有一排中间继电器，用来与一些外围设备（如焊锡机、电动螺丝刀机等）进行信号交互。

(6) PLC 选用西门子 S7-1200 系列，CPU 模块为 S7-1214C DC/DC/DC，用来控制电磁阀和伺服电动机。这台 PLC 扩展了若干个 I/O 扩展模块。

3. 电柜外电气元器件

电柜外电气元器件分布如图 8-3 所示。

图 8-3　电柜外电气元器件分布

电柜外传感器包括光电开关、安全光栅、磁性开关等,电柜外执行器则包括单相电动机、交流伺服电动机、电磁阀等。

(1) 设备选用了对射型光电开关、安全光栅和槽型光电开关。对射型光电开关有一个发射集和一个接收集,它可靠性高,但对安装位置有一定的要求。安全光栅安装在人工操作窗口,设备运行过程中若有人为遮挡安全光栅,则可触发立刻停机。每一套搬运模组都设置了三个槽型光电开关,用作前极限、后极限和原点检测。搬运模组之所以选择槽型光电开关,主要是槽型光电开关检测精度高且能安装在狭小的空间内。

(2) 所有气缸都安装了磁性开关。磁性开关内部是一个干簧管,它主要用于检测气缸磁环,当磁环靠近磁性开关时,磁性开关接通;反之,磁性开关就断开。

(3) 单相电动机用来驱动输送皮带,它与电柜内部的单相调速器配套使用,可以很方便地调节皮带速度。

(4) 交流伺服电动机用来驱动搬运模组,它与电柜内部的伺服驱动器配套使用,用来实现搬运模组的位置精确控制。

(5) 电磁阀主要用于控制气缸,它们的输入电压都是直流 24 V。

(6) 电动螺丝刀负责拧紧上下壳之间的连接螺丝,其拧紧信号由 PLC 通过继电器给出。

(7) 设备配有三台自动焊锡机,它们与 PLC 之间有信号交互。当装好壳体的电池到达指定位置后,PLC 就会向自动焊锡机发出一个“就绪”信号,自动焊锡机收到“就绪”信号后开始焊锡。焊好后,自动焊锡机向 PLC 发送“完成”信号。

三、确定地址分配

PLC 扩展 5 个信号模块,I/O 地址分配表如表 8-1～表 8-6 所示。

表 8-1 CPU 模块 I/O 地址分配表

输入	注释	输出	注释
I0.00	锁螺丝 X 轴电动机原点	Q0.00	锁螺丝 X 轴电动机脉冲信号
I0.01	锁螺丝 Y 轴电动机原点	Q0.01	锁螺丝 Y 轴电动机脉冲信号
I0.02	锁螺丝 Z 轴电动机原点	Q0.02	锁螺丝 Z 轴电动机脉冲信号
I0.03		Q0.03	
I0.04	锁螺丝 X 轴电动机 CW 限位	Q0.04	锁螺丝 X 轴电动机方向信号
I0.05	锁螺丝 X 轴电动机 CCW 限位	Q0.05	锁螺丝 Y 轴电动机方向信号
I0.06	锁螺丝 Y 轴电动机 CW 限位	Q0.06	锁螺丝 Z 轴电动机方向信号
I0.07	锁螺丝 Y 轴电动机 CCW 限位	Q0.07	
I1.00	锁螺丝 Z 轴电动机 CW 限位	Q1.00	
I1.01	锁螺丝 Z 轴电动机 CCW 限位	Q1.01	
I1.02	锁螺丝 X 轴电动机驱动报警	Q1.02	

续表

输入	注释	输出	注释
I1.03	锁螺丝 Y 轴电动机驱动报警	Q1.03	
I1.04	锁螺丝 Z 轴电动机驱动报警	Q1.04	
I1.05		Q1.05	

表 8-2　扩展信号模块 1 I/O 地址分配表

输入	注释	输出	注释
I2.00	“启动”按钮	Q2.00	灯塔—绿灯
I2.01	“停止”按钮	Q2.01	灯塔—黄灯
I2.02	“复位”按钮	Q2.02	灯塔—红灯
I2.03	“急停”按钮	Q2.03	灯塔—蜂鸣器
I2.04	门禁输入	Q2.04	LED 灯
I2.05	气压检测	Q2.05	电动机使能
I2.06		Q2.06	上料流水线
I2.07		Q2.07	NG 流水线
I3.00	上料流水线电池到位检测	Q3.00	1＃转盘
I3.01	1＃转盘上料完成“确认”按钮	Q3.01	2＃转盘
I3.02	1＃转盘上料工位光栅	Q3.02	锁螺丝 Z 轴电动机刹车
I3.03	NG 流水线防叠料检测	Q3.03	
I3.04	NG 流水线满料检测	Q3.04	
I3.05	出料流水线防叠料检测	Q3.05	
I3.06		Q3.06	
I3.07		Q3.07	

表 8-3　扩展信号模块 2 I/O 地址分配表

输入	注释	输出	注释
I4.00	锁螺丝工位盖板升降气缸原点	Q4.00	锁螺丝工位盖板升降气缸
I4.01	锁螺丝工位盖板升降气缸到位	Q4.01	1＃焊锡工位盖板升降气缸
I4.02	1＃焊锡工位盖板升降气缸原点	Q4.02	2＃焊锡工位盖板升降气缸
I4.03	1＃焊锡工位盖板升降气缸到位	Q4.03	3＃焊锡工位盖板升降气缸
I4.04	2＃焊锡工位盖板升降气缸原点	Q4.04	1＃中转搬运横移气缸

续表

输入	注释	输出	注释
I4.05	2＃焊锡工位盖板升降气缸到位	Q4.05	2＃中转搬运横移气缸
I4.06	3＃焊锡工位盖板升降气缸原点	Q4.06	中转搬运升降气缸
I4.07	3＃焊锡工位盖板升降气缸到位	Q4.07	中转搬运夹子气缸
I5.00	1＃中转搬运横移气缸原点	Q5.00	出料搬运横移气缸
I5.01	1＃中转搬运横移气缸到位	Q5.01	出料搬运升降气缸
I5.02	2＃中转搬运横移气缸原点	Q5.02	出料搬运夹子气缸
I5.03	2＃中转搬运横移气缸到位	Q5.03	
I5.04	中转搬运升降气缸原点	Q5.04	
I5.05	中转搬运升降气缸到位	Q5.05	
I5.06	中转搬运夹子气缸原点	Q5.06	
I5.07	中转搬运夹子气缸到位	Q5.07	

表 8-4　扩展信号模块 3 I/O 地址分配表

输入	注释	输出	注释
I6.00	出料搬运横移气缸原点	Q6.00	锁付气缸
I6.01	出料搬运横移气缸到位	Q6.01	吸螺丝真空
I6.02	出料搬运升降气缸原点	Q6.02	电动螺丝刀启动
I6.03	出料搬运升降气缸到位	Q6.03	清钉气缸
I6.04	出料搬运夹子气缸原点	Q6.04	吸螺丝破真空
I6.05	出料搬运夹子气缸到位	Q6.05	
I6.06		Q6.06	
I6.07		Q6.07	
I7.00	1＃转盘到位检测	Q7.00	1＃焊锡机复位
I7.01	1＃转盘停止检测	Q7.01	1＃焊锡机报警清除
I7.02	2＃转盘到位检测	Q7.02	1＃焊锡机急停
I7.03	2＃转盘停止检测	Q7.03	1＃焊锡机启动
I7.04	1＃转盘锁螺丝工位电池检测	Q7.04	
I7.05	2＃转盘上料工位电池检测	Q7.05	
I7.06		Q7.06	
I7.07		Q7.07	

表 8-5　扩展信号模块 4 I/O 地址分配表

输入	注释	输出	注释
I8.00	锁付气缸原点	Q8.00	2＃焊锡机复位
I8.01	锁付深度检测	Q8.01	2＃焊锡机报警清除
I8.02	吸螺丝真空信号	Q8.02	2＃焊锡机急停
I8.03	螺丝到位信号	Q8.03	2＃焊锡机启动
I8.04	扭力检测信号	Q8.04	
I8.05		Q8.05	
I8.06		Q8.06	
I8.07		Q8.07	
I9.00	1＃焊锡机运行中信号	Q9.00	3＃焊锡机复位
I9.01	1＃焊锡机报警信号	Q9.01	3＃焊锡机报警清除
I9.02	1＃焊锡机复位完成信号	Q9.02	3＃焊锡机急停
I9.03	1＃焊锡机焊锡完成信号	Q9.03	3＃焊锡机启动
I9.04	1＃焊锡调试切换开关	Q9.04	
I9.05	1＃焊锡 X 轴伺服驱动报警	Q9.05	
I9.06	1＃焊锡 Y 轴伺服驱动报警	Q9.06	
I9.07		Q9.07	

表 8-6　扩展信号模块 5 I/O 地址分配表

输入	注释	输入	注释
I10.00	2＃焊锡机运行中信号	I11.00	3＃焊锡机运行中信号
I10.01	2＃焊锡机报警信号	I11.01	3＃焊锡机报警信号
I10.02	2＃焊锡机复位完成信号	I11.02	3＃焊锡机复位完成信号
I10.03	2＃焊锡机焊锡完成信号	I11.03	3＃焊锡机焊锡完成信号
I10.04	2＃焊锡调试切换开关	I11.04	3＃焊锡调试切换开关
I10.05	2＃焊锡 X 轴伺服驱动报警	I11.05	3＃焊锡 X 轴伺服驱动报警
I10.06	2＃焊锡 Y 轴伺服驱动报警	I11.06	3＃焊锡 Y 轴伺服驱动报警
I10.07		I11.07	

四、HMI 画面设计

使用威纶 EasyBuilder Pro 软件设计 HMI 画面，画面分为主页面、调试页面、功能设置页面、参数设置页面、事件页面和 I/O 监控页面。其中主页面、调试页面和 I/O 监控页面设计参考如图 8-4～图 8-6 所示。

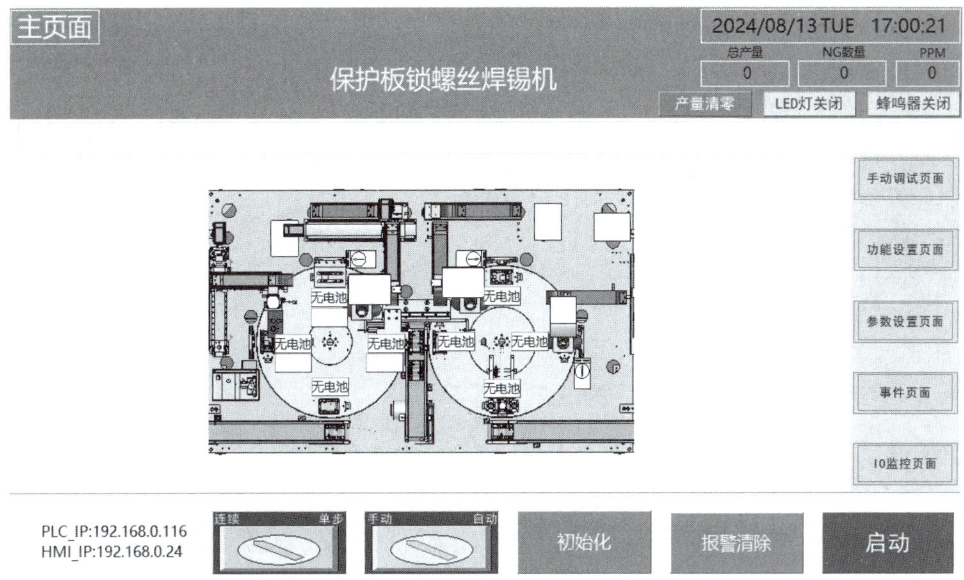

图 8-4 主页面

图 8-5 调试页面

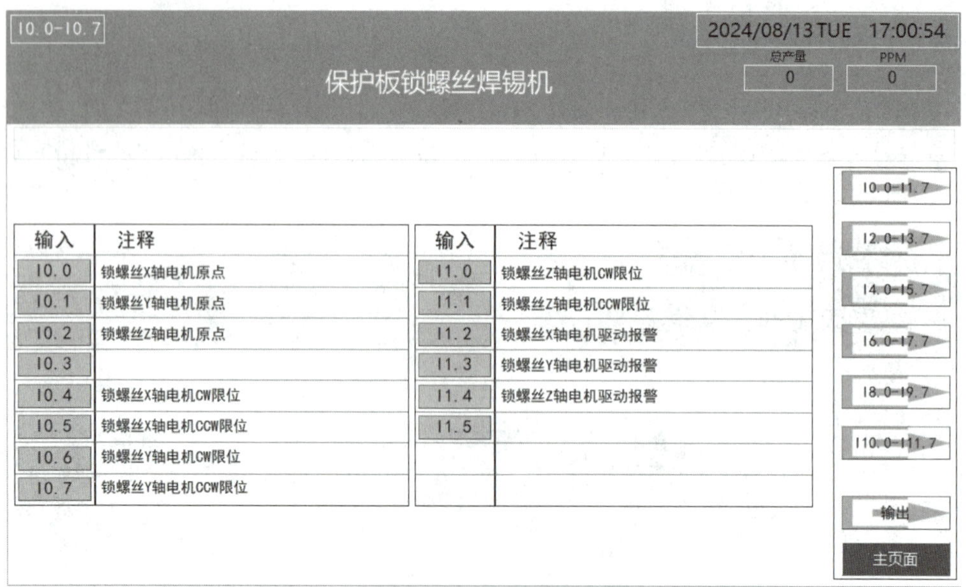

图 8-6　I/O 监控页面

以上就是 HMI 画面的主要组成部分，不同的系统可能会有所不同，但大体上都是这样的结构。

根据以上内容，使用威纶 EasyBuilder Pro 软件绘制 HMI 画面。HMI 画面设计的具体方法，可参考视频资料。

微课视频

五、软件设计

1. 程序流程图

打螺丝焊锡机的程序流程图如图 8-7 所示。各段程序内部的动作、条件及步号可根据前面章节所学知识进行绘制。在自动模式且设备已启动的状态下，各段程序独立执行相关动作，程序段和程序段之间存在一些“衔接关系”，如“就绪”“完成”等。

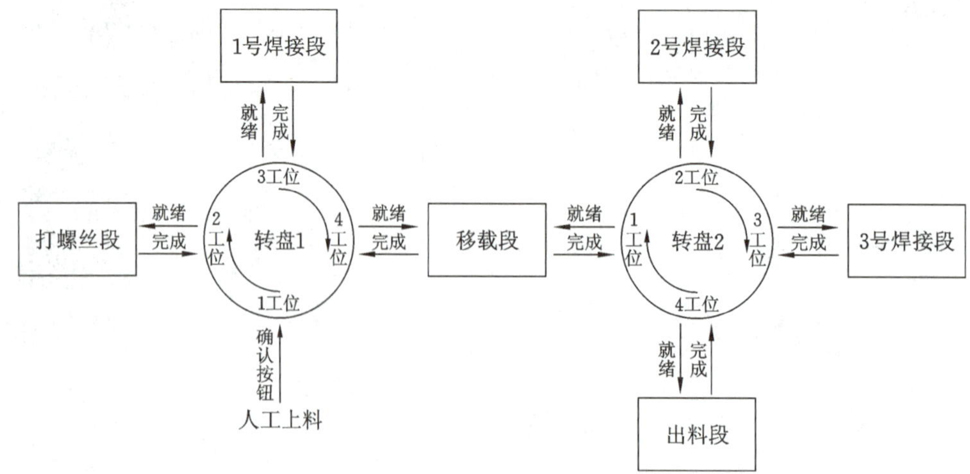

图 8-7　打螺丝焊锡机程序流程图

2. 程序分段

打螺丝焊锡机的自动程序可以分为以下八段，各段相关程序如图 8-8～图 8-15 所示。

(1) 转盘 1 段：控制 1 号 90°凸轮分割器。

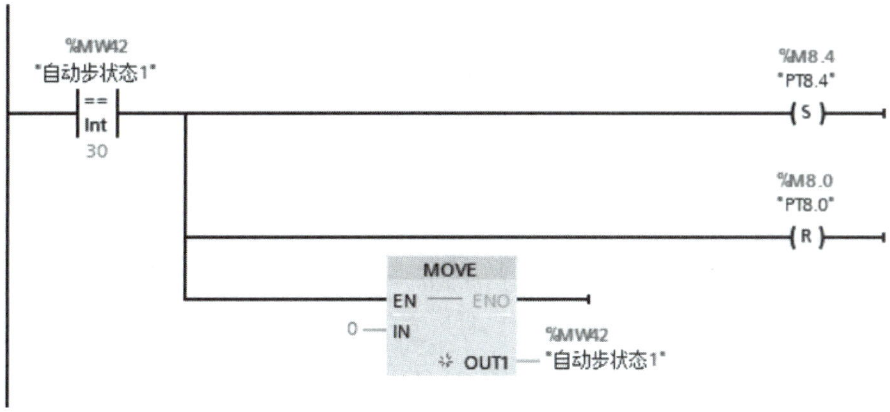

图 8-8 转盘 1 上料工位完成程序

(2) 打螺丝段：控制范围包括螺丝供料器、打螺丝压板、打螺丝模组。

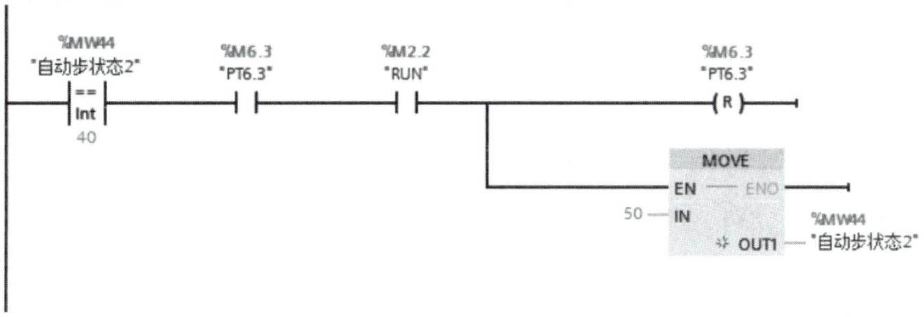

图 8-9 锁螺丝启动程序

(3) 1 号焊接段：控制范围包括焊锡移动模组 1、送丝机构、焊接机构。

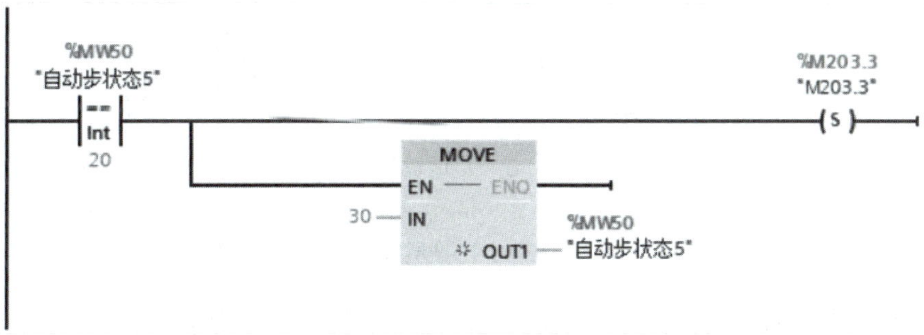

图 8-10 1 号焊锡机启动程序

（4）移载段：控制搬运气缸机构。

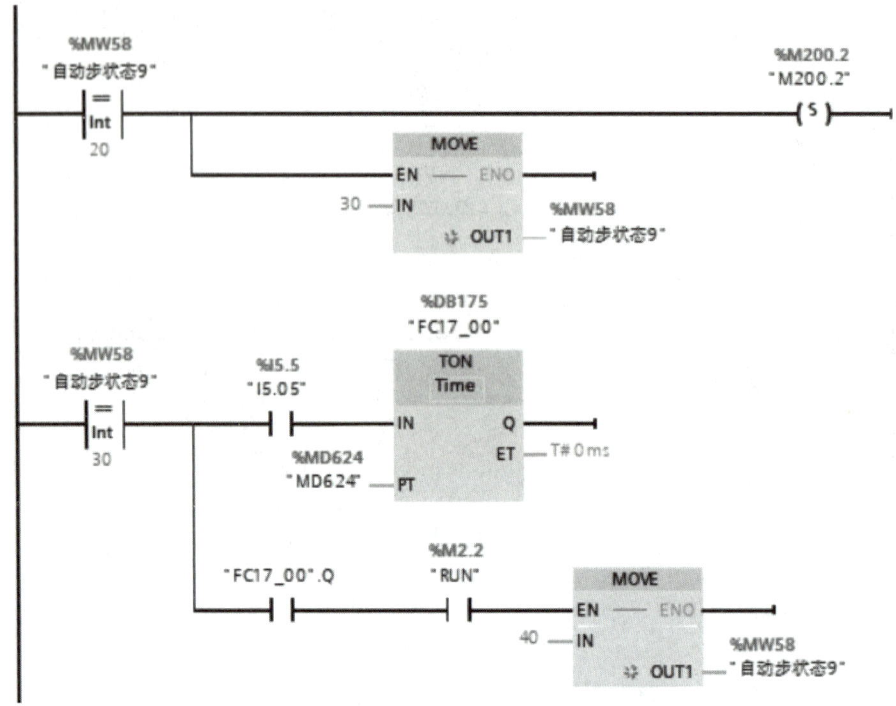

图 8-11　中转搬运升降气缸控制程序

（5）转盘 2 段：控制 2 号 90°凸轮分割器。

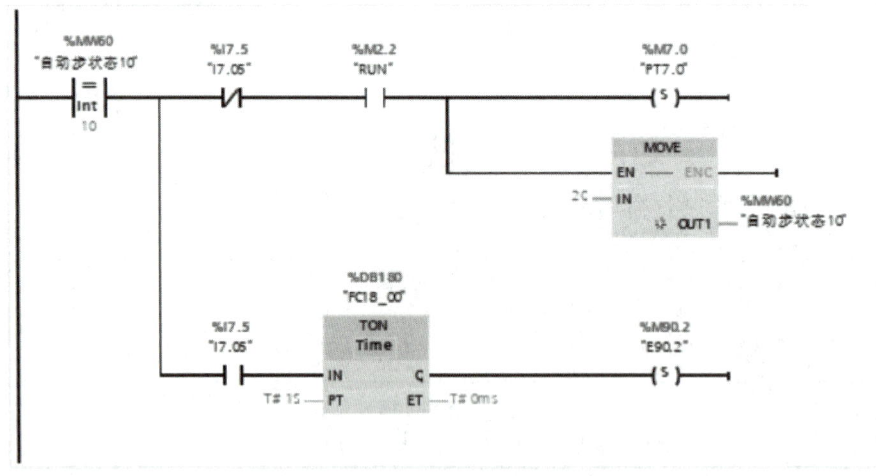

图 8-12　转盘 2 上料工位允许放料程序

（6）2 号焊接段：控制范围包括焊锡移动模组 2、送丝机构、焊接机构。

（7）3 号焊接段：控制范围包括焊锡移动模组 3、送丝机构、焊接机构。

（8）出料段：控制范围包括出料搬运气缸、出料流水线。

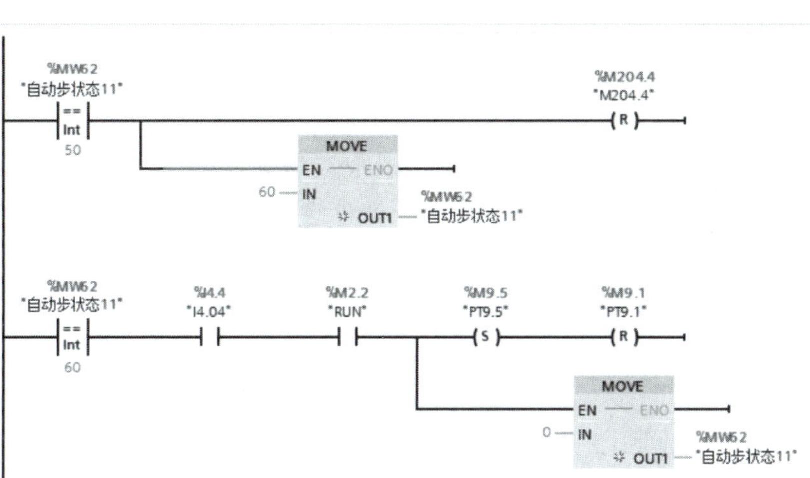

图 8-13 2 号焊锡盖板升降气缸程序

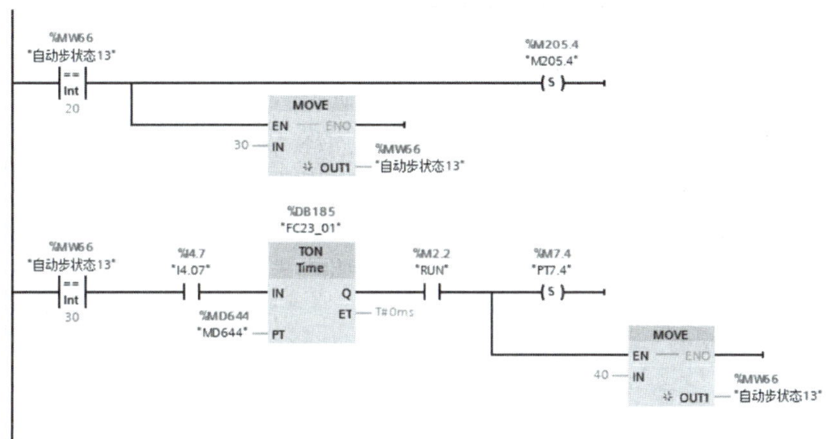

图 8-14 锁付盖板升降气缸程序

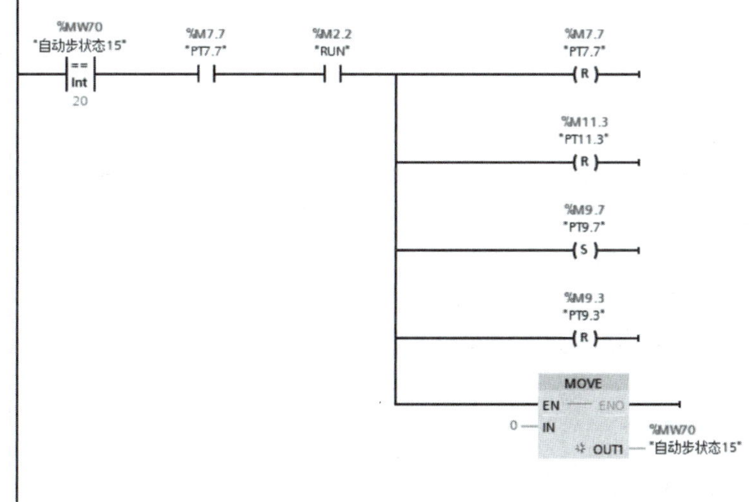

图 8-15 转盘出料工位取料完成程序

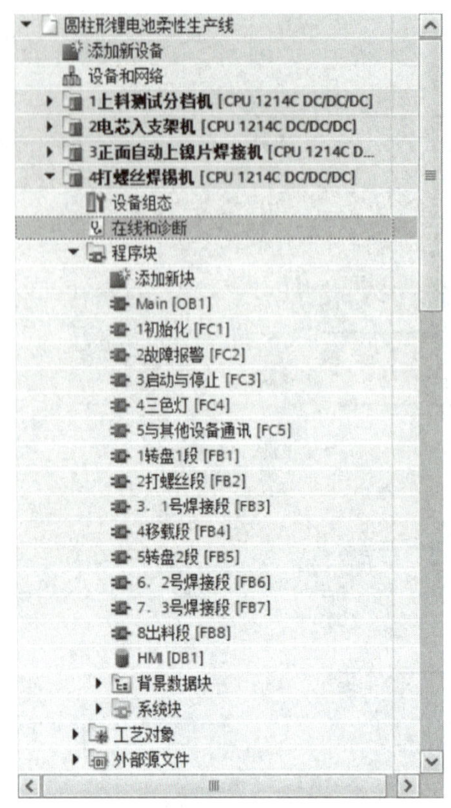

图 8-16　打螺丝焊锡机的程序架构

3. 程序架构

打螺丝焊锡机的程序架构如图 8-16 所示。

(1) 初始化：对不需要经常修改的参数强制赋值，以方便后续调试。

(2) 故障报警：当设备发生异常状况时，触发报警并在触摸屏上进行显示。例如，急停报警、极限报警、伺服报警、气缸磁性开关异常报警、气缸动作超时报警等。有些报警要触发整台设备停机，如急停报警、安全光栅报警等；有些报警仅需触发局部停机（不必触发整台设备停机），如伺服报警、动作超时报警等。

(3) 启动与停止：编写一个“启—保—停”程序。按下“启动”按钮，则启动标志自锁；按下“停止”按钮或发生触发整台设备停机的故障，则启动标志自锁解除。

(4) 三色灯：电源接通，则黄灯常亮；启动标志为“on”，则三色灯绿灯常亮；存在故障报警，则三色灯红灯闪烁，蜂鸣器间歇性鸣叫。

(5) 与其他设备通信：编写与其他设备通信的相关程序。

(6) 存放与 HMI 信号交互相关的数据。

(7) 转盘 1 段：编写与转盘 1 动作相关的程序。

(8) 打螺丝段：编写与打螺丝动作相关的程序。

(9) 1 号焊接段：编写与 1 号焊接动作相关的程序。

(10) 移载段：编写与移载动作相关的程序。

(11) 转盘 2 段：编写与转盘 2 动作相关的程序。

(12) 2 号焊接段：编写与 2 号焊接动作相关的程序。

(13) 3 号焊接段：编写与 3 号焊接动作相关的程序。

(14) 出料段：编写与出料动作相关的程序。

【技能训练】

打螺丝焊锡机的自动程序可分为转盘 1 段、打螺丝段、1 号焊接段、移载段、转盘 2 段、2 号焊接段、3 号焊接段、出料段。其中，打螺丝段的控制范围包括螺丝供料器、打螺丝压板、打螺丝模组

请输出电气物料清单，绘制电气原理图，绘制程序流程图，编写 PLC 程序和 HMI 程序，下载程序并调试，使其实现自动打螺丝功能。

一、训练准备

为了更好地完成任务，需要弄清楚以下几个问题。

(1) 认真阅读任务单，理解任务内容，明确任务目标，做好器材准备，同时拟订任务实施

计划。

引导问题 1:电动螺丝刀的工作原理?

____

____

引导问题 2:如何设置电动螺丝刀的转矩和速度?

____

____

引导问题 3:PLC 和电动螺丝刀之间如何交互信号?

____

____

(2) 准备工具。

完成该任务,需要准备的工具包括:______________________

(3) 根据题目要求,列写表 8-7 所示电气物料清单。

表 8-7 电气物料清单

序号	物料名称	型号/规格	数量	单位
1				
2				
3				
4				
5				
6				
8				
9				

(4) 器材准备。

螺丝刀、尖嘴钳、剪线钳、内六角扳手、万用表、网线、计算机等。

(5) 分组。

根据学生以往学习成绩由教师分组或学生自由组合。

建议每组组员 2~3 人,组长分配组员任务。

二、训练过程

1. 编写 PLC 程序和 HMI 程序

____

____

____

____

2. 硬件连接

按电气原理图、工艺要求、安全规范和设备要求完成接线。

3. 程序编辑与下载

把编写好的程序分别下载到 PLC 和 HMI。

4. 调试

在教师的监护下完成设备调试。

填写表 8-8 所示功能调试记录表。

表 8-8 功能调试记录表

序号	操作	PLC 面板上指示灯		机构动作
		输入端指示灯	输出端指示灯	
1				
2				
3				

【任务评价】

1. 小组展示

(1) 各小组派代表展示程序流程图和梯形图程序，并解释含义。

(2) 各小组展示实训成果，测试控制效果。

2. 自我评估与总结

(1) 掌握了哪些知识点？

____

(2) 在绘图、接线、编程、下载、调试过程中出现了哪些问题？是如何解决的？

____

____

(3) 谈谈心得体会。

____

____

3. 教师评价

根据各组学生在完成任务中的表现，给予综合评价，填写表 8-9。

表 8-9 训练评价表

序号	主要内容	考核要求	评分标准	配分	扣分	得分
1	方案设计	1. 绘制电气原理图； 2. 绘制程序流程图； 3. 设计梯形图程序	1.电气原理图表达不正确或画法不规范，每处扣 2 分； 2. 程序流程图表达不正确或画法不规范，每处扣 2 分； 3. 梯形图程序表达不正确或画法不规范，每处扣 2 分； 4. 指令有错误，每处扣 2 分	30		

续表

序号	主要内容	考核要求	评分标准	配分	扣分	得分
2	安装与接线	按I/O接线图在板上正确安装，接线要正确、紧固、美观	1. 接线不紧固、不美观，每处扣2分； 2. 接点松动，每处扣1分； 3. 不按I/O接线图接线，每处扣2分	25		
3	程序设计与调试	能正确设计PLC程序，按动作要求模拟调试，达到设计要求	1. 调试步骤不正确，扣5分； 2. 不能实现启动，扣10分； 3. 不能实现按时间顺序启动，扣10分； 4. 不能按要求实现停止，扣10分	35		
4	职业素养	1. 遵守国家相关专业安全文明生产规程，遵守学院纪律； 2. 工作岗位"6S"完成情况	1.迟到或不遵守教学场所规章制度，扣5分； 2. 不按"6S"要求，扣5分； 3. 出现重大事故或人为损坏设备，扣完10分	10		
备注			合计	100		
小组成员签名						
教师签名						
日期						

4. "6S"管理

小组和教师都完成工作任务并总结以后，各小组对自己的工作岗位进行"整理、整顿、清扫、清洁、安全、素养"处理；归还所借的工具和实习器件。

【知识巩固】

1. 判断题

(1) 电动螺丝刀负责拧紧上下壳之间的连接螺丝，其拧紧信号由PLC通过继电器给出。(　　)

(2) 开关电源提供给PLC、电磁阀等元器件稳定的交流24 V电源。(　　)

(3) 真空压力开关用来检测吸取绝缘垫片的真空压力是否达到设定值。(　　)

2. 填空题

(1) 打螺丝焊锡机用到了________来保护人身安全。

(2) 单相电动机用来驱动________，它与电柜内部的单相调速器配套使用。

(3) 本设备还配有三台自动焊锡机，它们和PLC之间有________。

(4) 当装好壳体的电池到达指定位置后，PLC就会向自动焊锡机发出一个"________"

信号。

（5）自动焊锡机收到“就绪”信号后开始焊锡，焊好后，自动焊锡机向 PLC 发送“________”信号。

3. 简答题

（1）打螺丝焊锡机的自动程序可以分为几大段？段与段之间如何进行信号交互？

____

____

（2）打螺丝焊锡机 HMI 画面由哪几部分组成？各界面的名称和主要功能是什么？

____

____

【技能拓展】

1. 探讨生产线的维护与优化

（1）预防性维护计划：制定周期性检查和维护的时间表，如每周对关键部件进行检查和润滑。

（2）故障分析和处理流程：建立一套标准化的故障诊断和处理流程，减少停机时间。

（3）性能监测与数据分析：利用传感器和监控系统收集机器运行数据，进行分析以发现潜在的效率提升点。

（4）持续改进策略：鼓励学生提出改进意见，实施小改动以提高生产线的整体性能。

（5）案例研究：分析一次生产线维护和优化的案例，展示维护前后的性能对比，如“维护后生产线的平均无故障运行时间从 500 小时提升至 800 小时”。

2. 分析行业发展趋势对生产线的影响

（1）新能源行业的技术进步：探讨新兴技术如何影响锂电池生产线的设计和运营。

（2）市场需求变化：分析市场需求的变化如何对生产线的产品适应性和产能调整提出要求。

（3）环境法规和标准：讨论环保法规更新对生产线排放和能耗的影响。

（4）自动化和智能化趋势：评估自动化和人工智能技术在生产线中的应用前景。

（5）案例分析：研究一家成功适应行业趋势变化的企业案例，分析其应对策略和取得的成果。

项目9

点胶贴绝缘垫片机的装调与应用

知识目标

(1) 了解点胶贴绝缘垫片机的机构组成；
(2) 了解点胶贴绝缘垫片机的工作原理；
(3) 熟悉点胶贴绝缘垫片机的工作流程；
(4) 掌握 PLC 和 HMI 编程的基础知识和步骤。

能力目标

(1) 能正确选择 PLC、触摸屏、伺服电动机、步进电动机的型号；
(2) 能根据点胶贴绝缘垫片机的结构组成和工作原理输出电气物料清单；
(3) 能独立绘制点胶贴绝缘垫片机的电气原理图；
(4) 能根据点胶贴绝缘垫片机的工作原理和工作流程绘制程序流程图；
(5) 能在 TIA 博途环境下将程序流程图转换为 PLC 程序；
(6) 能在威纶 EasyBuilder 环境下设计 HMI 画面；
(7) 会上传/下载 PLC 和 HMI 程序；
(8) 能根据硬件环境进行 PLC 和 HMI 程序调试。

素质目标

(1) 培养学生对时间和资源管理的敏感性；
(2) 增强学生的项目管理意识；
(3) 提高学生对产品识别和品牌宣传重要性的认识。

动画演示

工作情景

在锂电池生产线的组装过程中，点胶贴绝缘垫片是一个至关重要的步骤，它涉及电池安全和性能的稳定性。点胶贴绝缘垫片机是专门设计用于自动完成这项任务的设备，它能够精确地在电池组件上点胶并贴上绝缘垫片。

本项目重点学习新能源圆柱形锂电池生产线中的第五个关键设备——点胶贴绝缘垫片机。通过本项目学习，掌握点胶贴绝缘垫片机的工作原理、设备结构以及操作方法，以便能够熟练地操作和维护这类设备。图 9-1 所示点胶贴绝缘垫片机的主要结构。

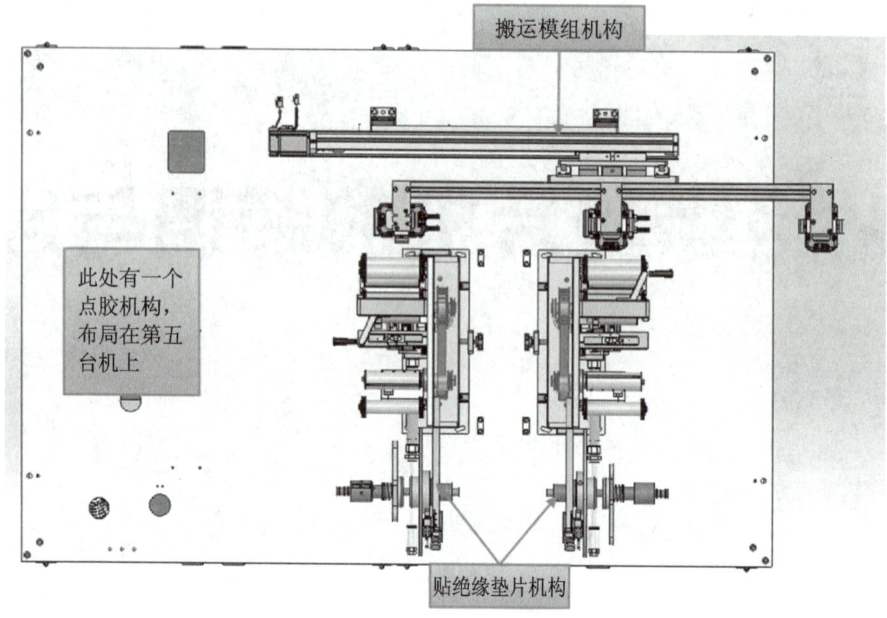

图 9-1　点胶贴绝缘垫片机的主要结构

项目思政

干一行，爱一行。爱岗，就是热爱自己的本职工作，能够为做好本职工作尽心尽力，在工作岗位上升华自我，实现价值。欲乐业，先敬业。敬业，就是要用恭敬严肃的态度来对待自己从事的职业，对自己的工作倾注专注力和责任心。因此，爱岗敬业，恪尽职守，是立足本职岗位，乐业、勤业、敬业，以最高的标准完成本职工作，尽职尽责。这也是工匠精神在新时代的重要体现。

2021 年 1 月，受强冷空气影响，云南省昭通市大关县遭遇了连续多日的低温雨雪冰冻天气，漫天的飞雪和呼啸的北风，肆虐地蹂躏着这个毫无防备的县城。罕见的低温和冰冻气候，导致高海拔区域输电线覆冰严重，部分输电线路甚至发生了断裂现象，直接造成 15 条 10 kV 线路出现故障停运，千家万户顿时陷入了一片黑暗之中。

危难之际，大关县电力公司的工人们挺身而出，义无反顾地踏上了抢修电路的岗位。恶劣的气候环境，提升了他们的工作难度。入眼是白茫茫的一片，输电线、电线杆上覆盖着几厘米厚的冰雪。为了尽快恢复广大群众的用电，电力工人们不分昼夜，咬牙坚持，坚守岗位，全力抢修。饿了，他们就吃点干粮、泡面或烧洋芋。他们顶着风雪，系上安全绳，踩着脚扣，爬上电线杆，插好三相短路接地线，将断裂的输电线重新接上。维修线路的工人在前面奋战，其余的工人则拿着绝缘操作杆除冰除雪，他们把敬业精神发扬到实践中，各司其职，克服了种种困难，完成了艰巨的任务。这种爱岗敬业的精神，刺破了寒冷的冬夜，让冬天里的温暖永不断线！

在学习具体操作之前，我们需要了解以下几个重要知识点。

1. 主要功能

电池的点胶、电池贴绝缘垫片的分选，把测试不良的电池放入 NG 料仓。设备采用一拖三的机械手夹爪机构，以提高生产效率。

2. 结构组成

点胶贴绝缘垫片机由机械、电气控制、气动和电动驱动等部分组成，其中机械部分包括搬运模组机构、贴绝缘垫片机构和点胶机构等。

3. 掌握点胶机构的原理和调整方法

(1) 点胶机构的工作原理和技术参数。

(2) 点胶过程中的关键参数，如压力、时间等。

(3) 点胶机构的调整步骤和注意事项。

(4) 点胶机构的故障常见原因及解决方法。

(5) 案例分析：点胶机构在不同环境温度下的参数调整经验和性能对比。

4. 熟悉贴绝缘垫片机构的操作和技巧

(1) 贴绝缘垫片机构的工作原理和技术要求。

(2) 贴绝缘垫片过程中的定位精度和压力控制。

(3) 贴绝缘垫片机构的维护保养和故障排除。

(4) 贴绝缘垫片机构的优化策略和改进措施。

(5) 案例分析：通过调整贴绝缘垫片机构参数，解决产品绝缘垫片错位问题的案例。

5. 认识搬运模组机构的设计与运作机制

(1) 搬运模组机构的设计原理和功能特点。

(2) 搬运模组机构的动力系统和控制系统。

(3) 搬运模组机构在不同生产线布局中的应用案例。

(4) 搬运模组机构的效率优化和节能措施。

(5) 案例分析：搬运模组机构改造前后的生产节拍对比和成本效益分析。

【任务实施】

一、任务要求

1. 工作流程

(1) 上一台机将电池搬运至点胶机构，进行点胶。

(2) 点胶完成后，由搬运模组机构把电池搬运至贴绝缘垫片机构 1，进行贴绝缘垫片 1。

(3) 贴绝缘垫片 1 完成后，由搬运模组机构把电池搬运至贴绝缘垫片机构 2，进行贴绝缘垫片 2。

(4) 贴绝缘垫片 2 完成后，由搬运模组机构把电池搬运至下一台机。

2. 任务分析

1) 操作点胶贴绝缘垫片机

(1) 安全操作规程：列出操作前的安全检查清单，如电源线检查、紧急“停止”按钮功能测试等。

（2）启动与关机流程：详细说明机器启动前的准备工作和关机后的清理工作。

（3）实操指南：提供详细的操作步骤，包括加载程序、调整参数、开始加工等。

（4）质量控制：介绍如何监控生产过程中的质量，并及时调整机器设置以确保产品质量。

（5）案例操作：记录一次完整的操作流程，包括操作时间、遇到的问题及解决方案，如“操作员 A 在操作过程中发现点胶不均匀，通过调整点胶压力和时间解决问题”。

2）应用 PLC 编程控制机器运行

（1）绘制程序流程图：根据工艺要求绘制程序流程图。

（2）程序编写：根据生产需求编写 PLC 程序，包括逻辑控制、故障报警等。

（3）程序调试：在教师指导下调试 PLC 程序，确保程序的正确执行。

（4）性能优化：通过优化 PLC 程序提高机器运行效率和稳定性。

（5）案例分析：展示一个 PLC 程序优化前后的运行数据对比，如“经过程序优化，机器循环时间从 30 s 缩短至 25 s”。

3）使用触摸屏进行机器设置和监控

（1）界面设计：根据操作需求设计直观易懂的触摸屏 HMI。

（2）功能设置：设置触摸屏的各项功能，如报警显示、生产计数等。

（3）实时监控：使用触摸屏实时监控生产状态和机器运行数据。

（4）故障诊断：通过触摸屏快速诊断机器故障并进行相应处理。

（5）案例应用：记录一次使用触摸屏进行故障诊断的过程，包括发现问题、分析原因和解决问题的步骤。

二、硬件结构设计

1. 外部供电电源

这台设备内部所使用的电动机、贴标机、磁粉制动器、张力控制器等都是交流 220 V、50 Hz的设备，所以外部供电电源应为交流 220 V、50 Hz 电源。

2. 电柜内电气元器件的选型

电柜内电气元器件分布如图 9-2 所示。

图 9-2　电柜内电气元器件分布

(1) 总电源开关为 LW30-32 型转换开关,选择这种开关的好处是不用打开电柜门就可以接通或关断电源。

(2) 在电柜内左上角设置了一个漏电保护开关,它主要用于保护柜内插座。注意:凡是与人员操作有关的插座都需要设置漏电保护开关,但是漏电保护开关通常不用做整机的漏电保护,因为伺服驱动器会存在漏电现象。如果在伺服驱动器的前端加装了漏电保护开关,极有可能会误动作。

(3) 电柜下层放置了汇川 SV660P 型伺服驱动器,它们可以通过接收高速脉冲的方式进行精确的位置控制。

(4) 开关电源为雷赛智能 LSP 系列 360 W、24 V 开关电源,其功能是给 PLC、电磁阀、步进驱动器等元器件提供稳定的直流 24 V 电源。

(5) PLC 选用西门子 S7-1200 系列,CPU 模块为 S7-1214C DC/DC/DC,用来控制电磁阀和伺服电动机。这台 PLC 扩展了若干个 I/O 扩展模块。

3. 电柜外电气元器件

电柜外电气元器件分布如图 9-3 所示。

图 9-3 电柜外电气元器件分布

电柜外传感器包括光电开关、激光传感器、磁性开关、真空压力开关等,电柜外执行器则包括单相电动机、步进电动机、交流伺服电动机、电磁阀等。

(1) 设备选用了对射型光电开关、激光传感器和槽型光电开关。对射型光电开关有一个发射集和一个接收集,它可靠性高,但对安装位置有一定的要求。基恩士 LV-V11N 激光传感器用于检测绝缘垫片有无。每一套搬运模组都设置了三个槽型光电开关,用作前极限、后极限和原点检测。搬运模组之所以选择槽型光电开关,主要是槽型光电开关检测精度高且能安装在狭小的空间内。

(2) 所有气缸都安装了磁性开关。磁性开关内部是一个干簧管,它主要用于检测气缸磁环,当磁环靠近磁性开关时,磁性开关接通;反之,磁性开关就断开。

(3) 真空压力开关用来检测吸取绝缘垫片的真空压力是否能够到达设定值。它可以通过液晶面板查看当前真空压力值,也可以通过按键来调节真空压力设定值。

(4) 单相电动机用来驱动输送皮带,它与电柜内部的单相调速器配套使用,可以很方便地调节皮带速度。

（5）步进电动机通过同步输送带驱动送标滚轴，它和电柜内部的步进驱动器配套使用，用来自动送出绝缘垫片。

（6）交流伺服电动机用来驱动搬运模组，它与电柜内部的伺服驱动器配套使用，用来实现搬运模组的位置精确控制。

（7）电磁阀主要用于控制气缸，它们的输入电压都是直流 24 V。

（8）磁粉控制器和张力控制器用来保持放卷时张力恒定。

三、确定地址分配

PLC 扩展 4 个信号模块，I/O 地址分配表如表 9-1～表 9-5 所示。

表 9-1　CPU 模块 I/O 地址分配表

输入	注释	输出	注释
I0.00	点胶电动机原点	Q0.00	点胶电动机脉冲信号
I0.01	搬运电动机原点	Q0.01	搬运电动机脉冲信号
I0.02		Q0.02	1＃送标电动机脉冲信号
I0.03		Q0.03	2＃送标电动机脉冲信号
I0.04	点胶电动机 CW 限位	Q0.04	点胶电动机方向信号
I0.05	点胶电动机 CCW 限位	Q0.05	搬运电动机方向信号
I0.06	搬运电动机 CW 限位	Q0.06	1＃送标电动机方向信号
I0.07	搬运电动机 CCW 限位	Q0.07	2＃送标电动机方向信号
I1.00		Q1.00	
I1.01		Q1.01	
I1.02	点胶平移电动机驱动报警	Q1.02	
I1.03	搬运电动机驱动报警	Q1.03	
I1.04		Q1.04	
I1.05		Q1.05	

表 9-2　扩展信号模块 1 I/O 地址分配表

输入	注释	输出	注释
I2.00	“启动”按钮	Q2.00	灯塔—绿灯
I2.01	“停止”按钮	Q2.01	灯塔—黄灯
I2.02	“复位”按钮	Q2.02	灯塔—红灯
I2.03	“急停”按钮	Q2.03	灯塔—蜂鸣器

续表

输入	注释	输出	注释
I2.04	门禁输入	Q2.04	LED 灯
I2.05	气压检测	Q2.05	电动机使能
I2.06		Q2.06	上料流水线
I2.07		Q2.07	
I3.00		Q3.00	点胶阀
I3.01		Q3.01	
I3.02		Q3.02	
I3.03		Q3.03	
I3.04		Q3.04	
I3.05		Q3.05	
I3.06		Q3.06	
I3.07		Q3.07	

表 9-3 扩展信号模块 2 I/O 地址分配表

输入	注释	输出	注释
I4.00	点胶升降气缸原点	Q4.00	点胶升降气缸
I4.01	点胶升降气缸到位	Q4.01	点胶接残胶气缸
I4.02	点胶接残胶气缸原点	Q4.02	点胶平台定位气缸
I4.03	点胶平台定位气缸原点	Q4.03	搬运升降气缸
I4.04	搬运升降气缸原点	Q4.04	1＃搬运夹子气缸
I4.05	搬运升降气缸到位	Q4.05	2＃搬运夹子气缸
I4.06	1＃搬运夹子气缸原点	Q4.06	3＃搬运夹子气缸
I4.07	1＃搬运夹子气缸到位	Q4.07	
I5.00	2＃搬运夹子气缸原点	Q5.00	1＃贴胶平台旋转气缸
I5.01	2＃搬运夹子气缸到位	Q5.01	1＃贴标气缸
I5.02	3＃搬运夹子气缸原点	Q5.02	1＃取标气缸
I5.03	3＃搬运夹子气缸到位	Q5.03	1＃压标气缸
I5.04		Q5.04	1＃剥标气缸
I5.05		Q5.05	1＃取标真空

续表

输入	注释	输出	注释
I5.06		Q5.06	1＃贴标破真空
I5.07		Q5.07	1＃压标平台真空

表 9-4　扩展信号模块 3 I/O 地址分配表

输入	注释	输出	注释
I6.00	1＃贴胶平台旋转气缸原点	Q6.00	2＃贴胶平台旋转气缸
I6.01	1＃贴胶平台旋转气缸到位	Q6.01	2＃贴标气缸
I6.02	1＃贴标气缸原点	Q6.02	2＃取标气缸
I6.03	1＃贴标气缸到位	Q6.03	2＃压标气缸
I6.04	1＃取标气缸原点	Q6.04	2＃剥标气缸
I6.05	1＃压标气缸原点	Q6.05	2＃取标真空
I6.06	1＃剥标气缸原点	Q6.06	2＃贴标破真空
I6.07	1＃剥标气缸到位	Q6.07	2＃压标平台真空
I7.00	1＃取标真空	Q7.00	
I7.01	1＃标签到位检测	Q7.01	
I7.02	1＃标签缺料检测	Q7.02	
I7.03		Q7.03	
I7.04		Q7.04	
I7.05		Q7.05	
I7.06		Q7.06	
I7.07		Q7.07	

表 9-5　扩展信号模块 4 I/O 地址分配表

输入	注释	输入	注释
I8.00	2＃贴胶平台旋转气缸原点	I9.00	2＃取标真空
I8.01	2＃贴胶平台旋转气缸到位	I9.01	2＃标签到位检测
I8.02	2＃贴标气缸原点	I9.02	2＃标签缺料检测
I8.03	2＃贴标气缸到位	I9.03	
I8.04	2＃取标气缸原点	I9.04	
I8.05	2＃压标气缸原点	I9.05	

续表

输入	注释	输入	注释
I8.06	2＃剥标气缸原点	I9.06	
I8.07	2＃剥标气缸到位	I9.07	

四、HMI 画面设计

使用威纶 EasyBuilder Pro 软件设计 HMI 画面，画面分为主页面、调试页面、功能设置页面、参数设置页面、事件页面和 I/O 监控页面。其中主页面、调试页面和 I/O 监控页面设计参考如图 9-4～图 9-6 所示。

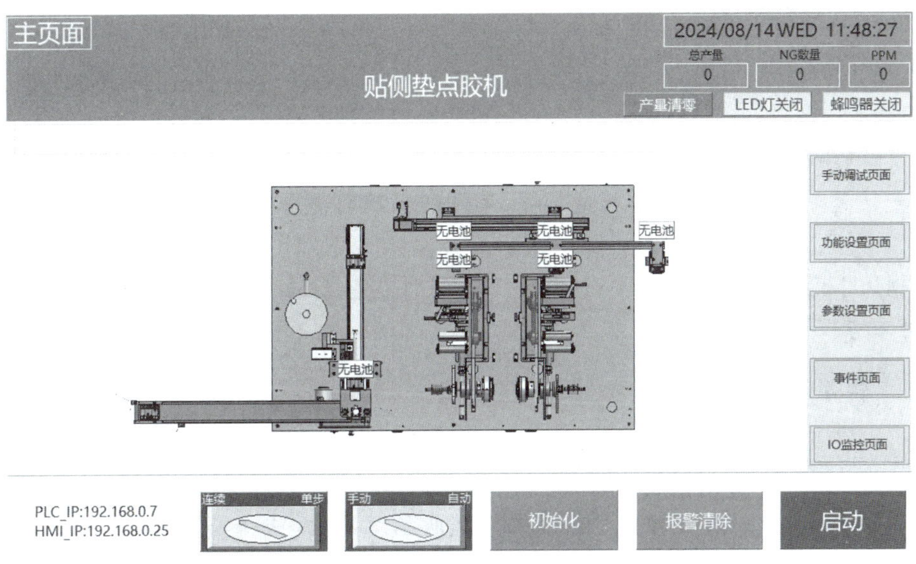

图 9-4　主页面

图 9-5　调试页面

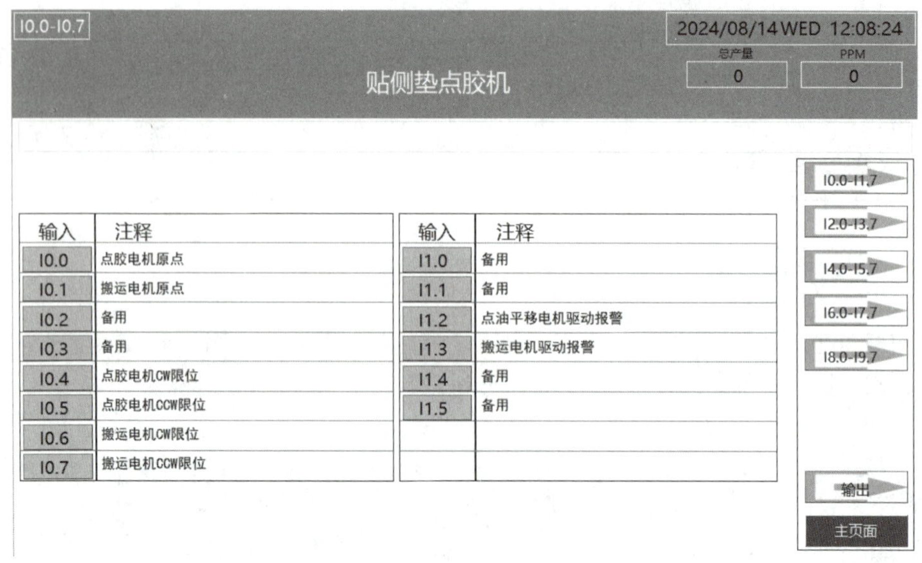

图 9-6 I/O 监控页面

以上就是 HMI 画面的主要组成部分，不同的系统可能会有所不同，但大体上都是这样的结构。

根据以上内容，使用威纶 EasyBuilder Pro 软件绘制 HMI 界面。HMI 画面设计的具体方法，可参考视频资料。

微课视频

五、软件设计

1.程序流程图

点胶贴绝缘垫片机的程序流程图如图 9-7 所示。各段程序内部的动作、条件及步号可根据前面章节所学知识进行绘制。在自动模式且设备已启动的状态下，各段程序独立执行相关动作，程序段和程序段之间存在一些“衔接关系”，如“就绪”“完成”等。

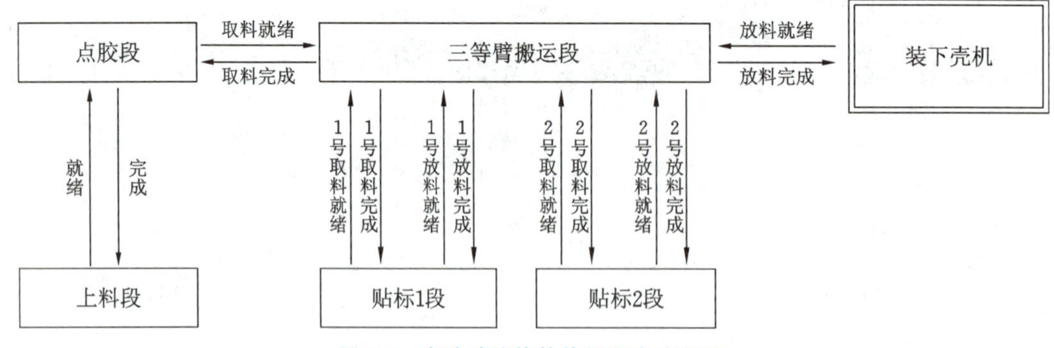

图 9-7 点胶贴绝缘垫片机程序流程图

2. 程序分段

点胶贴绝缘垫片机的自动程序可以分为以下五段，各段相关程序如图 9-8～图 9-12 所示。

(1) 上料段:控制上料气缸及夹爪气缸。

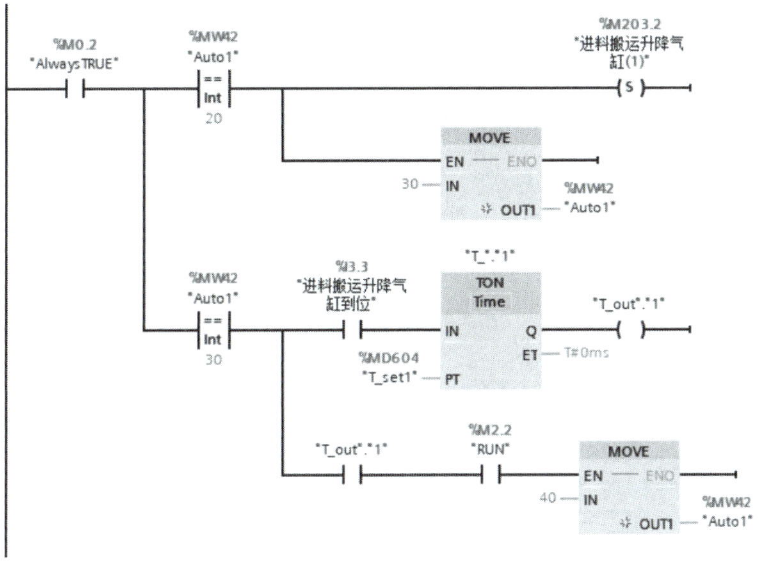

图 9-8 上料搬运升降气缸控制程序

(2) 点胶段:其控制范围包括点胶搬运模组、点胶机构、接胶机构。

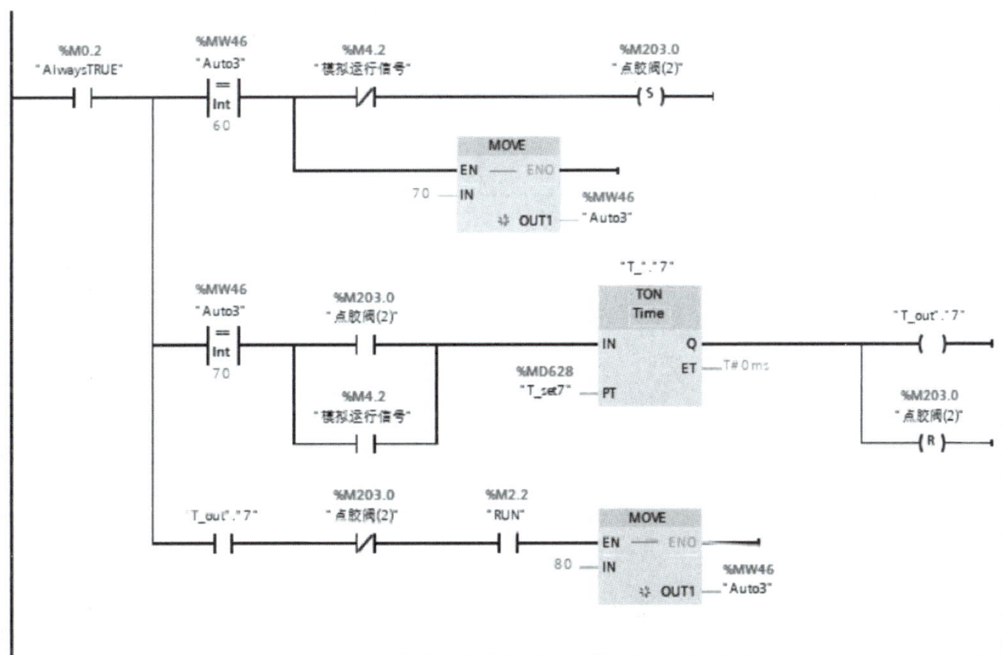

图 9-9 点胶阀控制程序

(3) 三等臂搬运段:其控制范围包括三等臂搬运模组及夹爪。

(4) 贴标 1 段:控制 1 号贴标机构。

(5) 贴标 2 段:控制 2 号贴标机构。

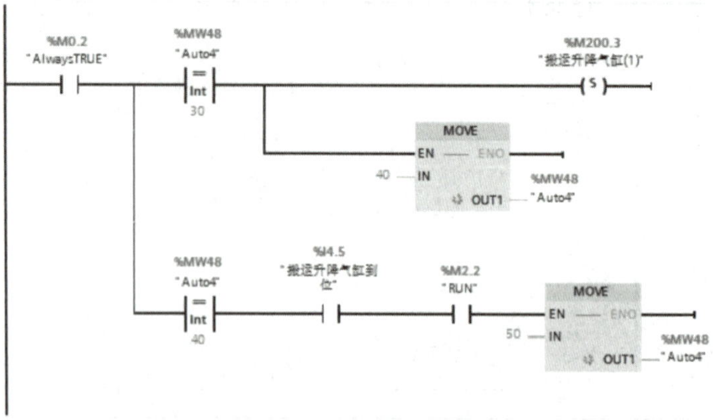

图 9-10　搬运气缸控制程序

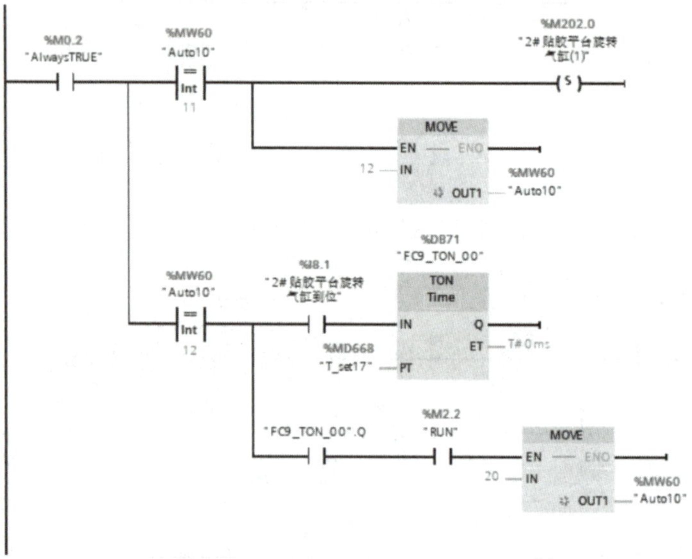

图 9-11　1 号贴标机构旋转气缸控制程序

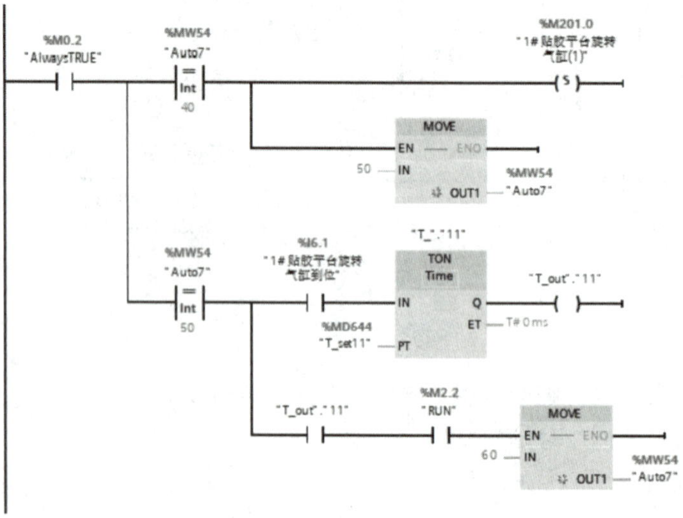

图 9-12　2 号贴标机构旋转气缸控制程序

3. 程序架构

点胶贴绝缘垫片机的程序架构如图 9-13 所示。

(1) 初始化:对不需要经常修改的参数强制赋值,以方便后续调试。

(2) 故障报警:当设备发生异常状况时,触发报警并在触摸屏上进行显示。例如,急停报警、极限报警、伺服报警、气缸磁性开关异常报警、气缸动作超时报警等。有些报警要触发整台设备停机,如急停报警、安全光栅报警等;有些报警仅需触发局部停机(不必触发整台设备停机),如伺服报警、动作超时报警等。

(3) 启动与停止:编写一个“启—保—停”程序。按下“启动”按钮,则启动标志自锁;按下“停止”按钮或发生触发整台设备停机的故障,则启动标志自锁解除。

(4) 三色灯:电源接通,则黄灯常亮;启动标志为“on”,则三色灯绿灯常亮;存在故障报警,则三色灯红灯闪烁,蜂鸣器间歇性鸣叫。

(5) 与其他设备通信:编写与其他设备通信的相关程序。

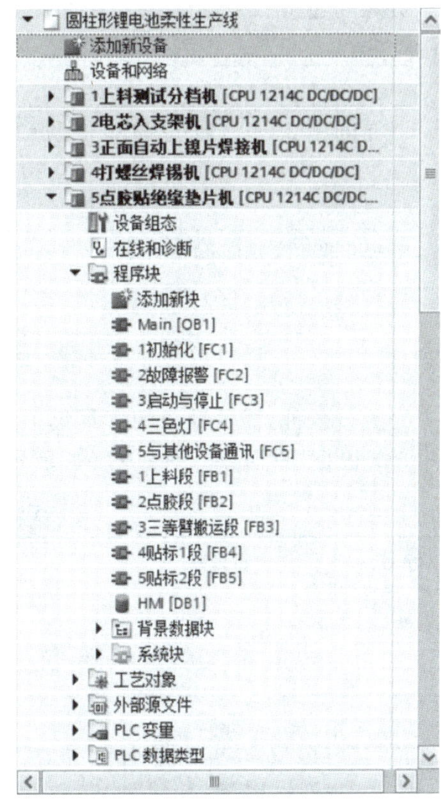

图 9-13 点胶贴绝缘垫片机的程序架构

(6) 存放与 HMI 信号交互相关的数据。

(7) 上料段:编写与上料气缸和夹爪动作相关的程序。

(8) 点胶段:编写与点胶、接胶动作相关的程序。

(9) 三等臂搬运段:编写与三等臂搬运模组和夹爪动作相关的程序。

(10) 贴标 1 段:编写与 1 号贴标机构动作相关的程序。

(11) 贴标 2 段:编写与 2 号贴标机构动作相关的程序。

【技能训练】

点胶贴绝缘垫片机的自动程序可为上料段、点胶段、三等臂搬运段、贴标 1 段、贴标 2 段。其中,点胶段的控制范围包括点胶搬运模组、点胶机构、接胶机构。

请输出电气物料清单,绘制电气原理图,绘制程序流程图,编写 PLC 程序和 HMI 程序,下载程序并调试,使其实现自动点胶功能。

一、训练准备

为了更好地完成任务,需要弄清楚以下几个问题。

(1) 认真阅读任务单,理解任务内容,明确任务目标,做好器材准备,同时拟订任务实施计划。

引导问题 1:点胶机构的工作原理?

____

____

引导问题 2:如何通过 PLC 控制点胶阀和接胶电磁阀?

____

____

引导问题 3:如何调节点胶速度和点胶量?

____

____

(2) 准备工具。

完成该任务,需要准备的工具包括:______________________

(3) 根据题目要求,列写表 9-6 所示电气物料清单。

表 9-6　电气物料清单

序号	物料名称	型号/规格	数量	单位
1				
2				
3				
4				
5				
6				
8				
9				

(4) 器材准备。

螺丝刀、尖嘴钳、剪线钳、内六角扳手、万用表、网线、计算机等。

(5) 分组。

根据学生以往学习成绩由教师分组或学生自由组合。

建议每组组员 2～3 人,组长分配组员任务。

二、训练过程

1. 编写 PLC 程序和 HMI 程序

____

____

____

____

2. 硬件连接

按电气原理图、工艺要求、安全规范和设备要求完成接线。

3. 程序编辑与下载

把编写好的程序分别下载到 PLC 和 HMI。

4. 调试

在教师的监护下完成设备调试。

填写表 9-7 所示功能调试记录表。

表 9-7 功能调试记录表

序号	操作	PLC 面板上指示灯		机构动作
		输入端指示灯	输出端指示灯	
1				
2				
3				

【任务评价】

1. 小组展示

(1) 各小组派代表展示程序流程图和梯形图程序,并解释含义。

(2) 各小组展示实训成果,测试控制效果。

2. 学生自我评估与总结

(1) 掌握了哪些知识点?

____

(2) 在绘图、接线、编程、下载、调试过程中出现了哪些问题? 是如何解决的?

____

____

(3) 谈谈心得体会。

____

____

3. 教师评价

根据各组学生在完成任务中的表现,给予综合评价,填写表 9-8。

表 9-8 训练评价表

序号	主要内容	考核要求	评分标准	配分	扣分	得分
1	方案设计	1. 绘制电气原理图; 2. 绘制程序流程图; 3. 设计梯形图程序	1.电气原理图表达不正确或画法不规范,每处扣 2 分; 2. 程序流程图表达不正确或画法不规范,每处扣 2 分; 3. 梯形图程序表达不正确或画法不规范,每处扣 2 分; 4. 指令有错误,每处扣 2 分	30		

续表

序号	主要内容	考核要求	评分标准	配分	扣分	得分
2	安装与接线	按 I/O 接线图在板上正确安装，接线要正确、紧固、美观	1. 接线不紧固、不美观，每处扣 2 分； 2. 接点松动，每处扣 1 分； 3. 不按 I/O 接线图接线，每处扣 2 分	25		
3	程序设计与调试	能正确设计 PLC 程序，按动作要求模拟调试，达到设计要求	1. 调试步骤不正确，扣 5 分； 2. 不能实现启动，扣 10 分； 3. 不能实现按时间顺序启动，扣 10 分； 4. 不能按要求实现停止，扣 10 分	35		
4	职业素养	1. 遵守国家相关专业安全文明生产规程，遵守学院纪律； 2. 工作岗位“6S”完成情况	1. 迟到或不遵守教学场所规章制度，扣 5 分； 2. 不按“6S”要求，扣 5 分； 3. 出现重大事故或人为损坏设备，扣完 10 分	10		
备注			合计	100		
小组成员签名						
教师签名						
日期						

4. “6S”管理

小组和教师都完成工作任务并总结以后，各小组对自己的工作岗位进行“整理、整顿、清扫、清洁、安全、素养”处理；归还所借的工具和实习器件。

【知识巩固】

1. 判断题

(1) 交流伺服电动机与电柜内部的步进驱动器配套使用。(　　)

(2) 在伺服驱动器的前端加装了漏电保护开关，可能会正常动作。(　　)

(3) 单相电动机用来驱动输送皮带，可以方便地调节皮带速度。(　　)

(4) 基恩士 LV-V11N 激光传感器用于检测绝缘垫片有无。(　　)

2. 填空题

(1) 点胶贴绝缘垫片机的外部供电电源应为交流________V、________Hz 电源。

(2) 漏电保护开关主要用于保护柜内________。

(3) 磁粉控制器和张力控制器用来保持________时张力恒定。

3. 简答题

(1) 点胶贴绝缘垫片机的自动程序可以分为几大段？段与段之间如何进行信号交互？

____

____

(2) 点胶贴绝缘垫片机 HMI 画面由哪几部分组成？各界面的名称和主要功能是什么？

____

____

【技能拓展】

伺服电动机有三种控制模式，分别为位置控制模式、速度控制模式和转矩控制模式。

(1) 位置控制模式：这种模式下，伺服电动机通过接收外部输入的脉冲信号来控制运动的位置和速度。脉冲的频率决定了转动速度，而脉冲的个数则决定了转动的角度。在某些情况下，也可以通过通信方式直接对速度和位移进行赋值。位置控制模式常用于位置精度要求较高的场合。例如，在需要精确定位的机械装置中。

(2) 速度控制模式：在此模式下，伺服电动机的转速可以通过模拟量或脉冲频率的输入来控制。当执行机构需要以特定速度运行时，使用速度控制模式。

(3) 转矩控制模式：转矩控制是通过外部模拟量的输入或直接的地址赋值来设定电动机轴对外输出的转矩大小。例如，如果 10 V 对应 5 N·m 的转矩，当外部模拟量设定为 5 V 时，电动机轴输出的转矩为 2.5 N·m。这种模式多用于需要严格控制电动机输出转矩的场合，如卷绕、打螺丝等。

项目10 装下壳机的装调与应用

知识目标

(1) 了解装下壳机的机构组成；
(2) 了解装下壳机的工作原理；
(3) 熟悉装下壳机的工作流程；
(4) 掌握PLC和HMI编程的基础知识和步骤。

能力目标

(1) 能正确选择PLC、触摸屏、伺服电动机、步进电动机的型号；
(2) 能根据装下壳机的结构组成和工作原理输出电气物料清单；
(3) 能独立绘制装下壳机的电气原理图；
(4) 能根据装下壳机的工作原理和工作流程绘制程序流程图；
(5) 能在TIA博途环境下将程序流程图转换为PLC程序；
(6) 能在威纶EasyBuilder环境下设计HMI画面；
(7) 会上传/下载PLC和HMI程序；
(8) 能根据硬件环境进行PLC和HMI程序调试。

素质目标

(1) 增强学生的持续学习与发展意识；
(2) 提高学生的效率与成本意识。

动画演示

工作情景

在锂电池的生产组装过程中，装下壳机是一个关键的设备，它负责将锂电池的外壳精确地定位并安装到电池支架上。这一步骤对于确保电池的结构完整性和功能性至关重要。装下壳机通过一系列精密的机构协同工作，实现高效、准确的外壳装配。

本项目将专注于新能源圆柱形锂电池生产线中的第六个关键设备——装下壳机。通过本项目的学习，我们将掌握装下壳机的工作原理、各个组成部分的功能以及操作流程，旨在为大家提供深入的理论知识和实践技能，以便在未来的工作中能够熟练地运用此类设备。

图 10-1 所示为装下壳机的主要结构。

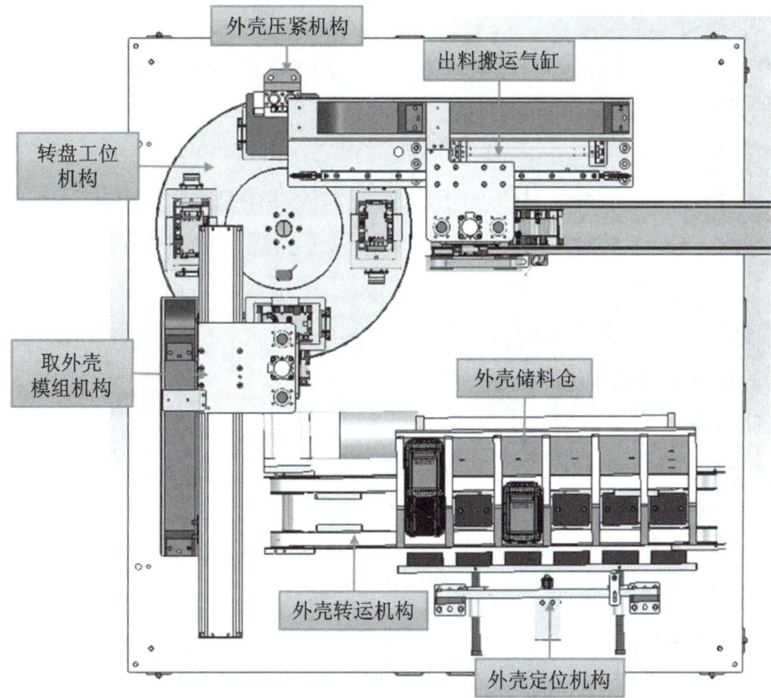

图 10-1　装下壳机的主要结构

项目思政

“忠”,即为尽心竭力。忠于职守,不忘初心,在各行各业的舞台上,活跃着无数身影,他们忠诚地对待本职工作,一丝不苟;他们脚踏实地,在工作岗位上奉献自己,遵守自己的职业本分。

20 世纪 50 至 60 年代,刚刚诞生的新中国作出了研制“两弹一星”的战略决策,并在金银滩草原建设了我国第一个核武器研制基地。邓稼先、郭永怀等科学家用智慧、青春和热血,书写了“两弹一星”功勋伟业的壮丽诗篇。主持研制第一颗原子弹的邓稼先在美国获得博士学位后,便毅然决定回国,接受原子弹研制任务。临行前,妻子许鹿希问邓稼先:“去哪?做什么?去多久?”因保密要求,他只能连续回答了三个“不能说”。此后,邓稼先隐姓埋名,在试验场度过了默默无闻的八载春秋。1964 年 10 月,中国第一颗原子弹爆炸成功,邓稼先率领研究人员迅速进入爆炸现场认真勘探,仔细采样。忠于职守的他,最后因核放射性的影响而身患癌症,临终时却留下了一句掷地有声的“死而无憾”!

1965 年 9 月,我国第一颗人造卫星研制工作再次启动,著名力学家郭永怀受命参与卫星相关研究的组织领导工作。1968 年 12 月初,他在青海基地发现重要数据,为了不耽误研究进程,他连夜搭乘夜班飞机返回北京,不料 12 月 5 日凌晨,他所乘坐的航班不幸失事。人们从机身残骸中寻找到郭永怀时,发现他的遗体同警卫员的遗体紧紧抱在一起。两人的遗体被分开后,中间掉出一个装着绝密资料的公文包,公文包内的文件竟完好无损。这种恪尽职守的精神,感天动地,令人动容。

在学习具体操作之前，我们需要了解以下几个重要知识点。

1. 主要功能

完成电池外壳的自动上料、定位、搬运和装配。通过自动化操作提高生产效率，减少人工成本，同时保证产品的装配质量。

2. 结构组成

装下壳机由机械、电气控制、气动和电动驱动等部分组成，其中机械部分包括取外壳模组机构、外壳压紧结构、出料搬运气缸、外壳储料仓、外壳运转机构、外壳定位机构、转盘工位机构等。

3. 掌握外壳储料仓的原理和调整方法

(1) 外壳储料仓的工作原理和技术参数。
(2) 外壳储料仓的容量计算和尺寸设计。
(3) 外壳储料仓的调整步骤和注意事项。
(4) 外壳储料仓的故障常见原因及解决方法。
(5) 案例分析：外壳储料仓在不同生产量下的调整经验和性能对比。

4. 熟悉外壳定位机构的设计与操作

(1) 外壳定位机构的组成和工作原理。
(2) 外壳定位精度的影响因素和优化措施。
(3) 外壳定位机构的定期维护和故障排除。
(4) 外壳定位机构的性能评估和改进方法。
(5) 案例分析：通过调整外壳定位机构参数，解决产品定位不准确的案例。

5. 了解外壳转运机构的设计和应用

(1) 外壳转运机构的设计原理和功能特点。
(2) 外壳转运机构的动力系统和控制系统。
(3) 外壳转运机构在不同生产线布局中的应用案例。
(4) 外壳转运机构的效率优化和节能措施。
(5) 案例分析：外壳转运机构改造前后的生产节拍对比和成本效益分析。

6. 掌握取外壳模组机构的工作原理

(1) 取外壳模组机构的基本构造和工作原理。
(2) 取外壳过程中的关键参数，如速度、加速度等。
(3) 取外壳模组机构的调整和优化策略。
(4) 取外壳模组机构故障的诊断和解决方法。
(5) 案例分析：取外壳模组机构在不同操作条件下的性能评估。

7. 认识转盘工位机构的设计与运作机制

(1) 转盘工位机构的设计原理和功能要求。
(2) 转盘工位机构的动力传递和精密定位技术。
(3) 转盘工位机构的维护和故障处理。
(4) 转盘工位机构的效率分析和改进方向。
(5) 案例分析：转盘工位机构升级后的生产效能提升案例。

8. 理解外壳压紧机构和出料搬运气缸的工作原理

(1) 外壳压紧机构和出料搬运气缸的设计和功能。

(2) 压紧力和压紧位置的精确控制。

(3) 出料搬运过程中的定位和稳定性保障。

(4) 外壳压紧机构和搬运气缸的保养维护。

(5) 案例分析:通过调整外壳压紧机构压力参数,解决产品压紧不良问题。

【任务实施】

一、任务要求

1. 工作流程

(1) 取外壳模组机构将外壳放至转盘工位机构,旋转 90°;

(2) 上一台机把电池搬运至转盘工位机构,装入外壳,旋转 90°;

(3) 外壳压紧机构将电池和外壳压合在一起,旋转 90°;

(4) 出料搬运气缸把合格的电池搬运至出料流水线,流水线将电池搬运至下一台机。

2. 任务分析

1) 设备的功能与重要性

装下壳机主要用于锂电池生产线中,完成电池外壳的自动上料、定位、搬运和装配。它通过自动化操作提高生产效率,减少人工成本,同时保证产品的装配质量。

2) 设备组成

外壳储料仓:存储预先加工好的电池外壳,确保连续生产时物料的供应。

外壳定位机构:精确定位外壳的位置,以便正确取用和装配。

外壳转运机构:将外壳从储料仓运输到取用位置。

取外壳模组机构:负责从双列皮带线末端取出外壳,并转移到装配位置。

转盘工位机构:用于将电池和外壳转动到相关工位。

外壳压紧机构:在装配过程中对外壳进行压紧,确保其与电池支架紧密结合。

出料搬运气缸:将装配好的电池从装配位置搬运到下一台机或 NG 流水线。

3) 编程与调试

根据工艺要求绘制程序流程图,并根据程序流程图编写 PLC 程序和 HMI 程序,完成程序下载和调试。

4) 操作流程

准备阶段:检查设备是否完好,确认外壳储料仓内有足够的外壳供料,设置正确的程序参数。

启动阶段:启动设备,进行空运行检查,确保所有机构协调运作无误。

生产阶段:连续进行外壳的上料、定位、搬运和装配作业,监控过程质量,及时调整参数以应对可能的变化。

结束阶段:生产完成后,关闭设备,进行清理和维护工作。

5) 安全与维护

遵守安全操作规程,使用必要的个人防护装备。

定期对设备进行保养和维护,以确保其稳定性和延长使用寿命。

6）故障排除

学习常见的故障诊断方法和解决方案。

掌握紧急停机程序和故障报告流程。

二、硬件结构设计

我们从以下三个方面来讲解装下壳机的硬件设计。

1. 外部供电电源

这台设备内部所使用的单相电动机、步进电动机等都是交流 220 V、50 Hz 的设备，所以外部供电电源应为交流 220 V、50 Hz 电源。

2. 电柜内电气元器件的选型

电柜内电气元器件分布如图 10-2 所示。

图 10-2　电柜内电气元器件分布

（1）总电源开关为 LW30-32 型转换开关，选择这种开关的好处是不用打开电柜门就可以接通或关断电源。

（2）在电柜内左上角设置了一个漏电保护开关，它主要用于保护柜内插座。注意：凡是与人员操作有关的插座都需要设置漏电保护开关，但是漏电保护开关通常不用做整机的漏电保护，因为伺服驱动器会存在漏电现象。如果在伺服驱动器的前端加装了漏电保护开关，极有可能会误动作。

（3）电柜下层放置了两台雷赛 MA860C 型步进驱动器，它们可以通过接收高速脉冲的方式进行精确的位置控制。

（4）开关电源为雷赛智能 LSP 系列 360 W、24 V 开关电源，其功能是给 PLC、电磁阀、步进驱动器等元器件提供稳定的直流 24 V 电源。

（5）PLC 选用西门子 S7-1200 系列，CPU 模块为 S7-1214C DC/DC/DC，用来控制电磁阀和步进电动机。这台 PLC 扩展了若干个 I/O 扩展模块。

3. 电柜外电气元器件

电柜外电气元器件分布如图 10-3 所示。

电柜外传感器包括光电开关、磁性开关等，电柜外执行器则包括单相电动机、步进电动机、电磁阀等。

图 10-3 电柜外电气元器件分布

(1) 设备选用了对射型光电开关和槽型光电开关。对射型光电开关有一个发射集和一个接收集,它可靠性高,但对安装位置有一定的要求。每一套搬运模组都设置了三个槽型光电开关,用作前极限、后极限和原点检测。搬运模组之所以选择槽型光电开关,主要是槽型光电开关检测精度高且能安装在狭小的空间内。

(2) 所有气缸都安装了磁性开关。磁性开关内部是一个干簧管,它主要用于检测气缸磁环,当磁环靠近磁性开关时,磁性开关接通;反之,磁性开关就断开。

(3) 单相电动机用来驱动输送皮带,它与电柜内部的单相调速器配套使用,可以很方便地调节皮带速度。

(4) 步进电动机用来驱动搬运模组和下壳顶升机构,它与电柜内部的步进驱动器配套使用。

(5) 电磁阀主要用于控制气缸,它们的输入电压都是直流 24 V。

三、确定地址分配

PLC 扩展 2 个信号模块,I/O 地址分配表如表 10-1～表 10-3 所示。

表 10-1 CPU 模块 I/O 地址分配表

输入	注释	输出	注释
I0.00	底壳搬运电动机原点	Q0.00	底壳搬运电动机脉冲信号
I0.01	底壳升降电动机原点	Q0.01	底壳升降电动机脉冲信号
I0.02		Q0.02	
I0.03		Q0.03	
I0.04	底壳搬运电动机 CW 限位	Q0.04	底壳搬运电动机方向信号
I0.05	底壳搬运电动机 CCW 限位	Q0.05	底壳升降电动机方向信号
I0.06	底壳升降电动机 CW 限位	Q0.06	
I0.07	底壳升降电动机 CCW 限位	Q0.07	

续表

输入	注释	输出	注释
I1.00		Q1.00	
I1.01		Q1.01	
I1.02	出料搬运旋转气缸原点	Q1.02	
I1.03	出料搬运旋转气缸到位	Q1.03	
I1.04	出料搬运夹子气缸原点	Q1.04	
I1.05	出料搬运夹子气缸到位	Q1.05	

表 10-2　扩展信号模块 1 I/O 地址分配表

输入	注释	输出	注释
I2.00	“启动”按钮	Q2.00	灯塔—绿灯
I2.01	“停止”按钮	Q2.01	灯塔—黄灯
I2.02	“复位”按钮	Q2.02	灯塔—红灯
I2.03	“急停”按钮	Q2.03	灯塔—蜂鸣器
I2.04	门禁输入	Q2.04	LED 灯
I2.05	气压检测	Q2.05	电动机使能
I2.06		Q2.06	底壳传送流水线
I2.07		Q2.07	出料流水线
I3.00	转盘到位检测	Q3.00	转盘
I3.01	转盘停止检测	Q3.01	
I3.02	出料流水线防叠料检测	Q3.02	
I3.03	出料流水线满料检测	Q3.03	
I3.04	底壳到位检测	Q3.04	
I3.05	底壳转盘上料余料检测	Q3.05	
I3.06		Q3.06	
I3.07		Q3.07	

表 10-3　扩展信号模块 2 I/O 地址分配表

输入	注释	输出	注释
I4.00	电池入壳压料气缸原点	Q4.00	电池入壳压料气缸
I4.01	电池入壳压料气缸到位	Q4.01	底壳上料搬运升降气缸

续表

输入	注释	输出	注释
I4.02	底壳上料搬运升降气缸原点	Q4.02	底壳上料搬运旋转气缸
I4.03	底壳上料搬运升降气缸到位	Q4.03	底壳上料搬运夹子气缸
I4.04	底壳上料搬运旋转气缸原点	Q4.04	底壳料槽分离气缸
I4.05	底壳上料搬运旋转气缸到位	Q4.05	底壳流水线定位气缸
I4.06	底壳上料搬运夹子气缸原点	Q4.06	出料搬运平移气缸
I4.07	底壳上料搬运夹子气缸到位	Q4.07	出料搬运升降气缸
I5.00	底壳料槽分离气缸原点	Q5.00	出料搬运旋转气缸
I5.01	底壳料槽分离气缸到位	Q5.01	出料搬运夹子气缸
I5.02	底壳流水线定位气缸原点	Q5.02	
I5.03	底壳流水线定位气缸到位	Q5.03	
I5.04	出料搬运平移气缸原点	Q5.04	
I5.05	出料搬运平移气缸到位	Q5.05	
I5.06	出料搬运升降气缸原点	Q5.06	
I5.07	出料搬运升降气缸到位	Q5.07	

四、HMI 画面设计

使用威纶 EasyBuilder Pro 软件设计 HMI 画面，画面分为主页面、调试页面、功能设置页面、参数设置页面、事件页面和 I/O 监控页面。其中主页面、调试页面和 I/O 监控页面设计参考如图 10-4～图 10-6 所示。

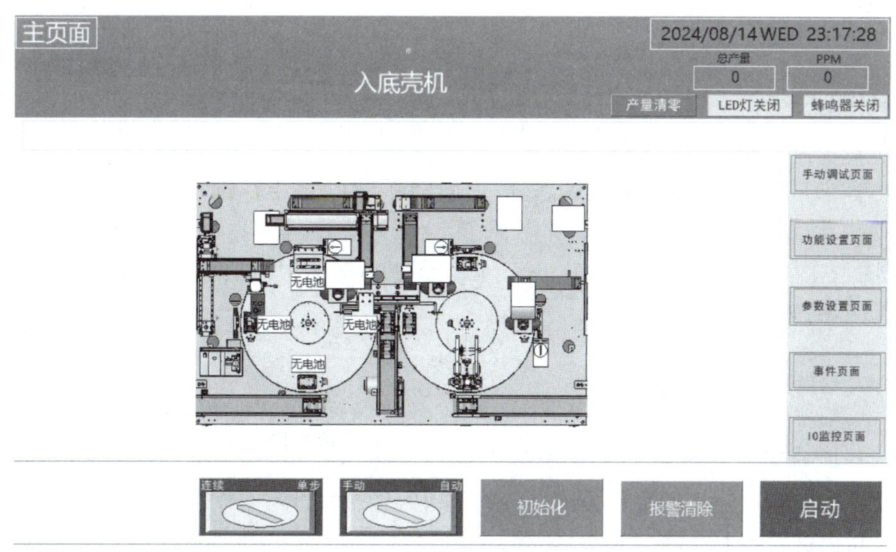

图 10-4 主页面

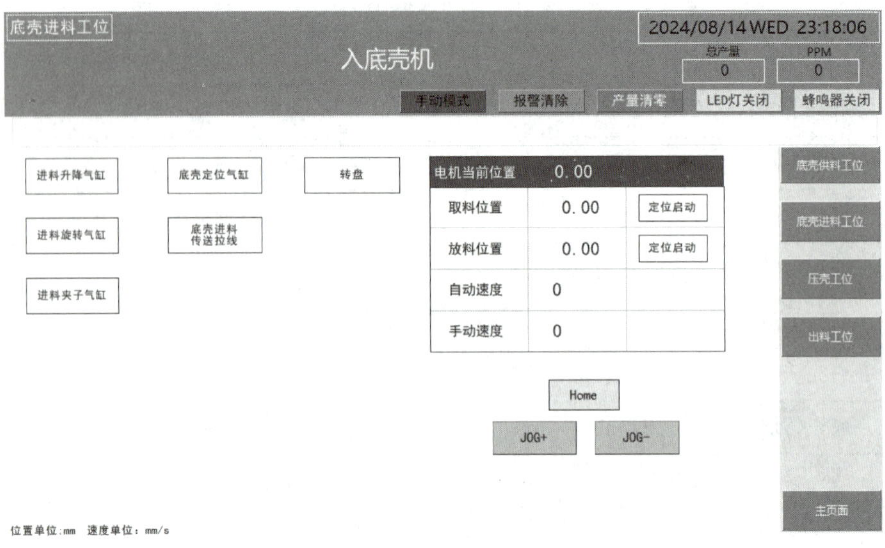

图 10-5 调试页面

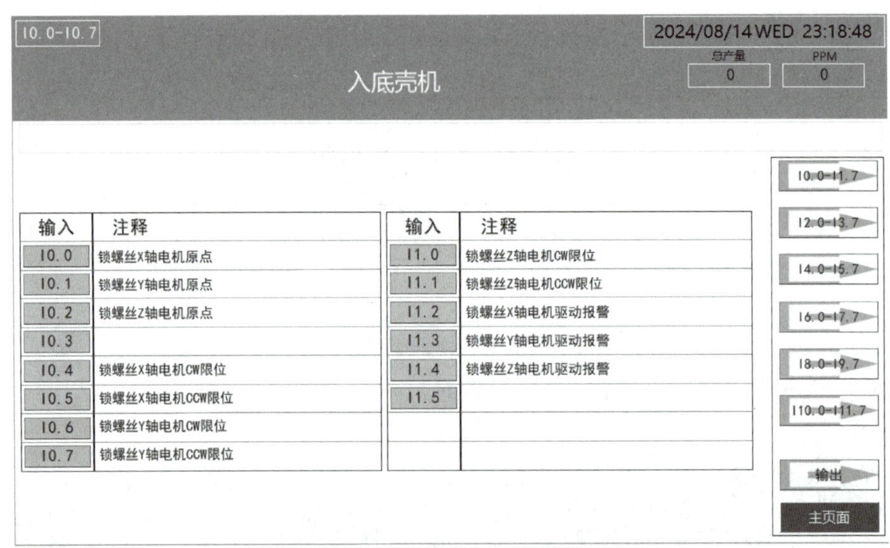

图 10-6 I/O 监控页面

以上就是 HMI 画面的主要组成部分，不同的系统可能会有所不同，但大体上都是这样的结构。

根据以上内容，使用威纶 EasyBuilder Pro 软件绘制 HMI 画面。HMI 画面设计的具体方法，可参考视频资料。

微课视频

五、软件设计

1. 程序流程图

装下壳机的程序流程图如图 10-7 所示。各段程序内部的动作、条件及步号可根据前面章节所学知识进行绘制。在自动模式且设备已启动的状态下，各段程序独立执行相关动作，程序段和程序段之间存在一些“衔接关系”，如“就绪”“完成”等。

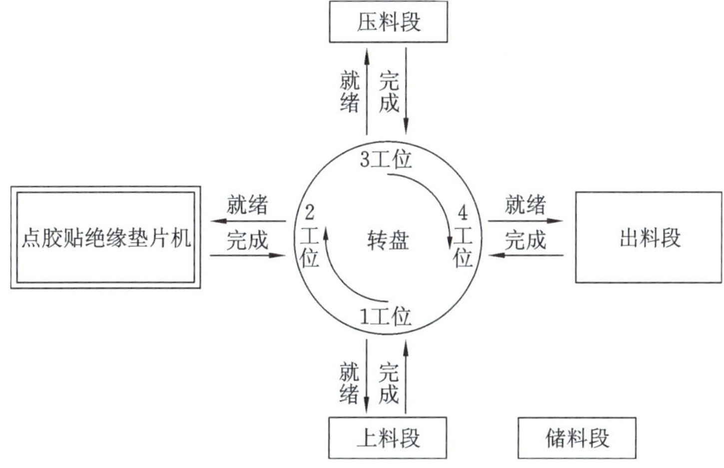

图 10-7 装下壳机程序流程图

2. 程序分段

装下壳机的自动程序可以分为以下五段，各段相关程序如图 10-8～图 10-12 所示。

(1) 储料段：控制范围包括外壳储料仓、外壳定位机构、外壳转运机构。

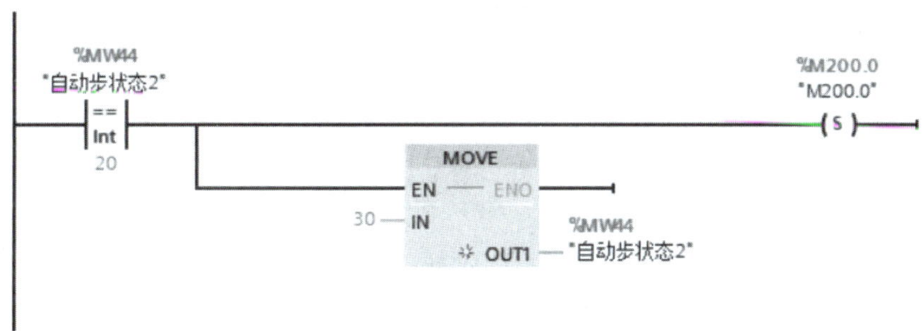

图 10-8 底壳上料搬运升降气缸控制程序

(2) 上料段：控制取外壳模组机构模组及夹爪。

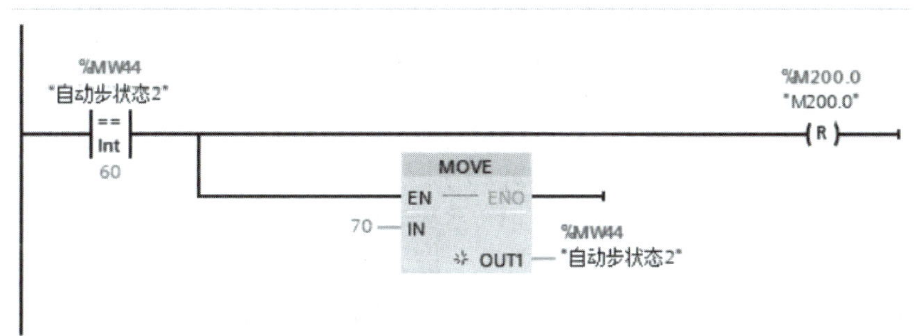

图 10-9 底壳上料搬运夹子气缸控制程序

(3) 转盘段：控制 90°凸轮分割器。

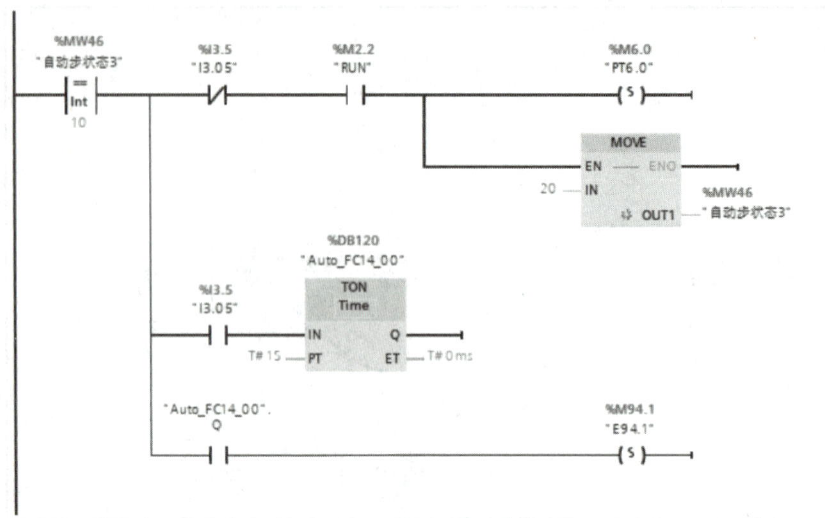

图 10-10　转盘工位允许放底壳检测程序

(4) 压料段:控制外壳压紧机构。

%MW50
"自动步状态5"
==
Int
20
%M202.0
"M202.0"
S
MOVE
EN
ENO
30
IN
OUT1
%MW50
"自动步状态5"

图 10-11　电池入壳压料气缸控制程序

(5) 出料段:控制出料搬运气缸及夹爪。

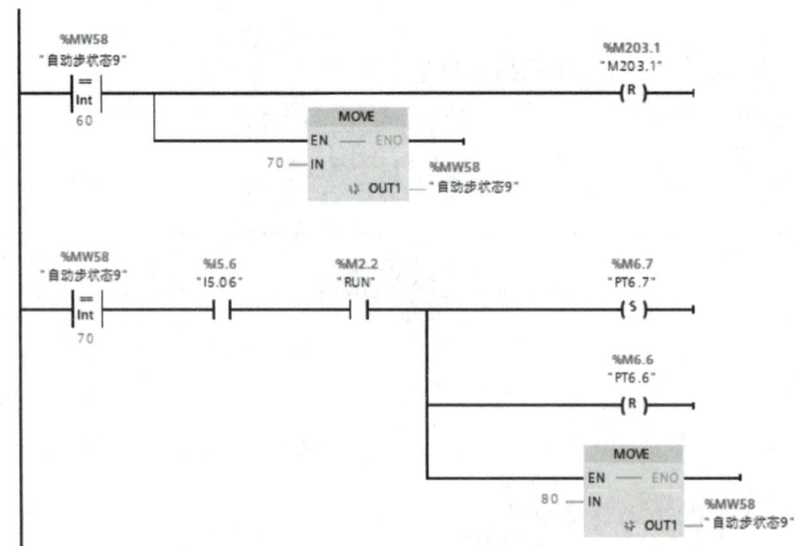

图 10-12　中转搬运升降气缸控制程序

3. 程序架构

装下壳机的程序架构如图 10-13 所示。

(1) 初始化：对不需要经常修改的参数强制赋值，以方便后续调试。

(2) 故障报警：当设备发生异常状况时，触发报警并在触摸屏上进行显示。例如，急停报警、极限报警、伺服报警、气缸磁性开关异常报警、气缸动作超时报警等。有些报警要触发整台设备停机，如急停报警、安全光栅报警等；有些报警仅需触发局部停机（不必触发整台设备停机），如伺服报警、动作超时报警等。

(3) 启动与停止：编写一个“启—保—停”程序。按下“启动”按钮，则启动标志自锁；按下“停止”按钮或发生触发整台设备停机的故障，则启动标志自锁解除。

(4) 三色灯：电源接通，则黄灯常亮；启动标志为“on”，则三色灯绿灯常亮；存在故障报警，则三色灯红灯闪烁，蜂鸣器间歇性鸣叫。

(5) 与其他设备通信：编写与其他设备通信的相关程序。

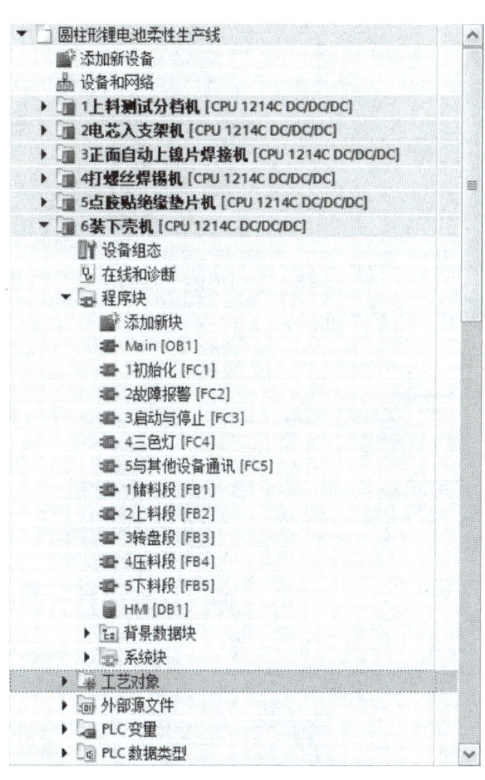

图 10-13 装下壳机的程序架构

(6) 存放与 HMI 信号交互相关的数据。

(7) 储料段：编写与外壳储料仓、外壳定位机构、外壳转运机构动作相关的程序。

(8) 上料段：编写与取外壳模组机构及夹爪动作相关的程序。

(9) 转盘段：编写与 90°凸轮分割器动作相关的程序。

(10) 压料段：编写与外壳压紧机构动作相关的程序。

(11) 出料段：编写与出料搬运气缸及夹爪动作相关的程序。

【技能训练】

装下壳机的自动程序可分为储料段、上料段、转盘段、压料段、出料段。其中，储料段的控制范围包括外壳储料仓、外壳定位机构、外壳转运机构。

请输出电气物料清单，绘制电气原理图，绘制程序流程图，编写 PLC 程序和 HMI 程序，下载程序并调试，使其实现储料仓下壳自动分离功能。

一、训练准备

为了更好地完成任务，需要弄清楚以下几个问题。

(1) 认真阅读任务单，理解任务内容，明确任务目标，做好器材准备，同时拟订任务实施计划。

引导问题 1：如何通过丝杆升降机构和气缸实现下壳分离？

____

____

引导问题 2：如何判断分离的下壳已全部送出？

____

____

引导问题 3：丝杆升降机构每次走一个固定的距离，应使用相对定位指令还是绝对指令控制丝杆升降伺服？

____

____

（2）准备工具。

完成该任务，需要准备的工具包括：______________________

（3）根据题目要求，列写表 10-4 所示电气物料清单。

表 10-4　电气物料清单

序号	物料名称	型号/规格	数量	单位
1				
2				
3				
4				
5				
6				
8				
9				

（4）器材准备。

螺丝刀、尖嘴钳、剪线钳、内六角扳手、万用表、网线、计算机等。

（5）分组。

根据学生以往学习成绩由教师分组或学生自由组合。

建议每组组员 2～3 人，组长分配组员任务。

二、训练过程

1. 编写 PLC 程序和 HMI 程序

____

____

____

____

2. 硬件连接

按电气原理图、工艺要求、安全规范和设备要求完成接线。

3. 程序编辑与下载

把编写好的程序分别下载到 PLC 和 HMI。

4. 调试

在教师的监护下完成设备调试。

填写表 10-5 所示功能调试记录表。

表 10-5　功能调试记录表

序号	操作	PLC 面板上指示灯		机构动作
		输入端指示灯	输出端指示灯	
1				
2				
3				

【任务评价】

1. 小组展示

（1）各小组派代表展示程序流程图和梯形图程序，并解释含义。

（2）各小组展示实训成果，测试控制效果。

2. 学生自我评估与总结

（1）掌握了哪些知识点？

____

（2）在绘图、接线、编程、下载、调试过程中出现了哪些问题？是如何解决的？

____

____

（3）谈谈心得体会。

____

____

3. 教师评价

根据各组学生在完成任务中的表现，给予综合评价，填写表 10-6。

表 10-6　训练评价表

序号	主要内容	考核要求	评分标准	配分	扣分	得分
1	方案设计	1. 绘制电气原理图； 2. 绘制程序流程图； 3. 设计梯形图程序	1. 电气原理图表达不正确或画法不规范，每处扣 2 分； 2. 程序流程图表达不正确或画法不规范，每处扣 2 分； 3. 梯形图程序表达不正确或画法不规范，每处扣 2 分； 4. 指令有错误，每处扣 2 分	30		
2	安装与接线	按 I/O 接线图在板上正确安装，接线要正确、紧固、美观	1. 接线不紧固、不美观，每处扣 2 分； 2. 接点松动，每处扣 1 分； 3. 不按 I/O 接线图接线，每处扣 2 分	25		
3	程序设计与调试	能正确设计 PLC 程序，按动作要求模拟调试，达到设计要求	1. 调试步骤不正确，扣 5 分； 2. 不能实现启动，扣 10 分； 3. 不能实现按时间顺序启动，扣 10 分； 4. 不能按要求实现停止，扣 10 分	35		
4	职业素养	1. 遵守国家相关专业安全文明生产规程，遵守学院纪律； 2. 工作岗位“6S”完成情况	1. 迟到或不遵守教学场所规章制度，扣 5 分； 2. 不按“6S”要求，扣 5 分； 3. 出现重大事故或人为损坏设备，扣完 10 分	10		
备注			合计	100		
小组成员签名						
教师签名						
日期						

4. “6S”管理

小组和教师都完成工作任务并总结以后，各小组对自己的工作岗位进行“整理、整顿、清扫、清洁、安全、素养”处理；归还所借的工具和实习器件。

【知识巩固】

1. 判断题

(1) 电磁阀主要用于控制气缸，它们的输入电压都是交流 24 V。(　　)

(2) 装下壳机内部单相电动机、步进电动机等都是直流 220 V、50 Hz 的设备。(　　)

(3) 对射型光电开关和槽型光电开关都适合在任意位置安装。(　　)

(4) 搬运模组选择槽型光电开关主要是因为其检测精度低。(　　)

2. 填空题

(1) 每一套搬运模组都设置了三个槽型光电开关,用作前极限后极限和________。

(2) ________用来检测吸取绝缘垫片的真空压力是否达到设定值。

(3) 步进电动机通过同步输送带驱动________,它与电柜内部的步进驱动器配套使用。

3. 简答题

(1) 装下壳机的自动程序可以分为几大段?段与段之间如何进行信号交互?

____

____

(2) 装下壳机 HMI 画面由哪几部分组成?各界面的名称和主要功能是什么?

____

____

【技能拓展】

1. 探讨生产线的维护与优化

(1) 预防性维护计划:制定周期性检查和维护的时间表,如每周对关键部件进行检查和润滑。

(2) 故障分析和处理流程:建立一套标准化的故障诊断和处理流程,减少停机时间。

(3) 性能监测与数据分析:利用传感器和监控系统收集机器运行数据,进行分析以发现潜在的效率提升点。

(4) 持续改进策略:鼓励学生提出改进意见,实施小改动以提高生产线的整体性能。

(5) 案例研究:分析一次生产线维护和优化的案例,展示维护前后的性能对比,如"维护后生产线的平均无故障运行时间从600小时提升至900小时"。

2. 分析行业发展趋势对生产线的影响

(1) 新能源行业的技术进步:探讨新兴技术如何影响锂电池生产线的设计和运营。

(2) 市场需求变化:分析市场需求的变化如何对生产线的产品适应性和产能调整提出要求。

(3) 环境法规和标准:讨论环保法规更新对生产线排放和能耗的影响。

(4) 自动化和智能化趋势:评估自动化和人工智能技术在生产线中的应用前景。

(5) 案例分析:研究一家成功适应行业趋势变化的企业案例,分析其应对策略和取得的成果。

项目11

外壳打螺丝贴标机的装调与应用

知识目标

(1) 了解外壳打螺丝贴标机的机构组成；
(2) 了解外壳打螺丝贴标机的工作原理；
(3) 熟悉外壳打螺丝贴标机的工作流程；
(4) 掌握 PLC 和 HMI 编程的基础知识和步骤。

能力目标

(1) 能正确选择 PLC、触摸屏、伺服电动机、步进电动机的型号；
(2) 能根据外壳打螺丝贴标机的结构组成和工作原理输出电气物料清单；
(3) 能独立绘制外壳打螺丝贴标机的电气原理图；
(4) 能根据外壳打螺丝贴标机的工作原理和工作流程绘制程序流程图；
(5) 能在 TIA 博途环境下将程序流程图转换为 PLC 程序；
(6) 能在威纶 EasyBuilder 环境下设计 HMI 画面；
(7) 会上传/下载 PLC 和 HMI 程序；
(8) 能根据硬件环境进行 PLC 和 HMI 程序调试。

素质目标

(1) 培养学生终身学习的态度；
(2) 提高学生的学习专注力和耐心。

工作情景

在锂电池的生产组装过程中，外壳打螺丝贴标机是一个集成了多项功能的自动化设备，它负责完成电池外壳的螺丝固定和标签贴附两个关键步骤。这两个步骤对于电池的最终质量和追溯性至关重要。

外壳打螺丝贴标机通过精确控制和高度自动化的流程，提高了生产效率，降低了人工成本，并确保了产品的一致性。本项目将重点学习新能源圆柱形锂电池生产线中的第七个关键设备——外壳打螺丝贴标机。通过本项目学习，将掌握外壳打螺丝贴标机的工作原理、各个组成部分的功能以及操作流程，旨在为大家提供深入的理论知识和实践技能，以便在未来的工作中能够熟练地运用此类设备。图 11-1 所示为外壳打螺丝贴标机的主要结构。

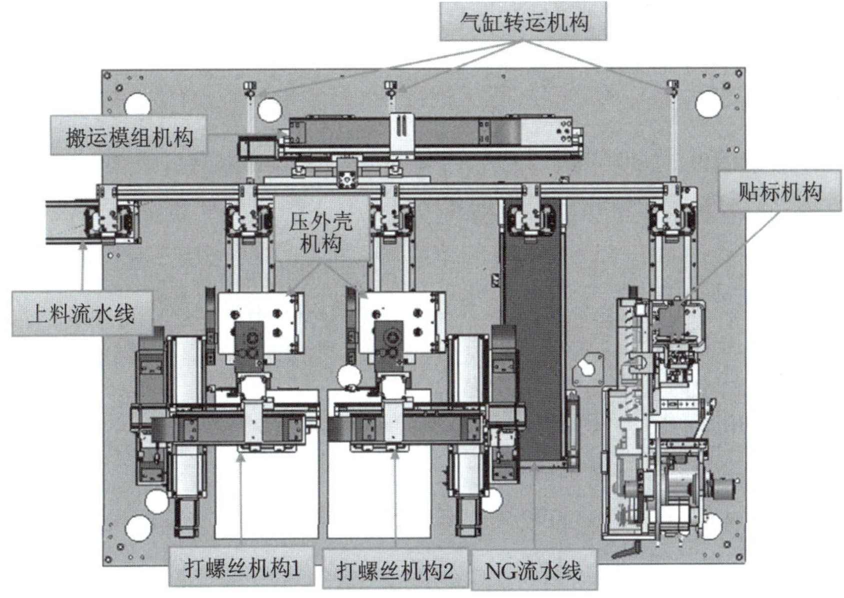

图 11-1　外壳打螺丝贴标机的主要结构

项目思政

中国古代哲学家荀子说过："锲而舍之，朽木不折；锲而不舍，金石可镂。"意思是说人生一定要有追求，更要有毅力、有恒心，只有坚持不懈，持之以恒，才能获得成功。一个锲而不舍的人，必将视工作为事业，为之奋斗终生；视责任为使命，为之敬业奉献；视技艺为财富，为之刻苦钻研。

高凤林是中国航天科技集团公司第一研究院的一名焊接工，也是一个默默无闻的幕后工作者。他所承担的焊接工作，是一项耗费体力和精力的"苦差事"，更是多数人眼中的"低等职业"。可高凤林就是在这样一个被人低看的普通工种上，一干就是几十年，并最终坚持到实现自己人生价值的那一刻，同时也把自己的业务水平提高到一个令人望尘莫及的高度。

俗语说得好，"三百六十行，行行出状元"，坚持做一行，方可专一行。高凤林的焊接基本功起初并不出色，为了提高技术，他加班加点摸索，废寝忘食地勤学苦练。水滴石穿，铁杵成针，他的付出终于有了回报。他曾经在管壁厚度只有 0.33 mm 的火箭大喷管上进行焊接，材料昂贵，部件重要，一旦出错就会造成巨大的损失。这样的工作极其考验焊接工的专业能力和意志力，可他通过多年的磨炼，积累了丰富的经验，这也帮助他克服了重重难关，出色地完成了这项工作，成为这一领域的佼佼者。高凤林曾经说："每个人都是英雄，只是岗位不同，作用不同，仅此而已。只要心中装着国家，懂得坚持，任何岗位都能收获无上的荣耀。"的确，职业无高低贵贱之分，只要肯钻研，无论在哪里都可以发出万丈光芒。高凤林用坚持不懈的精神，融入精力、汗水和时间，最终成就了自己"金手天焊"的荣耀。

在学习具体操作之前，我们需要了解以下几个重要知识点。

1. 主要功能

电池外壳打螺丝、贴标签，对打螺丝不良的电池放入 NG 流水线。设备采用两台外壳打螺丝贴标机、一拖五的平移式机构，以提高生产效率。

2. 结构组成

外壳打螺丝贴标机由机械、电气控制、气动和电动驱动等部分组成，其中机械部分包括气缸转运机构、贴标机构、搬运模组机构、压外壳机构、上料流水线、打螺丝机构 1、打螺丝机构 2 和 NG 流水线等。

3. 掌握压外壳机构的原理与调整方法

(1) 压外壳机构的工作原理和技术参数。

(2) 压外壳过程中的关键参数，如压力、时间等。

(3) 压外壳机构的调整步骤和注意事项。

(4) 压外壳机构的故障诊断和解决方法。

(5) 案例分析：压外壳机构压合不牢的问题调整和解决。

4. 掌握打螺丝机构的原理与调整方法

(1) 打螺丝机构的设计原理和功能要求。

(2) 打螺丝过程中的关键参数，如转矩、速度等。

(3) 打螺丝机构的调整和优化策略。

(4) 打螺丝机构的故障诊断和解决方法。

(5) 案例分析：通过调整打螺丝机构参数，提高产品螺纹连接质量的案例。

5. 熟悉贴标机构的设计与操作

(1) 贴标机构的工作原理和技术要求。

(2) 贴标过程中的定位精度和压力控制。

(3) 贴标机构的定期维护和故障排除。

(4) 贴标机构的性能评估和改进方法。

(5) 案例分析：调整贴标机构参数，解决产品贴标歪斜问题的案例。

【任务实施】

一、任务要求

1. 工作流程

(1) 搬运模组机构同时抓取五个工位的电池，然后搬运至下一工位；

(2) 气缸转运机构将电池搬运至打螺丝机构 1，通过打螺丝机构拧紧螺丝；

(3) 气缸转运机构将电池搬运至打螺丝机构 2，通过打螺丝机构拧紧螺丝；

(4) 打螺丝有问题的电池被搬运至 NG 流水线；

(5) 打螺丝无问题的电池被搬运至贴标机构，并在外壳贴上标签。

2. 任务分析

1）设备的功能与重要性

该设备主要用于锂电池生产线中，自动完成电池外壳的螺丝紧固和标签贴附工作。它对于保证电池结构的稳固性和产品信息的可追溯性至关重要，同时也提升了生产的自动化水平。

2）设备组成

上料流水线：负责将电池输送到打螺丝和贴标的位置。

打螺丝机构：包括螺丝供料系统、电动螺丝刀、定位夹具等，用于自动拧紧螺丝。

贴标机构：包括标签供料系统、贴标头、加热压紧单元等，用于将标签准确贴附在电池外壳上。

搬运模组机构：负责在移动和定位电池外壳。

3）编程与调试

根据工艺要求绘制程序流程图，并根据程序流程图编写 PLC 程序和 HMI 程序。在教师的指导下完成程序下载和调试。

4）操作流程

准备阶段：检查设备是否完好，确认螺丝和标签的供应正常，设置所需的程序参数。

启动阶段：启动设备，进行空运行检查，确保所有机构协调运作无误。

生产阶段：连续进行外壳的螺丝紧固和标签贴附作业，监控过程质量，及时调整参数以应对可能的变化。

结束阶段：生产完成后，关闭设备，进行清理和维护工作。

二、硬件结构设计

我们从以下三个方面来讲解外壳打螺丝贴标机的硬件设计。

1. 外部供电电源

这台设备内部所使用的单相电动机、伺服电动机等都是交流 220 V、50 Hz 的设备，所以外部供电电源应为交流 220 V、50 Hz 电源。

2. 电柜内电气元器件的选型

电柜内电气元器件分布如图 11-2 所示。

图 11-2 电柜内电气元器件分布

（1）总电源开关为 LW30-32 型转换开关，选择这种开关的好处是不用打开电柜门就可以接通或关断电源。

（2）在电柜内左上角设置了一个漏电保护开关，它主要用于保护柜内插座。注意：凡是与人员操作有关的插座都需要设置漏电保护开关，但是漏电保护开关通常不用做整机的漏电保护，因为伺服驱动器会存在漏电现象。如果在伺服驱动器的前端加装了漏电保护开关，极有可能会误动作。

（3）电柜下层放置了伺服驱动器，它们可以通过接收高速脉冲的方式进行精确的位置控制。

（4）开关电源为雷赛智能 LSP 系列 360 W、24 V 开关电源，其功能是给 PLC、电磁阀、步进驱动器等元器件提供稳定的直流 24 V 电源。

（5）PLC 选用西门子 S7-1200 系列，CPU 模块为 S7-1214C DC/DC/DC，用来控制电磁阀和伺服电动机。PLC 扩展了若干个 I/O 扩展模块。

3. 电柜外电气元器件

电柜外电气元器件分布如图 11-3 所示。

图 11-3 电柜外电气元器件分布

电柜外传感器包括光电开关、磁性开关等，电柜外执行器则包括单相电动机、伺服电动机、电磁阀等。

（1）设备选用了对射型光电开关和槽型光电开关。对射型光电开关有一个发射集和一个接收集，它可靠性高，但对安装位置有一定的要求。每一套搬运模组都设置了三个槽型光电开关，用作前极限、后极限和原点检测。搬运模组之所以选择槽型光电开关，主要是槽型光电开关检测精度高且能安装在狭小的空间内。

（2）所有气缸都安装了磁性开关。磁性开关内部是一个干簧管，它主要用于检测气缸磁环，当磁环靠近磁性开关时，磁性开关接通；反之，磁性开关就断开。

（3）单相电动机用来驱动输送皮带，它与电柜内部的单相调速器配套使用，可以很方便地调节皮带速度。

（4）伺服电动机用来驱动传送电动机、贴标电动机、送标电动机、锁螺丝 X 轴、锁螺丝 Y 轴、锁螺丝 Z 轴，它与电柜内部的伺服驱动器配套使用。

（5）电磁阀主要用于控制气缸，它们的输入电压都是直流 24 V。

三、确定地址分配

PLC 扩展 3 个信号模块，I/O 地址分配表如表 11-1～表 11-4 所示。

表 11-1 CPU 模块 I/O 地址分配表

输入	注释	输出	注释
I0.00	传送电动机原点	Q0.00	传送电动机脉冲信号
I0.01	贴标电动机原点	Q0.01	贴标电动机脉冲信号
I0.02		Q0.02	送标电动机脉冲信号
I0.03		Q0.03	
I0.04	传送电动机 CW 限位	Q0.04	传送电动机方向信号
I0.05	传送电动机 CCW 限位	Q0.05	贴标电动机方向信号
I0.06		Q0.06	送标电动机方向信号
I0.07		Q0.07	
I1.00	传送电动机驱动报警	Q1.00	
I1.01	贴标电动机驱动报警	Q1.01	
I1.02	送标电动机驱动报警	Q1.02	
I1.03		Q1.03	
I1.04		Q1.04	
I1.05		Q1.05	

表 11-2 扩展信号模块 1 I/O 地址分配表

输入	注释	输出	注释
I2.00	“启动”按钮	Q2.00	灯塔—绿灯
I2.01	“停止”按钮	Q2.01	灯塔—黄灯
I2.02	“复位”按钮	Q2.02	灯塔—红灯
I2.03	“急停”按钮	Q2.03	灯塔—蜂鸣器
I2.04	门禁输入	Q2.04	LED 灯
I2.05	气压检测	Q2.05	电动机使能
I2.06		Q2.06	入料流水线电动机
I2.07		Q2.07	NG 流水线电动机

续表

输入	注释	输出	注释
I3.00	入料流水线电池到位检测	Q3.00	
I3.01	标签到位检测	Q3.01	
I3.02	标签缺料检测	Q3.02	
I3.03	NG 流水线防叠料检测	Q3.03	
I3.04	NG 流水线满料检测	Q3.04	
I3.05		Q3.05	
I3.06		Q3.06	
I3.07		Q3.07	

表 11-3　扩展信号模块 2 I/O 地址分配表

输入	注释	输出	注释
I4.00	传送升降气缸原点	Q4.00	传送升降气缸
I4.01	传送升降气缸到位	Q4.01	1＃传送夹子气缸
I4.02	1＃传送夹子气缸原点	Q4.02	2＃传送夹子气缸
I4.03	1＃传送夹子气缸到位	Q4.03	3＃传送夹子气缸
I4.04	2＃传送夹子气缸原点	Q4.04	4＃传送夹子气缸
I4.05	2＃传送夹子气缸到位	Q4.05	5＃传送夹子气缸
I4.06	3＃传送夹子气缸原点	Q4.06	1＃锁螺丝平移气缸
I4.07	3＃传送夹子气缸到位	Q4.07	2＃锁螺丝平移气缸
I5.00	4＃传送夹子气缸原点	Q5.00	贴标平移气缸
I5.01	4＃传送夹子气缸到位	Q5.01	取标气缸
I5.02	5＃传送夹子气缸原点	Q5.02	贴标气缸
I5.03	5＃传送夹子气缸到位	Q5.03	贴标旋转气缸
I5.04	1＃锁螺丝平移气缸原点	Q5.04	吸标真空
I5.05	1＃锁螺丝平移气缸到位	Q5.05	贴标破真空
I5.06	2＃锁螺丝平移气缸原点	Q5.06	剥标吹气
I5.07	2＃锁螺丝平移气缸到位	Q5.07	

表 11-4 扩展信号模块 3 I/O 地址分配表

输入	注释	输入	注释
I6.00	贴标平移气缸原点	I7.00	
I6.01	贴标平移气缸到位	I7.01	
I6.02	取标气缸原点	I7.02	
I6.03	贴标气缸原点	I7.03	
I6.04	贴标旋转气缸原点	I7.04	
I6.05	贴标旋转气缸到位	I7.05	
I6.06	吸标真空	I7.06	
I6.07		I7.07	

四、HMI 画面设计

使用威纶 EasyBuilder Pro 软件设计 HMI 画面，画面分为主页面、调试页面、功能设置页面、参数设置页面、事件页面和 I/O 监控页面。其中主页面、调试页面和 I/O 监控页面设计参考如图 11-4～图 11-6 所示。

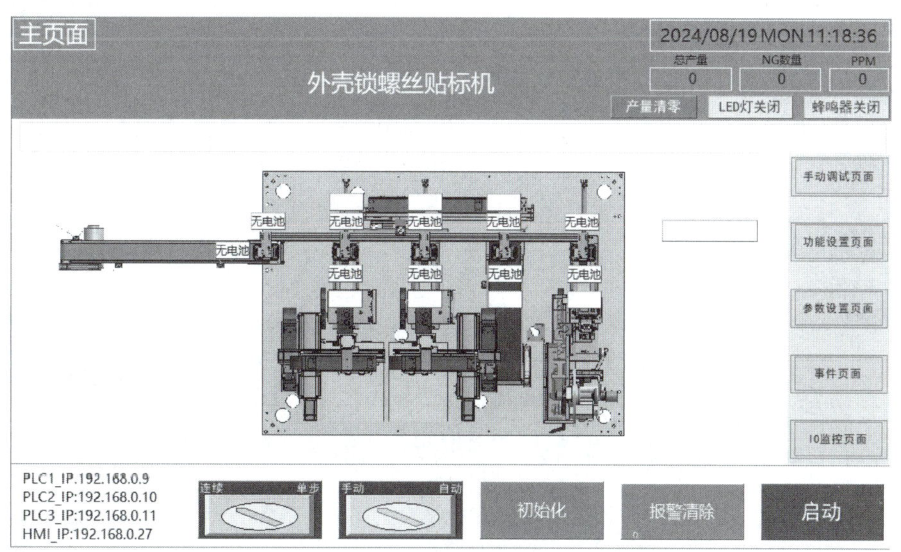

图 11-4 主页面

以上就是 HMI 画面的主要组成部分，不同的系统可能会有所不同，但大体上都是这样的结构。

根据以上内容，使用威纶 EasyBuilder Pro 软件绘制 HMI 画面。HMI 画面设计的具体方法，可参考视频资料。

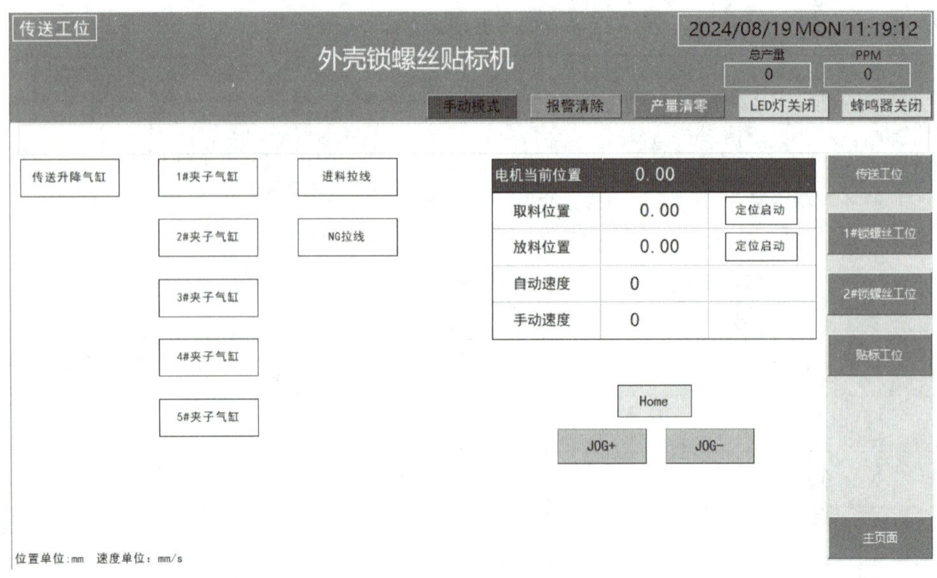

图 11-5 调试页面

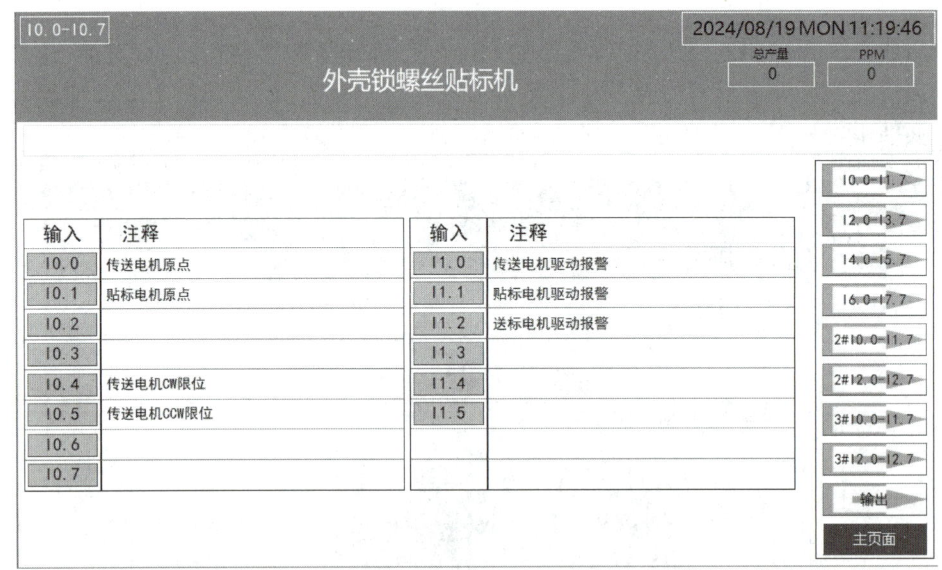

图 11-6 I/O 监控页面

五、软件设计

微课视频

1. 程序流程图

外壳打螺丝贴标机的程序流程图如图 11-7 所示。各段程序内部的动作、条件及步号可根据前面章节所学知识进行绘制。在自动模式且设备已启动的状态下，各段程序独立执行相关动作，程序段和程序段之间存在一些“衔接关系”，如“就绪”“完成”等。

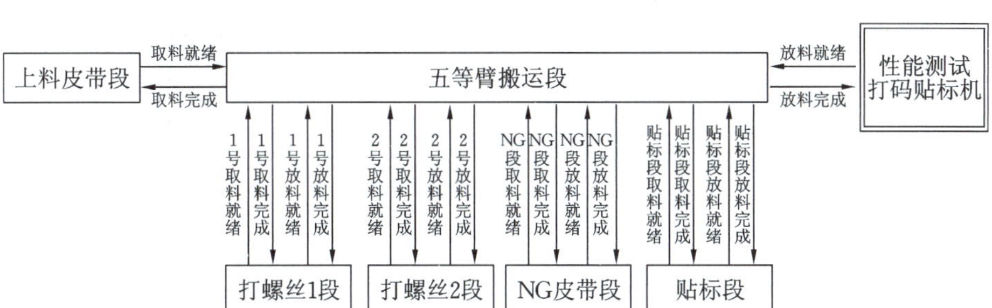

图 11-7　外壳打螺丝贴标机的程序流程图

2. 程序分段

外壳打螺丝贴标机的自动程序可以分为以下六段,各段相关程序如图 11-8～图 11-13 所示。

(1) 上料皮带段:控制上料流水线。

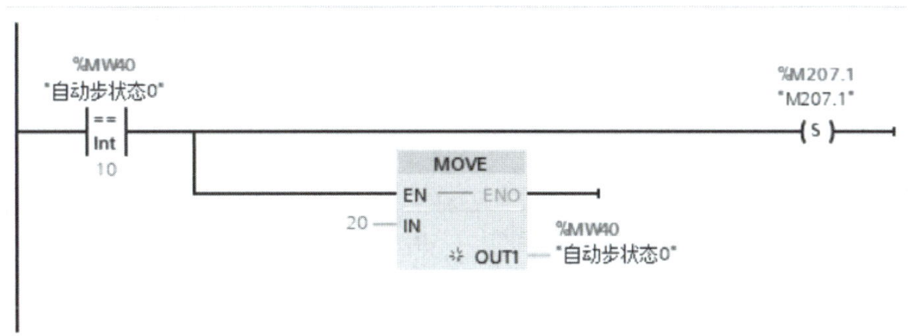

图 11-8　上料流水线电动机控制程序

(2) 五等臂搬运段:控制搬运模组机构及夹爪。

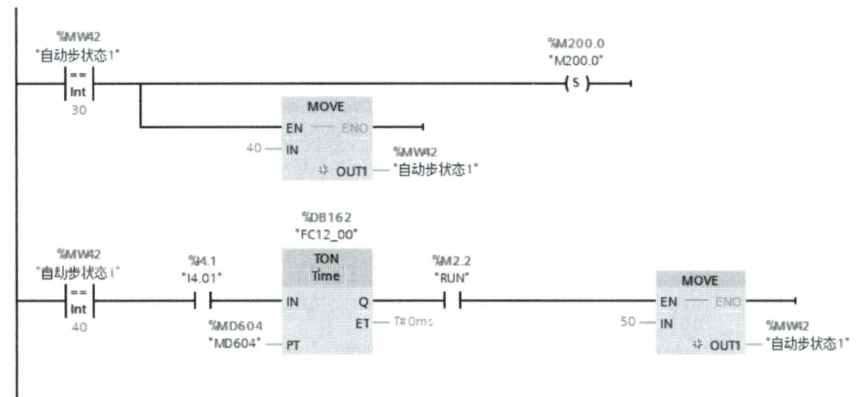

图 11-9　传送升降气缸控制程序

(3) 打螺丝 1 段:控制打螺丝机构 1、压外壳机构及气缸转运机构。

%MW44
"自动步状态2"
==
Int
50
%M201.0
"M201.0"
R
MOVE
EN ENO
60 IN
OUT1 %MW44 "自动步状态2"
%MW44
"自动步状态2"
==
Int
60
%I5.4
"I5.04"
%M2.2
"RUN"
%M8.0
"PT8.0"
S
%M7.0
"PT7.0"
R
MOVE
EN ENO
0 IN
OUT1 %MW44 "自动步状态2"

图 11-10　1 号打螺丝控制程序

（4）打螺丝 2 段：控制打螺丝机构 2、压外壳机构及气缸转运机构。

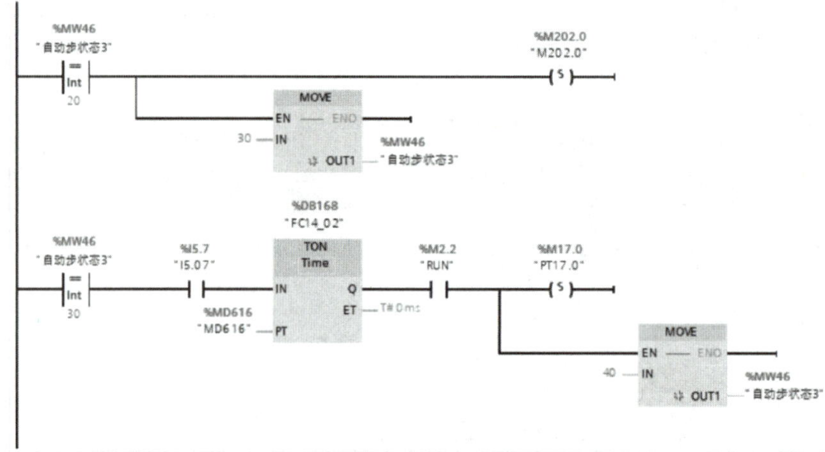

图 11-11　打螺丝机构 2 锁付盖板升降气缸控制程序

（5）NG 皮带段：控制 NG 流水线。

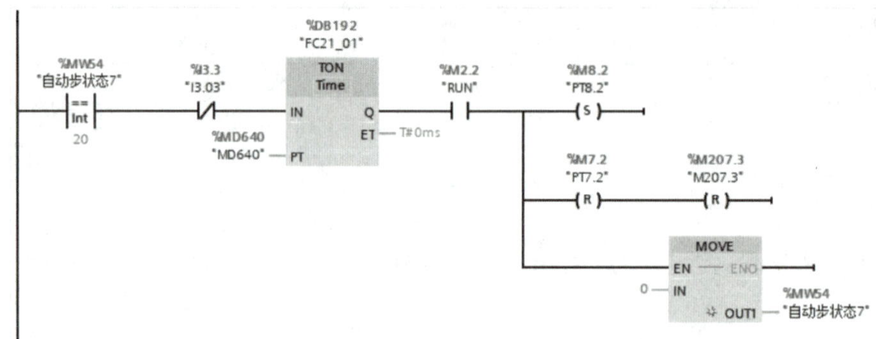

图 11-12　NG 流水线完成程序

(6) 贴标段:控制贴标机构及气缸转运机构。

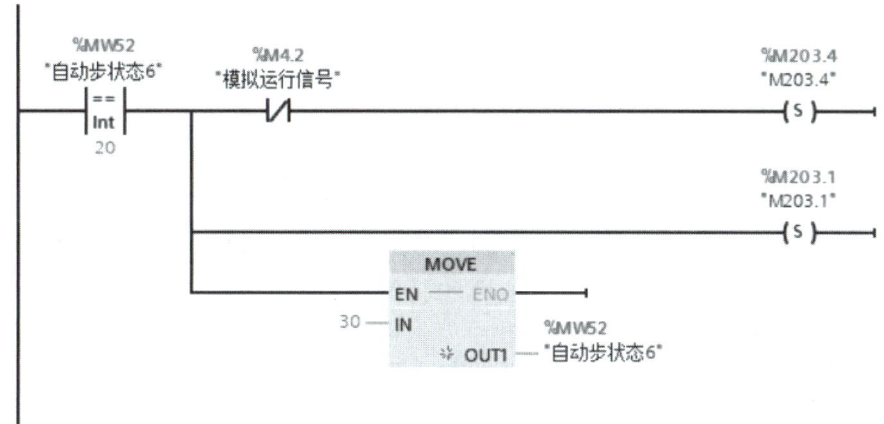

图 11-13 真空吸标控制程序

3. 程序架构

外壳打螺丝贴标机的程序架构如图 11-14 所示。

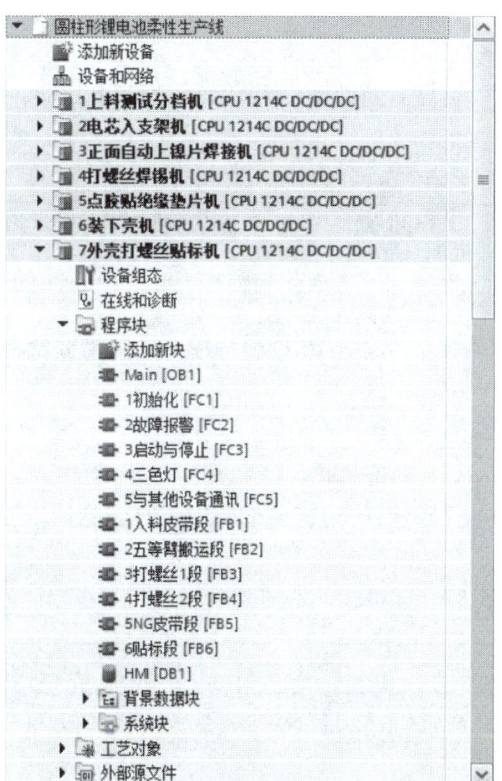

图 11-14 外壳打螺丝贴标机的程序架构

(1) 初始化:对不需要经常修改的参数强制赋值,以方便后续调试。

(2) 故障报警:当设备发生异常状况时,触发报警并在触摸屏上进行显示。例如,急停报警、极限报警、伺服报警、气缸磁性开关异常报警、气缸动作超时报警等。有些报警要触发整台设备停机,如急停报警、安全光栅报警等;有些报警仅需触发局部停机(不必触发整台设备停机),如伺服报警、动作超时报警等。

(3) 启动与停止:编写一个“启—保—停”程序。按下“启动”按钮,则启动标志自锁;按下“停止”按钮或发生触发整台设备停机的故障,则启动标志自锁解除。

(4) 三色灯:电源接通,则黄灯常亮;启动标志为“ON”,则三色灯绿灯常亮;存在故障报警,则三色灯红灯闪烁,蜂鸣器间歇性鸣叫。

(5) 与其他设备通信:编写与其他设备通信的相关程序。

(6) 存放与 HMI 信号交互相关的数据。

(7) 上料皮带段:编写与上料流水线动作相关的程序。

(8) 五等臂搬运段:编写与搬运模组机构及夹爪动作相关的程序。

(8) 打螺丝 1 段：编写与打螺丝机构 1、压外壳机构及气缸转运机构动作相关的程序。

(9) 打螺丝 2 段：编写与打螺丝机构 2、压外壳机构及气缸转运机构动作相关的程序。

(10) NG 皮带段：编写与 NG 流水线动作相关的程序。

(11) 贴标段：编写与贴标机构及气缸转运机构动作相关的程序。

【技能训练】

外壳打螺丝贴标机的自动程序可分为上料皮带段、五等臂搬运段、打螺丝 1 段、打螺丝 2 段、NG 皮带段、贴标段。其中，贴标段的控制范围包括贴标机构和气缸转运机构

请输出电气物料清单，绘制电气原理图，绘制程序流程图，编写 PLC 程序和 HMI 程序，下载程序并调试，使其实现自动贴标功能。

一、训练准备

为了更好地完成任务，需要弄清楚以下几个问题。

(1) 认真阅读任务单，理解任务内容，明确任务目标，做好器材准备，同时拟订任务实施计划。

引导问题 1：贴标机的工作原理？

____

____

引导问题 2：如何通过磁粉制动器和张力控制器保证张力恒定？

____

____

引导问题 3：PLC 和贴标机之间需要交互哪些信号？

____

____

(2) 准备工具。

完成该任务，需要准备的工具包括：______________________________

(3) 根据题目要求，列写表 11-5 所示电气物料清单。

表 11-5　电气物料清单

序号	物料名称	型号/规格	数量	单位
1				
2				
3				
4				
5				
6				
8				
9				

(4) 器材准备。

螺丝刀、尖嘴钳、剪线钳、内六角扳手、万用表、网线、计算机等。

(5) 分组。

根据学生以往学习成绩由教师分组或学生自由组合。

建议每组组员 2～3 人,组长分配组员任务。

二、训练过程

1. 编写 PLC 程序和 HMI 程序

___

___

___

___

2. 硬件连接

按电气原理图、工艺要求、安全规范和设备要求完成接线。

3. 程序编辑与下载

把编写好的程序分别下载到 PLC 和 HMI。

4. 调试

在教师的监护下完成设备调试。

填写表 11-6 所示功能调试记录表。

表 11-6 功能调试记录表

序号	操作	PLC 面板上指示灯		机构动作
		输入端指示灯	输出端指示灯	
1				
2				
3				

【任务评价】

1. 小组展示

(1) 各小组派代表展示程序流程图和梯形图程序,并解释含义。

(2) 各小组展示实训成果,测试控制效果。

2. 自我评估与总结

(1) 掌握了哪些知识点?

___

（2）在绘图、接线、编程、下载、调试过程中出现了哪些问题？是如何解决的？

______

______

（3）谈谈心得体会。

______

______

3. 教师评价

根据各组学生在完成任务中的表现，给予综合评价，填写表 11-7。

表 11-7　训练评价表

序号	主要内容	考核要求	评分标准	配分	扣分	得分
1	方案设计	1. 绘制电气原理图； 2. 绘制程序流程图； 3. 设计梯形图程序	1. 电气原理图表达不正确或画法不规范，每处扣 2 分； 2. 程序流程图表达不正确或画法不规范，每处扣 2 分； 3. 梯形图程序表达不正确或画法不规范，每处扣 2 分； 4. 指令有错误，每处扣 2 分	30		
2	安装与接线	按 I/O 接线图在板上正确安装，接线要正确、紧固、美观	1. 接线不紧固、不美观，每处扣 2 分； 2. 接点松动，每处扣 1 分； 3. 不按 I/O 接线图接线，每处扣 2 分	25		
3	程序设计与调试	能正确设计 PLC 程序，按动作要求模拟调试，达到设计要求	1. 调试步骤不正确，扣 5 分 2. 不能实现启动，扣 10 分； 3. 不能实现按时间顺序启动，扣 10 分； 4. 不能按要求实现停止，扣 10 分	35		
4	职业素养	1.遵守国家相关专业安全文明生产规程，遵守学院纪律； 2. 工作岗位“6S”完成情况	1. 迟到或不遵守教学场所规章制度，扣 5 分； 2. 不按“6S”要求，扣 5 分； 3. 出现重大事故或人为损坏设备，扣完 10 分	10		
备注			合计	100		
小组成员签名						
教师签名						
日期						

4. “6S”管理

小组和教师都完成工作任务并总结以后，各小组对自己的工作岗位进行“整理、整顿、清扫、清洁、安全、素养”处理；归还所借的工具和实习器件。

【知识巩固】

1. 判断题

(1) 单相电动机用来驱动输送皮带，与电柜内部的单相调速器配套使用。(　　)

(2) 步进电动机用来驱动搬运模组和下壳顶升机构，与电柜内部的步进驱动器配套使用。(　　)

(3) 气缸上的磁性开关主要用于检测气缸磁环位置。(　　)

(4) 外壳打螺丝贴标机内部单相电动机、伺服电动机等都是直流 220 V、50 Hz 的设备。(　　)

2. 填空题

(1) 交流伺服电动机用来驱动________，它与电柜内部的伺服驱动器配套使用。

(2) 电磁阀主要用于控制________，它们的输入电压都是直流 24 V。

(3) 外壳打螺丝贴标机的外部供电电源应为交流________ V、________ Hz 电源。

3. 简答题

(1) 外壳打螺丝贴标机的自动程序可以分为几大段？段与段之间如何进行信号交互？

____

____

(2) 外壳打螺丝贴标机 HMI 画面由哪几部分组成？各界面的名称和主要功能是什么？

____

____

【技能拓展】

1. 探讨生产线的维护与优化

(1) 预防性维护计划：制定周期性检查和维护的时间表，如每周对关键部件进行检查和润滑。

(2) 故障分析和处理流程：建立一套标准化的故障诊断和处理流程，减少停机时间。

(3) 性能监测与数据分析：利用传感器和监控系统收集机器运行数据，进行分析以发现潜在的效率提升点。

(4) 持续改进策略：鼓励学生提出改进意见，实施小改动以提高生产线的整体性能。

(5) 案例研究：分析一次生产线维护和优化的案例，展示维护前后的性能对比，如“维护后生产线的平均无故障运行时间从 500 小时提升至 800 小时”。

2. 分析行业发展趋势对生产线的影响

(1) 新能源行业的技术进步：探讨新兴技术如何影响锂电池生产线的设计和运营。

(2) 市场需求变化：分析市场需求的变化如何对生产线的产品适应性和产能调整提出要求。

(3) 环境法规和标准：讨论环保法规更新对生产线排放和能耗的影响。

(4) 自动化和智能化趋势：评估自动化和人工智能技术在生产线中的应用前景。

(5) 案例分析：研究一家成功适应行业趋势变化的企业案例，分析其应对策略和取得的成果。

项目12

性能测试打码贴标机的装调与应用

知识目标

(1) 了解性能测试打码贴标机的机构组成；
(2) 了解性能测试打码贴标机的工作原理；
(3) 熟悉性能测试打码贴标机的工作流程；
(4) 掌握PLC和HMI编程的基础知识和步骤。

能力目标

(1) 能正确选择PLC、触摸屏、伺服电动机、步进电动机的型号；
(2) 能根据性能测试打码贴标机的结构组成和工作原理输出电气物料清单；
(3) 能独立绘制性能测试打码贴标机的电气原理图；
(4) 能根据性能测试打码贴标机的工作原理和工作流程绘制程序流程图；
(5) 能在TIA博途环境下将程序流程图转换为PLC程序；
(6) 能在威纶EasyBuilder环境下设计HMI画面；
(7) 会上传/下载PLC和HMI程序；
(8) 能根据硬件环境进行PLC和HMI程序调试。

素质目标

(1) 提升学生的团队协作意识；
(2) 增强学生的动手能力和持续学习意识。

动画演示

工作情景

性能测试打码贴标机是锂电池生产线中的关键设备，它集成了电池性能测试、打码和贴标等多项功能。它不仅能够自动完成电池的性能检测，确保电池符合质量标准，还能在电池上打码和贴标，便于追踪和管理。这些步骤对于保证电池产品的质量和安全性至关重要。

本项目将重点学习新能源圆柱形锂电池生产线中的第八个关键设备——性能测试打码贴标机。通过本项目的学习，我们将掌握性能测试打码贴标机的工作原理、各组成部分的功能以及操作流程，旨在为大家提供深入的理论知识和实践技能，以便在未来的工作中能够熟练地运用此类设备。图 12-1 所示为性能测试打码贴标机的主要机构。

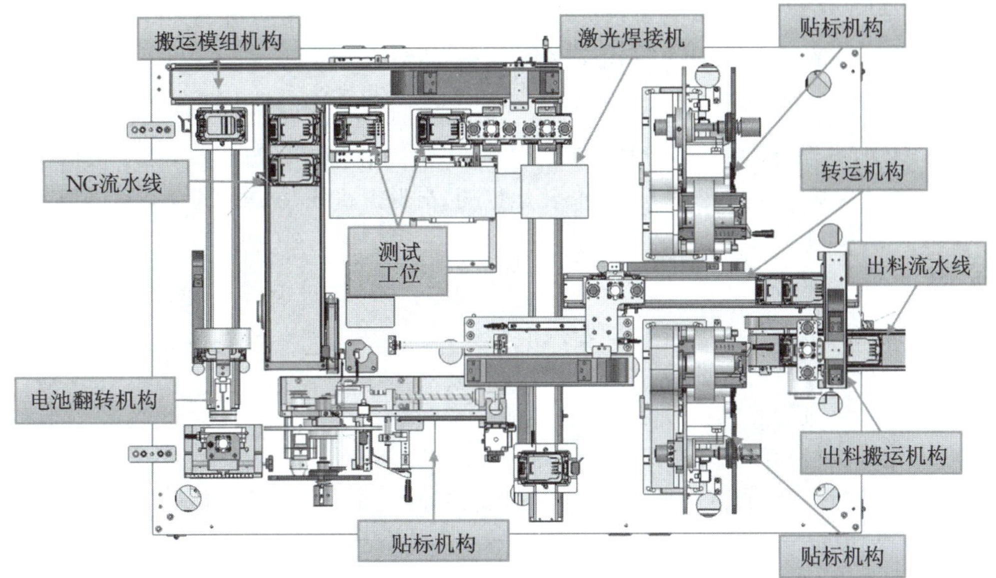

图 12-1 性能测试打码贴标机的主要结构

项目思政

孟子说过：“今夫弈之为数，小数也；不专心致志，则不得也。”意思是说，尽管下棋是一项小的技艺，但如果不一心一意、心无旁骛地去学，就不可能得到它的精髓。专心致志是一种高贵的工作态度，是对事业的一种坚守，更是对责任的一种担当。

周东红是中国宣纸股份有限公司的捞纸高级技师。1986 年，他以学徒工的身份站到捞纸水槽边，开启了他捞纸的职业生涯。35 年的坚守和努力，专注一心、明心立志，周东红终于成长为一名国宝级的捞纸大师。所谓捞纸，就是两位捞纸技师分别站立于水泥铸就的纸槽两头，同时抄起纸帘，将其在纸槽的宣纸浆水中浸没，随即从浆水里打捞纸浆。一分钟至少需要完成两次打捞，方可在抬手、弯腰、转步中将游离在纸槽里的纸浆抄捞出有形的纸张来。这项技艺对技师的动作精度和时间的把控都是考验，而周东红捞的每刀纸（100 张）的重量误差仅为 ±2 g，无瑕疵、无杂质，且厚度均匀，技艺可谓无懈可击。

每年经他捞出的宣纸超过 30 万张，没有一张不合格。捞纸，不仅需要专心致志、夯实基本功，而且还需要凝神静气、耐得住寂寞，动静结合，方显英雄本色。

周东红说：“始终如一的专注，精益求精的追求，是我捞纸生涯的初衷信念。我每天忙碌的目的也很单纯，只想让更多人了解这门已经存在了千年的传统工艺，让宣纸这一项人类非物质文化遗产薪火相传。”在传统技艺上的精益求精和极致追求，让他不仅体会着劳动的快乐，也增添了传承人类非物质文化遗产的自豪。周东红赢在专心，胜在致志。

在学习具体操作之前，我们需要了解以下几个重要知识点。

1. 主要功能

电池功能的测试、激光打码、电池外壳贴标签、电池外壳侧面贴标签。设备采用两台贴标机构放置电池两侧和三测试工位，以提高了工作效率。

2. 结构组成

性能测试打码贴标机由机械、电气控制、气动和电动驱动等部分组成，其中机械部分包括搬运模组机构、激光焊接机、贴标机构、转运机构、出料流水线、出料搬运机构、电池翻转机构、NG 流水线、测试工位等。

3. 搬运模组机构的设计与原理

（1）搬运模组机构的组成和工作原理。

（2）搬运模组设计的关键要素，如速度匹配、负载能力等。

（3）搬运模组机构的调整步骤和注意事项。

（4）搬运模组机构的故障常见原因及解决方法。

（5）案例分析：某电子产品搬运线的效率优化案例。

4. 电池翻转机构的工作原理

（1）电池翻转机构的设计原理和功能要求。

（2）电池翻转过程中的关键参数，如翻转速度、角度等。

（3）电池翻转机构的调整和优化策略。

（4）电池翻转机构的故障诊断和解决方法。

（5）案例分析：通过调整电池翻转机构参数，提高产品翻转效率的案例。

5. 贴标机构的设计与调整方法

（1）贴标机构的工作原理和技术要求。

（2）贴标过程中的定位精度和压力控制。

（3）贴标机构的定期维护和故障排除。

（4）贴标机构的性能评估和改进方法。

（5）案例分析：调整贴标机构参数，解决产品贴标不准确问题的案例。

6. 激光焊接机的工作原理和应用

（1）激光焊接机的设计原理和功能特点。

（2）激光焊接过程中的关键参数，如功率、速度等。

（3）激光焊接机的调整和控制技术。

（4）激光焊接机的故障诊断和解决方法。

（5）案例分析：通过调整激光焊接机参数，提高焊接质量和效率的案例。

7. 成品电池综合测试系统的操作

（1）成品电池综合测试系统的功能和重要性。

（2）成品电池综合测试系统的主要组成部分和工作原理。

（3）成品电池综合测试过程中的参数设置和数据采集。

（4）成品电池综合测试结果的分析和应用。

（5）案例分析：通过测试系统发现并解决电池性能不稳定的问题。

【任务实施】

一、任务要求

1. 工作流程

(1) 电池翻转机构将电池翻转 180°;

(2) 搬运模组机构把电池搬运至测试工位,进行性能测试;

(3) 测试不合格的电池放入 NG 流水线;

(3) 测试合格的电池搬运至下一工位,进行激光焊接和外壳贴标签;

(4) 将电池搬运至转运机构,进行电池外壳侧面标签贴附;

(5) 贴标完成后,由出料搬运机构将电池搬运至出料流水线。

2. 任务分析

1) 设备的功能与重要性

该设备主要用于锂电池生产线中,自动完成电池性能测试、打码和贴标工作。它对于保证电池产品的质量、安全性和可追溯性至关重要,同时也提升了生产的自动化水平。

2) 设备组成

电池翻转机构:负责将电池翻转 180°(上下面对调)。

测试工位:包括测试仪器和夹具,用于自动检测电池的电性能,如电压、内阻等。

贴标机构:包括标签供料系统、贴标头等,用于在电池上自动贴附标签。

激光焊接机:用于对电池的某些部分进行激光焊接,确保电池的结构完整性。

搬运和转运机构:负责在各个工位之间移动电池,以及将电池从上一工位搬运至下一工位。

3) 编程与调试

根据工艺要求绘制程序流程图,并根据程序流程图编写 PLC 程序和 HMI 程序。在教师的指导下完成程序下载和调试。

4) 操作流程

准备阶段:检查设备是否完好,确认测试、打码和贴标机构的设置,预设所需的程序参数。

启动阶段:启动设备,进行空运行检查,确保所有机构协调运作无误。

生产阶段:连续进行电池的性能测试、打码和贴标作业,监控过程质量,及时调整参数以应对可能的变化。

结束阶段:生产完成后,关闭设备,进行清理和维护工作。

二、硬件结构设计

我们从以下三个方面来讲解性能测试打码贴标机的硬件设计。

1. 外部供电电源

这台设备内部所使用的单相电动机、伺服电动机等都是交流 220 V、50 Hz 的设备,所以外部供电电源应为交流 220 V、50 Hz 电源。

2. 电柜内电气元器件的选型

电柜内电气元器件分布如图 12-2 所示。

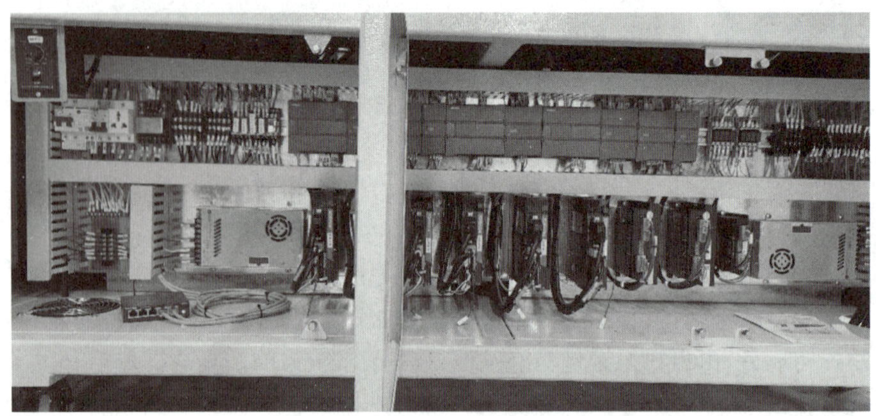

图 12-2 电柜内电气元器件分布

(1) 总电源开关为 LW30-32 型转换开关，选择这种开关的好处是不用打开电柜门就可以接通或关断电源。

(2) 在电柜内左上角设置了一个漏电保护开关，它主要用于保护柜内插座。注意：凡是与人员操作有关的插座都需要设置漏电保护开关，但是漏电保护开关通常不用做整机的漏电保护，因为伺服驱动器会存在漏电现象。如果在伺服驱动器的前端加装了漏电保护开关，极有可能会误动作。

(3) 电柜下层放置了汇川 SV660P 型伺服驱动器和雷赛 MA860C 型步进驱动器，它们可以通过接收高速脉冲的方式进行精确的位置控制。

(4) 开关电源选择的是雷赛智能的 LSP 系列 360 W、24 V 开关电源，它的功能是给 PLC、电磁阀、步进驱动器等元器件提供稳定的直流 24 V 电源。

(5) PLC 选用西门子 S7-1200 系列，CPU 模块为 S7-1214C DC/DC/DC，用来控制电磁阀和伺服电动机。PLC 扩展了若干个 I/O 扩展模块。

3. 电柜外电气元器件

电柜外电气元器件分布如图 12-3 所示。

图 12-3 电柜外电气元器件分布

电柜外传感器包括光电开关、磁性开关等，电柜外执行器则包括单相电动机、步进电动机、伺服电动机、电磁阀等。

(1) 设备选用了对射型光电开关和槽型光电开关。对射型光电开关有一个发射集和一个接收集，它可靠性高，但对安装位置有一定的要求。每一套搬运模组都设置了三个槽型光电开关，用作前极限、后极限和原点检测。搬运模组之所以选择槽型光电开关，主要是槽型光电开关检测精度高且能安装在狭小的空间内。

(2) 所有气缸上都安装了磁性开关。磁性开关内部是一个干簧管，它主要用于检测气缸磁环，当磁环靠近磁性开关时，磁性开关接通；反之，磁性开关就断开。

(3) 单相电动机用来驱动输送皮带，它与电柜内部的单相调速器配套使用，可以很方便地调节皮带速度。

(4) 步进电动机用来驱动贴标电动机和灯贴升降，它与柜内部的步进驱动器配套使用。

(5) 伺服电动机用来驱动搬运模组，它与电柜内部的伺服驱动器配套使用，用来实现搬运模组的位置精确控制。

(6) 电磁阀主要用于控制气缸，它们的输入电压都是直流 24 V。

三、确定地址分配

PLC 扩展 3 个信号模块，I/O 地址分配表如表 12-1～表 12-4 所示。

表 12-1　CPU 模块 I/O 地址分配表

输入	注释	输出	注释
I0.00	翻转平移电动机原点	Q0.00	翻转平移电动机脉冲信号
I0.01	测试搬运电动机原点	Q0.01	测试搬运电动机脉冲信号
I0.02	打码平移电动机原点	Q0.02	打码平移电动机脉冲信号
I0.03		Q0.03	
I0.04	翻转平移电动机 CW 限位	Q0.04	翻转平移电动机方向信号
I0.05	翻转平移电动机 CCW 限位	Q0.05	测试搬运电动机方向信号
I0.06	测试搬运电动机 CW 限位	Q0.06	打码平移电动机方向信号
I0.07	测试搬运电动机 CCW 限位	Q0.07	
I1.00		Q1.00	
I1.01		Q1.01	
I1.02	翻转平移电动机驱动报警	Q1.02	
I1.03	测试搬运电动机驱动报警	Q1.03	
I1.04	打码平移电动机驱动报警	Q1.04	
I1.05		Q1.05	

表 12-2　扩展信号模块 1 I/O 地址分配表

输入	注释	输出	注释
I2.00	“启动”按钮	Q2.00	灯塔一绿灯
I2.01	“停止”按钮	Q2.01	灯塔一黄灯
I2.02	“复位”按钮	Q2.02	灯塔一红灯
I2.03	“急停”按钮	Q2.03	灯塔一蜂鸣器
I2.04	门禁输入	Q2.04	LED 灯
I2.05	气压检测	Q2.05	电动机使能
I2.06		Q2.06	测试 NG 出料流水线
I2.07		Q2.07	打码启动信号
I3.00	翻转治具电池到位检测	Q3.00	
I3.01	打码治具电池到位检测	Q3.01	
I3.02	NG 流水线防叠料检测	Q3.02	
I3.03	NG 流水线满料检测	Q3.03	
I3.04	打码完成信号	Q3.04	
I3.05		Q3.05	
I3.06		Q3.06	
I3.07		Q3.07	

表 12-3　扩展信号模块 2 I/O 地址分配表

输入	注释	输出	注释
I4.00	翻转升降气缸原点	Q4.00	翻转升降气缸
I4.01	翻转升降气缸到位	Q4.01	翻转气缸
I4.02	翻转气缸原点	Q4.02	翻转夹子气缸
I4.03	翻转气缸到位	Q4.03	1＃测试搬运升降气缸
I4.04	翻转夹子气缸原点	Q4.04	1＃测试搬运夹子气缸
I4.05	翻转夹子气缸到位	Q4.05	2＃测试搬运升降气缸
I4.06	1＃测试搬运升降气缸原点	Q4.06	2＃测试搬运夹子气缸
I4.07	1＃测试搬运升降气缸到位	Q4.07	测试平移气缸
I5.00	1＃测试搬运夹子气缸原点	Q5.00	1＃测试气缸
I5.01	1＃测试搬运夹子气缸到位	Q5.01	2＃测试气缸
I5.02	2＃测试搬运升降气缸原点	Q5.02	3＃测试气缸
I5.03	2＃测试搬运升降气缸到位	Q5.03	翻转平台顶升气缸

续表

输入	注释	输出	注释
I5.04	2#测试搬运夹子气缸原点	Q5.04	
I5.05	2#测试搬运夹子气缸到位	Q5.05	
I5.06	测试平移气缸原点	Q5.06	
I5.07	测试平移气缸到位	Q5.07	

表 12-4　扩展信号模块 3 I/O 地址分配表

输入	注释	输入	注释
I6.00	1#测试气缸原点	I7.00	
I6.01	1#测试气缸到位	I7.01	
I6.02	2#测试气缸原点	I7.02	
I6.03	2#测试气缸到位	I7.03	
I6.04	3#测试气缸原点	I7.04	
I6.05	3#测试气缸到位	I7.05	
I6.06		I7.06	
I6.07		I7.07	

四、HMI 画面设计

使用威纶 EasyBuilder Pro 软件设计 HMI 画面，画面分为主页面、调试页面、功能设置页面、参数设置页面、事件页面和 I/O 监控页面。其中主页面、调试页面和 I/O 监控页面设计参考如图 12-4～图 12-6 所示。

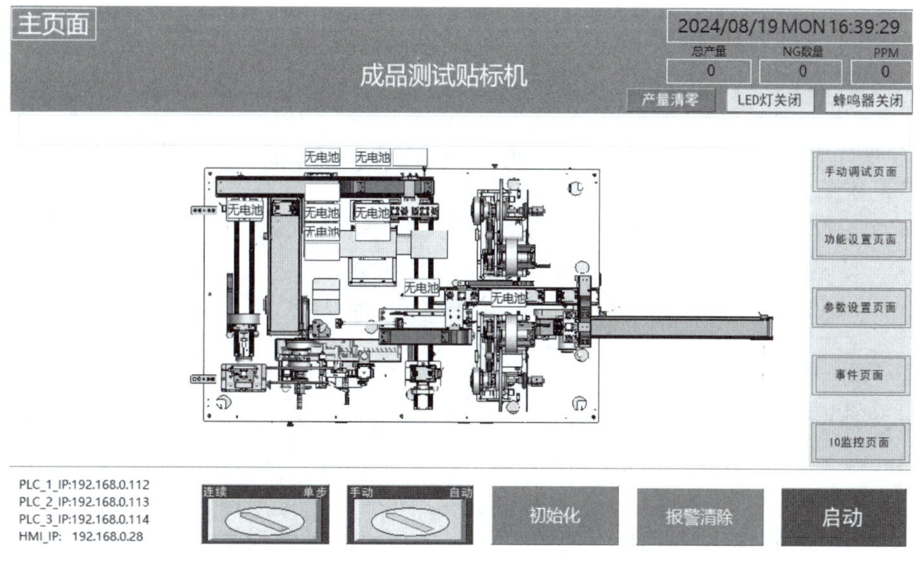

图 12-4　主页面

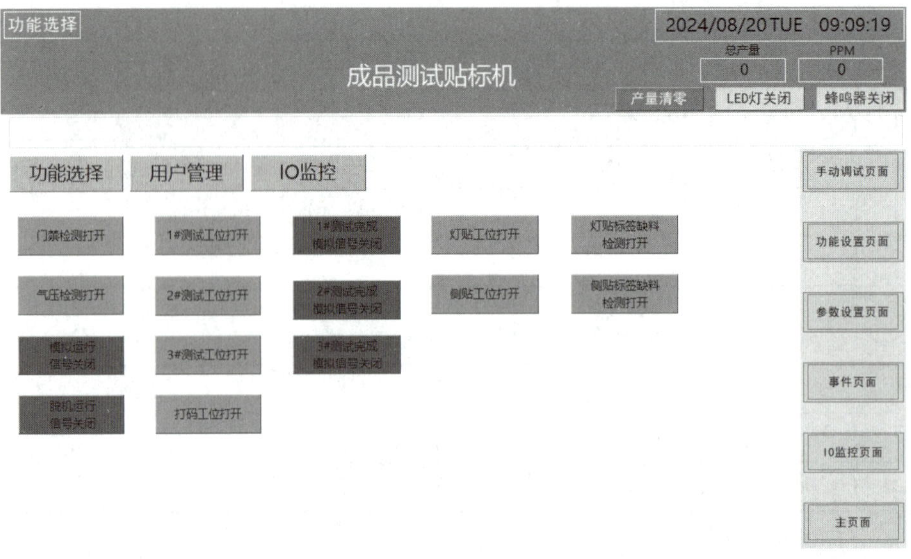

图 12-5　调试页面

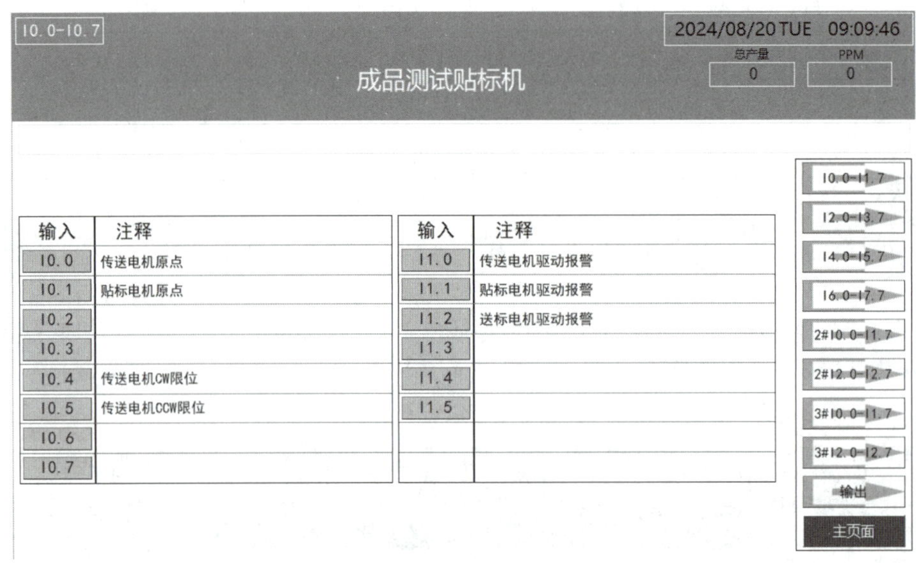

图 12-6　I/O 监控页面

以上就是 HMI 画面的主要组成部分，不同的系统可能会有所不同，但大体上都是这样的结构。

根据以上内容，使用威纶 EasyBuilder Pro 软件绘制 HMI 画面。HMI 画面设计的具体方法，可参考视频资料。

微课视频

五、软件设计

1. 程序流程图

性能测试打码贴标机的程序流程图如图 12-7 所示。各段程序内部的动作、条件及步号读者可根据前面章节所学知识进行绘制。在自动模式且设备已启动的状态下，各段程序独立执行相关动作，程序段和程序段之间存在一些"衔接关系"，如"就绪""完成"等。

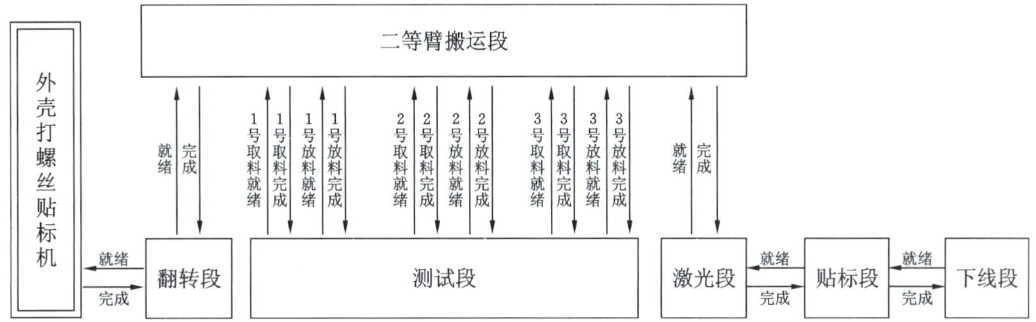

图 12-7 性能测试打码贴标机的程序流程图

2. 程序分段

性能测试打码贴标机的自动程序可以分为以下六段，各段相关程序如图 12-8～图 12-13 所示。

(1) 翻转段：控制电池翻转机构、搬运模组机构。

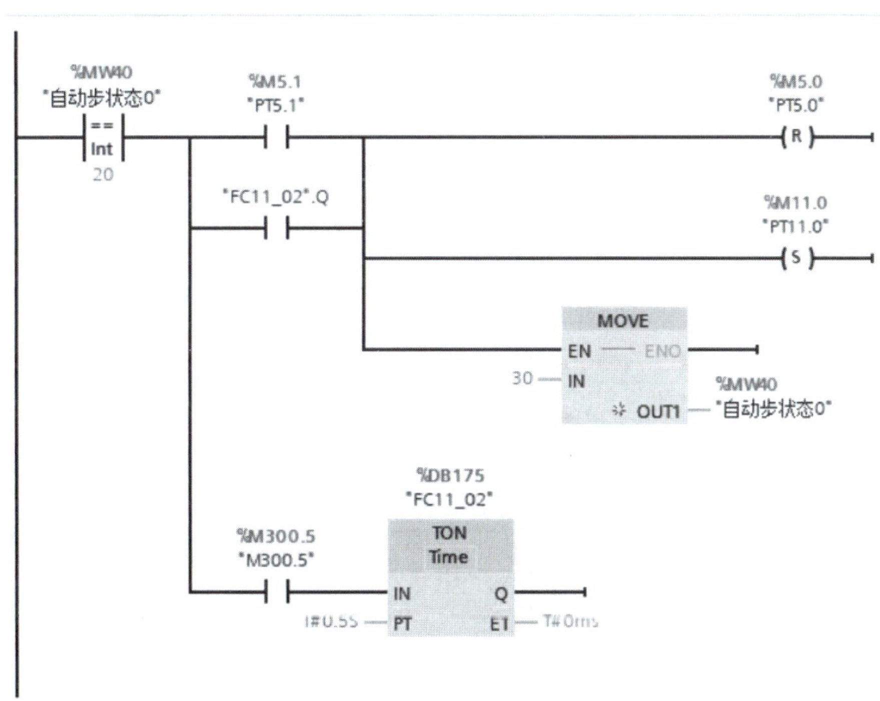

图 12-8 翻转平移工位允许放料检测程序

(2) 二等臂搬运段：控制二等臂搬运模组机构及夹爪。

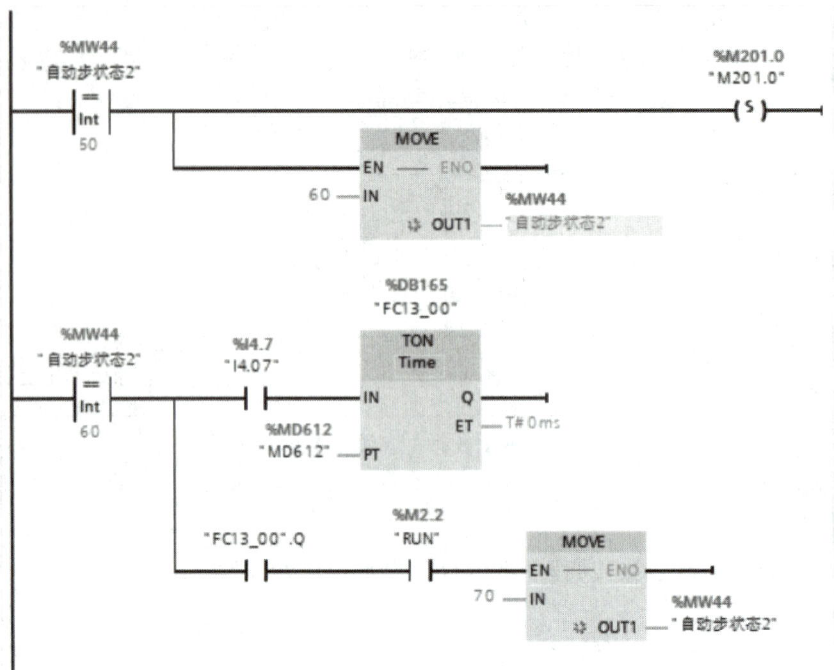

图 12-9　搬运夹子气缸控制程序

(3）测试段:控制 3 个测试工位及 NG 流水线。

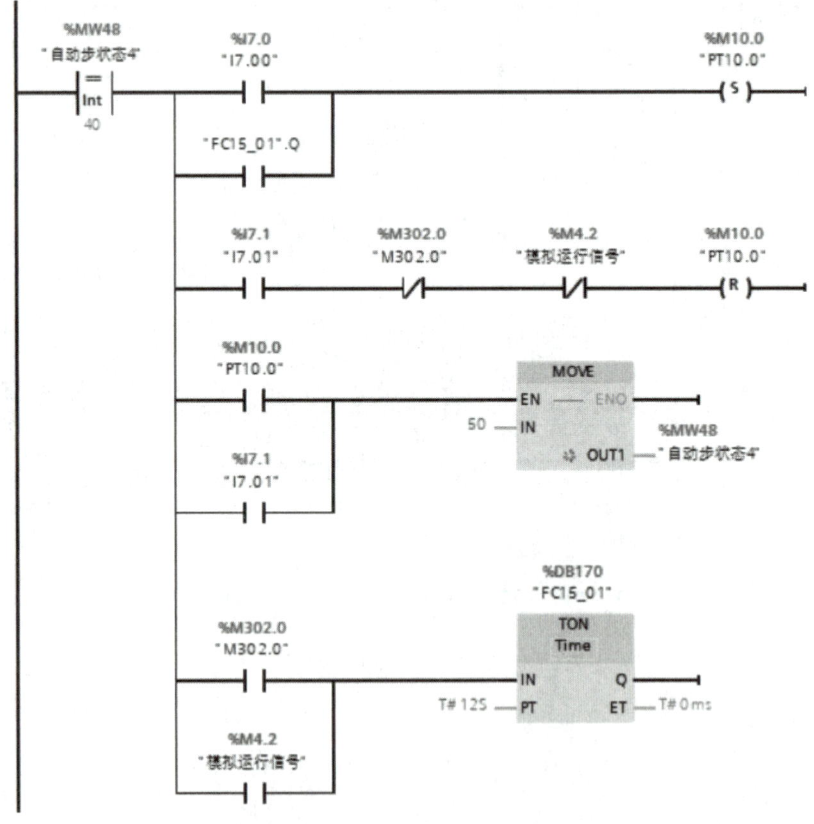

图 12-10　1 号测试工位电池检测程序

（4）激光段：控制激光机、搬运模组机构、气动移载机构及夹爪。

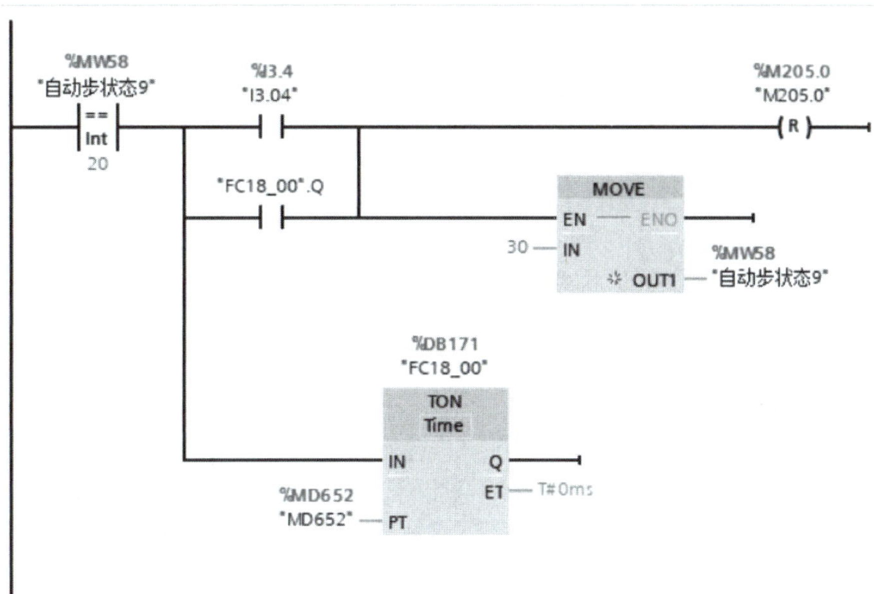

图 12-11 激光打码启动程序

（5）贴标段：控制 2 个贴标机构和转运机构。

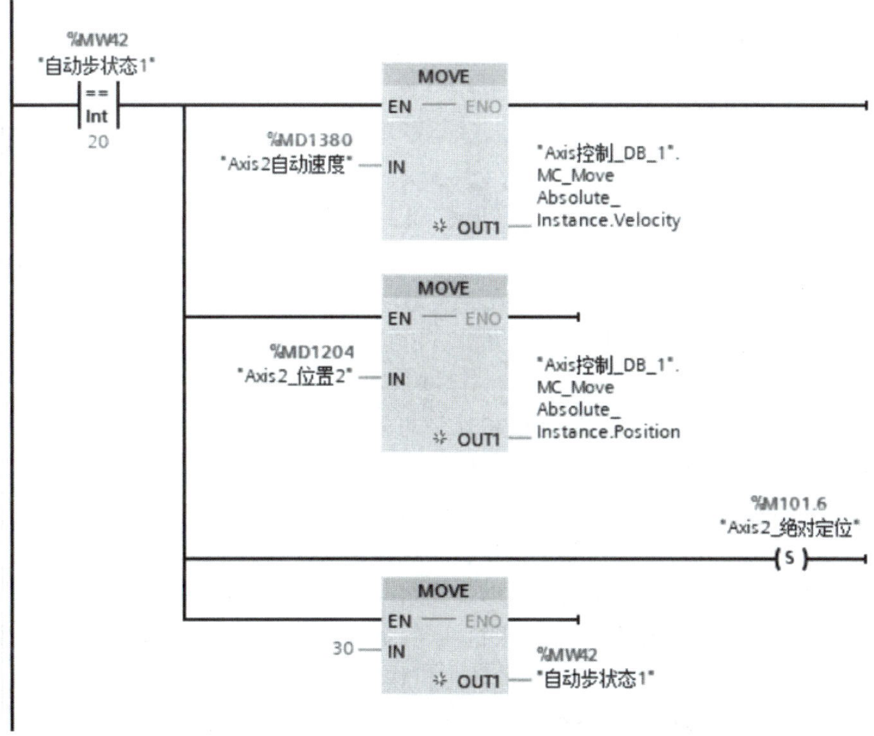

图 12-12 Z 轴下降到取标位控制程序

(6) 下线段：控制出料搬运机构和出料流水线。

图 12-13　出料机器人允许取料控制程序

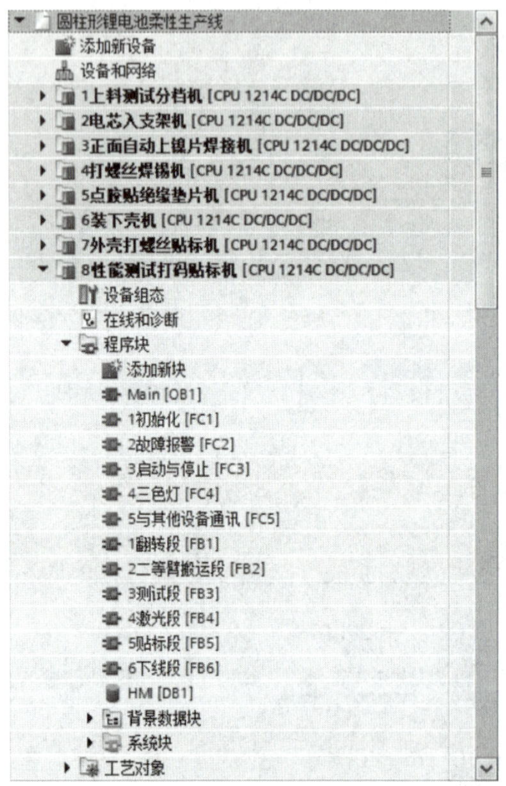

图 12-14　性能测试打码贴标机的程序架构

3. 程序架构

性能测试打码贴标机的程序架构如图 12-14 所示。

(1) 初始化：对不需要经常修改的参数强制赋值，以方便后续调试。

(2) 故障报警：当设备发生异常状况时，触发报警并在触摸屏上进行显示。例如，急停报警、极限报警、伺服报警、气缸磁性开关异常报警、气缸动作超时报警等。有些报警要触发整台设备停机，如急停报警、安全光栅报警等；有些报警仅需触发局部停机（不必触发整台设备停机），如伺服报警、动作超时报警等。

(3) 启动与停止：编写一个“启—保—停”程序。按下“启动”按钮，则启动标志自锁；按下“停止”按钮或发生触发整台设备停机的故障，则启动标志自锁解除。

(4) 三色灯：电源接通，则黄灯常亮；启动标志为“on”，则三色灯绿灯常亮；存在故障报警，则三色灯红灯闪烁，蜂鸣器间歇性鸣叫。

(5) 与其他设备通信：编写与其他设备通信的相关程序。

(6) 存放与 HMI 信号交互相关的数据。

(7) 翻转段：编写与电池翻转机构、搬运模组机构动作相关的程序。

(8) 二等臂搬运段：编写与二等臂搬运模组机构及夹爪动作相关的程序。

(8) 测试段：编写与 3 个测试工位及 NG 流水线动作相关的程序。

(9) 激光段：编写与激光机、搬运模组机构、气动移载机构及夹爪动作相关的程序。

(10) 贴标段：编写与 2 个贴标机构和转运机构动作相关的程序。

(11) 下线段：编写与出料搬运机构和出料流水线动作相关的程序。

【技能训练】

性能测试打码贴标机的自动程序可分为翻转段、二等臂搬运段、测试段、激光段、贴标段、下线段。其中，测试段的控制范围包括 3 个测试工位和 NG 流水线。

请输出电气物料清单，绘制电气原理图，绘制程序流程图，编写 PLC 程序和 HMI 程序，下载程序并调试，使其实现自动测试功能。

一、训练准备

为了更好地完成任务，需要弄清楚以下几个问题。

(1) 认真阅读任务单，理解任务内容，明确任务目标，做好器材准备，同时拟订任务实施计划。

引导问题 1：性能测试机可以测试锂电池哪些参数？

____

____

引导问题 2：向 3 个测试工位放料/取料，应遵循什么原则？

____

____

引导问题 3：PLC 和性能测试机之间需要交互哪些信号？

____

____

(2) 准备工具。

完成该任务，需要准备的工具包括：______________________________

(3) 根据题目要求，列写表 12-5 所示电气物料清单。

表 12-5 电气物料清单

序号	物料名称	型号/规格	数量	单位
1				
2				
3				
4				
5				
6				
8				
9				

(4) 器材准备。

螺丝刀、尖嘴钳、剪线钳、内六角扳手、万用表、网线、计算机等。

(5) 分组。

根据学生以往学习成绩由教师分组或学生自由组合。

建议每组组员 2～3 人，组长分配组员任务。

二、训练过程

1. 编写 PLC 程序和 HMI 程序

____

____

____

2. 硬件连接

按电气原理图、工艺要求、安全规范和设备要求完成接线。

3. 程序编辑与下载

把编写好的程序分别下载到 PLC 和 HMI。

4. 调试

在教师的监护下完成设备调试。
填写表 12-6 所示功能调试记录表。

表 12-6　功能调试记录表

序号	操作	PLC 面板上指示灯		机构动作
		输入端指示灯	输出端指示灯	
1				
2				
3				

【任务评价】

1. 小组展示

(1) 各小组派代表展示程序流程图和梯形图程序，并解释含义。
(2) 各小组展示实训成果，测试控制效果。

2. 自我评估与总结

(1) 掌握了哪些知识点？

____

(2) 在绘图、接线、编程、下载、调试过程中出现了哪些问题？是如何解决的？

____

____

(3) 谈谈心得体会。

____

____

3. 教师评价

根据各组学生在完成任务中的表现，给予综合评价，填写表 12-7。

表 12-7 训练评价表

序号	主要内容	考核要求	评分标准	配分	扣分	得分
1	方案设计	1. 绘制电气原理图； 2. 绘制程序流程图； 3. 设计梯形图程序	1. 电气原理图表达不正确或画法不规范，每处扣 2 分； 2. 程序流程图表达不正确或画法不规范，每处扣 2 分； 3. 梯形图程序表达不正确或画法不规范，每处扣 2 分； 4. 指令有错误，每处扣 2 分	30		
2	安装与接线	按 I/O 接线图在板上正确安装，接线要正确、紧固、美观	1. 接线不紧固、不美观，每处扣 2 分； 2. 接点松动，每处扣 1 分； 3. 不按 I/O 接线图接线，每处扣 2 分	25		
3	程序设计与调试	能正确设计 PLC 程序，按动作要求模拟调试，达到设计要求	1. 调试步骤不正确，扣 5 分； 2. 不能实现启动，扣 10 分； 3. 不能实现按时间顺序启动，扣 10 分； 4. 不能按要求实现停止，扣 10 分	35		
4	职业素养	1. 遵守国家相关专业安全文明生产规程，遵守学院纪律； 2. 工作岗位“6S”完成情况	1. 迟到或不遵守教学场所规章制度，扣 5 分； 2. 不按“6S”要求，扣 5 分； 3. 出现重大事故或人为损坏设备，扣完 10 分	10		
备注			合计	100		
小组成员签名						
教师签名						
日期						

4. “6S”管理

小组和教师都完成工作任务总结以后，各小组对自己的工作岗位进行“整理、整顿、清扫、清洁、安全、素养”处理；归还所借的工具和实习器件。

【知识巩固】

1. 判断题

(1) 伺服电动机用来驱动传送电动机、贴标电动机、送标电动机、锁螺丝 X 轴、锁螺丝 Y 轴、锁螺丝 Z 轴，它与电柜内部的伺服驱动器配套使用。(　　)

(2) 性能测试打码贴标机内部单相电动机、伺服电动机等都是直流 220 V、50 Hz 的设

备。（　　）

（3）单相电动机用来驱动输送皮带，与电柜内部的单相调速器配套使用。（　　）

（4）电柜下层放置了汇川 SV660P 型伺服驱动器。（　　）

2. 填空题

（1）对射型光电开关有一个发射集和________。

（2）搬运模组之所以选择槽型光电开关，主要是因其检测精度高且能安装在________的空间内。

（3）磁性开关内部是一个________。

（4）________用来检测吸取绝缘垫片的真空压力是否达到设定值。

（5）伺服电动机用来驱动传送电动机、贴标电动机、送标电动机、锁螺丝 X 轴、锁螺丝 Y 轴、锁螺丝 Z 轴，它与电柜内部的________配套使用。

3. 简答题

（1）性能测试打码贴标机的自动程序可以分为几大段？段与段之间如何进行信号交互？

____

____

（2）性能测试打码贴标机 HMI 画面由哪几部分组成？各界面的名称和主要功能是什么？

____

____

【技能拓展】

1. 探讨生产线的维护与优化

（1）预防性维护计划：制定周期性检查和维护的时间表，如每周对关键部件进行检查和润滑。

（2）故障分析和处理流程：建立一套标准化的故障诊断和处理流程，减少停机时间。

（3）性能监测与数据分析：利用传感器和监控系统收集机器运行数据，进行分析以发现潜在的效率提升点。

（4）持续改进策略：鼓励学生提出改进意见，实施小改动以提高生产线的整体性能。

（5）案例研究：分析一次生产线维护和优化的案例，展示维护前后的性能对比，如“维护后生产线的平均无故障运行时间从 700 小时提升至 1000 小时”。

2. 分析行业发展趋势对生产线的影响

（1）新能源行业的技术进步：探讨新兴技术如何影响锂电池生产线的设计和运营。

（2）市场需求变化：分析市场需求的变化如何对生产线的产品适应性和产能调整提出要求。

（3）环境法规和标准：讨论环保法规更新对生产线排放和能耗的影响。

（4）自动化和智能化趋势：评估自动化和人工智能技术在生产线中的应用前景。

（5）案例分析：研究一家成功适应行业趋势变化的企业案例，分析其应对策略和取得的成果。

虚实结合篇

虚实结合篇引入数字孪生技术，基于博途软件与 NX MCD 模块，对应用篇中 8 个核心设备单元进行 1∶1 数字孪生建模，实现虚拟联调仿真、工艺参数优化、虚实数据交互等实训操作。

项目13 虚拟仿真准备

知识目标

(1) 掌握 NX MCD 的界面布局、功能架构；
(2) 熟悉 NX MCD 的功能设置、仿真分析等核心操作技能；
(3) 了解 NX MCD 在工业设备等领域的典型应用场景。

能力目标

(1) 能够熟练运用 NX MCD 的基本设置功能；
(2) 具备使用 NX MCD 对机电概念设计进行简单运动仿真、干涉检查及性能评估的能力；
(3) 能使用 NX MCD 进行机械零部件的协同布局，实现机电一体化概念方案的可视化表达。

素质目标

(1) 培养严谨细致的设计思维与规范操作习惯，确保设计数据的准确性与完整性；
(2) 增强在机电概念设计中运用数字化工具创新解决方案的实践能力；
(3) 激发对机电一体化数字化设计技术的探索热情，树立精益求精的职业责任感。

13.1 NX 概述

一、NX 简介

西门子 NX(简称 NX，其前身是 Unigraphics NX)是一款由西门子公司开发的高端计算机辅助设计(CAD)、计算机辅助工程(CAE)和计算机辅助制造(CAM)软件。NX 具有强大的集成性和灵活性，利用 NX 建模，用户能够迅速地建立和改进复杂的产品形状，最大限度地满足设计概念的审美要求。NX 广泛应用于汽车、航空航天、工业设备、电子等领域，帮助企业在设计、分析、优化、制造等各个阶段提升效率和创新能力。

NX 的设计进程如图 13-1 所示。

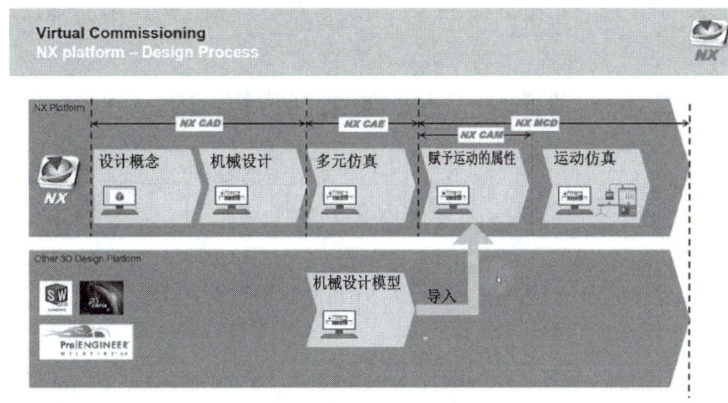

图 13-1　NX 的设计进程

二、NX 模块组成

NX 的模块组成如图 13-2 所示，包括 NX CAD、NX CAE、NX CAM 和 NX MCD 四个模块。

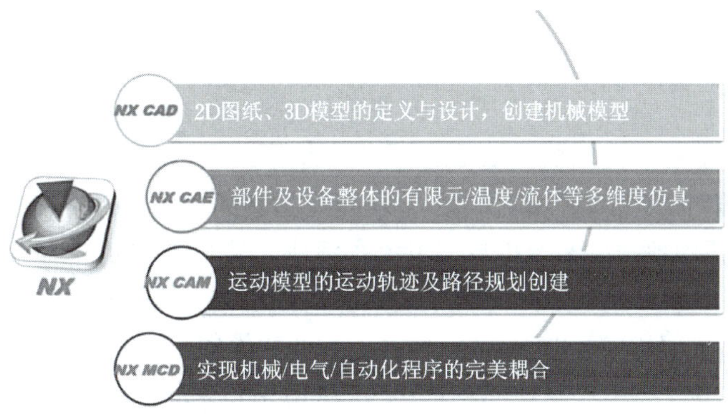

图 13-2　NX 的模块组成

下面简单介绍 NX MCD 模块，本书将基于 NX MCD 对应用篇中的核心设备单元进行数字孪生建模，实现虚拟仿真、虚实数据交互等操作。

MCD（机电概念设计）是 NX 中一个重要的数字化工具应用模块，也是数字孪生的基石，可用于交互式设计和模拟机电系统的复杂运动。NX MCD 融合了机械、电气、流体和自动化等多个学科，支持从产品开发的概念阶段到最终工程制造的各个环节，能有效协调不同学科，保证数据的完整性。NX MCD 具有如下优势：

（1）功能模块设计。功能模块是机电一体化设计的主要原则，这些模块构成了机电一体化系统跨学科设计的基础。此外，功能模块也提供了最初的概念设计结构，从而能够运作和评估可选择的设计方案。

（2）逻辑块的重复使用。NX MCD 可以把功能模块分解为不同的、可在多个设计中重复使用的逻辑块，并通过设置具体的参数来实现设计过程的最优化。

（3）早期系统验证。在开发过程的初期，NX MCD 提供了基于仿真引擎的验证技术，能够帮助设计人员获取电动机、伺服驱动器等驱动动力的仿真，初步验证概念设计的有效性。

13.2 刚体和碰撞体

一、基本概念

1. 刚体

在 NX MCD 中，刚体是进行机械仿真不可或缺的一个概念。刚体在机电一体化设计中非常重要，它不仅涉及机械运动，还可能涉及电气和软件的交互。

（1）刚体是在仿真过程中可以移动的组件，它们具有质量并且能够受到物理力的作用，如重力、摩擦力等。这意味着刚体可以用来模拟实际机械系统中各个部件的运动情况。

（2）刚体在运动过程中受到力的作用后，形状和大小不变，而且内部各点的相对位置不变。刚体可以上色。

（3）相对于地面，移动的零部件需要创建为刚体。在 NX MCD 中，用户可以通过使用“刚体”命令来将组件定义为可移动的刚体。这通常是先选择需要设为刚体的物体，然后点击相应的命令来完成设置。

2. 碰撞体

碰撞体指的是能够与其他物理对象发生干涉的几何体。碰撞体在 NX MCD 的仿真中非常重要，它不仅影响模型间的相互作用，还决定了仿真的真实性和准确性。通过合理设置碰撞体，可以更加精确地预测和分析机械系统在各种情况下的行为，从而优化设计。

（1）碰撞体是仿真模型中的一个元素，它定义了模型在发生碰撞时的行为。只有当两个刚体都设置了相应的碰撞体时，它们之间才能触发碰撞效果。

（2）在 NX MCD 中，用户可以通过使用“碰撞体”命令为模型设置碰撞体。这通常是先选择需要设为碰撞体的物体，然后点击相应的命令来完成设置。设置后，粉色方框表示的是实际碰撞识别范围。

（3）在 NX MCD 中，可以设置不同类型的碰撞体，同类型的碰撞体相互作用时会产生碰撞效果，而不同类型的碰撞体之间则不会产生干涉。

（4）在物理模拟中，如果没有设置碰撞体，刚体之间会彼此穿过，就像现实中没有形状阻碍的物体一样。

二、实例讲解

下面通过一个实际案例讲解如何设置刚体和碰撞体。

1. 创建机电概念设计

双击快捷方式，打开 NX 软件，点击“新建”→“机电概念设计”→“空白”→“确定”，创建一个机电概念设计，如图 13-3 所示。

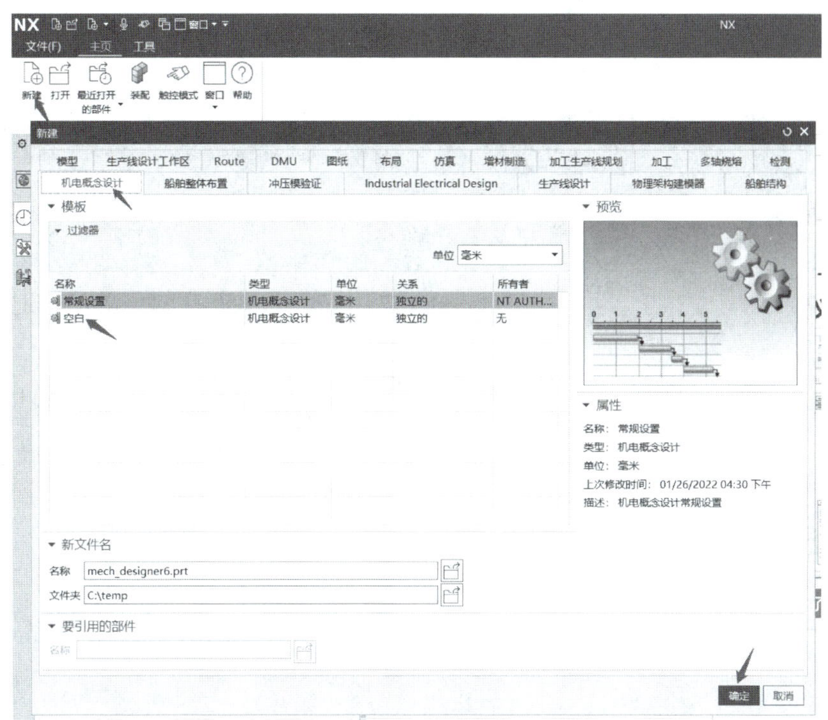

图 13-3 创建机电概念设计

2. 创建块

点击“块”，块的长度、宽度、高度分别设置为“1000 mm”、“1000 mm”、“10 mm”，并点击“确定”，如图 13-4 所示。在此界面下，按 Ctrl＋F 键，可以进行窗口最适应化。滑动鼠标中键则可以改变视图的大小。

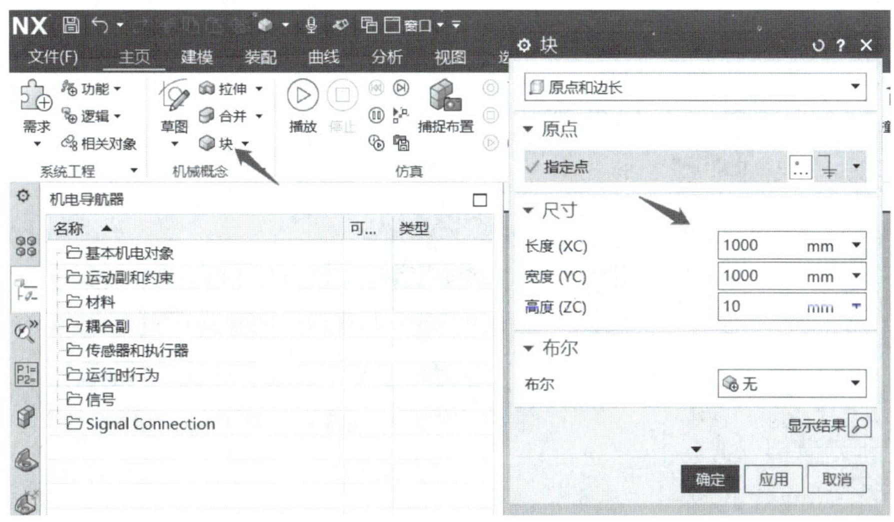

图 13-4 创建块

3. 拉伸一个长方体

点击“拉伸”→“选择曲线”→“绘制截面”，如图 13-5 所示。

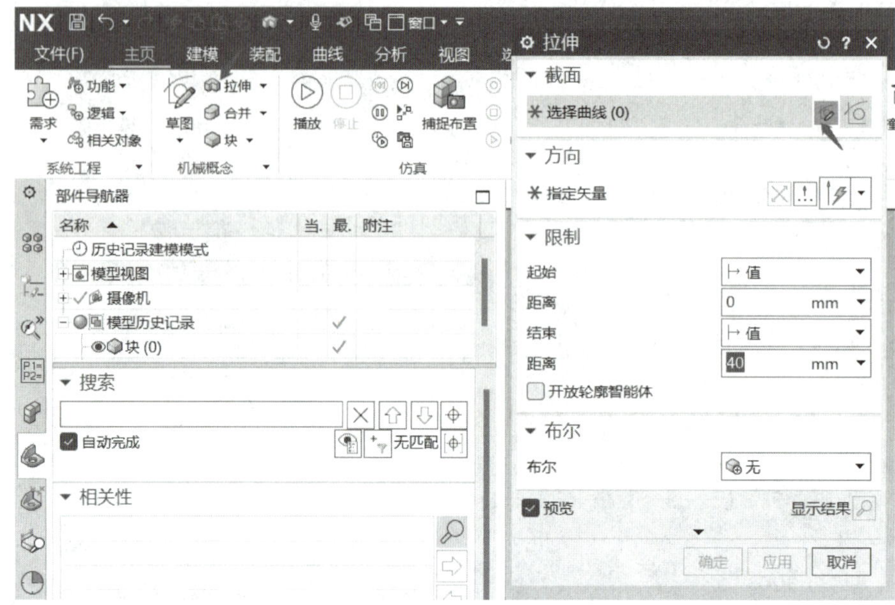

图 13-5　选择绘制截面

选择“块”的上表面，点击“基于平面”→“确定”，如图 13-6 所示。

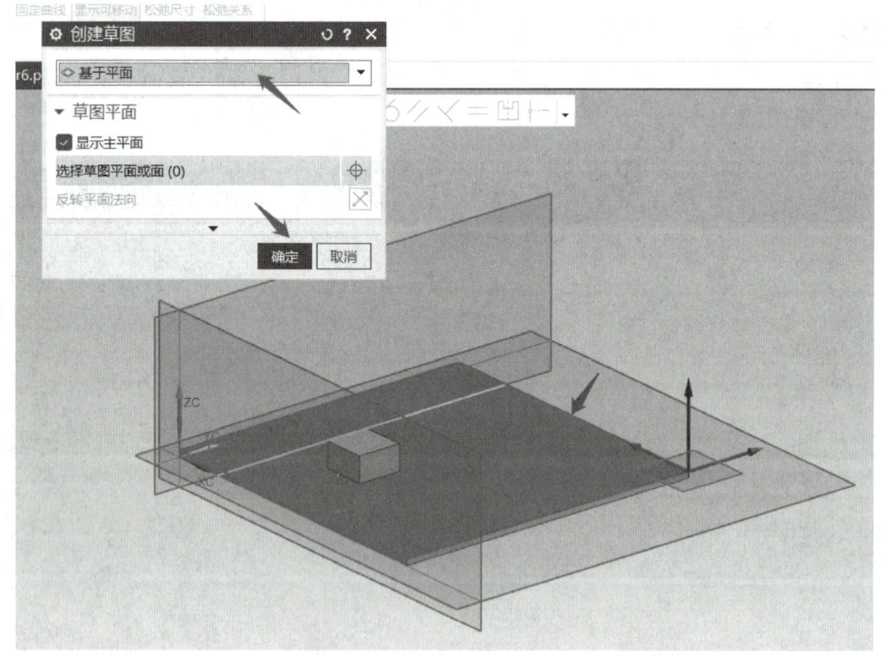

图 13-6　选择草图平面

点击“矩形”，绘制草图，点击“完成”，如图 13-7 所示。

距离设置为“40 mm”，点击“确定”，如图 13-8 所示

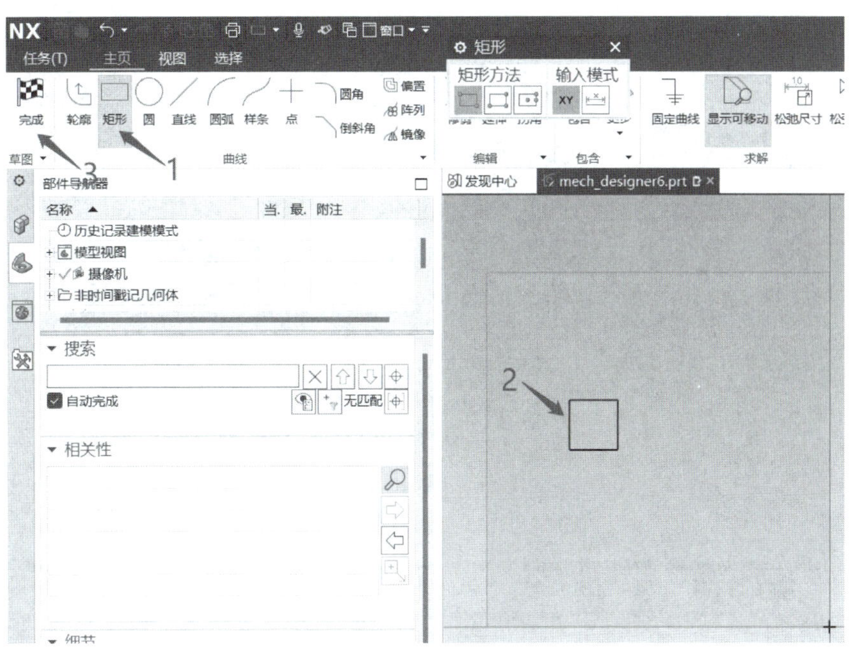

图 13-7 绘制矩形草图

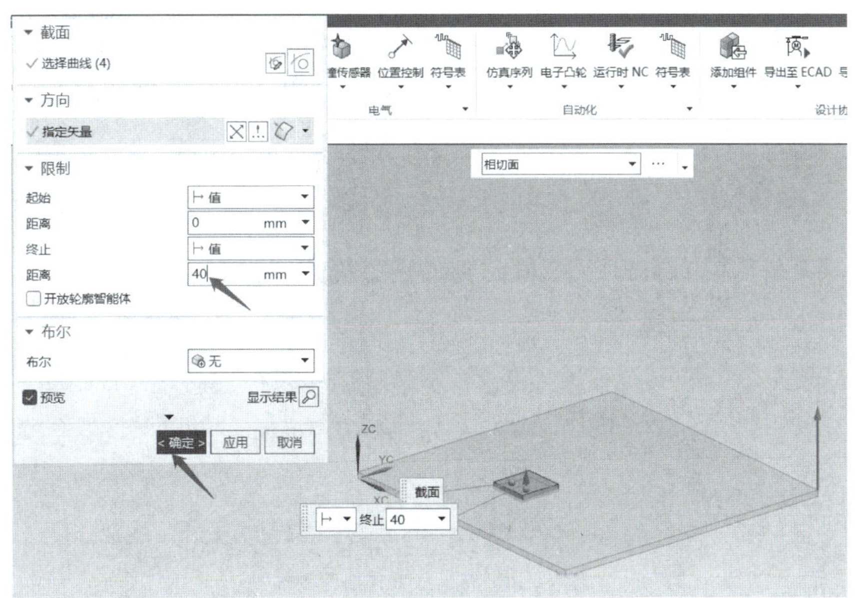

图 13-8 拉伸长方体

4. 拉伸一个圆柱体

仿照第 3 步，拉伸一个圆柱体，如图 13-9 所示。

5. 将长方体创建为刚体

点击"刚体"→"选择对象"，选择长方体，点击"确定"，如图 13-10 所示。

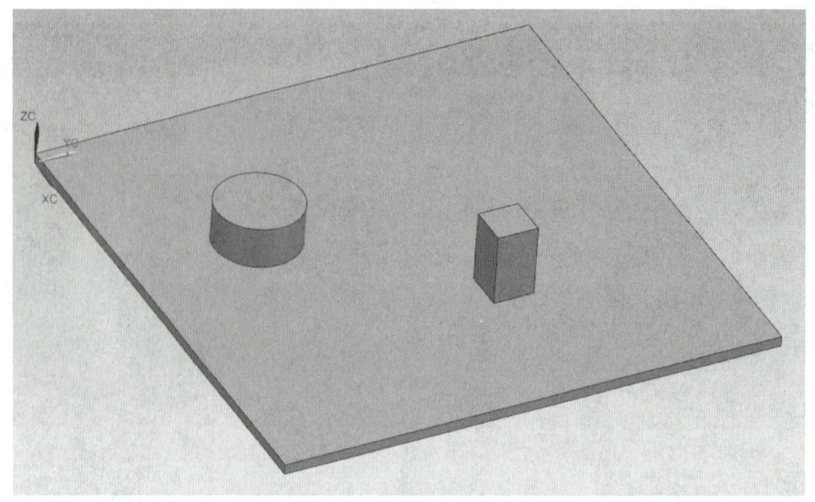

图 13-9　拉伸圆柱体

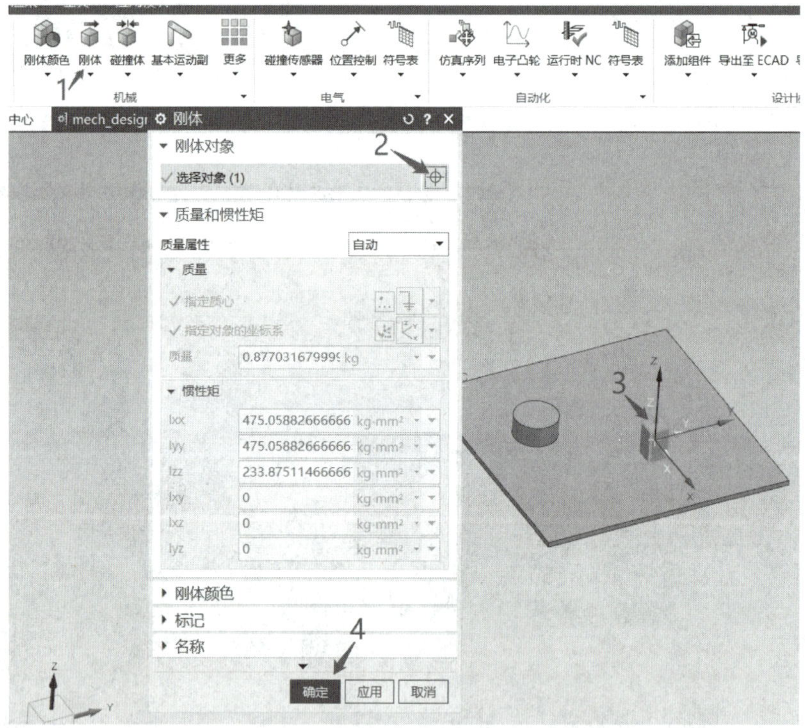

图 13-10　将长方体创建为刚体

6. 将圆柱体创建为刚体

点击“刚体”→“选择对象”，选择圆柱体，点击“确定”，如图 13-11 所示。

7. 将长方体创建为碰撞体

点击“碰撞体”→“选择对象”，选择长方体的两个相对的面，点击“确定”，如图 13-12 所示。

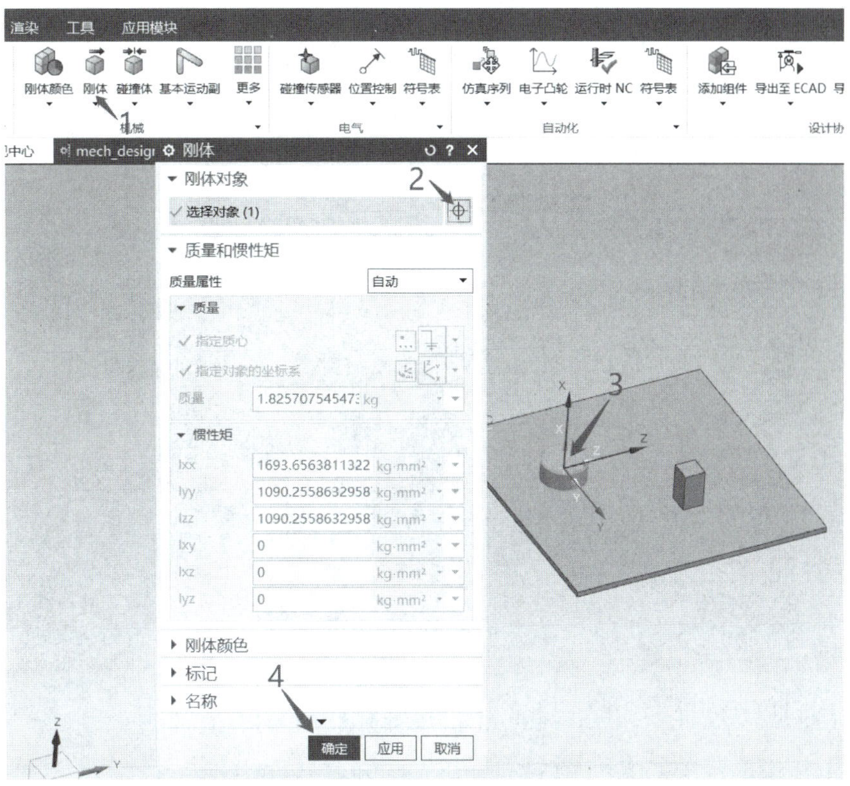

图 13-11 将圆柱体创建为刚体

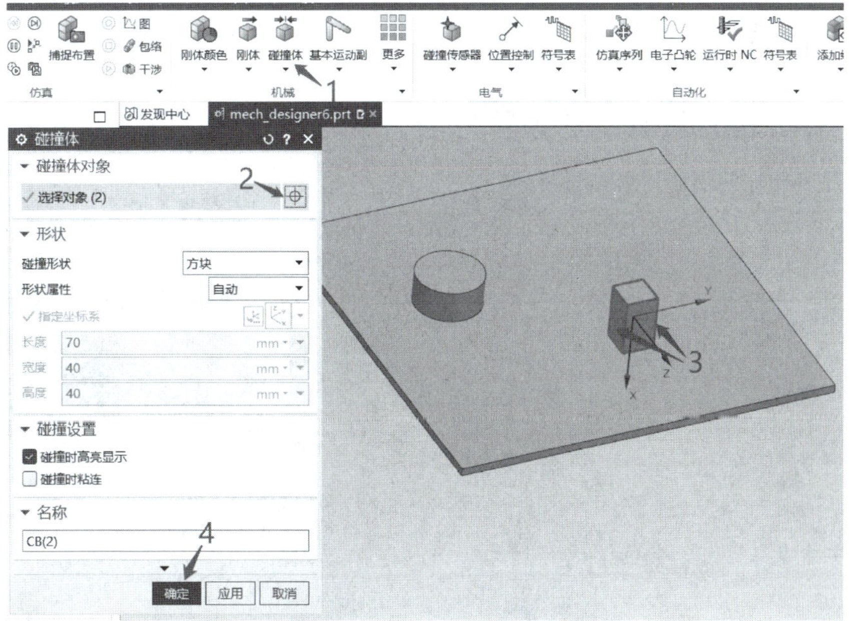

图 13-12 将长方体创建为碰撞体

8. 将圆柱体创建为碰撞体

点击“碰撞体”→“选择对象”，选择圆柱体的曲面，点击“确定”，如图 13-13 所示。

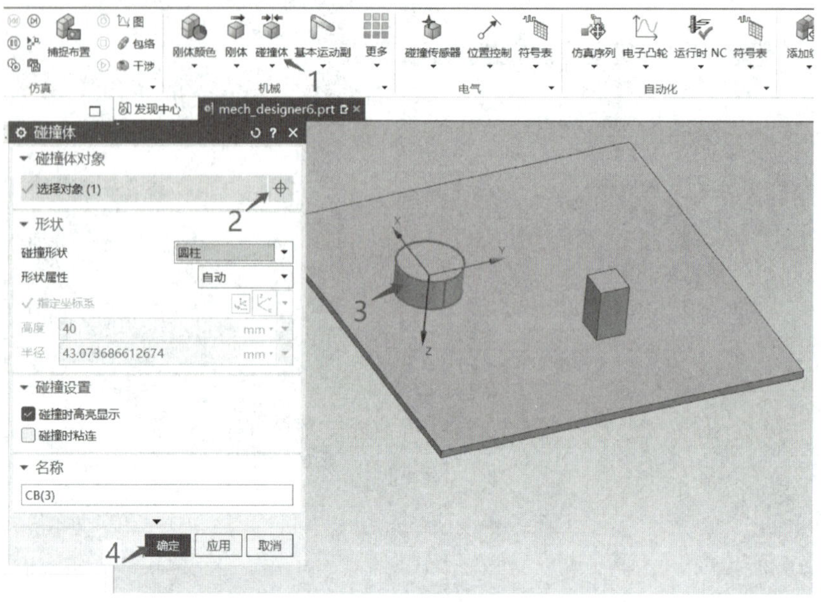

图 13-13　将圆柱体体创建为碰撞体

9. 将块创建为碰撞体

点击“碰撞体”→“选择对象”，选择块的上表面，点击“确定”，如图 13-14 所示。

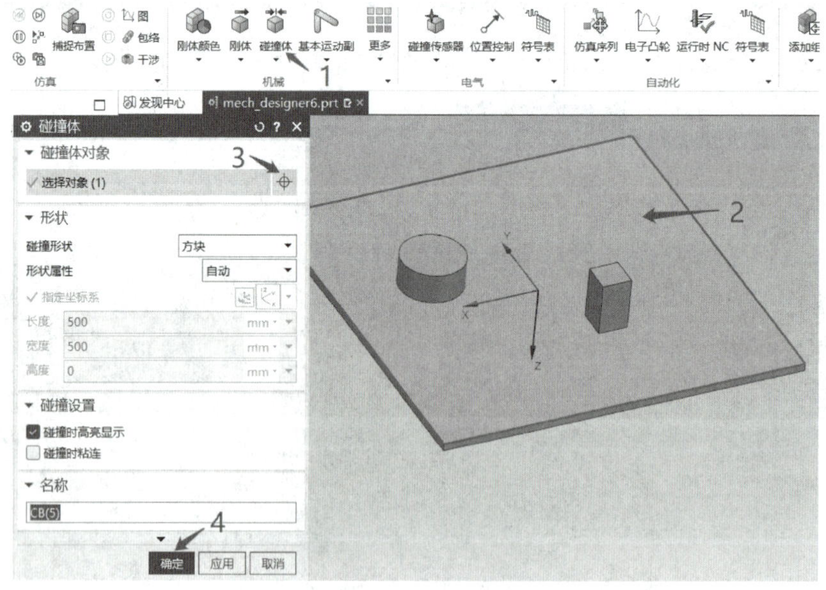

图 13-14　将块创建为碰撞体

注意：

(1) 这里假定块为地面，不需要移动，因此不需要创建为刚体；

(2) 地面块创建为碰撞体时仅需要选择上表面。

10. 仿真测试

仿真测试时点击“播放”，此时长方体和圆柱体均静止在块上。若长按鼠标左键拖动，可使长方体和圆柱体移动，如图 13-15 所示。

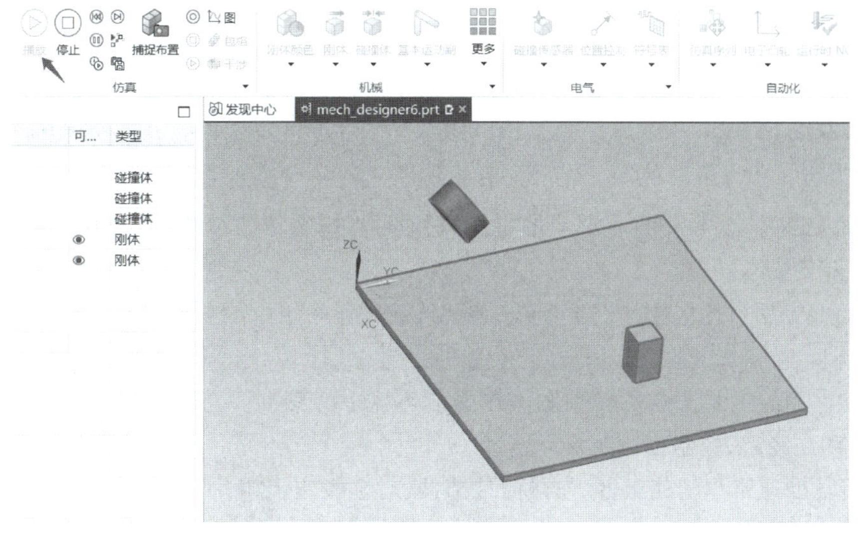

图 13-15 仿真测试

13.3 对象源、对象收集器、传输面、碰撞传感器

一、基本概念

1. 对象源

对象源在 NX MCD 中扮演着重要角色，它允许用户根据设定的条件（如时间间隔或特定事件的触发）来创建多个外观和属性相同的对象。这种功能特别适用于模拟物料流或生产流程中的情境，其中需要大量相同物品的生成和处理。在 NX MCD 中，常设置对象源与刚体、碰撞体一同使用。

（1）在 NX MCD 中，可以打开“对象源”对话框并设置相关参数，以控制对象的生成方式。

（2）通过实际案例，用户可以尝试激活对象源一次生成一个对象，或者每隔一定时间生成一个对象，以此来模拟不同的生产或物流场景。

（3）NX MCD 可以与其他软件进行联合仿真，如 TIA Portal、PLCSIM Advanced 等，这有助于构建更加复杂和真实的虚拟环境。

2. 对象收集器

对象收集器是 NX MCD 中一个实用的组件，它帮助用户模拟和管理虚拟对象的行为，特别是在模拟动态系统时，能够提供更加真实和高效的模拟结果。

对象收集器的工作原理是当由对象源生成的对象接触到指定的碰撞传感器时，该对象会被消除或收集，从而模拟现实世界中的物体被清理或处理的情况。这种机制在仿真生产线、物流系统或任何需要物体动态管理的场合中非常有用。

(1) 为了实现对象的自动收集，需要将对象收集器与碰撞传感器结合使用。当对象与传感器发生接触时，触发收集动作。

(2) 创建对象收集器通常要打开相应的对话框，并进行参数设置，以确保收集行为符合设计意图。例如，可以设置仅收集特定类型的对象或所有接触到的对象。

(3) 通过实际案例，用户可以尝试如何设置对象收集器以达到预期的仿真效果。

3. 传输面

传输面是 NX MCD 中一个重要的组件，它通过模拟物体的移动，优化生产流程，提高生产效率，并降低成本。

传输面允许用户模拟物体在生产线、装配线或物流系统中的移动过程，而无需真实的物理设备。

(1) 传输面的主要功能是模拟物体在虚拟环境中的移动。它可以根据设定的参数（如速度、方向和路径）来控制物体的移动轨迹。

(2) 传输面通常与其他组件（如碰撞传感器、对象收集器等）一起使用，以实现更复杂的模拟场景。

(3) 在 NX MCD 中，用户可以为传输面设置各种参数，包括物体的起始位置、移动速度、加速度以及停止条件等。

4. 碰撞传感器

碰撞传感器是 NX MCD 中一个功能强大的工具，它不仅能够帮助我们模拟和分析复杂的机械系统，还能够提高设计的效率和安全性。

碰撞传感器会在发生碰撞时输出一个信号，可以利用碰撞传感器的输出信号控制某些操作或事件的开始和停止（如更改气缸的状态），还可以利用碰撞传感器的输出信号在运行时的表达式中创建计数器。

(1) 碰撞传感器在 NX MCD 中的功能是检测模型间的相互作用和碰撞。当模型之间发生碰撞时，碰撞传感器可以被触发，从而执行特定的操作（如激活安全程序、触发警报或其他控制逻辑）。

(2) 在 NX MCD 中，用户可以创建和配置不同类型的传感器，包括碰撞传感器。配置过程中，可以设置传感器的属性和行为（如触发条件、输出信号等）。

(3) 碰撞传感器通常与其他组件（如对象收集器）一起使用，以实现更复杂的模拟场景。例如，当碰撞传感器检测到对象与某个表面的接触时，它可以触发对象收集器，从而移除或收集该对象。

(4) NX MCD 中的碰撞传感器模拟了现实世界中各种类型的传感器，包括限位开关、距离传感器、速度传感器、倾角传感器、加速度传感器等。

二、实例讲解

下面通过一个案例讲解如何设置对象源、对象收集器、传输面、碰撞传感器。

(1) 新建一个机电概念设计，创建一个长度为“1000 mm”、宽度为“200 mm”、高度为“20 mm”的传输面，如图 13-16、图 13-17 所示。

图 13-16 新建块

图 13-17 将块设置为传输面

(2) 在传输面上创建两个物体，一个是 20 mm×20 mm×20 mm 的小方块，另一个是 30 mm×30 mm×30 mm 的大方块，如图 13-18 所示。

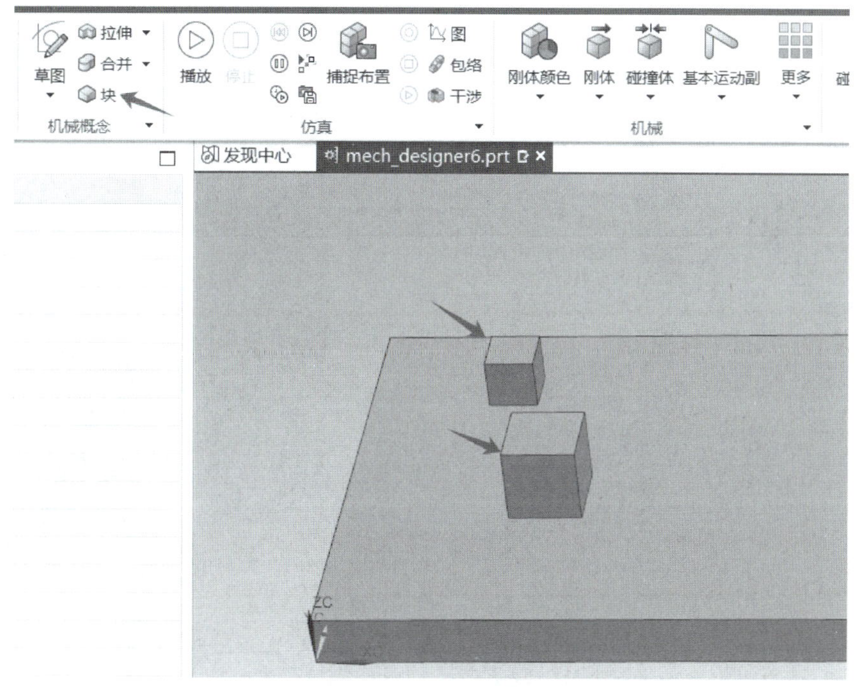

图 13-18 创建传输物体

(3) 分别将大、小方块设置为刚体，并将大、小方块都创建为碰撞体，如图 13-19、图 13-20、图 13-21 所示。

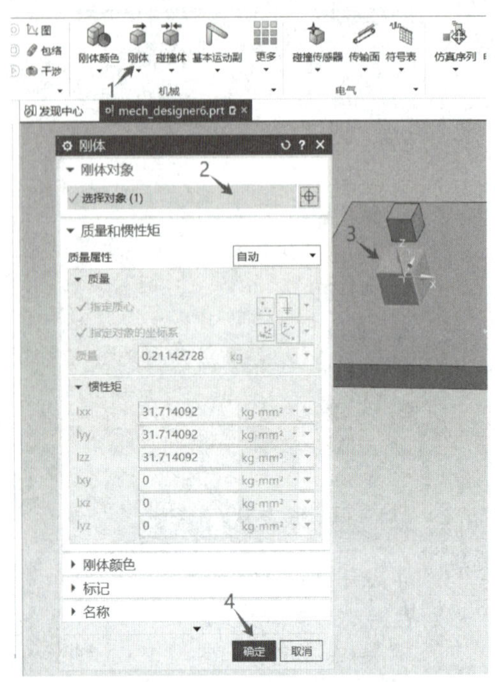

图 13-19　设置大方块为刚体

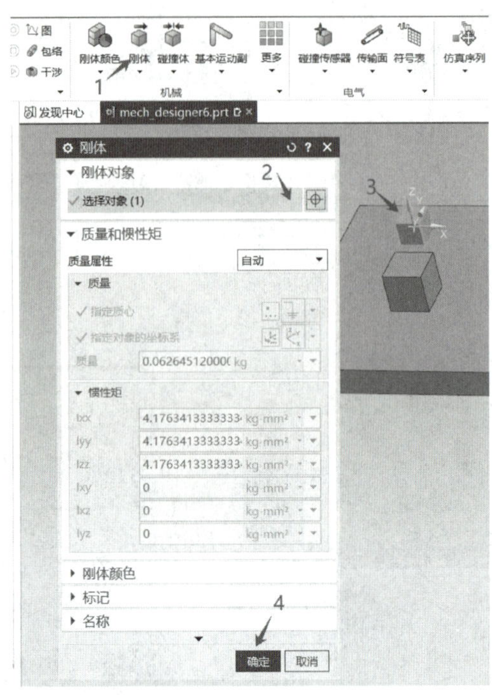

图 13-20　设置小方块为刚体

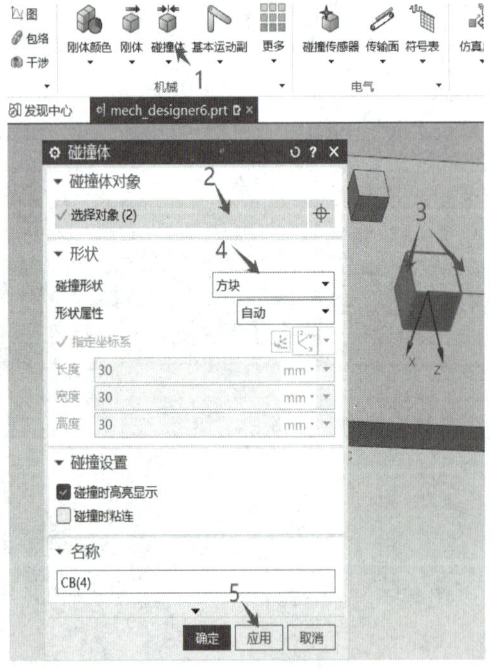

图 13-21　设置碰撞体

(4) 设置传输面的平行速度为“50 mm/s”，并指定方向，如图 13-22 所示。

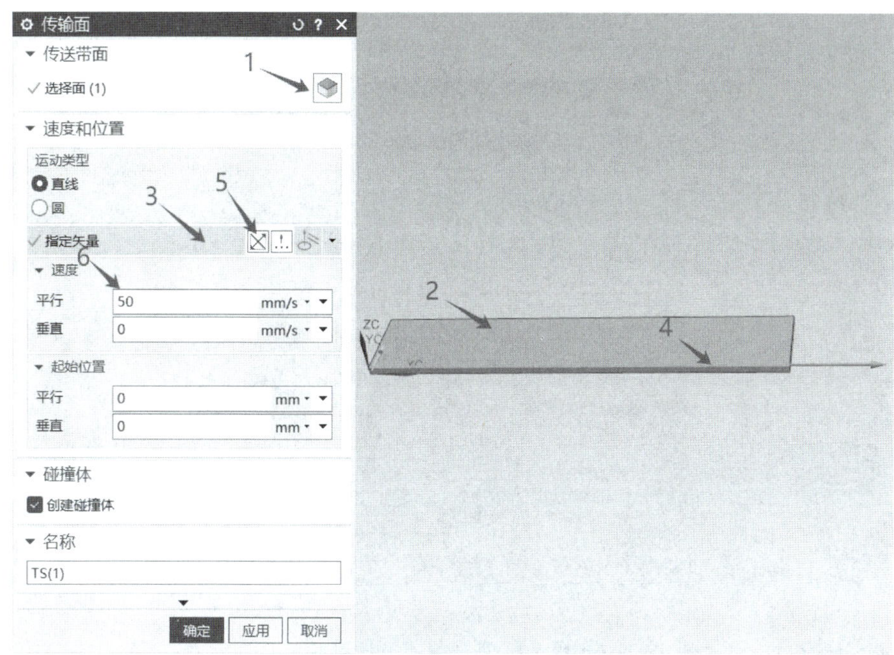

图 13-22 设置传输面参数

(5) 将大、小方块创建为对象源，设置间隔时间为“5 s”，如图 13-23 所示。

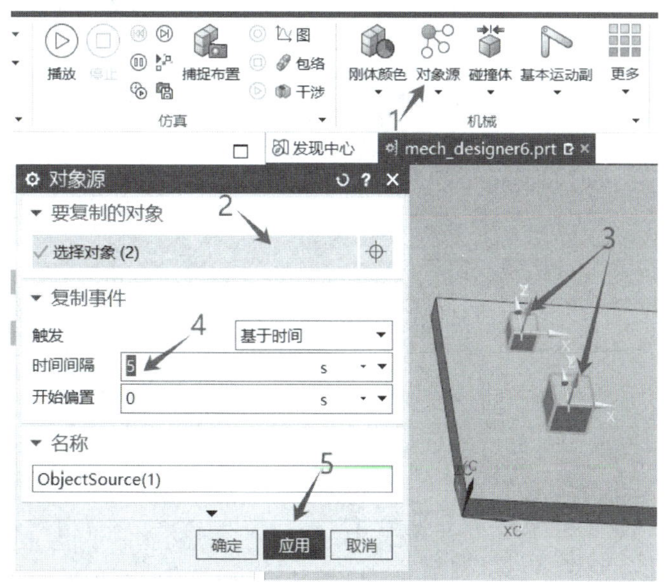

图 13-23 设置对象源

(6) 拉伸一个圆柱体，并将其创建为碰撞传感器，选择碰撞形状为“圆柱”，并调整位置，如图 13-24 所示。

(7) 创建圆柱体为对象收集器，选择“碰撞传感器”，并将收集方式设置为“仅选定的”，如图 13-25 所示。

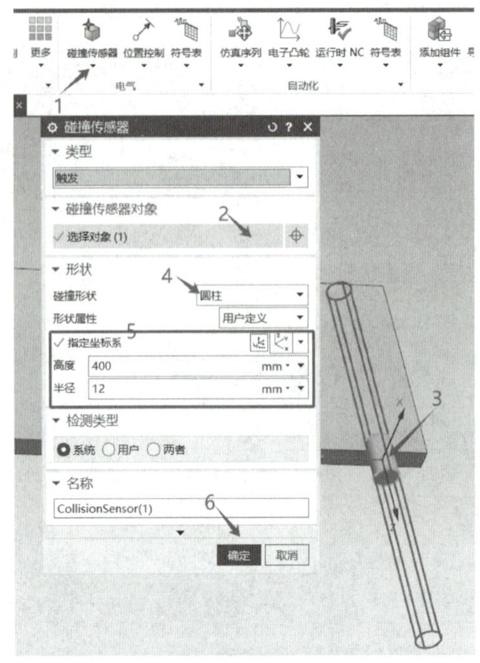

图 13-24　创建碰撞体传感器

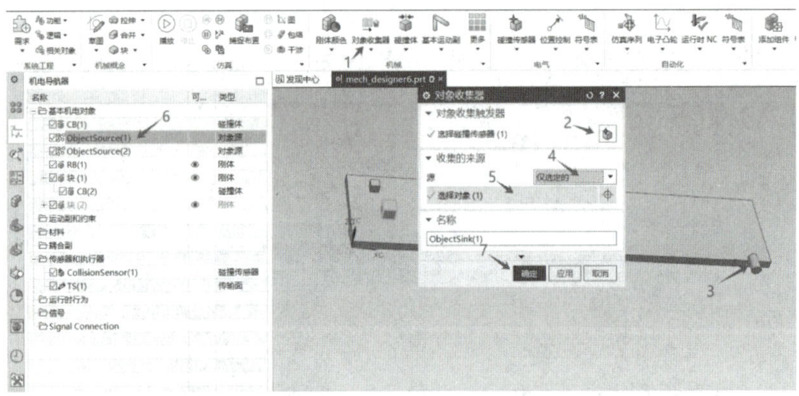

图 13-25　创建对象收集器

（8）运行仿真，观察传输面的速度变化以及大、小方块的运动情况，如图 13-26 所示。

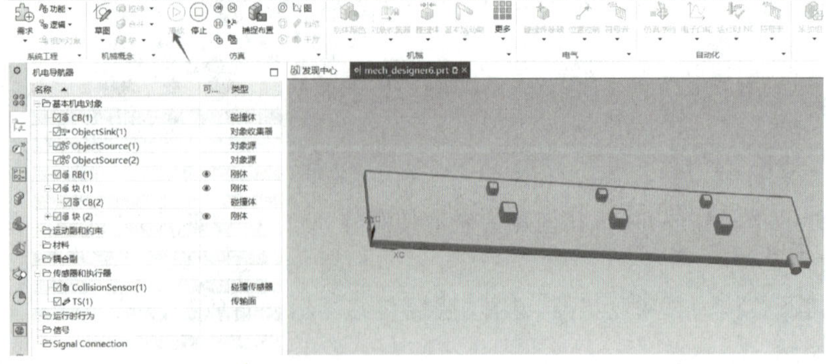

图 13-26　运行仿真

更改传输面的“速度”，观察传输面的运动状况。更改对象源的“时间间隔”，观察大、小方块的生成状况。将对象收集器的“源”设置为“任意”或“仅选定的”，观察大、小方块的消失状态。

13.4 发送器入口、发送器出口、对象变换器

一、基本概念

1. 发送器入口

发送器入口是 NX MCD 中一个重要的组件，它通过与碰撞传感器的配合，确保物料能够按照预定的方式进入传输系统，并在传输过程中保持正确的姿态和方向。

在 NX MCD 中，发送器入口与碰撞传感器紧密相关，它通常作为物料传输的起点。发送器入口的应用非常广泛，它可以用于各种需要物料传输的场合，如自动化生产线、物流分拣系统等。

(1) 发送器入口必须与碰撞传感器相连，这意味着物料的传输通常是由与碰撞传感器的交互触发的。

(2) 为了确保物料能够顺利进入传输系统，发送器入口的端口应与相应的发射器出口保持一致。这包括位置和方向上的对齐，以便物料可以顺畅地通过。

(3) 发送器入口涉及坐标系的设置，这决定了刚体(即物料)在被传送到入口时的摆放变化。这个坐标系的变化可能会影响到物料在传输过程中的姿态和方向。

(4) 在 NX MCD 中，可以通过打开“传输面”对话框来设置相关的参数，如传送轨迹的形状(直线或圆形)、平行速度、垂直速度等。

2. 发送器出口

发送器出口是 NX MCD 中一个重要的组件，它通过与发送器入口的配合，确保物料能够按照预定的方式离开传输系统，并在传输过程中保持正确的姿态和方向。

在 NX MCD 中，发送器出口与发送器入口相对应，它们是物料传输系统的两个关键部分。

(1) 为了确保物料能够顺利离开传输系统，发送器出口的端口应与相应的发送器入口保持一致。这包括位置和方向上的对齐，以便物料可以顺畅地通过。

(2) 发送器出口涉及坐标系的设置，这决定了刚体(即物料)在离开传输系统时的摆放变化。这个坐标系的变化可能会影响到物料在传输过程中的姿态和方向。

(3) 在 NX MCD 中，可以通过打开“传输面”对话框来设置相关的参数，如传送轨迹的形状(直线或圆形)、平行速度、垂直速度等。

3. 对象变换器

对象变换器是 NX MCD 中一个重要的工具，它不仅增强了虚拟模拟的真实感，还提供了更多的交互性和动态变化的可能性。

在 NX MCD 中，对象变换器常用于模拟物料外观的变化。

(1) 对象变换器可以使一个几何体在与碰撞传感器接触后变为另一个几何体。

(2) 变换通常是通过碰撞传感器作为触发器来启动的。当传感器检测到特定的条件满足时，对象变换器就会被激活。

二、实例讲解

下面通过一个案例讲解如何设置发送器入口、发送器出口和对象变换器。

（1）在上一案例的基础上增设两个传输面，并将其定义为碰撞体。

（2）编辑并移动新增传输面的位置，如图 13-27、图 13-28、图 13-29 所示。

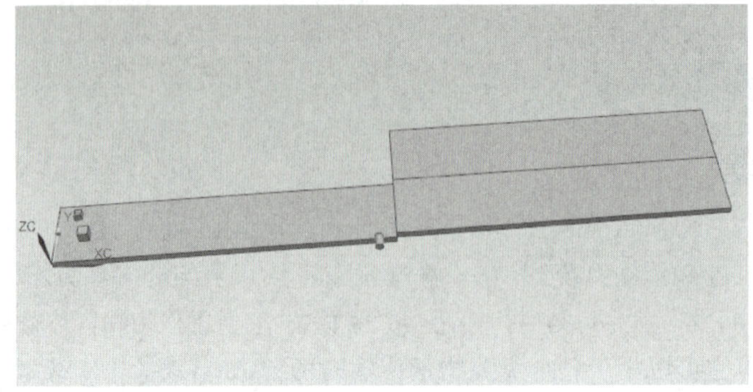

图 13-27　增设传输面

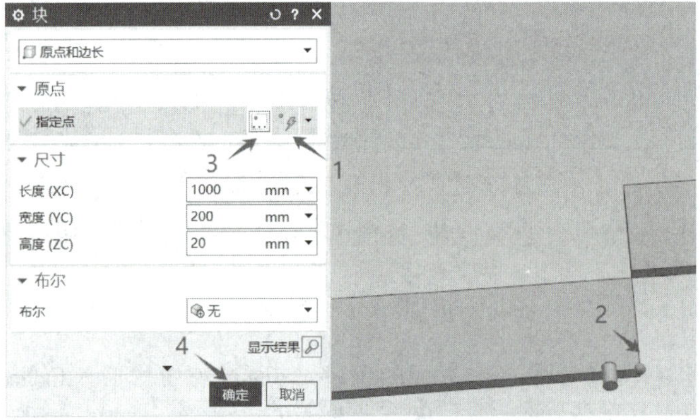

图 13-28　设置新增传输面参数

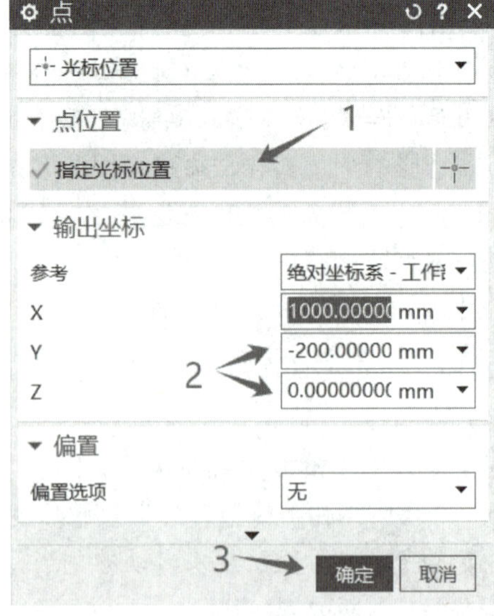

图 13-29　编辑新增传输面位置

(3) 在机电导航器中取消勾选上一案例中创建的对象收集器，如图 13-30 所示。

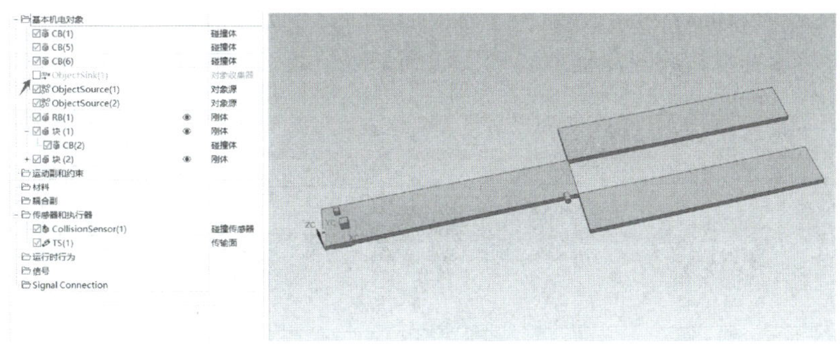

图 13-30 取消对象收集器

(4) 将碰撞传感器设置为发送器入口，端口为“1”，如图 13-31 所示。

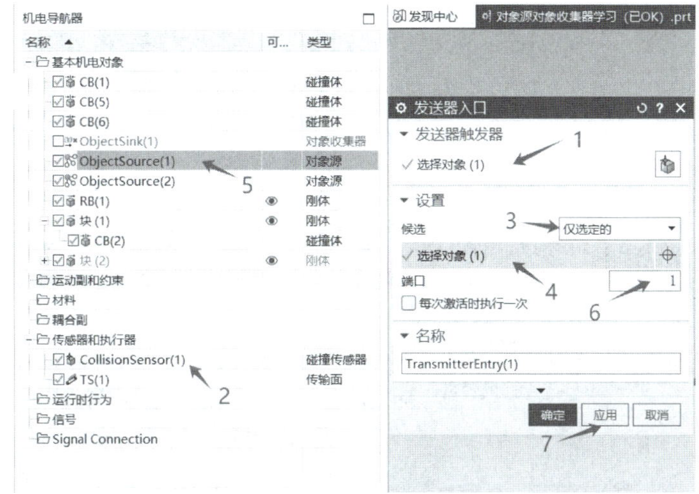

图 13-31 设置发送器入口 1

(5) 将大方块设置为发送器入口，端口为“2”，如图 13-32 所示。

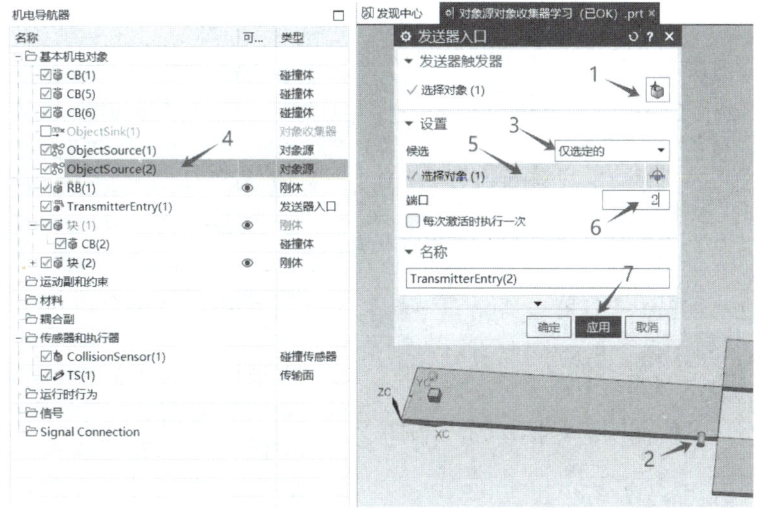

图 13-32 设置发送器入口 2

(6) 为小方块设置一个发送器出口，端口为“1”，并定义发送器出口1的位置点。

对于发送器出口的设置，需要确定产品被选中后出现的位置。在端口设置中，需要注意端口的对应关系，确保接收对象能够正确发送到指定位置，如图13-33、图13-34所示。

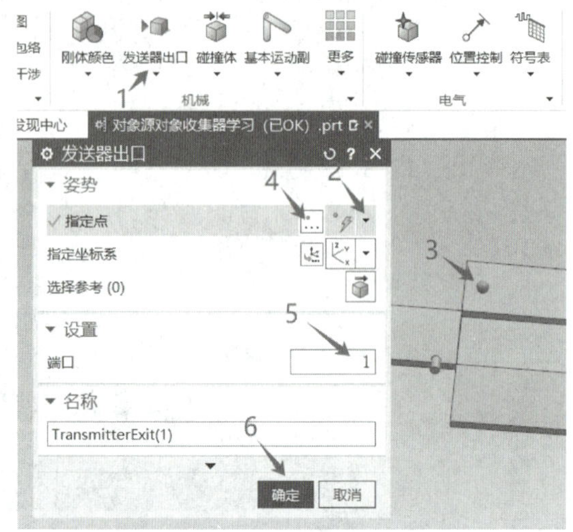

图13-33 设置发送器出口1

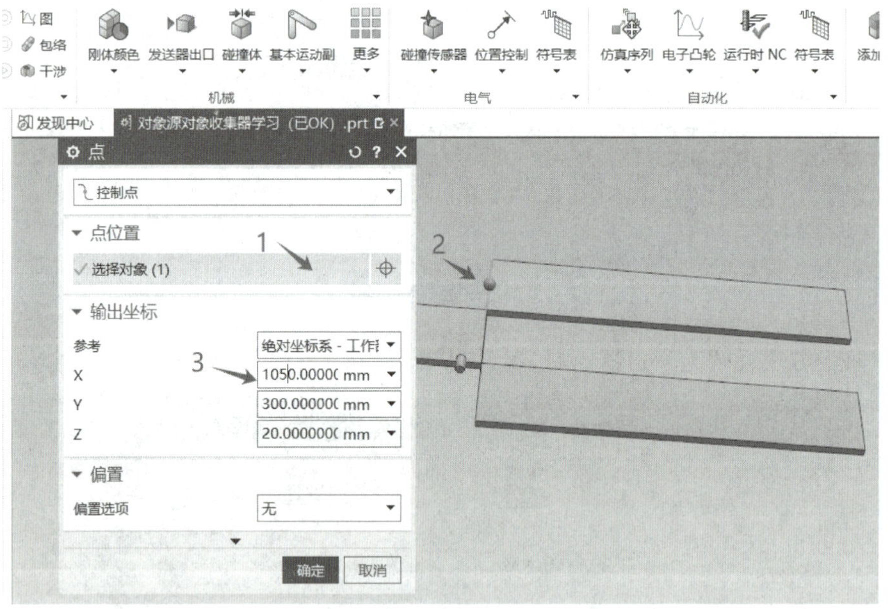

图13-34 设置发送器出口1参数

(7) 为大方块设置一个发送器出口，端口为“2”，并定义发送器出口2的位置点，如图13-35、图13-36所示。

(8) 仿真测试。

大、小方块均能够被发送器接收，并分别传送到新增的两条传送带上，如图13-37所示。

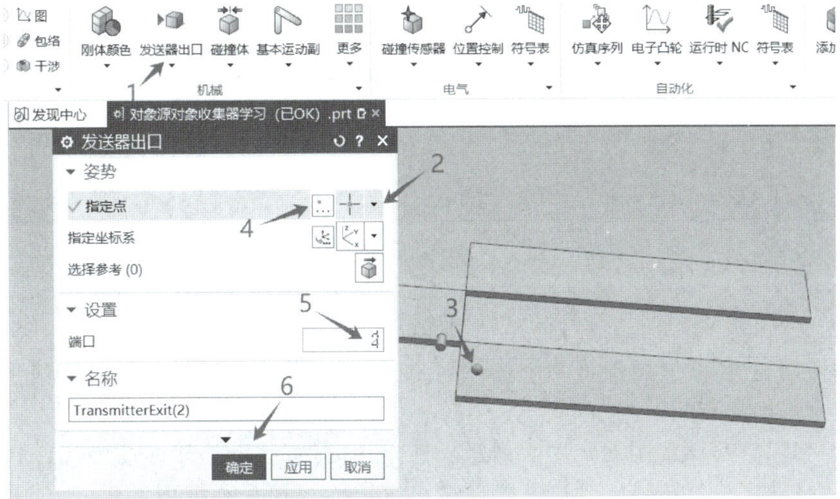

图 13-35 设置发送器出口 2

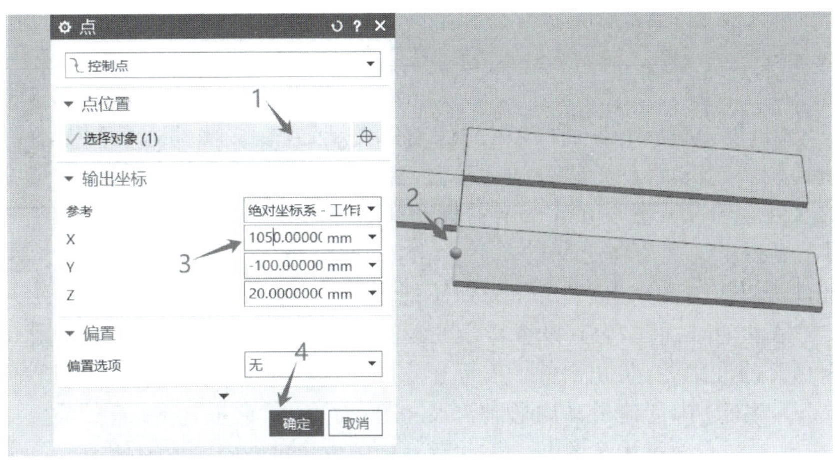

图 13-36 设置发送器出口 2 参数

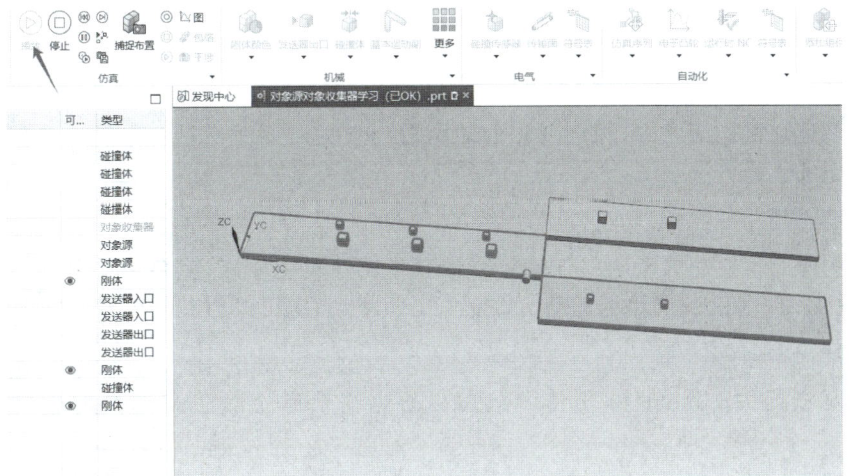

图 13-37 仿真测试

13.5 固定副和滑动副

一、基本概念

1. 固定副

固定副是指将一个部件固定到另一个部件的运动副，自由度全部被约束。在 NX MCD 中，固定副使用较少，一般用于将一个部件固定于地面（基本件不做选择），使其作为参考部件，便于其余部件的装配。

在 NX MCD 中，固定副通常用于创建刚性连接，这意味着连接的两个部件将作为一个单一的刚体移动。这是在建立机械系统模型时常用的一种基本约束形式，尤其适用于那些在实际操作中不应该有相对运动的部分。

2. 滑动副

滑动副是指两个实体之间创建一个仅能移动的运动副，允许沿矢量方向有一个平移自由度。

在 NX MCD 中，滑动副是一种常用的运动副类型，它在多体动力学仿真中扮演着重要角色。当需要模拟导轨、滑块等零件的运动时，滑动副是非常合适的选择。它可以模拟活塞在气缸中的直线运动或者滑块在导轨上的移动。

（1）滑动副提供了两个体之间的单一自由度，即沿指定矢量方向的平移。这意味着连接的两个部件可以在该方向上相互滑动，但不能相对旋转。

（2）创建滑动副时，可以为其设置特定的距离值和限制，以定义滑动的范围和极限。这有助于确保仿真的准确性，防止部件在实际操作中超出预期的运动范围。

（3）在 NX MCD 中创建滑动副通常涉及打开相应的对话框，并按照提示选择要连接的部件、定义滑动方向和设置相关参数。创建滑动副的方式可能因版本而异，但基本原理相同。

注意：虽然滑动副的添加相对简单，但有时可能会遇到软件报错或内部错误。这种情况下，可以尝试检查模型的完整性或寻求技术支持。

二、实例讲解

在众多运动机构配置中，固定副和滑动副较为常见。下面通过一个简单案例讲解固定副和滑动副的创建方法。

1. 观察模型

本案例所展示模型的基础部分是一个带有导轨的黄色底座，蓝色块体可在导轨上来回滑动，如图 13-38 所示。滑块的运动可以靠电动机驱动，也可以靠其他机械机构驱动。

2. 将底座创建为刚体

将底座创建为一个刚体，刚体颜色可以根据需要指定颜色或选择无色，如图 13-39 所示。

3. 将滑块创建为刚体

将滑块创建为一个刚体，刚体颜色可以根据需要指定颜色或选择无色，设置方法同上。

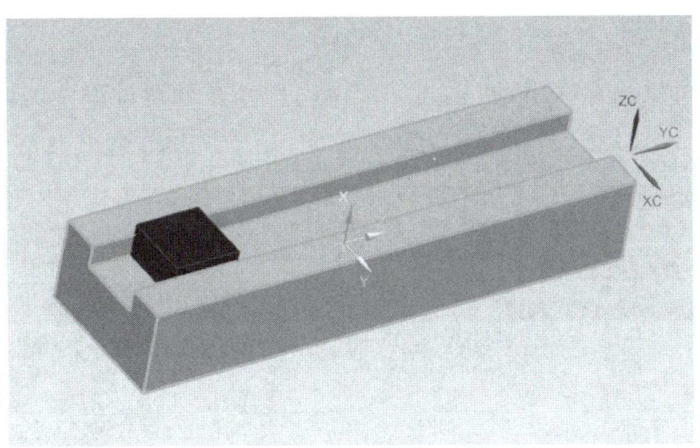

图 13-38 模型预览

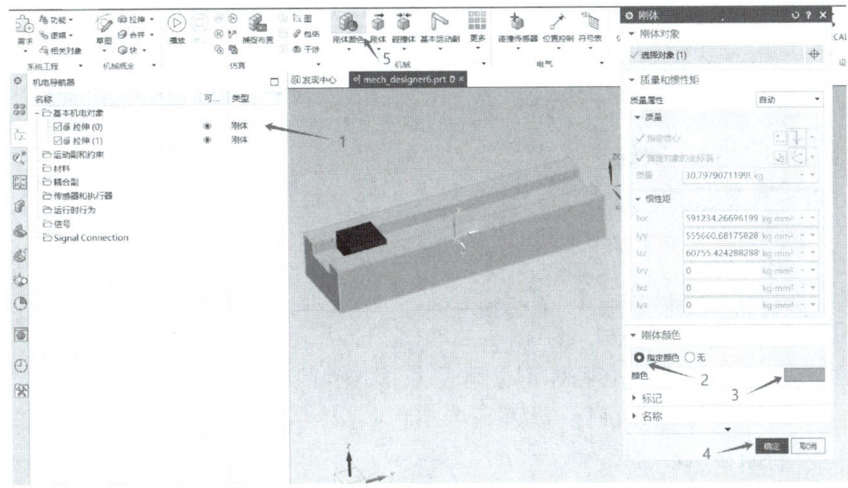

图 13-39 刚体颜色设置及显示

4. 创建固定副

如果没有任何约束，物体会受重力影响而下落，因此需要创建固定副。底座是固定在地面上的，所以将其与基本件(即地面)连接，这样底座就不会移动了，如图 13-40 所示。

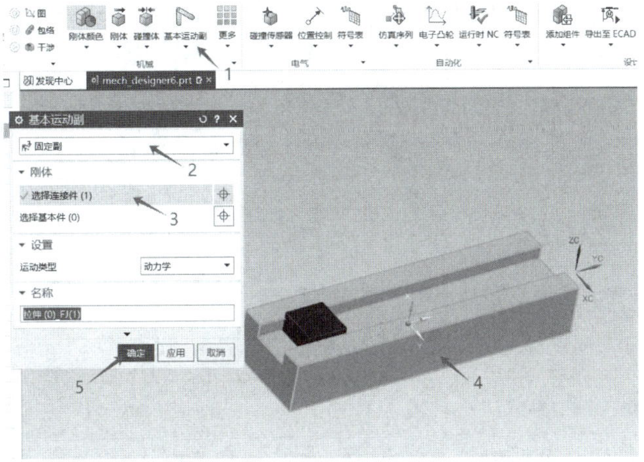

图 13-40 创建固定副

5. 创建滑动副

为了确保滑块可以沿导轨滑动，创建一个滑动副。在创建过程中，需要指定滑动方向和可能的两点间距离，以便定义滑动的正方向，如图 13-41 所示。

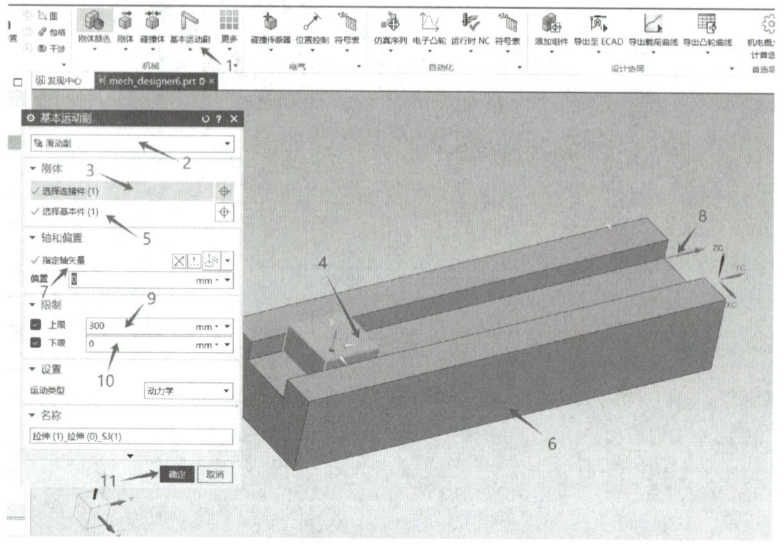

图 13-41 创建滑动副

6. 添加位置控制

在创建好滑动副之后，尽管物体不会因重力而下落，但它还没有物理属性。当给予干扰时，物体会显示出不稳定性。因此，需要为滑动物体添加一个位置控制，以使其运动更加稳定，如图 13-42 所示。

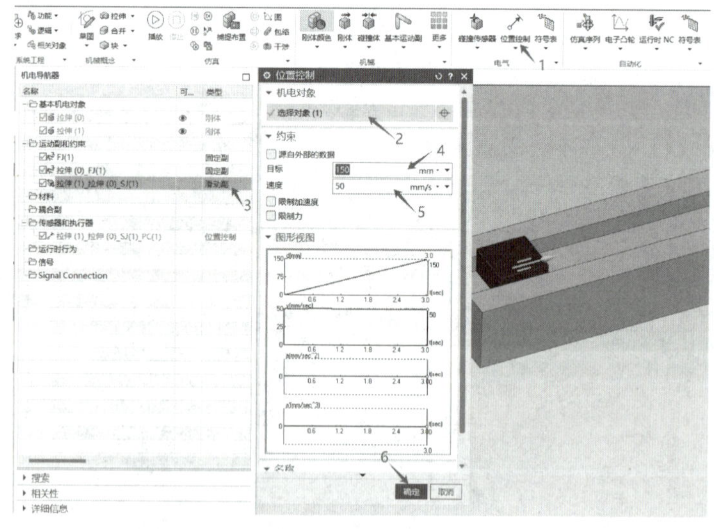

图 13-42 添加位置控制

7. 设置滑动副的运动参数

能够设置的运动参数包括位置和速度等，通过修改这些运动参数，可以控制滑块按照指定的路径和速度进行运动，如图 13-43 所示。

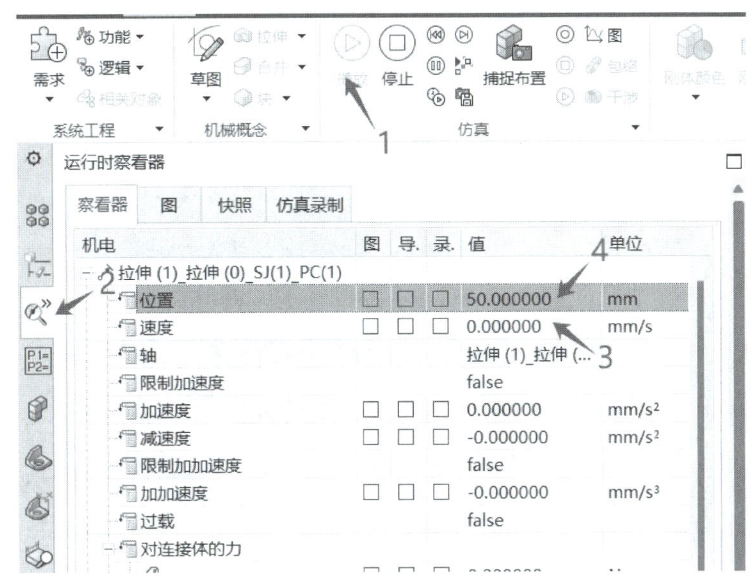

图 13-43　设置滑动副的运动参数

以上主要介绍了固定副和滑动副的创建流程，并通过一个简单的实例展示了操作技巧。希望大家能够掌握这些基础知识，并在实际应用中灵活运用。

13.6 铰　链　副

一、基本概念

铰链副是指在两个实体之间创建一个仅能转动的运动副，允许沿轴有一个旋转自由度。

注意：铰接副不允许在两个主体之间的任何方向上做平移运动。

二、案例讲解

下面通过一个案例讲解铰链副的创建方法。

1. 观察模型

本案例所展示的模型为一个带缺口圆柱，如图 13-44 所示。

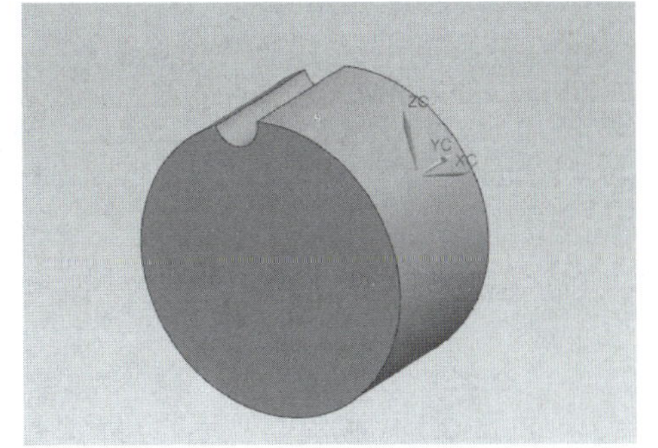

图 13-44　带缺口圆柱

2. 创建铰链副

创建铰链副需要选择两个刚体，一个是“选择连接件”，另一个是“选择基本体”。默认情况下，如果不选择任何基本体，它将被视为固定在地面上。

指定轴矢量即设置旋转方向。有很多方法可以指定轴矢量，例如，选择一个圆面作为轴矢量、选择两个圆作为轴矢量、选择一个点到另一个点或选择自动判断来指定轴矢量。这里，通过自动判断来指定轴矢量。指定锚点即设置旋转中心。创建铰链副如图 13-45 所示。

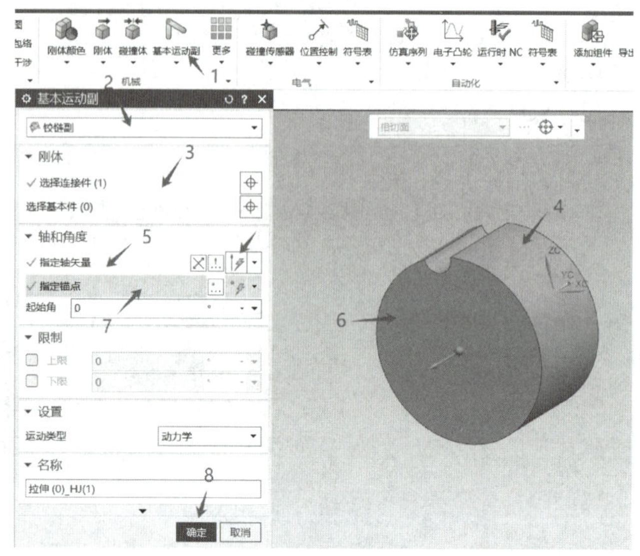

图 13-45　创建铰链副

3. 添加速度控制

添加一个速度控制，选择铰链副。默认情况下，它以旋转的方式运动，可以选择每分或每秒的度数作为单位。可以限制（或不限制）旋转速度，这取决于项目需求。这里，将旋转速度设置为 50°/s，如图 13-46 所示。

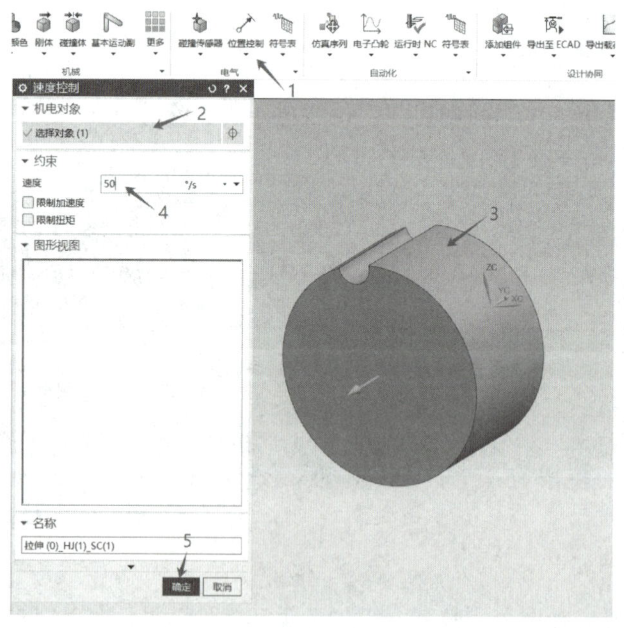

图 13-46　添加速度控制

4. 仿真测试

仿真测试时点击“播放”，零件会保持固定并旋转，因为它已经与地面固定。但如果停止播放并将铰链副移除或关闭，它就会掉落，因为它失去了固定。

我们可以给相应的变量设置接口，在后面的章节中，会讲到如何将速度轴和位置轴的接口连接到 PLC 的变量，从而实现运动控制仿真。

13.7 握爪和吸盘

一、基本概念

运行时行为是 NX MCD 中的一种定制化行为，能够实现一些较为复杂的功能。运行时行为包括“运行时按钮”“握爪”“胶合区域”“运行时行为”和“轨迹生成器”等命令。

通过“握爪”命令设置几何体，能够完成夹持或吸取的动作。在 NX MCD 中，“握爪”抓取的几何体必须是碰撞体才能被检测到。

二、案例讲解

下面通过一个案例讲解创建握爪（吸盘）的方法。

1. 观察模型

在上一个案例（固定副和滑动副）的基础上创建“吸盘”，如图 13-47 所示。

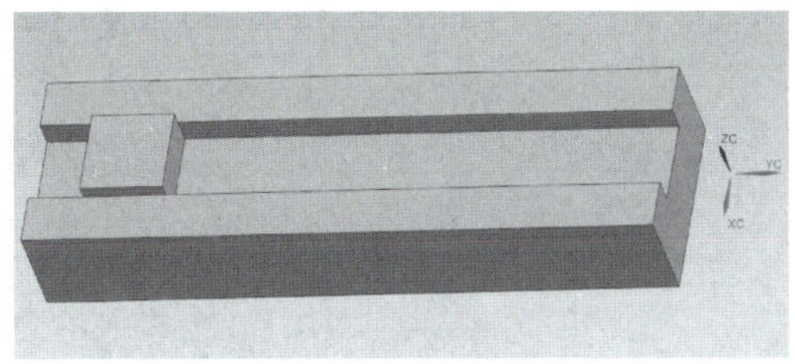

图 13-47　观察模型

2. 拉伸一个长方体

拉伸一个长为 50 mm 的长方体，将其创建为刚体和碰撞体，如图 13-48 所示。

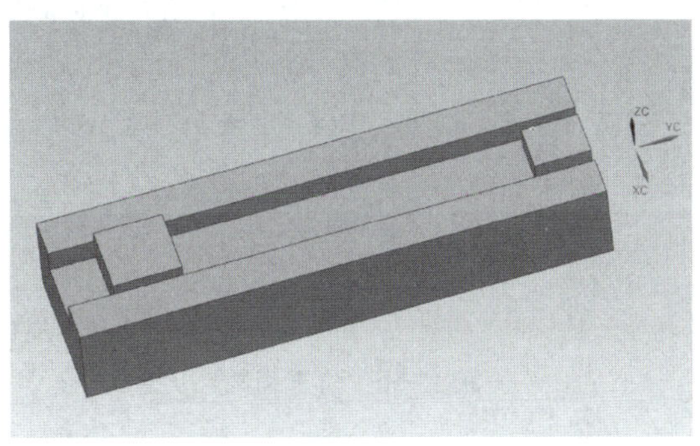

图 13-48　创建目标块

3. 创建吸盘

将滑块创建为吸盘，如图 13-49 所示。

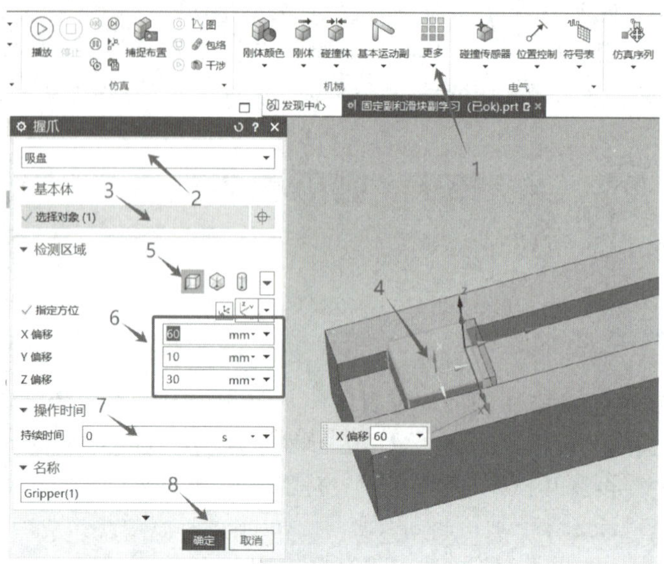

图 13-49　创建吸盘

4. 仿真测试

如图 13-50 所示，将“位置控制”和“握爪”添加到运行时察看器中，点击“播放”运行仿真。在运行时察看器中，将“位置”的值修改为“300 mm”，再双击“抓握”“释放”的值，将其改为“false”，再将“抓握”的值更改为“true”，最后将“位置”的值修改为“100 mm”，观察仿真运行效果。

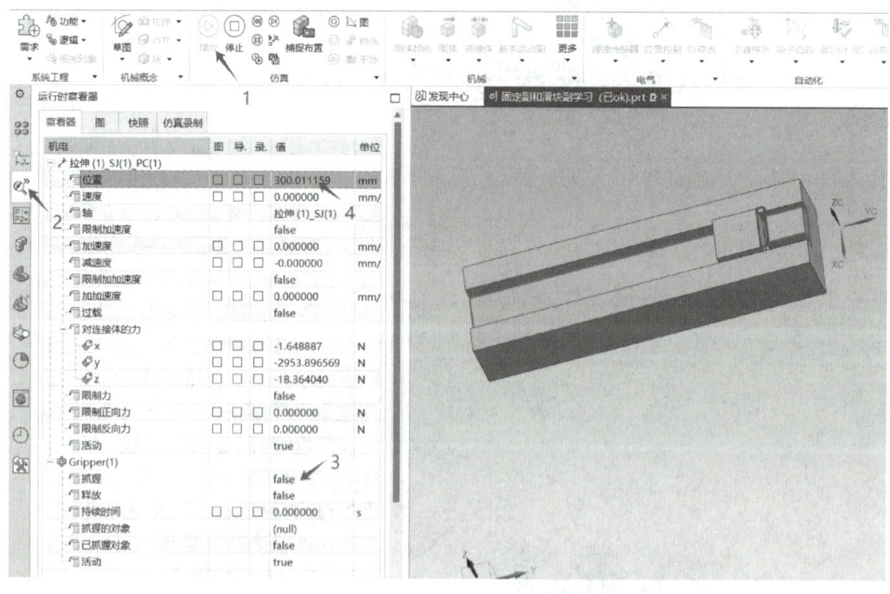

图 13-50　仿真测试

13.8 信号适配器

一、基本概念

信号适配器命令能够编写公式和创建信号，对机电对象进行行为控制。创建包含信号的信号适配器后，会在机电导航器中创建信号对象，可以使用该信号连接外部信号，也可以在NX MCD内使用“仿真序列”控制该信号。在一个信号适配器中可以包含若干个信号和公式。

此外，通过信号适配器，用户可以在没有真实PLC的情况下进行仿真，这得益于PLCSIM Advanced等工具的配合使用。这种联合仿真调试不仅加快了开发速度，还降低了设计迭代过程中产生的误差，使得NX MCD成为机械、电气和软件设计等学科产品开发中不可或缺的工具。

二、案例讲解

下面通过一个案例讲解设置信号适配器的方法。

1. 设置信号适配器

按照图13-51所示的步骤设置信号适配器。

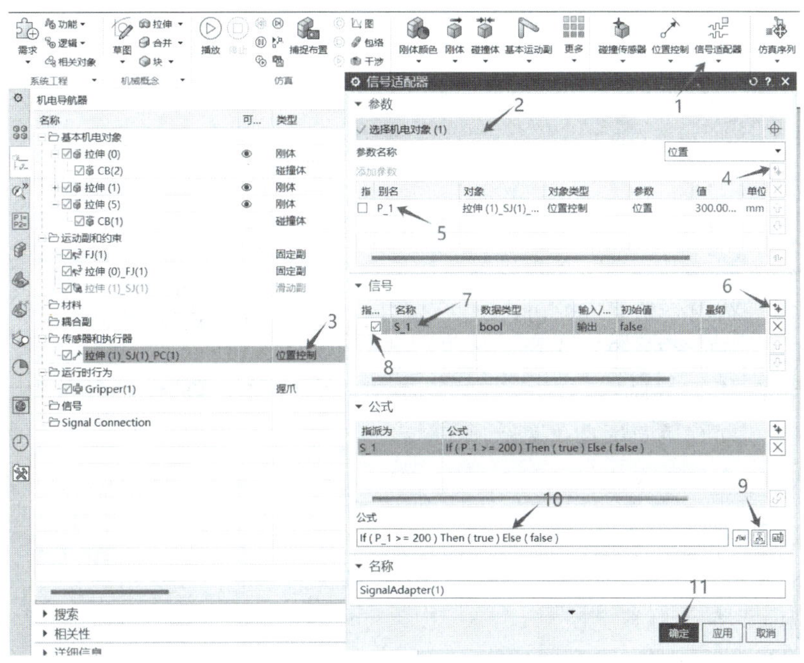

图 13-51 设置信号适配器

2. 仿真测试

点击“播放”，在运行时察看器中观察信号S_1和滑块位置的关系，如图13-52所示。

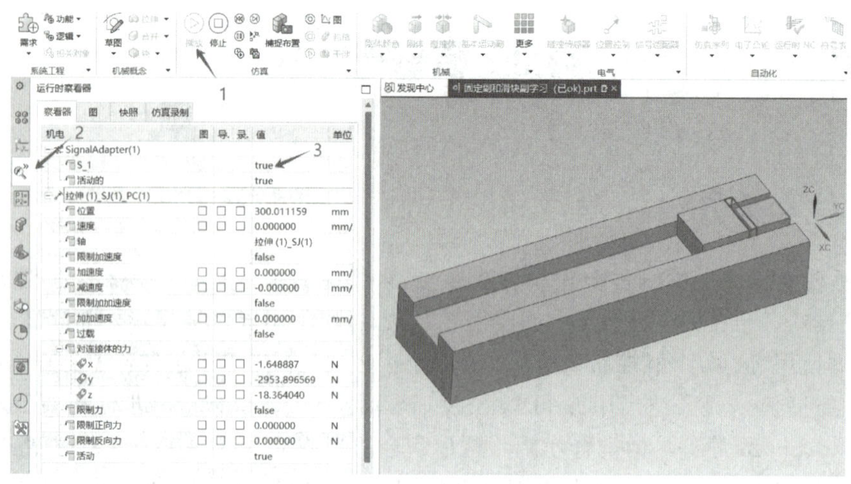

图 13-52 仿真测试

13.9 外部信号配置和信号映射

一、基本概念

1. 外部信号配置

外部信号配置能够建立不同的协议类型，以便配置外部信号，实现协同仿真。支持的协议类型包括 OPC DA、OPC UA、PLCSIM Advanced、PROFINET、SHM、TCP、UDP、FMU 等。

本节主要介绍 PLCSIM Advanced 和 TCP 协议类型的配置方法。

PLCSIM Advanced 是西门子提供的一种仿真软件，它可以模拟 PLC 的运行环境，使在没有真实 PLC 的情况下也能进行仿真。通过建立 NX MCD 的输入/输出信号与 PLC 输入/输出信号之间的映射关系，可以实现虚拟模型的联合仿真调试。

TCP 单个适配器是外部信号配置中的一个选项，它允许通过 TCP/IP 协议与外部系统进行数据交换，以实现协同仿真和调试。

2. 信号映射

信号映射是连接机械设计、电气控制和软件逻辑的桥梁，它使 NX MCD 成为一个多学科领域融合的研发平台，有助于提高设计效率和产品可靠性。

信号映射可以映射或取消映射 NX MCD 信号与外部信号，能够自由选择要在 NX MCD 中控制的信号以及要在外部控制的信号。

(1) 信号映射允许用户在 NX MCD 中定义哪些信号由外部系统控制，哪些信号用于驱动外部系统的行为。

(2) 在 NX MCD 中，可以通过打开“信号映射”对话框来建立映射关系。这通常涉及选择相应的输入/输出信号，并定义它们之间的映射关系。

(3) 在信号映射过程中,需要明确每个信号的方向(输入或输出)、数据类型以及与其他系统的关系。这些参数的配置将决定信号如何在 MCD 和其他系统之间流动。

(4) 一旦信号映射完成,就可以进行联合调试。这意味着可以使用 PLC 在线状态和监控表,通过 MCD 察看器监控变量数值,查看程序运行状态,记录变量数据,以进行调试。

二、案例讲解

下面通过一个案例讲解 NX MCD 和 PLC 建立虚拟调试的一般步骤。

(1) 打开 TIA 博途软件,添加一台 S7-1511 PLC,如图 13-53 所示。

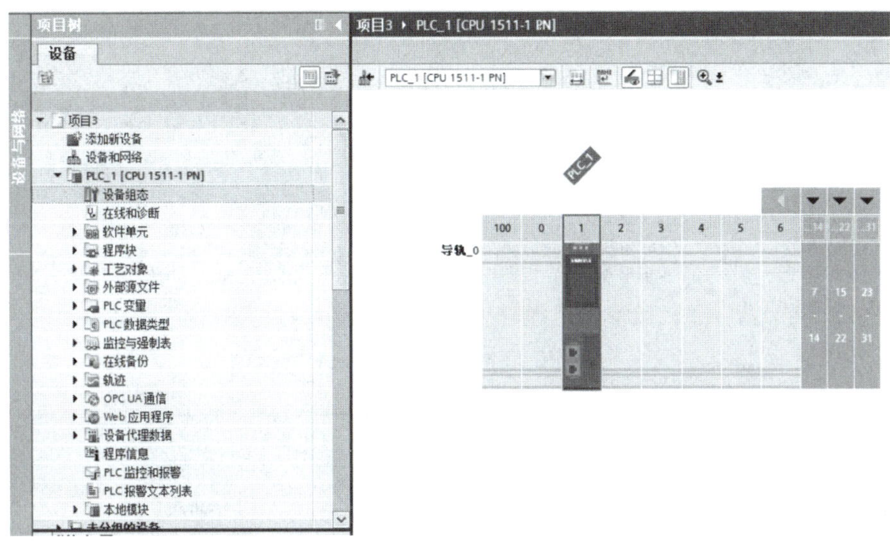

图 13-53　添加 PLC

(2) 添加一个 Bool 型变量 S_1,如图 13-54 所示。

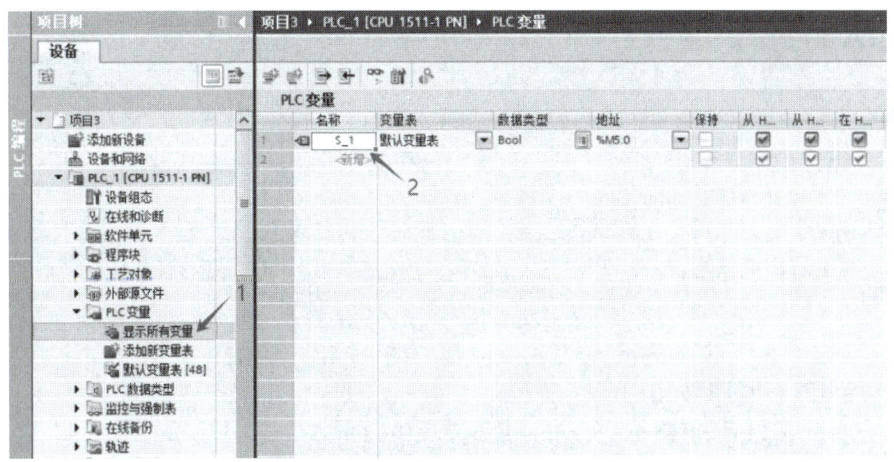

图 13-54　添加变量

(3) 点击"在线"→"仿真"→"启动",如图 13-55 所示。

(4) 设置 S7-PLCSIM V18,如图 13-56 所示。

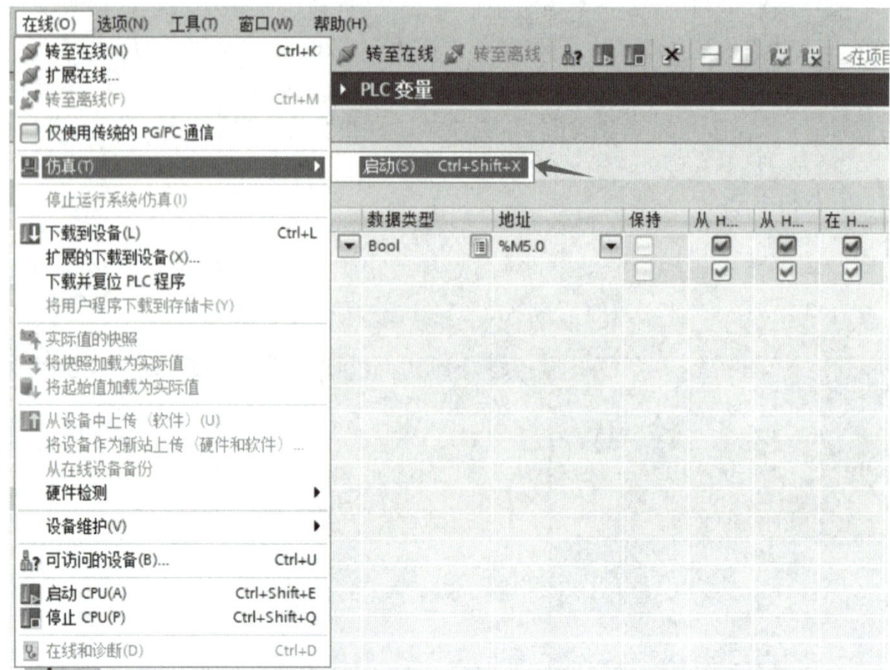

图 13-55　启动仿真

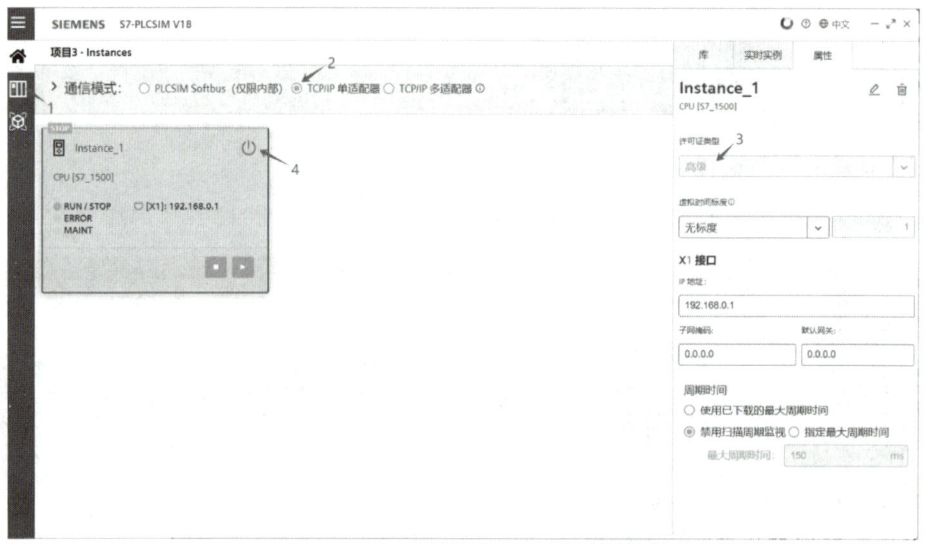

图 13-56　设置 S7-PLCSIM

(5) 下载 PLC 程序，如图 13-57 所示。

(6) 配置外部信号，更新标记，点击“确定”，如图 13-58 所示。

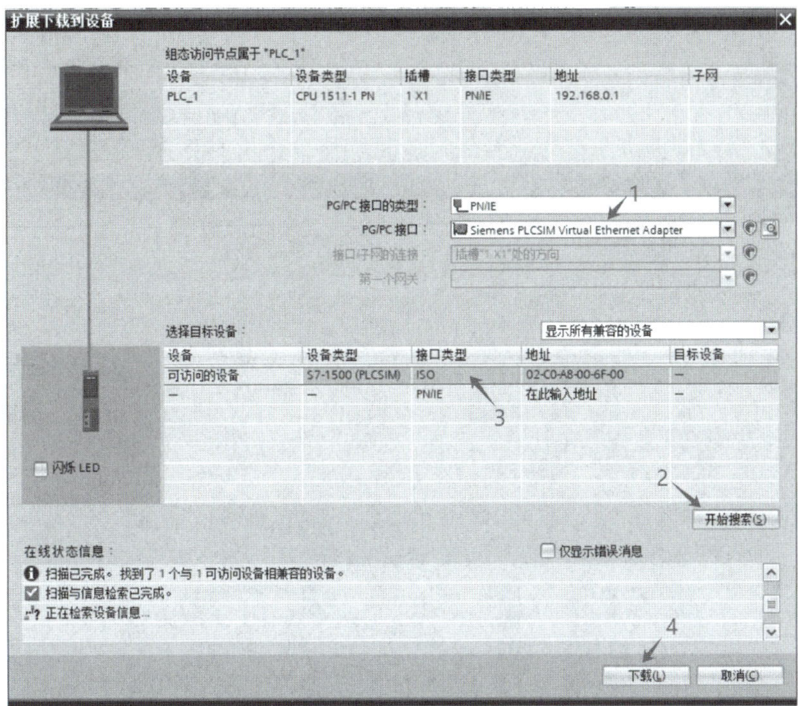

图 13-57 程序下载

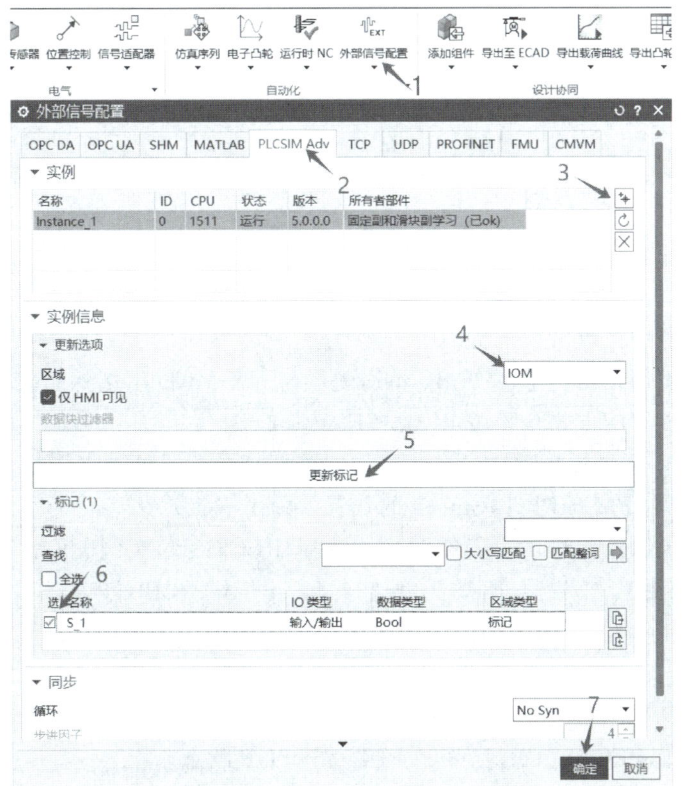

图 13-58 外部信号配置

（7）点击“信号映射”→“执行自动映射”→“确定”，如图 13-59 所示。

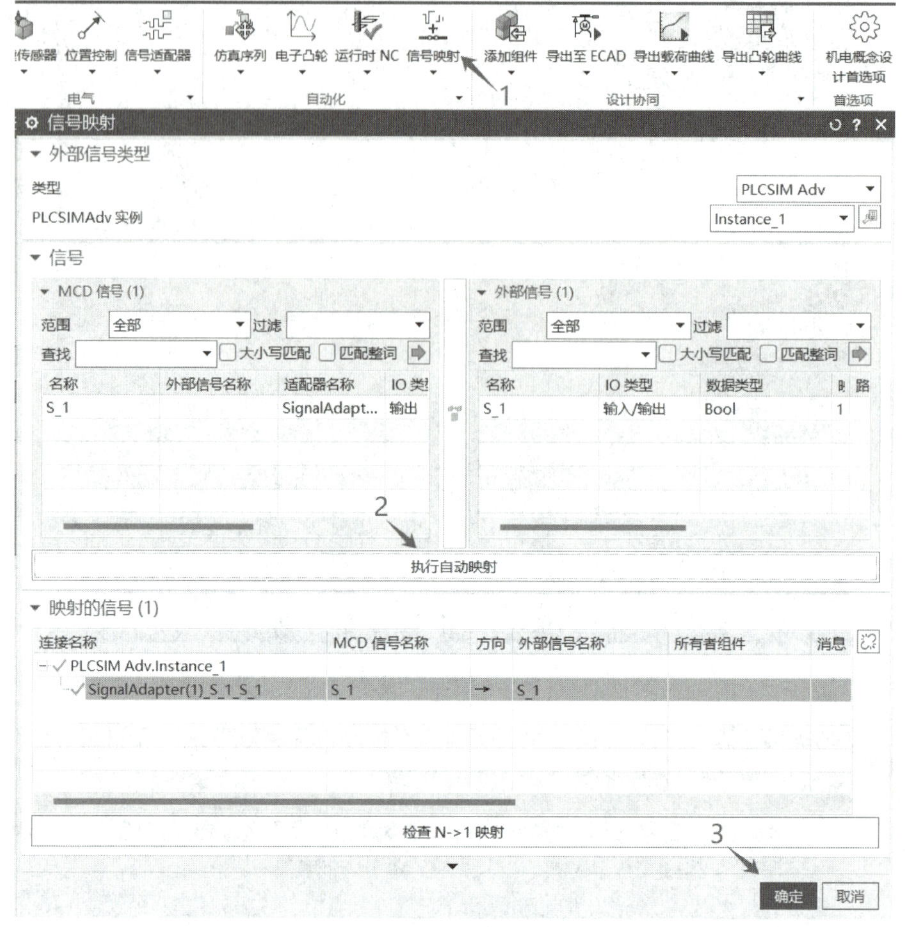

图 13-59　信号映射

（8）仿真测试。

在信号察看器中更改滑块位置，在博途变量下观察 S_1 的 TRUE/FALSE 状态变化。

以上案例采用的是西门子 TCP/IP 单适配器与 NX MCD 建立外部信号配置的方式，另外一种外部信号配置的方式是采用 PLCSIM Advanced。

采用 PLCSIM Advanced 与 NX MCD 建立外部信号配置时，NX MCD 的设置与第一种方式完全相同，博途 PLCSIM Advanced 的设置如图 13-60 所示。

（1）打开 PLCSIM Advanced V5.0，模式选择“PLCSIM”，实例名称自行设置（名称不能为中文，且至少需要三个字符），PLC 类型选择“Unspecified CPU 1500”，完成后单击“Start”按钮，启动虚拟 PLC。

S7-1200 不支持 PLCSIM Advanced 仿真，因此要选择 S7-1500 系列 PLC 与 NX MCD 进行仿真。

（2）成功启动，PLC 显示黄灯，表示 PLC 为 STOP 状态。

（3）虚拟 PLC 启动成功后，进行程序下载。装载完成后，返回 NX MCD 进行信号映射即可通信。

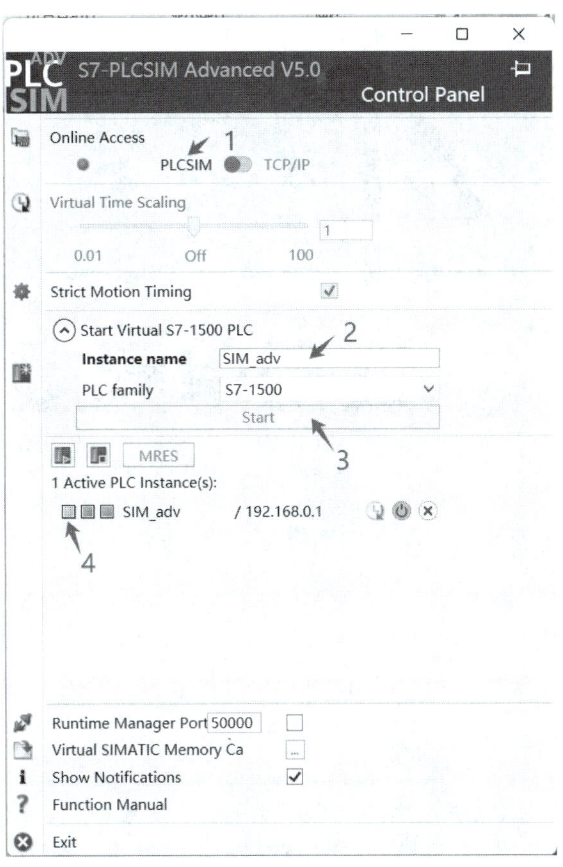

图 13-60　PLCSIM Advanced 界面设置

项目14

设备单元虚拟仿真

知识目标

(1) 掌握生产线各关键零部件在 NX MCD 中虚拟仿真指令的设置；
(2) 熟悉各设备单元的控制流程及 PLC 控制程序；
(3) 掌握 TIA 博途软件与 NX MCD 联合仿真的设置。

能力目标

(1) 能够熟练运用 NX 完成设备单元 MCD 模块的设置；
(2) 掌握在 NX MCD 中设置设备运动参数、驱动方式及约束条件，实现单站设备运动仿真；
(3) 根据仿真结果优化设备单元的设计方案，为实际设备调试提供数据支持。

素质目标

(1) 培养严谨细致的思维与规范操作的习惯，确保仿真数据的准确性与可靠性；
(2) 增强在虚拟仿真中运用数字化工具解决实际工程问题的创新实践能力；
(3) 提升团队协作与沟通的能力，适应跨部门协同仿真项目的工作需求；
(4) 激发对工业虚拟仿真技术的探索热情，树立科学严谨的职业素养。

14.1 上料测试分档单元虚拟仿真

一、任务目标

控制上料滑台气缸和上料升降气缸，实现以下任务目标：
(1) 自动工作模式下，可自动将电池搬运至下一工位。
(2) 手动工作模式下，可手动执行点动前进、点动下降等动作。
(3) 对电磁阀和磁性开关进行监控。
(4) 以列表形式显示当前故障报警信息。

二、绘制流程图

根据任务目标绘制自动控制部分的流程图，如图 14-1 所示。

(1) 当所有步均为 off 时，进入第 1 步，空操作；

(2) 上位和后位均为 on 时，进入第 2 步，等待电池到位；

(3) 电池到位并延时，到进入第 3 步，下降阀得电；

(4) 气缸到达下位并延时，进入第 4 步，下降阀失电；

(5) 气缸返回到上位后，进入第 5 步，前进阀得电；

(6) 气缸达到前位并延时后，进入第 6 步，等待移走电池；

(7) 放料延时到，进入第 7 步，前进阀失电，气缸返回到后位，则跳转至第 2 步。

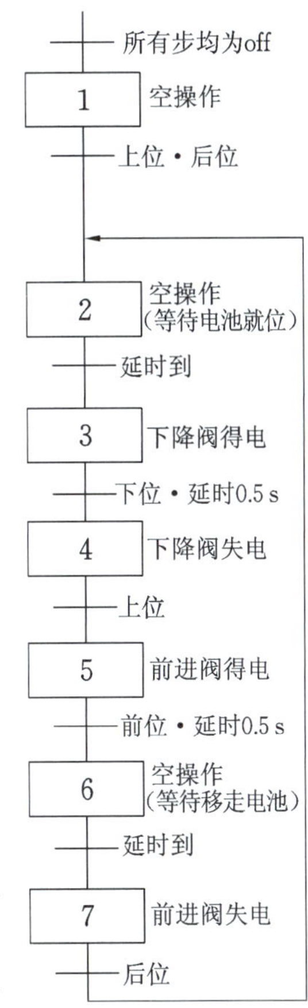

图 14-1 流程图

微课视频

三、PLC 编程

1. 添加 PLC

添加 S7-1500 CPU 1511-1 PN，如图 14-2 所示。

在连接机制选项卡中勾选“允许来自远程对象的 PUT/GET 通信访问”，在系统与时钟存储器选项卡中勾选“启用系统存储器字节”和“启用时钟存储器字节”，在以太网地址选项卡中设置 PLC 的 IP 地址与子网掩码。

注意：S7-1200 不能实现与 NX 的联合仿真，所以要添加 S7-1500 CPU。

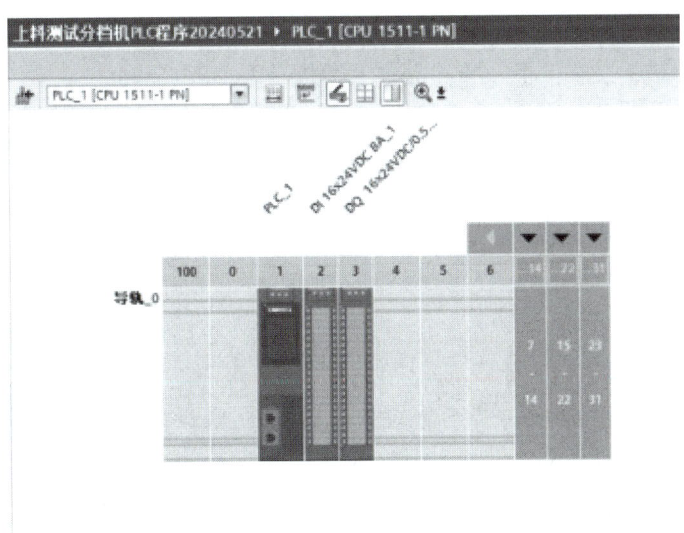

图 14-2 添加 PLC

2. 程序编写

添加“FC1”故障报警程序块、“FC2”启动停止程序块、“FB1”手动自动程序块，并在主程序中调用这三个程序块，如图 14-3 所示。

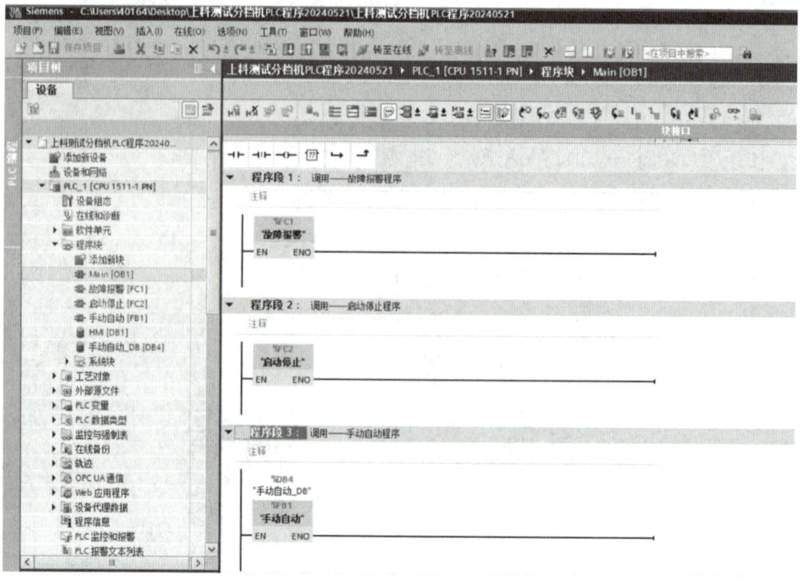

图 14-3　块的调用

1）故障报警

（1）“急停”按钮按下报警程序如图 14-4 所示。

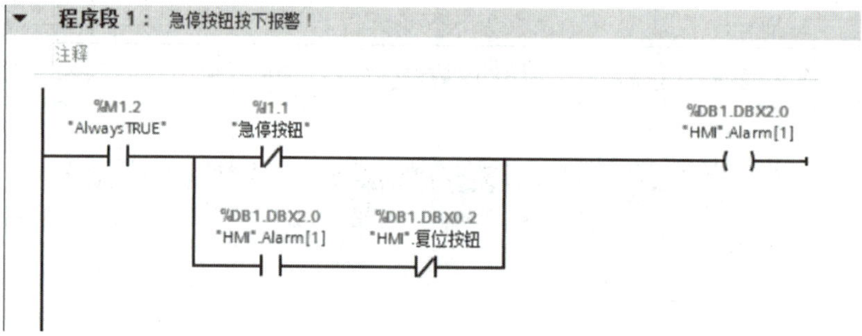

程序段 1： 急停按钮按下报警！
注释
%M1.2 "AlwaysTRUE"
%I1.1 "急停按钮"
%DB1.DBX2.0 "HMI".Alarm[1]
%DB1.DBX2.0 "HMI".Alarm[1]
%DB1.DBX0.2 "HMI".复位按钮

图 14-4　“急停”按钮按下报警程序

按下“急停”按钮后，I1.1 闭合，使 DB1 的 Alarm[1]线圈得电并自锁。急停复位后，按下“复位”按钮才能消除报警。

（2）上位/下位_磁性开关异常报警程序如图 14-5 所示。

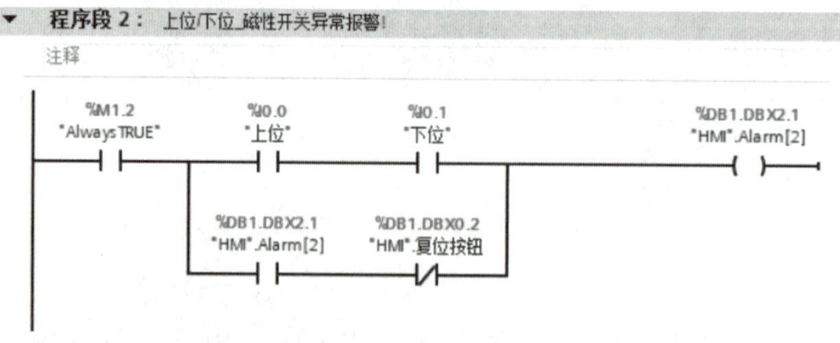

图 14-5　上位/下位_磁性开关异常报警程序

当上位和下位磁性开关同时为 on 时，则至少有一个损毁或接线错误。排除故障后，按下“复位”按钮才能消除报警。

（3）前位/后位_磁性开关异常报警程序如图 14-6 所示。

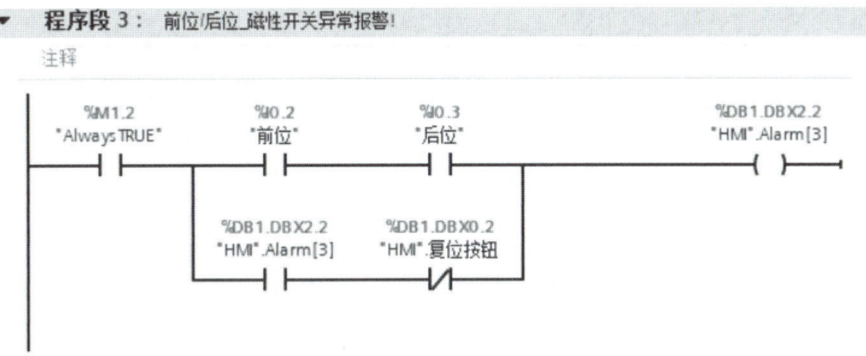

图 14-6 前位/后位_磁性开关异常报警程序

当前位和后位磁性开关同时为 on 时，则至少有一个损毁或接线错误。排除故障后，按下“复位”按钮消除报警。

（4）升降气缸_动作超时报警程序如图 14-7 所示。

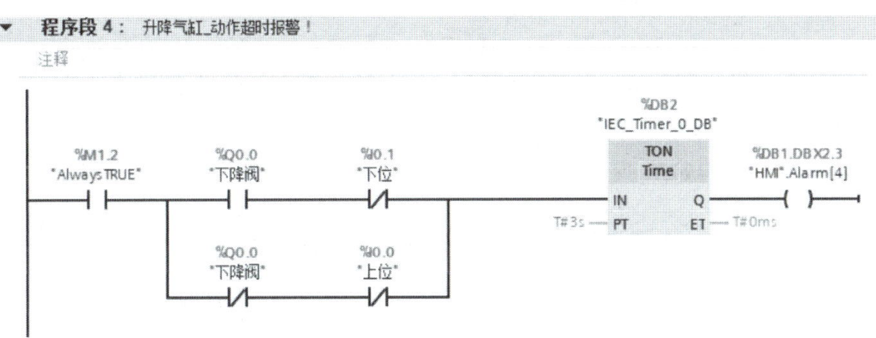

图 14-7 升降气缸_动作超时报警程序

当下降阀得电但长时间没有到达下位或下降阀失电但长时间没达到上位时，可触发此报警。该报警中没有加入自锁，在程序恢复正常后不需要按“复位”按钮就可以消除报警。

（5）前后气缸_动作超时报警程序如图 14-8 所示。

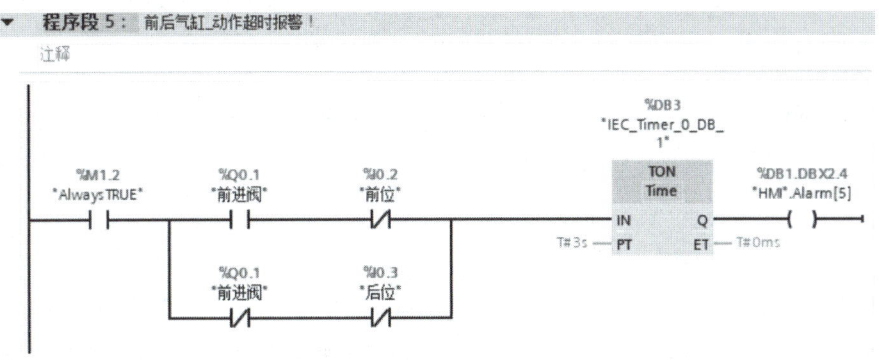

图 14-8 前后气缸_动作超时报警程序

当前进阀得电但长时间没有到达前位或前进阀失电但长时间没达到后位时，可触发此报警。该报警中没有加入自锁，在程序恢复正常后不需要按“复位”按钮就可以消除报警。

2）启动/停止

启动与停止程序如图 14-9 所示。

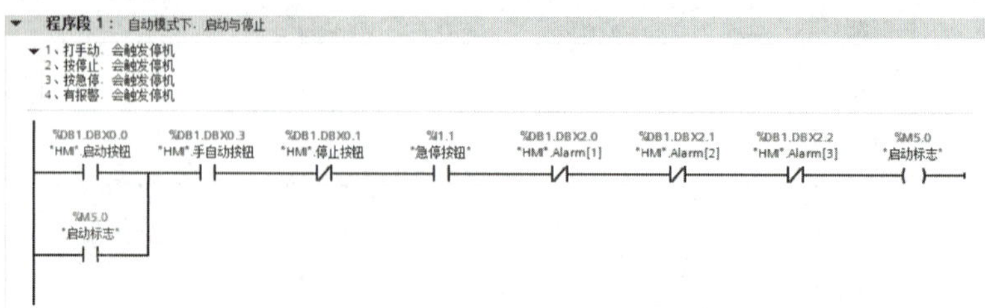

图 14-9　启动与停止程序

这里使用一个中间变量 M5.0 自锁保持启动状态，手动模式、按“停止”按钮、按“急停”按钮或发生严重故障时，均会触发自锁解除。

3）手动/自动

按照流程图编写程序，程序分为三个部分：

第一部分为自动程序，分为 7 步；

第二部分为清步，当工作模式切换到手动模式时，立刻停止自动程序，并将所有步全部复位。

第三部分为动作输出，所有的动作输出都有自动和手动两条分支，对应两种工作模式。

4）HMI DB1 数据块

在该数据块中添加如图 14-10 所示的 HMI 变量。

HMI

	名称	数据类型	偏移量	起始值	保持	从 HMI/OPC...	从 H...	在 HMI ...	设定值
1	▼ Static				☐	☐	☐	☐	☐
2	启动按钮	Bool	0.0	false	☐	☑	☑	☑	☐
3	停止按钮	Bool	0.1	false	☐	☑	☑	☑	☐
4	复位按钮	Bool	0.2	false	☐	☑	☑	☑	☐
5	手自动按钮	Bool	0.3	false	☐	☑	☑	☑	☐
6	点动下降	Bool	0.4	false	☐	☑	☑	☑	☐
7	点动前进	Bool	0.5	false	☐	☑	☑	☑	☐
8	▶ Alarm	Array[1..99] of Bool	2.0		☐	☑	☑	☑	☐
9	取料延时	Time	16.0	T#2s	☐	☑	☑	☑	☐
10	放料延时	Time	20.0	T#3s	☐	☑	☑	☑	☐

图 14-10　HMI 变量

注意：HMI DB1 数据块要在属性选项卡中取消勾选“优化的块访问”，以便后续可以进行绝对寻址。

5）PLC 变量

添加如图 14-11 所示的 PLC 变量。其中，前 14 个变量为系统变量，后面的变量则需手动添加。

四、HMI 设计

1. PLC 与 HMI 连接

添加 HMI KTP700 Basic PN，并在设备和网络界面将 PLC 和 HMI 连接起来，如图 14-12 所示。

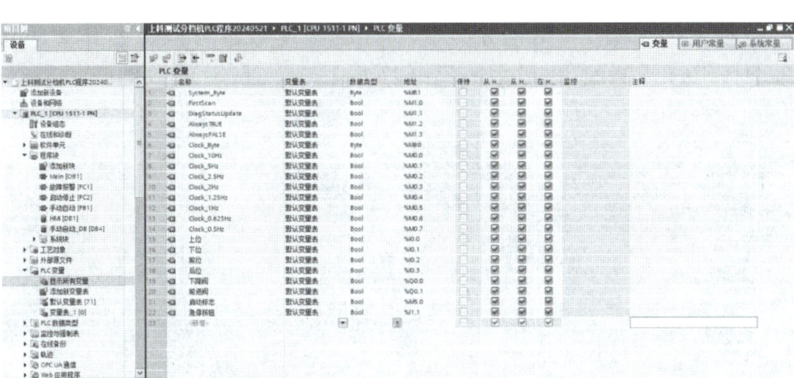

图 14-11 PLC 变量

2. 添加 HMI 画面

按照任务要求添加 HMI 画面，并在每一个画面中添加需要的元件，如图 14-13 所示。

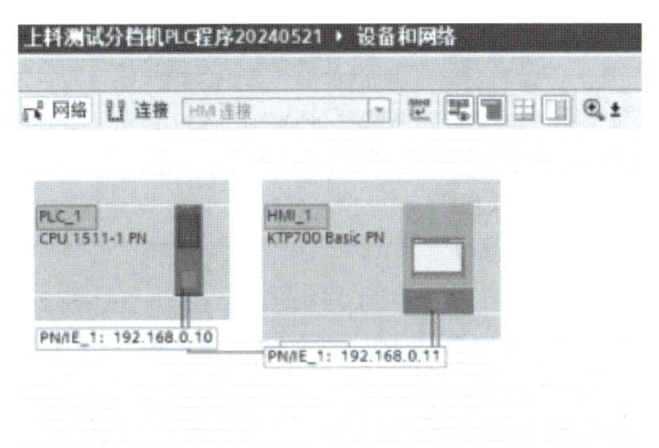

图 14-12 PLC 与 HMI 的连接

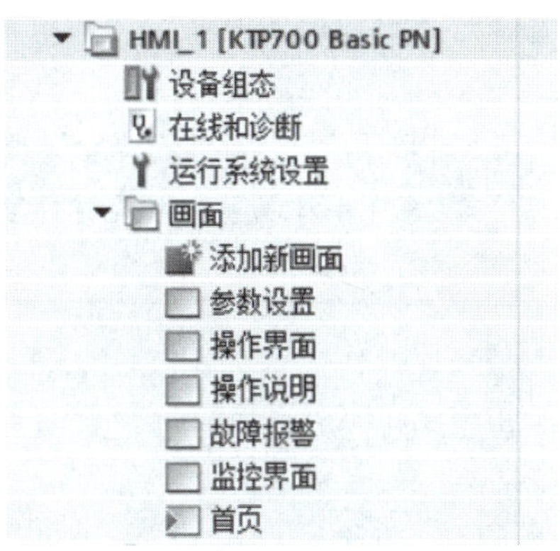

图 14-13 添加 HMI 画面

(1) HMI 首页如图 14-14 所示。首页的右下角指示灯连接 PLC 的 M0.5，当 HMI 与 PLC 成功连接时，该指示灯以 1 Hz 的频率闪烁，以此判断 PLC 与 HMI 是否正常连接。

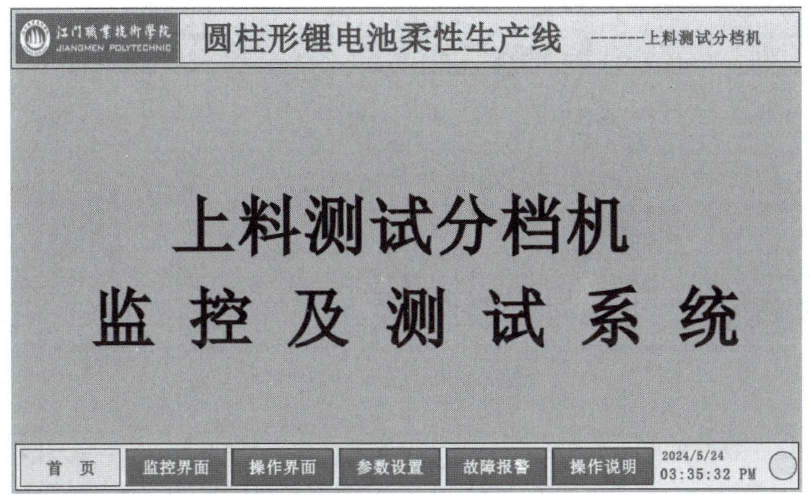

图 14-14 HMI 首页

（2）HMI 监控界面如图 14-15 所示。为了方便监视电磁阀和磁性开关的状态，在监控界面放置了多个指示灯。例如，当前进阀得电并处在前位时，方形前进阀指示灯和圆形前位指示灯亮起。

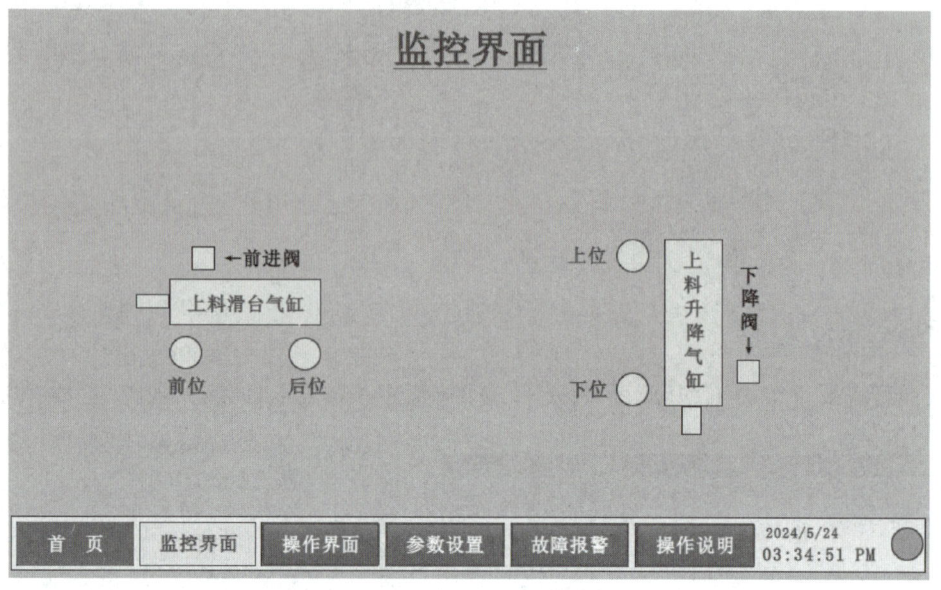

图 14-15　HMI 监控界面

（3）HMI 操作界面如图 14-16 所示。该界面放置了“手动/自动”选择开关、“启动”按钮、“停止”按钮以及“点动前进”“点动下降”按钮。

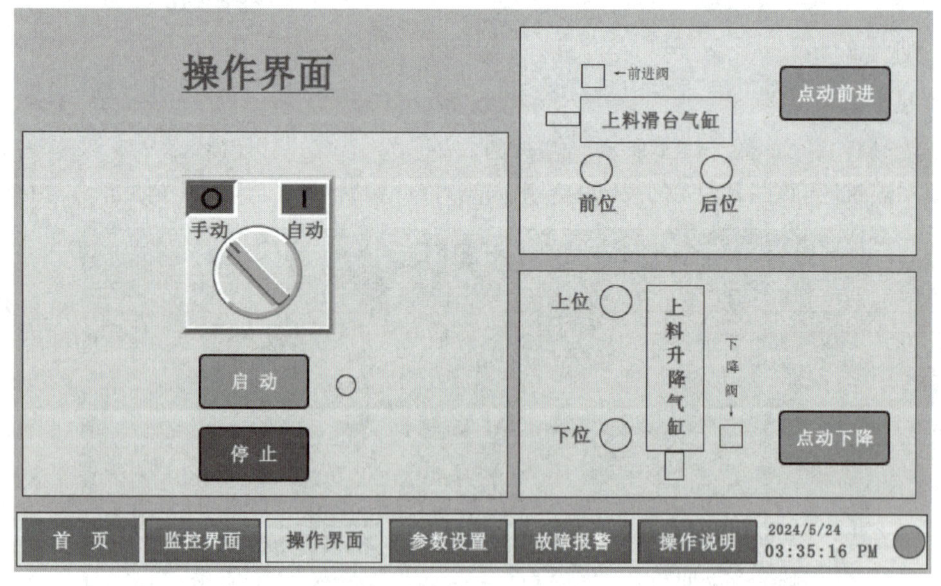

图 14-16　HMI 操作界面

（4）HMI 参数设置界面如图 14-17 所示。该界面放置了“取料延时”和“放料延时”分别关联 DB1 块中添加的两个 Time 类型变量，用于设置取料延时值和放料延时值。

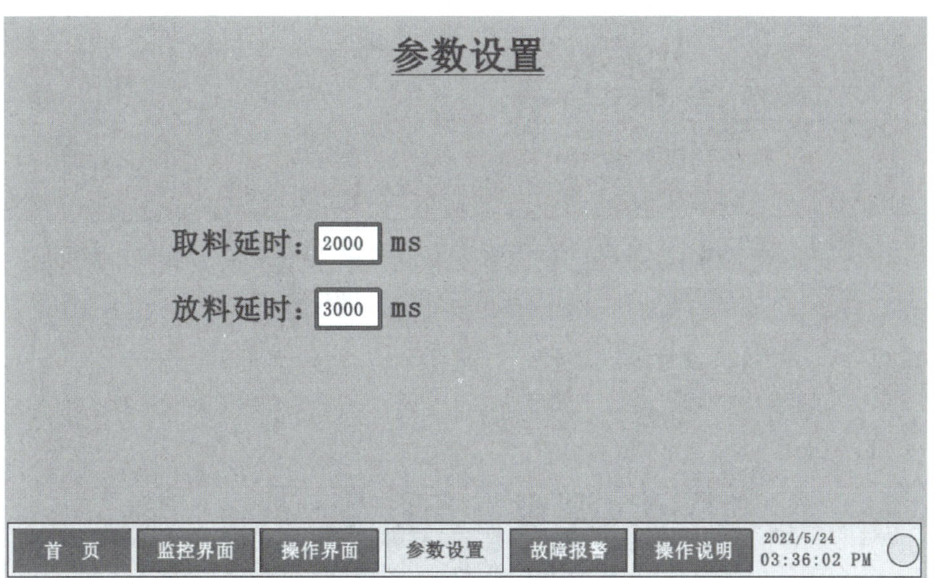

图 14-17　HMI 参数设置界面

(5) HMI 故障报警界面如图 14-18 所示。该界面放置一个报警视图，发生故障时，故障信息以列表形式显示。若故障已排除，可按右上角的“复位”按钮消除报警信息。

图 14-18　HMI 故障报警界面

(6) HMI 操作说明界面如图 14-19 所示。该界面简要说明了设备的操作步骤及注意事项。

3. HMI 变量添加

打开 PLC 变量页面，点击“显示所有变量”，将所需要的变量选中后拖动到 HMI 变量中，即可完成 HMI 变量的添加，如图 14-20 所示。

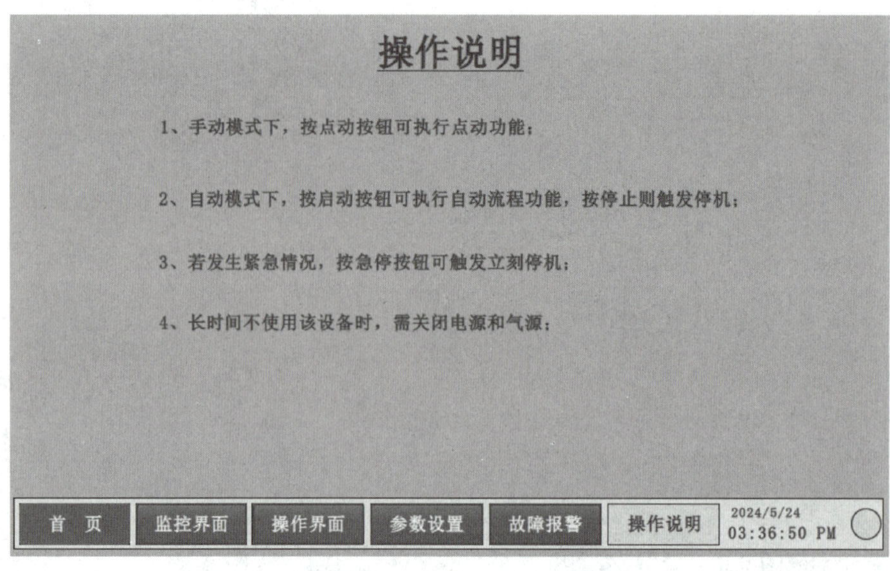

图 14-19　HMI 操作说明界面

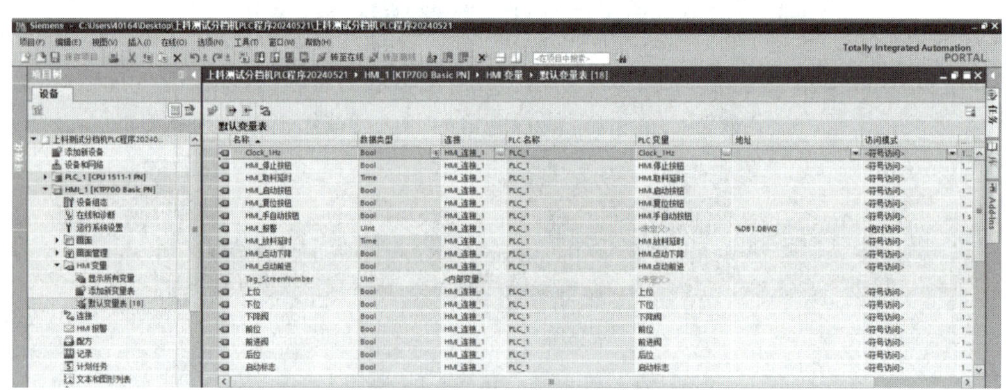

图 14-20　HMI 变量添加

五、NX 与博途的联合仿真

按照以下步骤实现 NX 与博途的联合仿真。

（1）打开并设置 S7-PLCSIM Advanced。

（2）下载 PLC 和 HMI 程序，并将 PLC 转至在线。

（3）在 NX 端打开外部信号配置界面，添加在 Advanced 中打开的实例。区域选择 IOM，点击“更新标记”，勾选需要关联的变量，如图 14-21 所示。

（4）打开信号映射界面，找到需要与博途关联的变量并点击“信号映射”，如图 14-22 所示。

（5）联合调试：

① 在 NX 端点击“播放”按钮；

② 在博途端将“急停”按钮强制为“true”；

③ 在 HMI 操作界面将工作模式切换为“手动”，分别点击“点动前进”按钮和“点动下降”按钮，观察 NX 端气缸的动作状况和监控指示灯的亮灭状态。

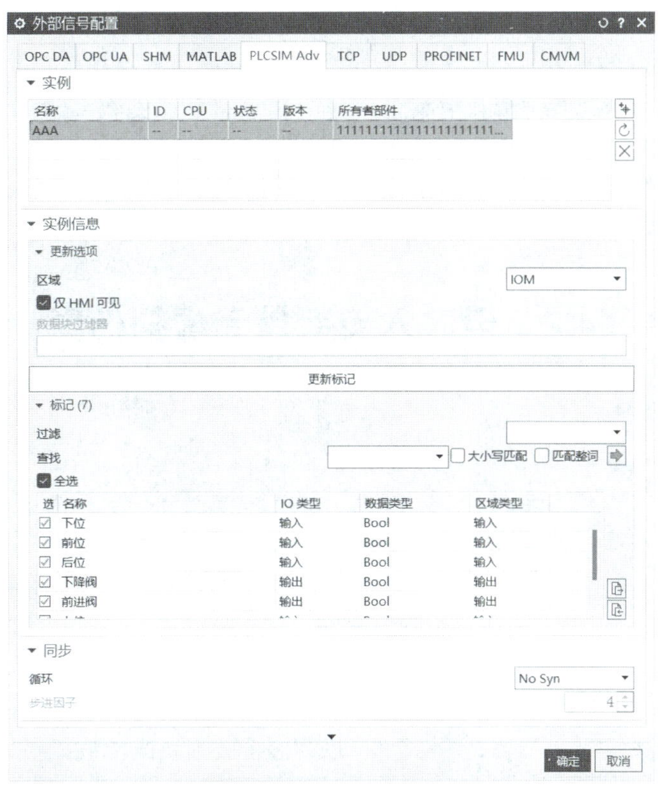

图 14-21　外部信号配置

图 14-22　信号映射

④ 在 HMI 操作界面将工作模式切换为“自动”，点击“启动”按钮，观察 NX 端气缸的动作状况和监控指示灯的亮灭状态。

⑤ 在 HMI 参数设置界面修改取料延时参数和放料延时参数，观察 NX 端气缸的动作状况和监控指示灯的亮灭状态。

⑥ 点击“停止”按钮或切换“手动/自动”选择开关，观察 NX 端气缸的动作状况和监控指示灯的亮灭状态。

14.2 电芯入支架单元虚拟仿真

一、任务目标

控制底壳上料传送带和顶壳上料传送带，实现以下任务目标：

(1) 自动工作模式下，可自动将底壳和顶壳输送至传送带末端。

(2) 手动工作模式下，可手动执行点动运行。

(3) 对传送带和光电开关进行监控。

(4) 以列表形式显示当前故障报警信息。

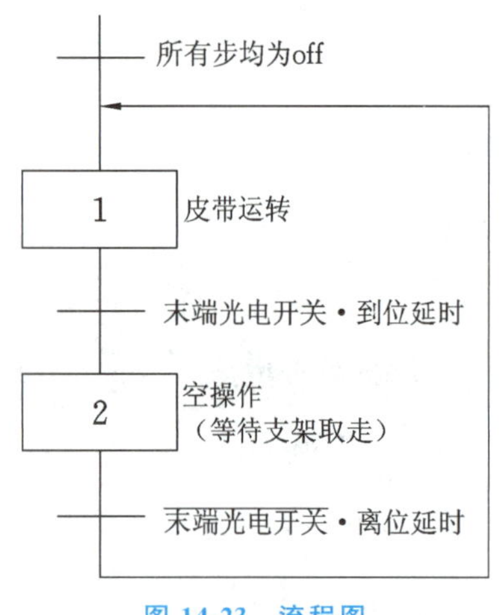

图 14-23　流程图

二、绘制流程图

根据任务目标绘制自动控制部分的流程图，如图 14-23 所示。

(1) 所有步均为 off 时，进入第 1 步，皮带运转；

(2) 产品到达末端光电开关位置且稍加延时后，进入第 2 步，等待支架取走；

(3) 支架移走且稍加延时后，程序返回到第 1 步。

三、PLC 编程

微课视频

1. 添加 PLC

添加 S7-1500 CPU 1511-1 PN，如图 14-24 所示。

在连接机制选项卡中勾选“允许来自远程对象的 PUT/GET 通信访问”，在系统与时钟存储器选项卡中勾选“启用系统存储器字节”和“启用时钟存储器字节”，在以太网地址选项卡中设置 PLC 的 IP 地址与子网掩码。

注意：S7-1200 不能实现与 NX 的联合仿真，所以要添加 S7-1500 CPU。

2. 程序编写

添加“FC1”故障报警程序块、“FC2”启动停止程序块、“FB1”传送带程序块，并在主程序中调用这三个程序块，如图 14-25 所示。

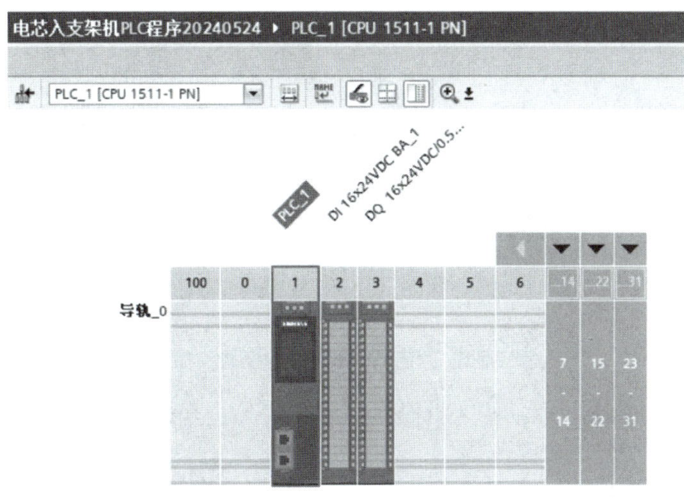

图 14-24　添加 PLC

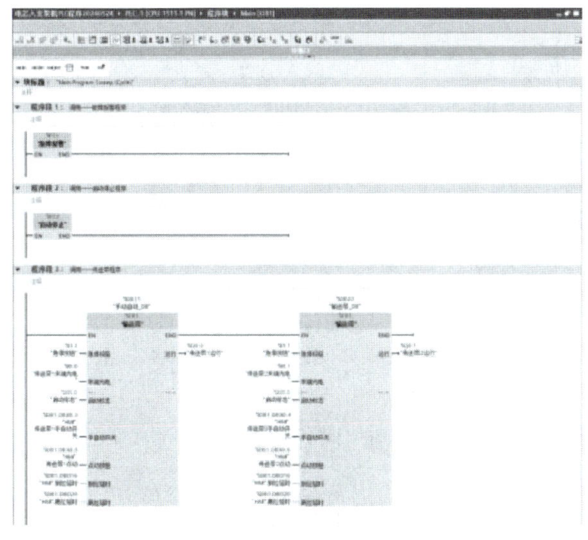

图 14-25　块的调用

1）故障报警

“急停”按钮按下报警程序如图 14-26 所示。

按下“急停”按钮后，I1.1 闭合，使 DB1 的 Alarm[1]线圈得电并自锁。急停复位后，按下“复位”按钮才能解除报警。

2）启动/停止

启动与停止程序如图 14-27 所示。

这里使用一个中间变量 M5.0 自锁保持启动状态，手动模式、按“停止”按钮、按“急停”按钮或发生严重故障时，均会触发自锁解除。

3）手动/自动

按照流程图编写程序，程序分为三个部分：

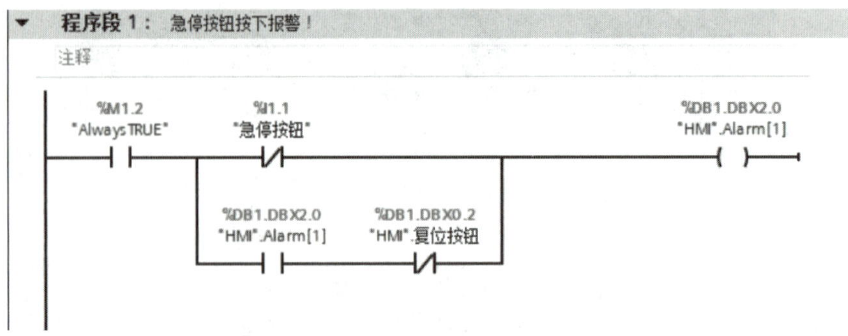

图 14-26 “急停”按钮按下报警程序

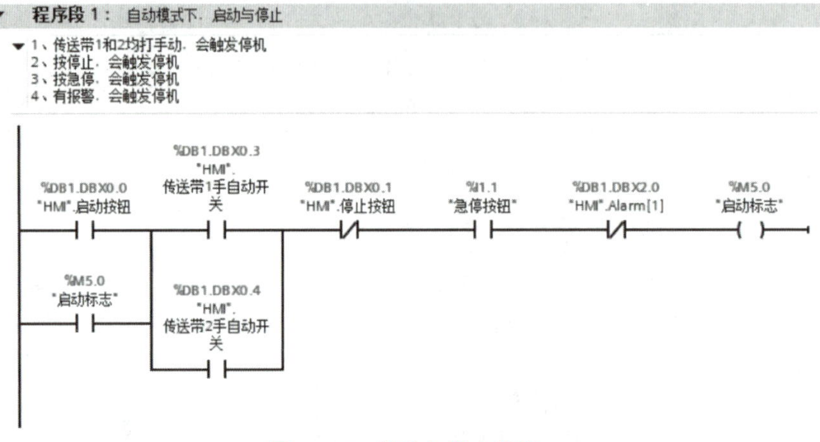

图 14-27 启动与停止程序

第一部分为自动程序，分为两步；

第二部分为清步，当工作模式切换到手动模式时，立刻停止自动程序，并将所有步全部复位。

第三部分为动作输出，所有的动作输出都有自动和手动两条分支，对应两种工作模式。

4）HMI DB1 数据块

在该数据块中添加如图 14-28 所示的 HMI 变量。

HMI

	名称	数据类型	偏移量	起始值	保持	从 HMI/OPC...	从 H...	在 HMI ...	设定值	监控
1	▼ Static				☐	☐	☐	☐	☐	
2	启动按钮	Bool	0.0	false	☐	☑	☑	☑	☐	
3	停止按钮	Bool	0.1	false	☐	☑	☑	☑	☐	
4	复位按钮	Bool	0.2	false	☐	☑	☑	☑	☐	
5	传送带1手自动开关	Bool	0.3	false	☐	☑	☑	☑	☐	
6	传送带2手自动开关	Bool	0.4	false	☐	☑	☑	☑	☐	
7	传送带1点动	Bool	0.5	false	☐	☑	☑	☑	☐	
8	传送带2点动	Bool	0.6	false	☐	☑	☑	☑	☐	
9	▶ Alarm	Array[1..99] of Bool	2.0		☐	☑	☑	☑	☐	
10	到位延时	Time	16.0	T#0.5s	☐	☑	☑	☑	☐	
11	离位延时	Time	20.0	T#2s	☐	☑	☑	☑	☐	

图 14-28 HMI 变量

注意：HMI DB1 数据块要在属性选项卡中取消勾选“优化的块访问”，以便后续可以进行绝对寻址。

5）PLC 变量

添加如图 14-29 所示的 PLC 变量。

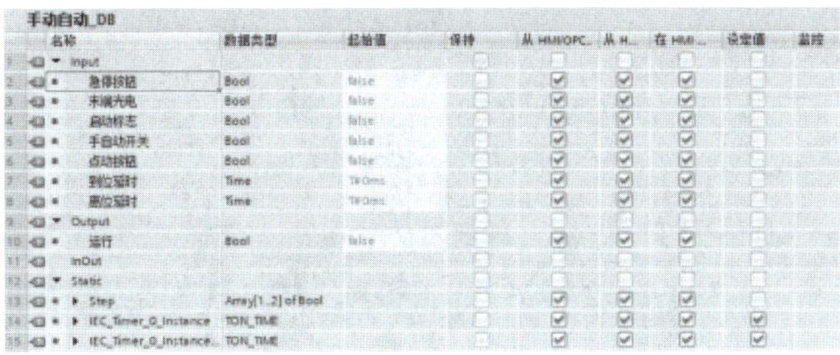

图 14-29　PLC 变量

四、HMI 设计

1. PLC 与 HMI 连接

添加 HMI KTP700 Basic PN，并在设备和网络界面将 PLC 和 HMI 连接起来，如图 14-30 所示。

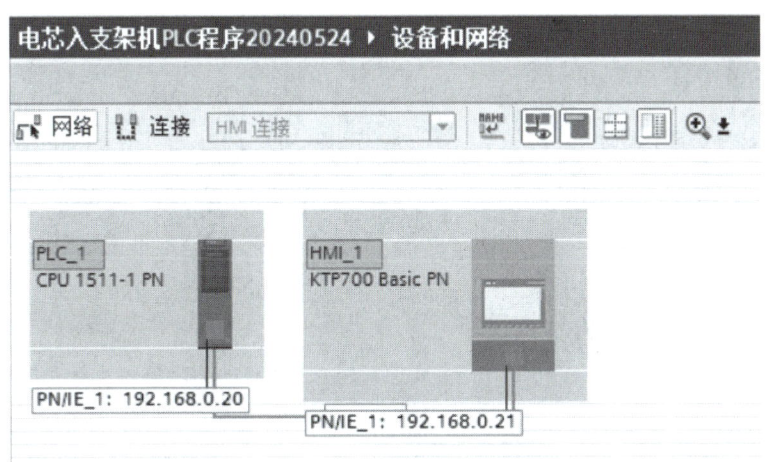

图 14-30　PLC 与 HMI 的连接

2. 添加 HMI 画面

按照任务要求添加 HMI 画面，并在每一个画面中添加需要的元件，如图 14-31 所示。

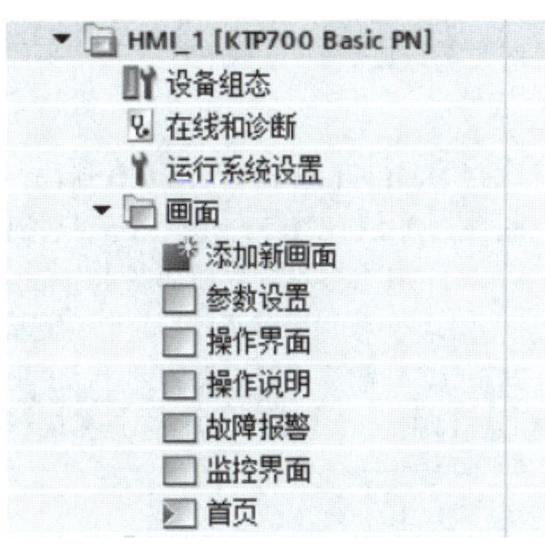

图 14-31　添加 HMI 画面

(1) HMI 首页如图 14-32 所示。首页的右下角指示灯连接 PLC 的 M0.5，当 HMI 与 PLC 成功连接时，该指示灯以 1 Hz 的频率闪烁，以此判断 PLC 与 HMI 是否正常连接。

(2) HMI 监控界面如图 14-33 所示。为了方便监视传送带和光电开关的状态，在监控界面放置了多个指示灯。例如，当传送带 1 运行且末端有支架时，方形传送带 1 指示灯和圆形光电开关指示灯亮起。

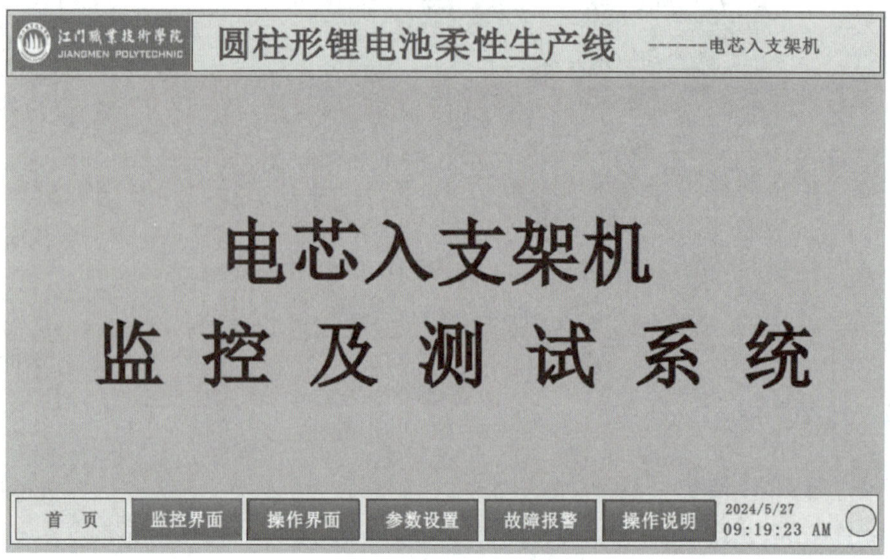

图 14-32　HMI 首页

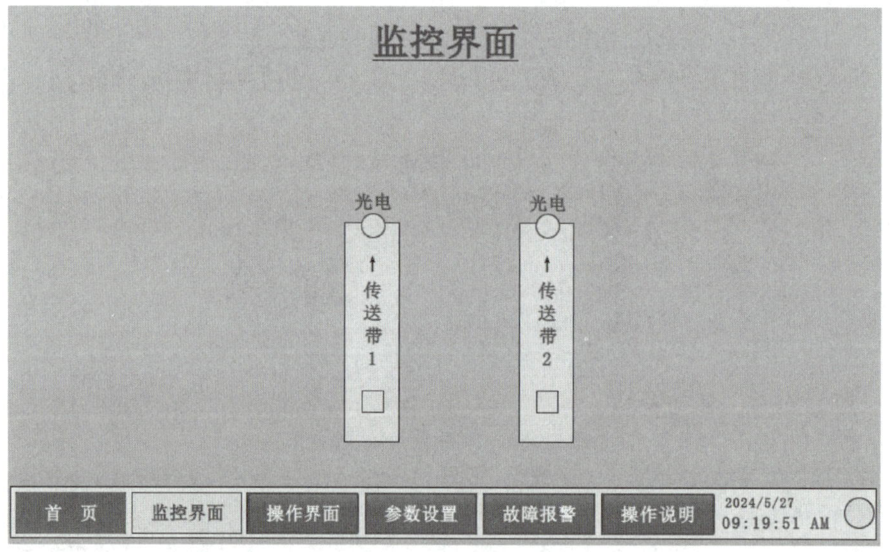

图 14-33　HMI 监控界面

(3) HMI 操作界面如图 14-34 所示。该界面放置了两个“手动/自动”选择开关、“启动”按钮、“停止”按钮以及两个“点动运行”按钮。

(4) HMI 参数设置界面如图 14-35 所示。该界面放置了“到位延时”和“离位延时”分别关联 DB1 块中添加的两个 Time 类型变量，用于设置到位延时值和离位延时值。

(5) HMI 故障报警界面如图 14-36 所示。在该界面放置一个报警视图，发生故障时，故障信息以列表形式显示。若故障已排除，可按右上角的“复位”按钮消除报警信息。

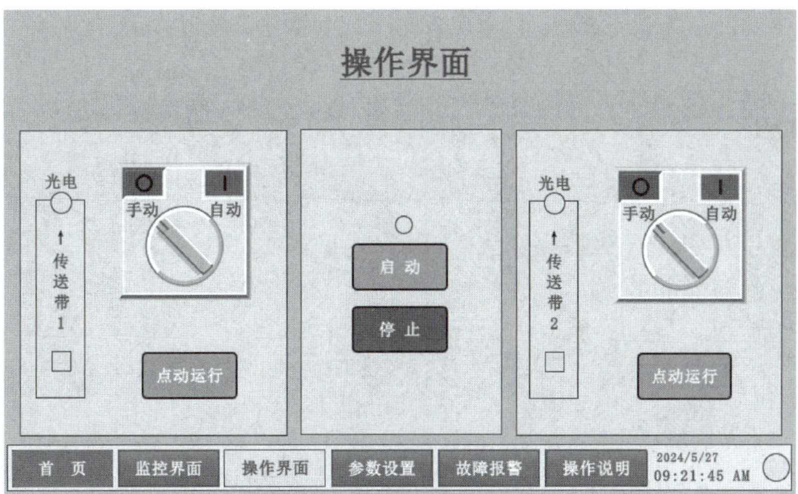

操作界面
光电
↑传送带1
手动
自动
启 动
停 止
光电
↑传送带2
手动
自动
点动运行
点动运行
首 页
监控界面
操作界面
参数设置
故障报警
操作说明
2024/5/27
09:21:45 AM

图 14-34 HMI 操作界面

参数设置
到位延时:##... ms
离位延时:##... ms
首 页
监控界面
操作界面
参数设置
故障报警
操作说明
2024/5/27
09:22:18 AM

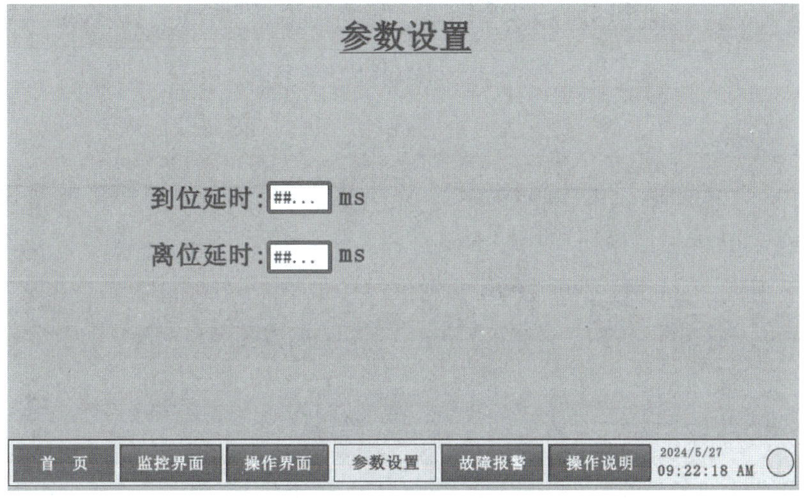

图 14-35 HMI 参数设置界面

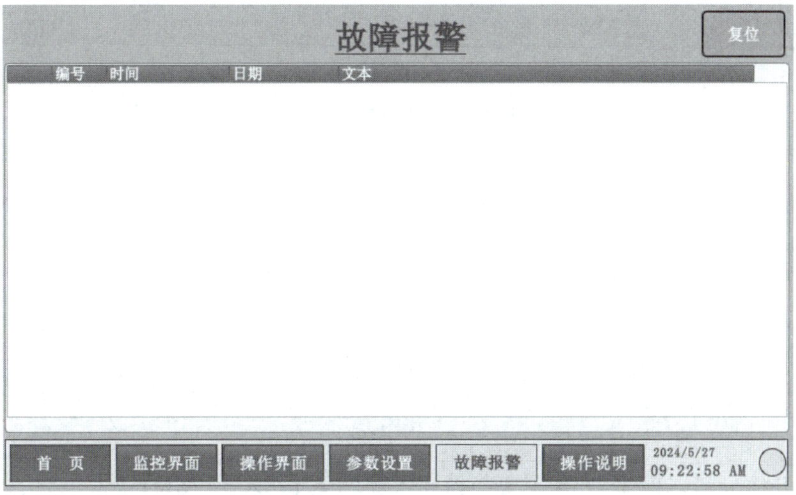

故障报警
复位
编号 时间 日期 文本
首 页
监控界面
操作界面
参数设置
故障报警
操作说明
2024/5/27
09:22:58 AM

图 14-36 HMI 故障报警界面

（6）HMI 操作说明界面如图 14-37 所示。该界面简要说明了设备的操作步骤及注意事项。

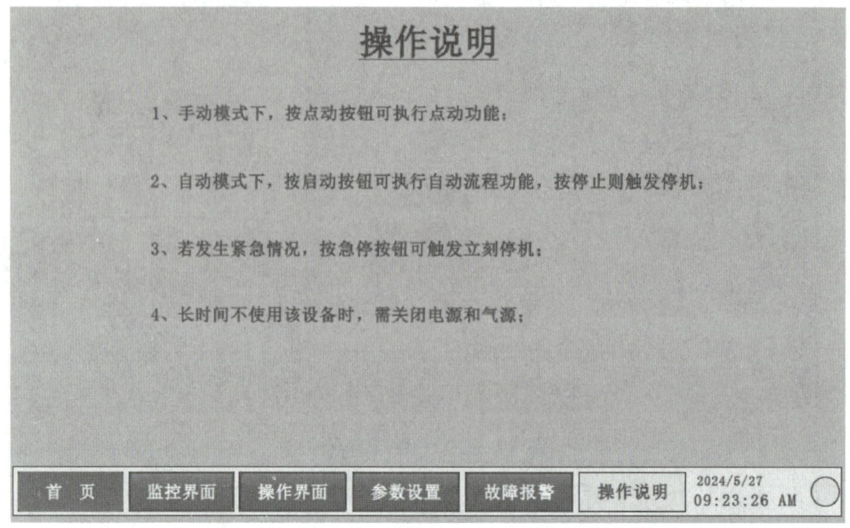

图 14-37　HMI 操作说明界面

3. HMI 变量添加

打开 PLC 变量页面，点击“显示所有变量”，将所需要的变量选中后拖动到 HMI 变量中，即可完成 HMI 变量的添加，如图 14-38 所示。

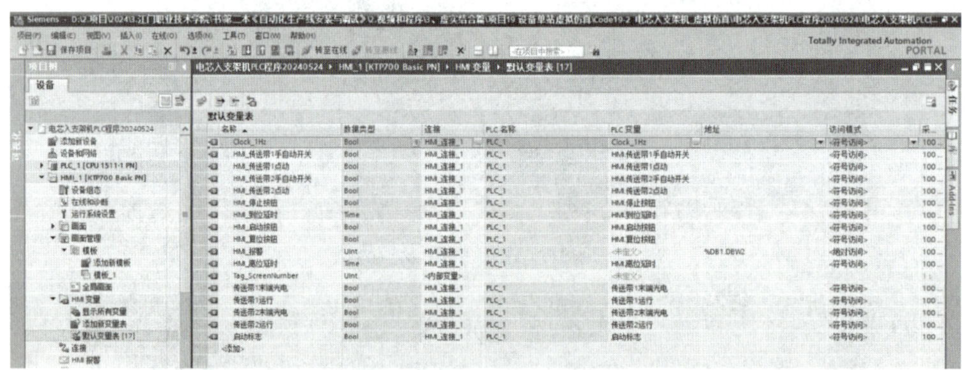

图 14-38　HMI 变量添加

五、NX 与博途的联合仿真

按照以下步骤实现 NX 与博途的联合仿真。

（1）打开并设置 S7-PLCSIM Advanced。

（2）下载 PLC 和 HMI 程序，并将 PLC 转至在线。

（3）在 NX 端打开外部信号配置界面，添加在 Advanced 中打开的实例。区域选择 IOM，点击“更新标记”，勾选需要关联的变量，如图 14-39 所示。

（4）打开信号映射界面，找到需要与博途关联的变量并点击“信号映射”，如图 14-40 所示。

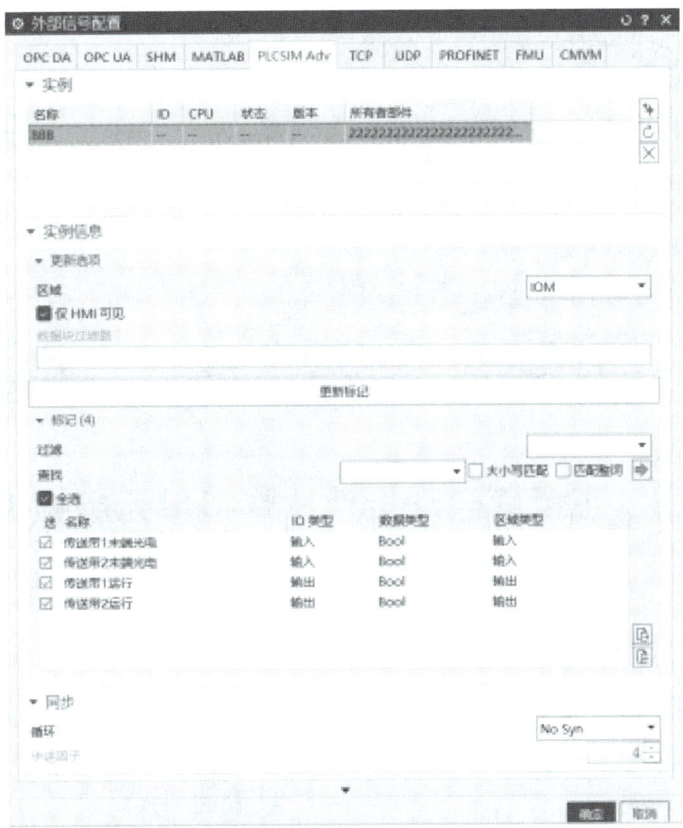

图 14-39 外部信号配置

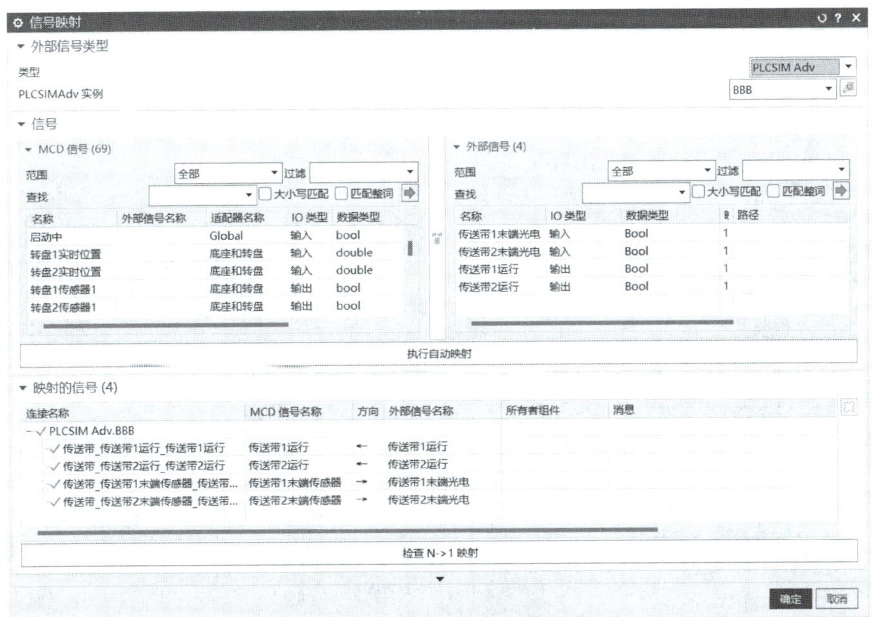

图 14-40 信号映射

（5）联合调试：

① 在 NX 端点击“播放”按钮；

② 在博途端将“急停”按钮强制为“true”；

③ 在 HMI 操作界面将工作模式切换为“手动”，分别点击传送带 1 和传送带 2 的“点动运行”按钮，观察 NX 端气缸的动作状况和监控指示灯的亮灭状态；

④ 在 HMI 操作界面将工作模式切换为“自动”，点击“启动”按钮，观察 NX 端皮带运动状况和监控指示灯的亮灭状态；

⑤ 在 HMI 参数设置界面修改到位延时参数和离位延时参数，观察 NX 端皮带的运动状况和监控指示灯的亮灭状态；

⑥ 点击“停止”按钮或切换“手动/自动”选择开关，观察 NX 端皮带的运动状况和监控指示灯的亮灭状态。

14.3 正反面自动上镍片焊接单元虚拟仿真

一、任务目标

控制两台伺服电动机和点焊机，实现以下任务目标：

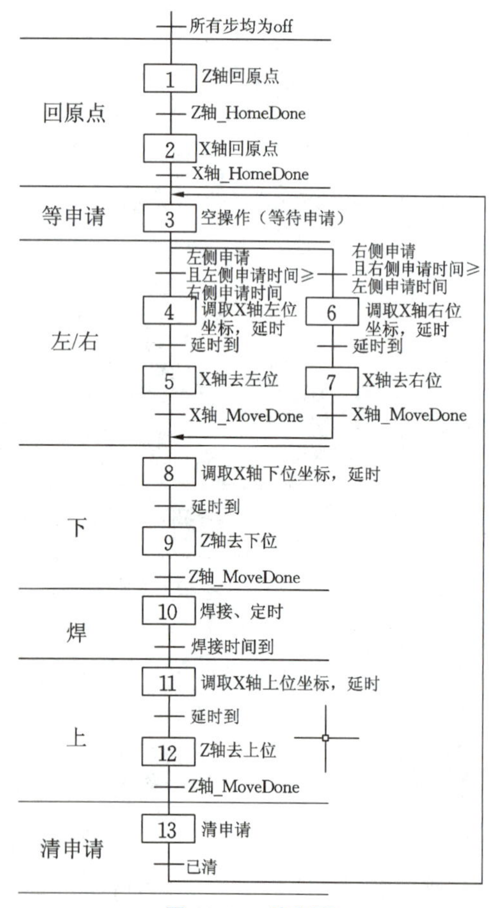

图 14-41 流程图

（1）自动工作模式下，可自动对左侧和右侧的镍片进行焊接。

（2）手动工作模式下，可手动执行点动上升、点动下降、点动左移、点动右移等动作。

（3）对原点和极限开关进行监控。

（4）以列表形式显示当前故障报警信息。

二、绘制流程图

根据任务目标绘制自动控制部分的流程图，如图 14-41 所示。

（1）所有步均为 off 时，进入第 1 步，Z 轴回原点；

（2）Z 轴回原点完成后，进入第 2 步，X 轴回原点；

（3）X 轴回原点完成后，进入第 3 步，等待申请；

（4）左侧申请时间≥右侧申请时间，则进入第 4 步；右侧申请时间≥左侧申请时间，则进入第 6 步；

（5）第 4 步调取 X 轴左位坐标，第 5 步 X 轴去左位；第 6 步调取 X 轴右位坐标，第 7 步 X 轴去右位。

(6) 第 8 步,调取 Z 轴下位坐标;
(7) 第 9 步,Z 轴去下位;
(8) Z 轴去下位完成后,进入第 10 步,焊接;
(9) 焊接时间到,进入第 11 步,调取 Z 轴上位坐标;
(10) Z 轴坐标调取完成后,进入第 12 步,Z 轴去上位;
(11) Z 轴去上位完成后,进入第 13 步,清申请;
(12) 申请清除后,则返回第 3 步。

三、PLC 编程

微课视频

1. 添加 PLC

添加 S7-1500 CPU 1511-1 PN,如图 14-42 所示。

在连接机制选项卡中勾选“允许来自远程对象的 PUT/GET 通信访问”,在系统与时钟存储器选项卡中勾选“启用系统存储器字节”和“启用时钟存储器字节”,在以太网地址选项卡中设置 PLC 的 IP 地址与子网掩码。

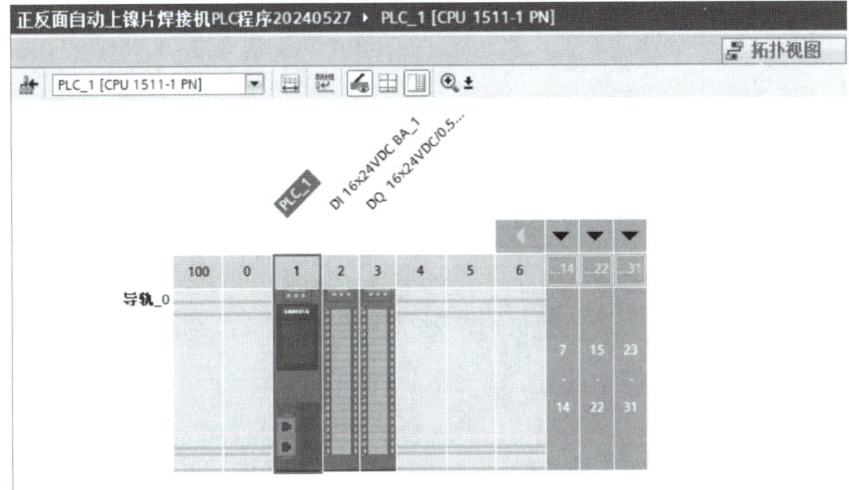

图 14-42 添加 PLC

注意:S7-1200 不能实现与 NX 的联合仿真,所以要添加 S7-1500 CPU。

2. 程序编写

添加“FC1”故障报警程序块、“FC2”启动停止程序块、“FB1”手动自动程序块,并在主程序中调用这三个程序块,如图 14-43 所示。

1) 故障报警

本单元使用了两个伺服电动机驱动焊接单元进行 X 轴和 Z 轴方向的运动,所以故障报警应该包括“急停按钮按下报警”“左极限报警”“右极限报警”“上极限报警”“下极限报警”“X 轴 error 报警”“Z 轴 error 报警”等。

2) 启动/停止

启动与停止程序如图 14-44 所示。

这里使用一个中间变量 M5.0 自锁保持启动状态,手动模式、按“停止”按钮、按“急停”按

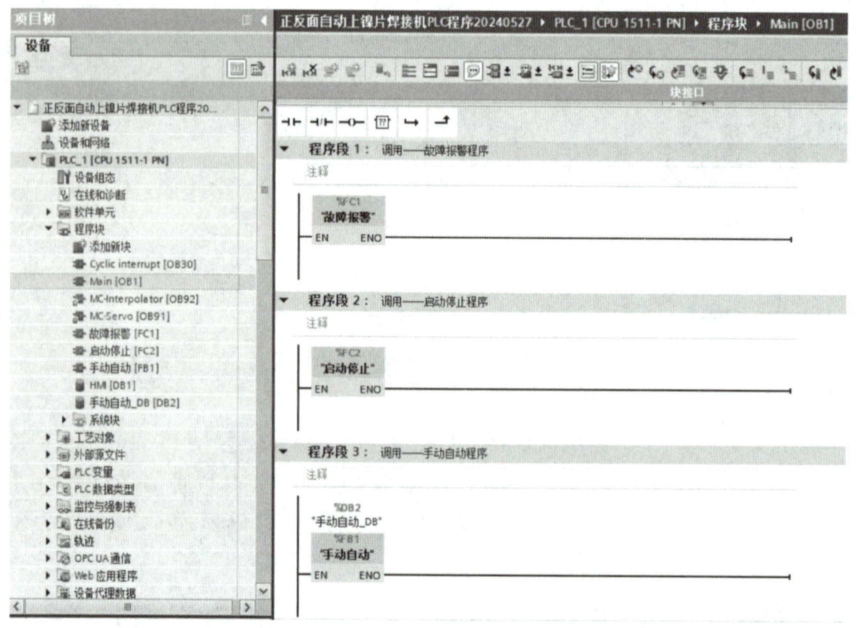

图 14-43　块的调用

图 14-44　启动与停止程序

钮或发生严重故障时，均会触发自锁解除。

3）添加轴

点击“新增工艺对象”，添加两个轴“PositioningAxis_1”和“PositioningAxis_2”，分别控制 X 轴和 Z 轴。添加完成后，需在基本参数选项卡中勾选“虚拟轴”和“激活仿真”两个选项。完成后，在设备和网络界面将 PLC 和两个轴连接起来。

4）手动/自动

按照流程图编写程序，程序分为三个部分：

第一部分为自动程序，分为 13 步；

第二部分为清步，当工作模式切换到手动模式时，立刻停止自动程序，并将所有步全部复位。

第三部分为动作输出，所有的动作输出都有自动和手动两条分支，对应两种工作模式。

5）HMI DB1 数据块

在该数据块中添加如图 14-45 所示的 HMI 变量。

注意：HMI DB1 数据块要在属性选项卡中取消勾选“优化的块访问”，以便后续可以进行绝对寻址。

6）PLC 变量

添加如图 14-46 所示的 PLC 变量。

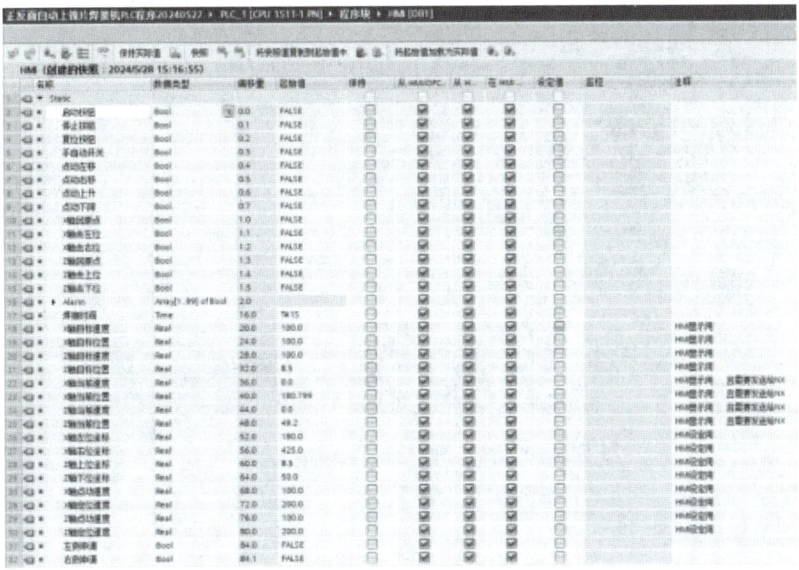

正反面自动上锡片焊接机PLC程序20240527 ▸ PLC_1 [CPU 1511-1 PN] ▸ 程序块 ▸ HMI [DB1]

HMI（创建的快照：2024/5/28 15:16:55）

名称	数据类型	偏移量	起始值	保持	从 HMI/OPC...	从 H...	在 HMI...	设定值	监控	注释
▼ Static				☐	☐	☐	☐	☐		
启动按钮	Bool	0.0	FALSE	☐	☑	☑	☑	☐		
停止按钮	Bool	0.1	FALSE	☐	☑	☑	☑	☐		
复位按钮	Bool	0.2	FALSE	☐	☑	☑	☑	☐		
手自动开关	Bool	0.3	FALSE	☐	☑	☑	☑	☐		
点动左移	Bool	0.4	FALSE	☐	☑	☑	☑	☐		
点动右移	Bool	0.5	FALSE	☐	☑	☑	☑	☐		
点动上升	Bool	0.6	FALSE	☐	☑	☑	☑	☐		
点动下降	Bool	0.7	FALSE	☐	☑	☑	☑	☐		
X轴回原点	Bool	1.0	FALSE	☐	☑	☑	☑	☐		
X轴去左位	Bool	1.1	FALSE	☐	☑	☑	☑	☐		
X轴去右位	Bool	1.2	FALSE	☐	☑	☑	☑	☐		
Z轴回原点	Bool	1.3	FALSE	☐	☑	☑	☑	☐		
Z轴去上位	Bool	1.4	FALSE	☐	☑	☑	☑	☐		
Z轴去下位	Bool	1.5	FALSE	☐	☑	☑	☑	☐		
▸ Alarm	Array[1..99] of Bool	2.0		☐	☑	☑	☑	☐		
焊接时间	Time	16.0	T#1S	☐	☑	☑	☑	☐		
X轴目标速度	Real	20.0	100.0	☐	☑	☑	☑	☐		HMI显示用
X轴目标位置	Real	24.0	100.0	☐	☑	☑	☑	☐		HMI显示用
Z轴目标速度	Real	28.0	100.0	☐	☑	☑	☑	☐		HMI显示用
Z轴目标位置	Real	32.0	8.5	☐	☑	☑	☑	☐		HMI显示用
X轴当前速度	Real	36.0	0.0	☐	☑	☑	☑	☐		HMI显示用　[illegible]
X轴当前位置	Real	40.0	180.799	☐	☑	☑	☑	☐		HMI显示用　[illegible]
Z轴当前速度	Real	44.0	0.0	☐	☑	☑	☑	☐		HMI显示用　[illegible]
Z轴当前位置	Real	48.0	49.2	☐	☑	☑	☑	☐		HMI显示用　[illegible]
X轴左位坐标	Real	52.0	180.0	☐	☑	☑	☑	☐		HMI设定用
X轴右位坐标	Real	56.0	425.0	☐	☑	☑	☑	☐		HMI设定用
Z轴上位坐标	Real	60.0	8.5	☐	☑	☑	☑	☐		HMI设定用
Z轴下位坐标	Real	64.0	50.0	☐	☑	☑	☑	☐		HMI设定用
X轴点动速度	Real	68.0	100.0	☐	☑	☑	☑	☐		HMI设定用
X轴定位速度	Real	72.0	200.0	☐	☑	☑	☑	☐		HMI设定用
Z轴点动速度	Real	76.0	100.0	☐	☑	☑	☑	☐		HMI设定用
Z轴定位速度	Real	80.0	200.0	☐	☑	☑	☑	☐		HMI设定用
左侧申请	Bool	84.0	FALSE	☐	☑	☑	☑	☐		
右侧申请	Bool	84.1	FALSE	☐	☑	☑	☑	☐		

图 14-45　HMI 变量

正反面自动上锡片焊接机PLC程序20240527 ▸ PLC_1 [CPU 1511-1 PN] ▸ PLC 变量 ▸ 默认变量表 [110]

默认变量表

名称	数据类型	地址	保持	…	…	…	监控
Clock_10Hz	Bool	%M0.0	☐	☑	☑	☑	
Clock_5Hz	Bool	%M0.1	☐	☑	☑	☑	
Clock_2.5Hz	Bool	%M0.2	☐	☑	☑	☑	
Clock_2Hz	Bool	%M0.3	☐	☑	☑	☑	
Clock_1.25Hz	Bool	%M0.4	☐	☑	☑	☑	
Clock_1Hz	Bool	%M0.5	☐	☑	☑	☑	
Clock_0.625Hz	Bool	%M0.6	☐	☑	☑	☑	
Clock_0.5Hz	Bool	%M0.7	☐	☑	☑	☑	
X轴原点	Bool	%I0.0	☐	☑	☑	☑	
Z轴原点	Bool	%I0.1	☐	☑	☑	☑	
启动标志	Bool	%M5.0	☐	☑	☑	☑	
急停按钮	Bool	%I1.1	☐	☑	☑	☑	
▸ PositioningAxis_1_Actor_Interf...	"PD_TEL3_IN"	%I46.0	☐	☑	☑	☑	
▸ PositioningAxis_1_Actor_Interf...	"PD_TEL3_OUT"	%Q30.0	☐	☑	☑	☑	
X轴左极限	Bool	%I0.2	☐	☑	☑	☑	
X轴右极限	Bool	%I0.3	☐	☑	☑	☑	
Z轴上极限	Bool	%I0.4	☐	☑	☑	☑	
Z轴下极限	Bool	%I0.5	☐	☑	☑	☑	
▸ PositioningAxis_2_Actor_Interf...	"PD_TEL3_IN"	%I64.0	☐	☑	☑	☑	
▸ PositioningAxis_2_Actor_Interf...	"PD_TEL3_OUT"	%Q40.0	☐	☑	☑	☑	
X轴ERROR(0)	Bool	%M101.0	☐	☑	☑	☑	
X轴ERROR(1)	Bool	%M101.1	☐	☑	☑	☑	
X轴ERROR(2)	Bool	%M101.2	☐	☑	☑	☑	
X轴ERROR(3)	Bool	%M101.3	☐	☑	☑	☑	
Z轴ERROR(0)	Bool	%M102.0	☐	☑	☑	☑	
Z轴ERROR(1)	Bool	%M102.1	☐	☑	☑	☑	
Z轴ERROR(2)	Bool	%M102.2	☐	☑	☑	☑	
Z轴ERROR(3)	Bool	%M102.3	☐	☑	☑	☑	
Z轴ERROR(3)	Bool	%M102.5	☐	☑	☑	☑	
Z轴ERROR(3)	Bool	%M102.3	☐	☑	☑	☑	
焊接继电器	Bool	%Q0.0	☐	☑	☑	☑	
X轴已归位	Bool	%M5.1	☐	☑	☑	☑	
Z轴已归位	Bool	%M5.2	☐	☑	☑	☑	

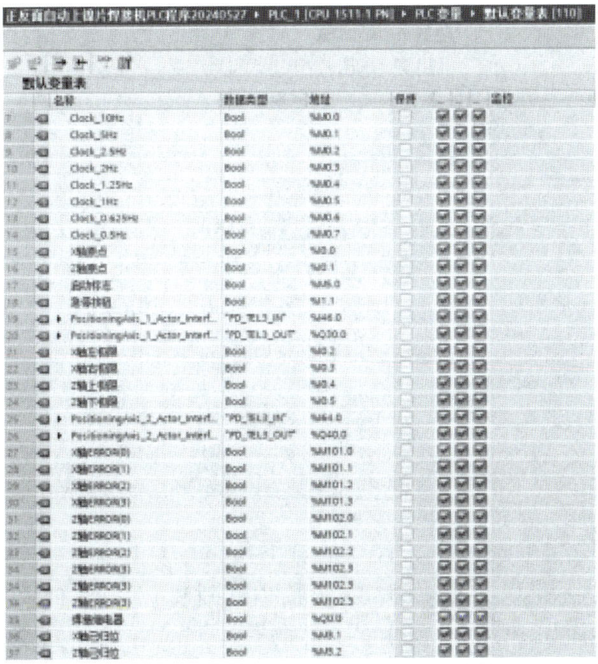

图 14-46　PLC 变量

四、HMI 设计

1. PLC 与 HMI 连接

添加 HMI KTP700 Basic PN，并在设备和网络界面将 PLC 和 HMI 连接起来，如图 14-47 所示。

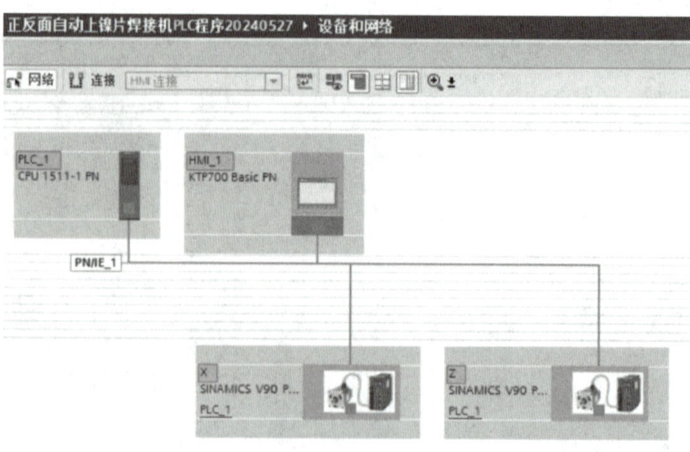

图 14-47　PLC 与 HMI 的连接

2. 添加 HMI 画面

按照任务要求添加 HMI 画面，并在每一个画面中添加需要的元件，如图 14-48 所示。

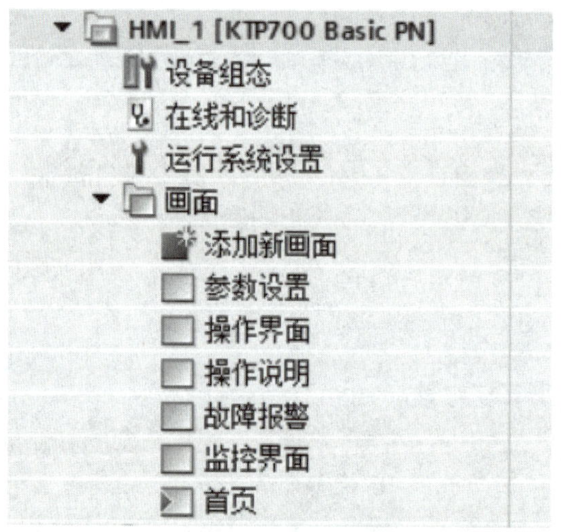

图 14-48　添加 HMI 画面

(1) HMI 首页如图 14-49 所示。首页的右下角指示灯连接 PLC 的 M0.5，当 HMI 与 PLC 成功连接时，该指示灯以 1 Hz 的频率闪烁，以此判断 PLC 与 HMI 是否正常连接。

(2) HMI 监控界面如图 14-50 所示。为了方便监视电动机的位置和速度信息，在监控界面放置了多个指示灯和 I/O 域。例如，当焊接单元到达左侧焊接点位时，左极限和下极限原型指示灯，I/O 域用于显示两个轴的目标速度、目标位置、当前速度和当前位置。

(3) HMI 操作界面如图 14-51 所示。该界面放置了一个“手动/自动”选择开关和“点动左移”“点动右移”“去左位”等 10 个按钮，还添加了“左侧申请”和“右侧申请”按钮，用于模拟左侧焊接点位和右侧焊接点位上料并发出申请。

(4) HMI 参数设置界面如图 14-52 所示。该界面放置了连接两个轴坐标和速度的 I/O 域，用于设置两个焊接点位的位置和轴的点动、定位速度，还提供了焊接时间的设置窗口。

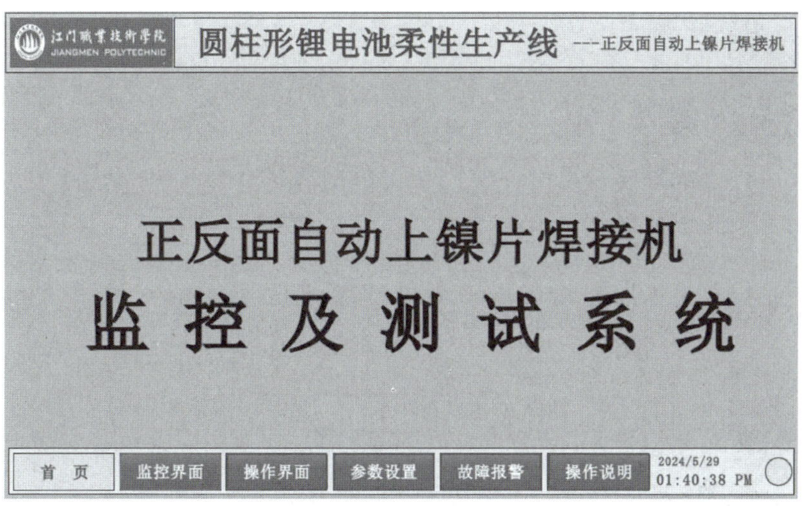

图 14-49 HMI 首页

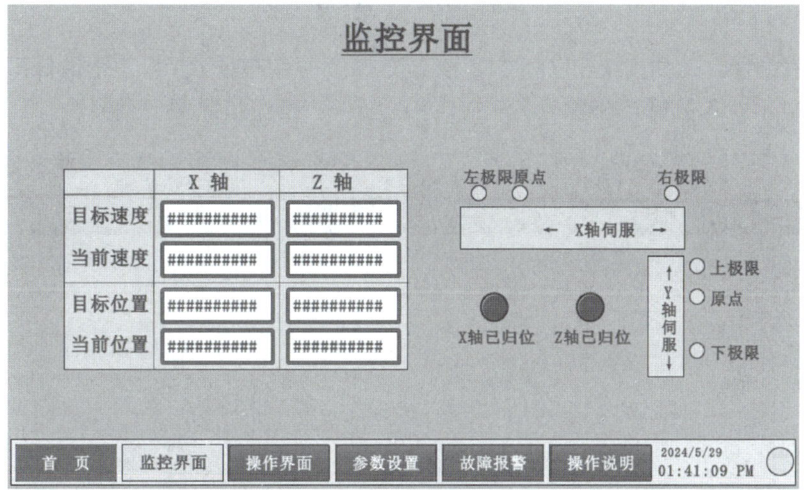

图 14-50 HMI 监控界面

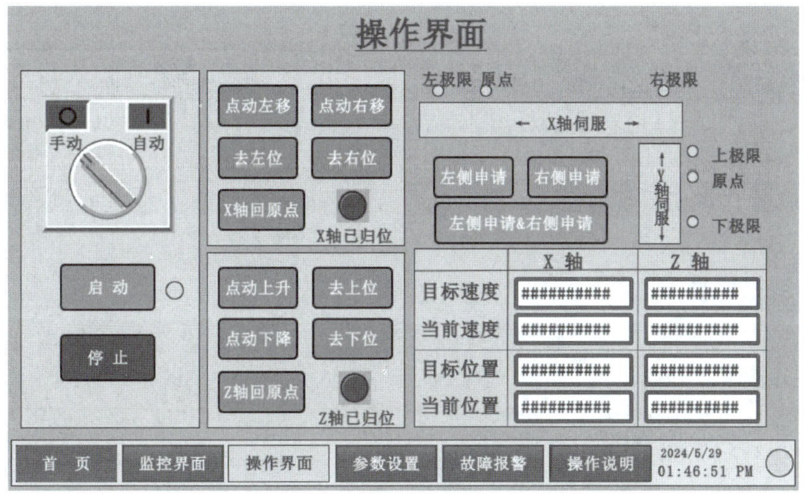

图 14-51 HMI 操作界面

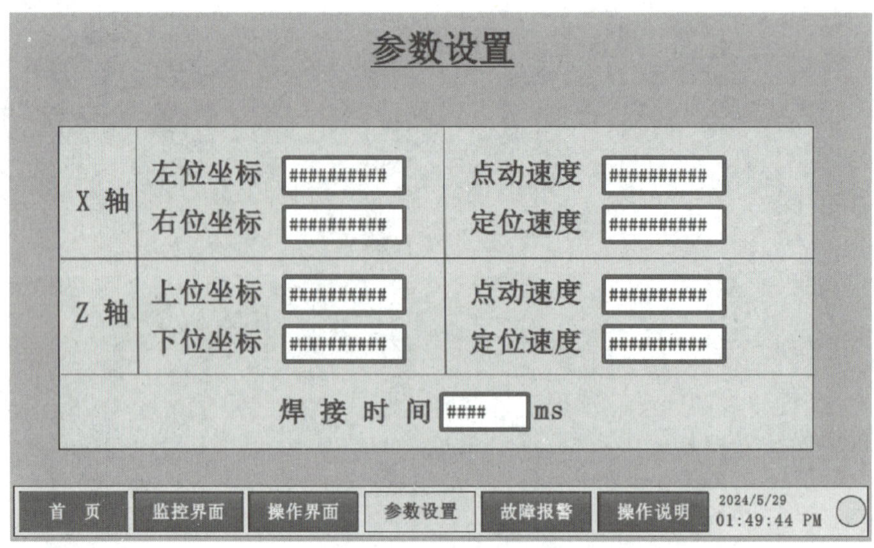

图 14-52　HMI 参数设置界面

（5）故障报警界面如图 14-53 所示。该界面放置一个报警视图，发生故障时，故障信息以列表形式显示。若故障已排除，可按右上角的“复位”按钮消除报警信息。

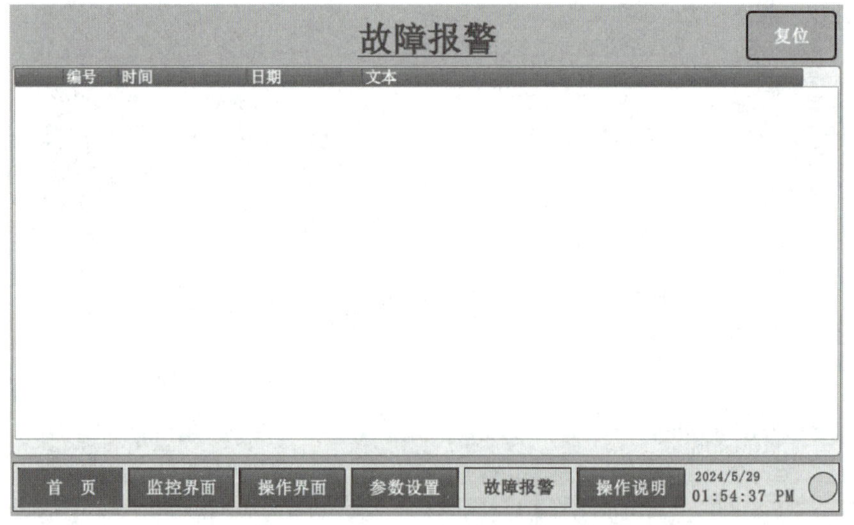

图 14-53　HMI 故障报警界面

（6）HMI 操作说明界面如图 14-54 所示。该界面简要说明了设备的操作步骤及注意事项。

3. HMI 变量添加

打开 PLC 变量页面，点击“显示所有变量”，将所需要的变量选中后拖动到 HMI 变量中，即可完成 HMI 变量的添加，如图 14-55 所示。

五、NX 与博途的联合仿真

按照以下步骤实现 NX 与博途的联合仿真。

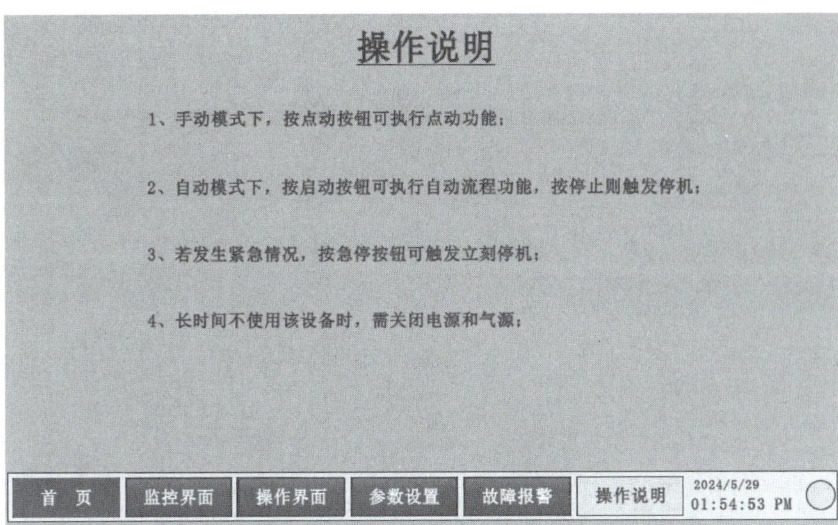

图 14-54 HMI 操作说明界面

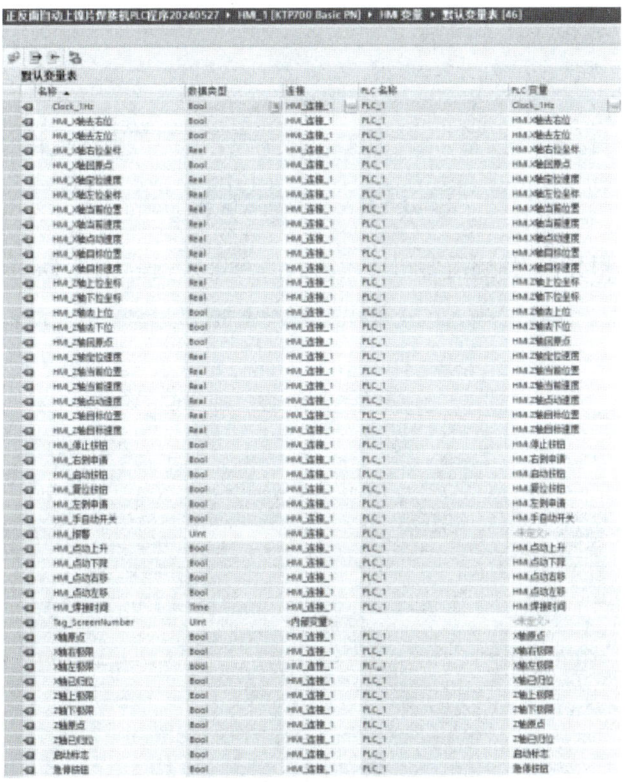

正反面自动上镍片焊接机PLC程序20240527 ▸ HMI_1 [KTP700 Basic PN] ▸ HMI 变量 ▸ 默认变量表 [46]

默认变量表

名称 ▲	数据类型	连接	PLC 名称	PLC 变量
Clock_1Hz	Bool	HMI_连接_1	PLC_1	Clock_1Hz
HMI_X轴去右位	Bool	HMI_连接_1	PLC_1	HMI.X轴去右位
HMI_X轴去左位	Bool	HMI_连接_1	PLC_1	HMI.X轴去左位
HMI_X轴右位坐标	Real	HMI_连接_1	PLC_1	HMI.X轴右位坐标
HMI_X轴回原点	Bool	HMI_连接_1	PLC_1	HMI.X轴回原点
HMI_X轴定位速度	Real	HMI_连接_1	PLC_1	HMI.X轴定位速度
HMI_X轴左位坐标	Real	HMI_连接_1	PLC_1	HMI.X轴左位坐标
HMI_X轴当前位置	Real	HMI_连接_1	PLC_1	HMI.X轴当前位置
HMI_X轴当前速度	Real	HMI_连接_1	PLC_1	HMI.X轴当前速度
HMI_X轴点动速度	Real	HMI_连接_1	PLC_1	HMI.X轴点动速度
HMI_X轴目标位置	Real	HMI_连接_1	PLC_1	HMI.X轴目标位置
HMI_X轴目标速度	Real	HMI_连接_1	PLC_1	HMI.X轴目标速度
HMI_Z轴上位坐标	Real	HMI_连接_1	PLC_1	HMI.Z轴上位坐标
HMI_Z轴下位坐标	Real	HMI_连接_1	PLC_1	HMI.Z轴下位坐标
HMI_Z轴去上位	Bool	HMI_连接_1	PLC_1	HMI.Z轴去上位
HMI_Z轴去下位	Bool	HMI_连接_1	PLC_1	HMI.Z轴去下位
HMI_Z轴回原点	Bool	HMI_连接_1	PLC_1	HMI.Z轴回原点
HMI_Z轴定位速度	Real	HMI_连接_1	PLC_1	HMI.Z轴定位速度
HMI_Z轴当前位置	Real	HMI_连接_1	PLC_1	HMI.Z轴当前位置
HMI_Z轴当前速度	Real	HMI_连接_1	PLC_1	HMI.Z轴当前速度
HMI_Z轴点动速度	Real	HMI_连接_1	PLC_1	HMI.Z轴点动速度
HMI_Z轴目标位置	Real	HMI_连接_1	PLC_1	HMI.Z轴目标位置
HMI_Z轴目标速度	Real	HMI_连接_1	PLC_1	HMI.Z轴目标速度
HMI_停止按钮	Bool	HMI_连接_1	PLC_1	HMI.停止按钮
HMI_右侧申请	Bool	HMI_连接_1	PLC_1	HMI.右侧申请
HMI_启动按钮	Bool	HMI_连接_1	PLC_1	HMI.启动按钮
HMI_复位按钮	Bool	HMI_连接_1	PLC_1	HMI.复位按钮
HMI_左侧申请	Bool	HMI_连接_1	PLC_1	HMI.左侧申请
HMI_手自动开关	Bool	HMI_连接_1	PLC_1	HMI.手自动开关
HMI_报警	UInt	HMI_连接_1	PLC_1	<未定义>
HMI_点动上升	Bool	HMI_连接_1	PLC_1	HMI.点动上升
HMI_点动下降	Bool	HMI_连接_1	PLC_1	HMI.点动下降
HMI_点动右移	Bool	HMI_连接_1	PLC_1	HMI.点动右移
HMI_点动左移	Bool	HMI_连接_1	PLC_1	HMI.点动左移
HMI_焊接时间	Time	HMI_连接_1	PLC_1	HMI.焊接时间
Tag_ScreenNumber	UInt	<内部变量>		<未定义>
X轴原点	Bool	HMI_连接_1	PLC_1	X轴原点
X轴右极限	Bool	HMI_连接_1	PLC_1	X轴右极限
X轴左极限	Bool	HMI_连接_1	PLC_1	X轴左极限
X轴已归位	Bool	HMI_连接_1	PLC_1	X轴已归位
Z轴上极限	Bool	HMI_连接_1	PLC_1	Z轴上极限
Z轴下极限	Bool	HMI_连接_1	PLC_1	Z轴下极限
Z轴原点	Bool	HMI_连接_1	PLC_1	Z轴原点
Z轴已归位	Bool	HMI_连接_1	PLC_1	Z轴已归位
启动标志	Bool	HMI_连接_1	PLC_1	启动标志
急停按钮	Bool	HMI_连接_1	PLC_1	急停按钮

图 14-55 HMI 变量添加

(1) 打开并设置 S7-PLCSIM Advanced。

(2) 下载 PLC 和 HMI 程序，并将 PLC 转至在线。

(3) 在 NX 端打开外部信号配置界面，添加在 Advanced 中打开的实例。区域选择 IOM，点击“更新标记”，勾选需要关联的变量，如图 14-56 所示。

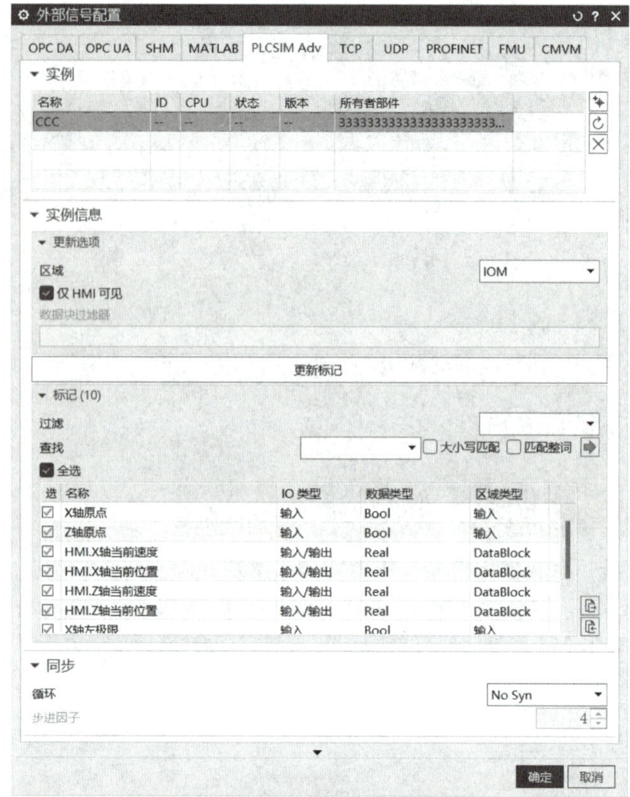

图 14-56　外部信号配置

（4）打开信号映射界面，找到需要与博途关联的变量并点击“信号映射”，如图 14-57 所示。

图 14-57　信号映射

(5) 联合调试：

① 在 NX 端点击“播放”按钮；

② 在博途端将“急停”按钮强制为“true”；

③ 在 HMI 操作界面将工作模式切换为“手动”，点击两个轴的“回原点”按钮，观察 NX 端焊接单元的运动状态；

④ 在 HMI 操作界面将工作模式切换为“自动”，点击“左侧申请”或“右侧申请”按钮，观察 NX 端焊接单元的运动状况、监控指示灯的亮灭状态及速度、位置数值变化；

⑤ 在 HMI 参数设置界面修改两个轴的参数，观察 NX 端焊接单元的运动状况、监控指示灯的亮灭状态及速度、位置数值变化；

⑥ 点击“停止”按钮或切换“手动/自动”选择开关，观察 NX 端焊接单元的运动状况、监控指示灯的亮灭状态及速度、位置数值变化。

14.4 打螺丝焊锡单元虚拟仿真

一、任务目标

控制升降气缸、夹爪气缸、横移 1 气缸、横移 2 气缸，实现以下任务目标：

(1) 自动工作模式下，可自动将电池组搬运至 OK 皮带或 NG 皮带。

(2) 手动工作模式下，可手动执行上升、下降、夹紧、松开、去取料位、去 OK 放料位、去 NG 放料位等动作。

(3) 对电磁阀和磁性开关进行监控。

(4) 以列表形式显示当前故障报警信息。

二、绘制流程图

根据任务目标绘制自动控制部分的流程图，如图 14-58 所示。

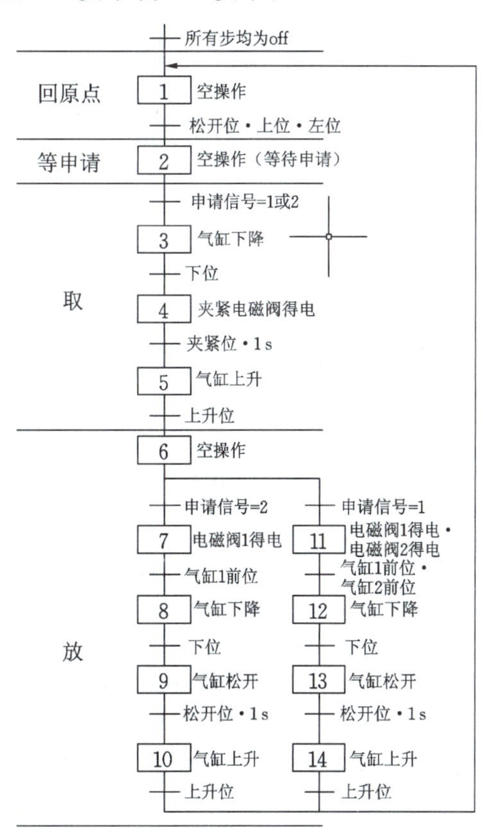

图 14-58 流程图

(1) 所有步均为 off 时，进入第 1 步空操作；

(2) 气缸处于松开位、上位、左位时，进入第 2 步，等待申请；

(3) 申请信号等于 1 或 2 时，进入第 3 步，气缸下降；

(4) 气缸到达下位后，进入第 4 步，夹紧电磁阀得电；

(5) 夹紧气缸到达夹紧位且延时 1 s 时，进入第 5 步，气缸上升；

(6) 升降气缸达到上升位后，进入第 6 步，空操作；

(7) 申请信号等于 1 时，进入第 11 步；申请信号等于 2 时，进入第 7 步；

(8) 第 7～10 步，执行左侧放料；第 11～14 步，执行右侧放料；

(9) 左侧或右侧放料完成后，则返回第 1 步。

三、PLC 编程

微课视频

1. 添加 PLC

添加 S7-1500 CPU 1511-1 PN，如图 14-59 所示。

在连接机制选项卡中勾选“允许来自远程对象的 PUT/GET 通信访问”，在系统与时钟存储器选项卡中勾选“启用系统存储器字节”和“启用时钟存储器字节”，在以太网地址选项卡中设置 PLC 的 IP 地址与子网掩码。

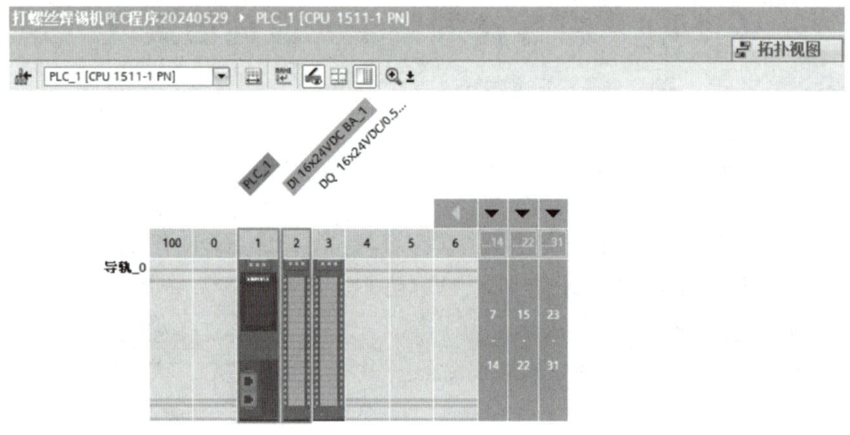

图 14-59 添加 PLC

注意：S7-1200 不能实现与 NX 的联合仿真，所以要添加 S7-1500 CPU。

2. 程序编写

添加“FC1”故障报警程序块、“FC2”启动停止程序块、“FB1”手动自动程序块，并在主程序中调用这三个程序块，如图 14-60 所示。

1) 故障报警

本单元使用了 4 个气缸，所以故障报警应该包括“急停按钮按下报警”“升降气缸程序开关异常报警”“夹爪气缸程序开关异常报警”“横移 1 气缸程序开关异常报警”“横移 2 气缸程序开关异常报警”“升降气缸动作超时报警”“夹爪气缸动作超时报警”“横移 1 气缸动作超时报警”“横移 2 气缸动作超时报警”等。

2) 启动/停止

启动与停止程序如图 14-61 所示。

这里使用一个中间变量 M5.0 自锁保持启动状态，手动模式、按“停止”按钮、按“急停”按钮或发生严重故障时，均会触发自锁解除。

3) 手动/自动

按照流程图编写程序，程序分为三个部分：

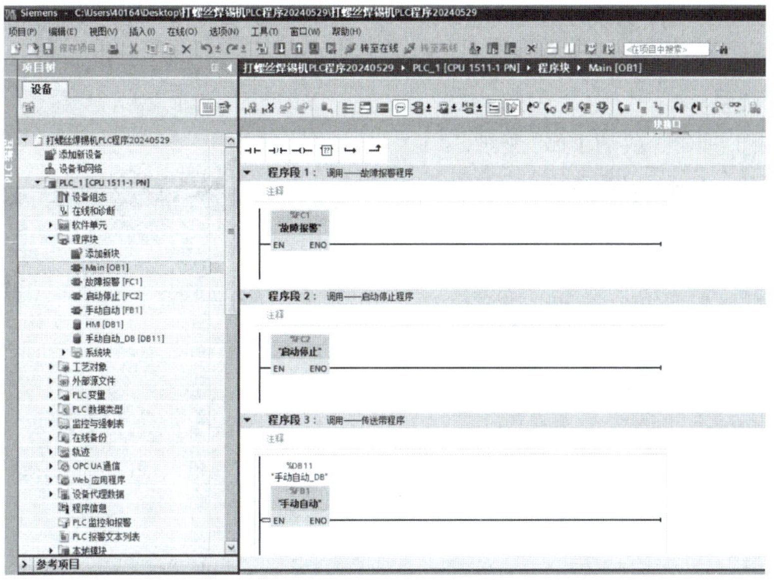

图 14-60　块的调用

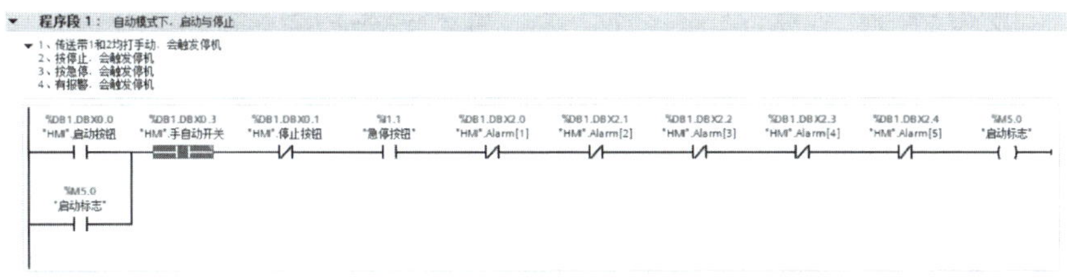

图 14-61　启动与停止程序

第一部分为自动程序，分为 14 步；

第二部分为清步，当工作模式切换到手动模式时，立刻停止自动程序，并将所有步全部复位。

第三部分为动作输出，所有的动作输出都有自动和手动两条分支，对应两种工作模式。

4）HMI DB1 数据块

在该数据块中添加如图 14-62 所示的 HMI 变量。

打螺丝焊锡机PLC程序20240529 ▸ PLC_1 [CPU 1511-1 PN] ▸ 程序块 ▸ HMI [DB1]

保持实际值　快照　将快照值复制到起始值中　将起始值加载为实际值

HMI

	名称	数据类型	偏移量	起始值	保持	从 HMI/OPC...	从 H...	在 HMI ...	设定值
1	▼ Static				☐	☐	☐	☐	☐
2	启动按钮	Bool	0.0	false	☐	☑	☑	☑	☐
3	停止按钮	Bool	0.1	false	☐	☑	☑	☑	☐
4	复位按钮	Bool	0.2	false	☐	☑	☑	☑	☐
5	手自动开关	Bool	0.3	false	☐	☑	☑	☑	☐
6	下降	Bool	0.4	false	☐	☑	☑	☑	☐
7	上升	Bool	0.5	false	☐	☑	☑	☑	☐
8	夹紧	Bool	0.6	false	☐	☑	☑	☑	☐
9	松开	Bool	0.7	false	☐	☑	☑	☑	☐
10	横移至取料位	Bool	1.0	false	☐	☑	☑	☑	☐
11	横移至NG放料位	Bool	1.1	false	☐	☑	☑	☑	☐
12	横移至OK放料位	Bool	1.2	false	☐	☑	☑	☑	☐
13	皮带运行	Bool	1.3	false	☐	☑	☑	☑	☐
14	▸ Alarm	Array[1..99] of Bool	2.0		☐	☑	☑	☑	☐
15	取料延时	Time	16.0	T#1s	☐	☑	☑	☑	☐
16	放料延时	Time	20.0	T#1s	☐	☑	☑	☑	☐
17	申请	Int	24.0	0	☐	☑	☑	☑	☐

图 14-62　HMI 变量

注意：HMI DB1 数据块要在属性选项卡中取消勾选“优化的块访问”，以便后续可以进行绝对寻址。

5）PLC 变量

添加如图 14-63 所示的 PLC 变量。

打螺丝焊锡机PLC程序20240529 ▸ PLC_1 [CPU 1511-1 PN] ▸ PLC变量 ▸ 默认变量表 [77]

默认变量表

	名称	数据类型	地址	保持	从 H...	从 H...	在 H...	监控
1	System_Byte	Byte	%MB1	☐	☑	☑	☑	
2	FirstScan	Bool	%M1.0	☐	☑	☑	☑	
3	DiagStatusUpdate	Bool	%M1.1	☐	☑	☑	☑	
4	AlwaysTRUE	Bool	%M1.2	☐	☑	☑	☑	
5	AlwaysFALSE	Bool	%M1.3	☐	☑	☑	☑	
6	Clock_Byte	Byte	%MB0	☐	☑	☑	☑	
7	Clock_10Hz	Bool	%M0.0	☐	☑	☑	☑	
8	Clock_5Hz	Bool	%M0.1	☐	☑	☑	☑	
9	Clock_2.5Hz	Bool	%M0.2	☐	☑	☑	☑	
10	Clock_2Hz	Bool	%M0.3	☐	☑	☑	☑	
11	Clock_1.25Hz	Bool	%M0.4	☐	☑	☑	☑	
12	Clock_1Hz	Bool	%M0.5	☐	☑	☑	☑	
13	Clock_0.625Hz	Bool	%M0.6	☐	☑	☑	☑	
14	Clock_0.5Hz	Bool	%M0.7	☐	☑	☑	☑	
15	升降气缸_上位	Bool	%I0.0	☐	☑	☑	☑	
16	升降气缸_下位	Bool	%I0.1	☐	☑	☑	☑	
17	升降气缸_电磁阀	Bool	%Q0.0	☐	☑	☑	☑	
18	夹爪气缸_电磁阀	Bool	%Q0.1	☐	☑	☑	☑	
19	启动标志	Bool	%M5.0	☐	☑	☑	☑	
20	急停按钮	Bool	%I1.1	☐	☑	☑	☑	
21	夹爪气缸_松开位	Bool	%I0.2	☐	☑	☑	☑	
22	夹爪气缸_夹紧位	Bool	%I0.3	☐	☑	☑	☑	
23	横移气缸1_前位	Bool	%I0.4	☐	☑	☑	☑	
24	横移气缸1_后位	Bool	%I0.5	☐	☑	☑	☑	
25	横移气缸2_前位	Bool	%I0.6	☐	☑	☑	☑	
26	横移气缸2_后位	Bool	%I0.7	☐	☑	☑	☑	
27	横移气缸1_电磁阀	Bool	%Q0.2	☐	☑	☑	☑	
28	横移气缸2_电磁阀	Bool	%Q0.3	☐	☑	☑	☑	

图 14-63　PLC 变量

四、HMI 设计

1. PLC 与 HMI 连接

添加 HMI KTP700 Basic PN，并在设备和网络界面将 PLC 和 HMI 连接起来，如图 14-64 所示。

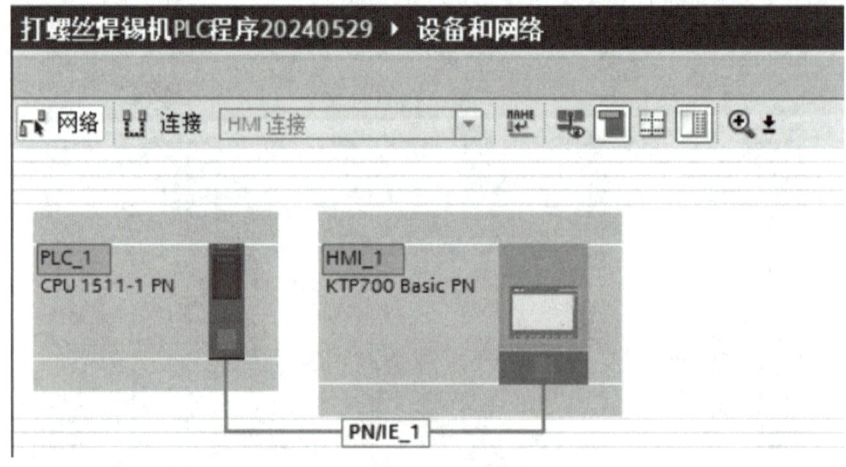

图 14-64　PLC 与 HMI 的连接

2. 添加 HMI 画面

按照任务要求添加 HMI 画面，并在每一个画面中添加需要的元件，如图 14-65 所示。

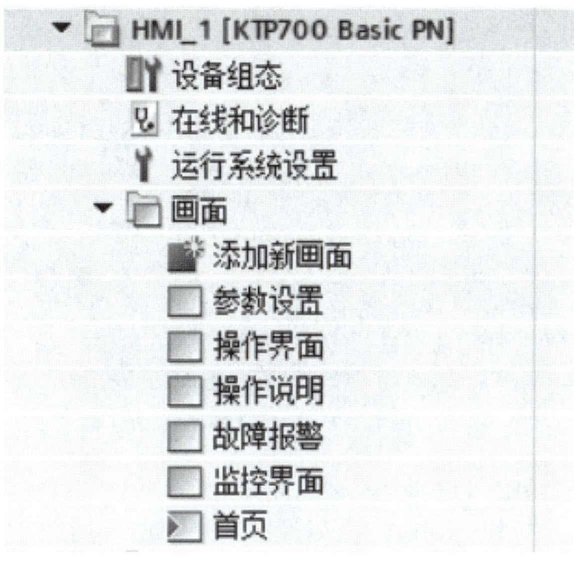

图 14-65 添加 HMI 画面

(1) HMI 首页如图 14-66 所示。首页的右下角指示灯连接 PLC 的 M0.5，当 HMI 与 PLC 成功连接时，该指示灯以 1 Hz 的频率闪烁，以此判断 PLC 与 HMI 是否正常连接。

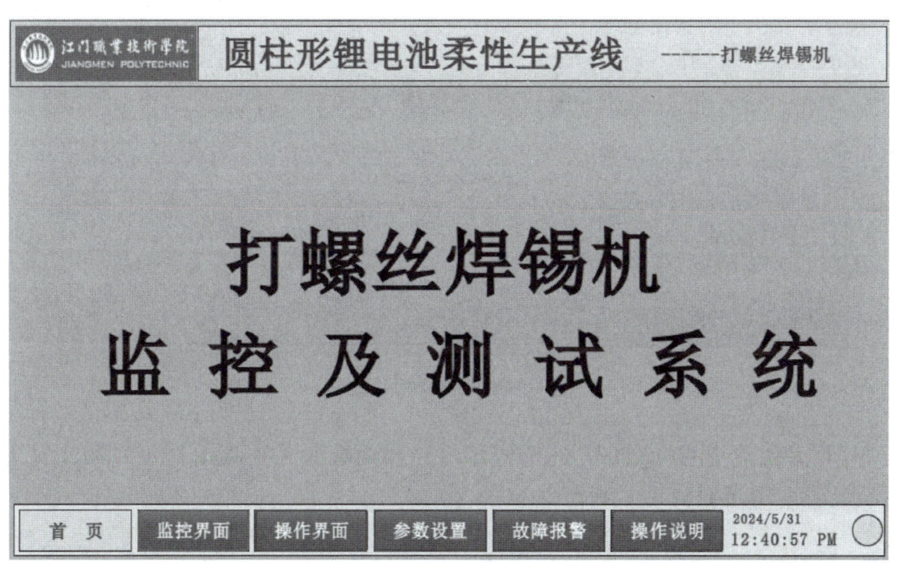

图 14-66 HMI 首页

(2) HMI 监控界面如图 14-67 所示。为了方便监视气缸的动作和位置信息，在监控界面放置了多个指示灯。例如，当气缸处在 NG 出料位时，横移 1 气缸的圆形后位指示灯和方形前进阀指示灯及升降气缸的圆形下位指示灯和方形下降阀指示灯亮起。

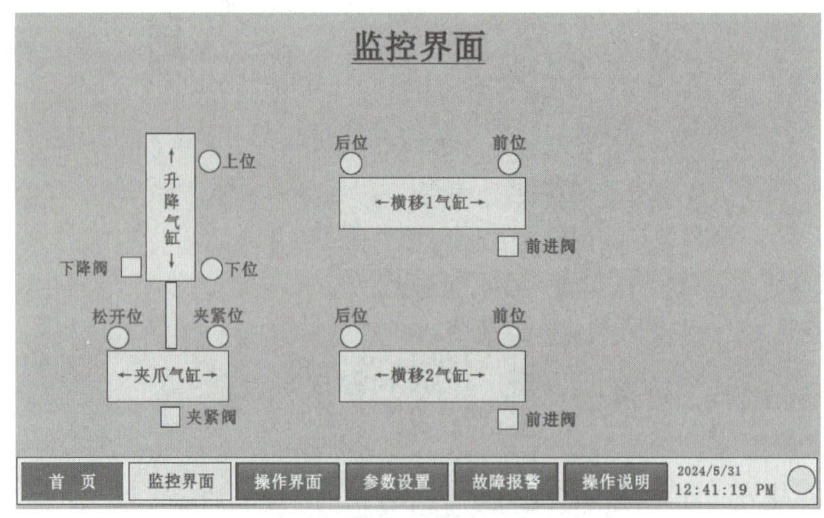

图 14-67 HMI 监控界面

(3) HMI 操作界面如图 14-68 所示。该界面放置了一个“手动/自动”选择开关和“上升”“下降”“夹紧”等 7 个按钮，还添加了可以发出两种不同申请信号的 I/O 域。

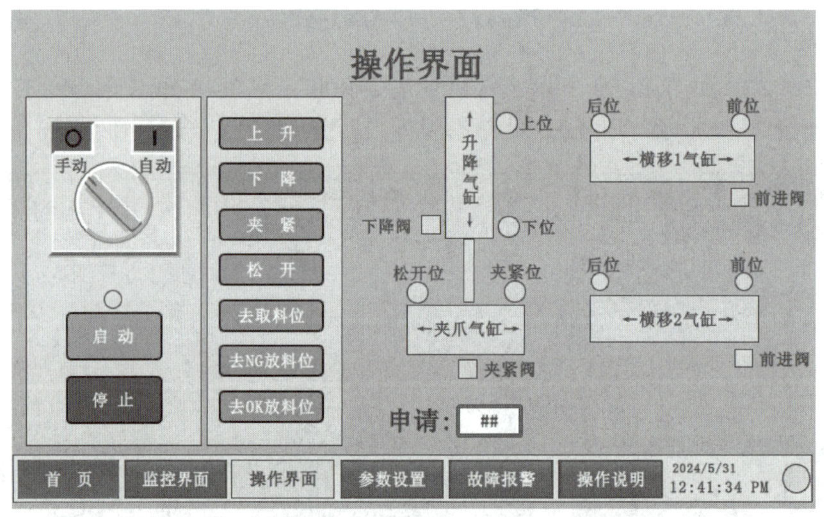

图 14-68 HMI 操作界面

(4) HMI 参数设置界面如图 14-69 所示。该界面放置了连接取料延时和放料延时的 I/O 域，用于设置取料延时值和放料延时值。

(5) HMI 故障报警界面如图 14-70 所示。该界面放置一个报警视图，发生故障时，故障信息以列表形式显示。若故障已排除，可按右上角的“复位”按钮消除报警信息。

(6) HMI 操作说明界面如图 14-71 所示。该界面简要说明了设备的操作步骤及注意事项。

3. HMI 变量添加

打开 PLC 变量页面，点击“显示所有变量”，将所需要的变量选中后拖动到 HMI 变量中，即可完成 HMI 变量的添加，如图 14-72 所示。

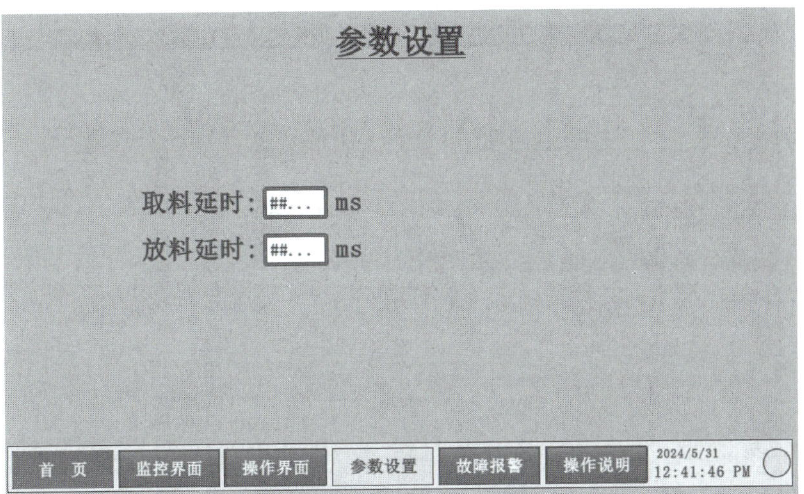

图 14-69 HMI 参数设置界面

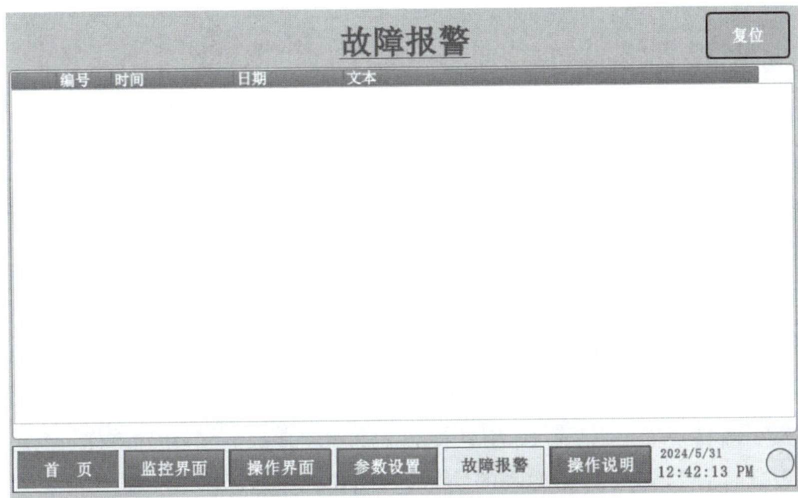

图 14-70 HMI 故障报警界面

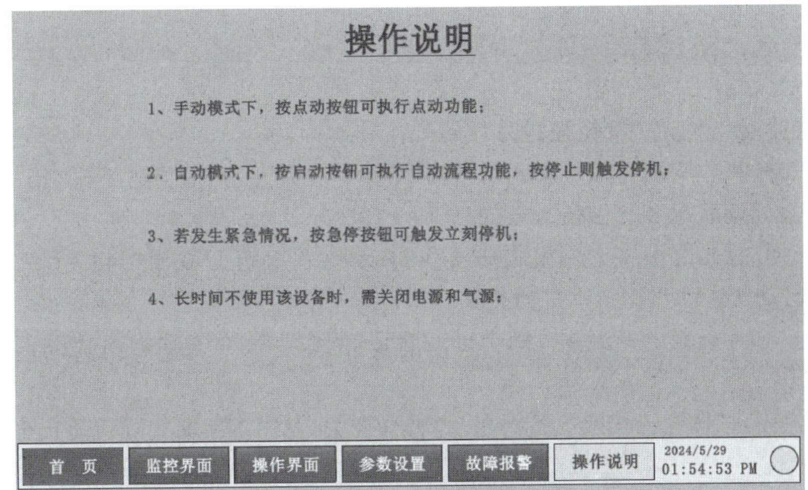

图 14-71 HMI 操作说明界面

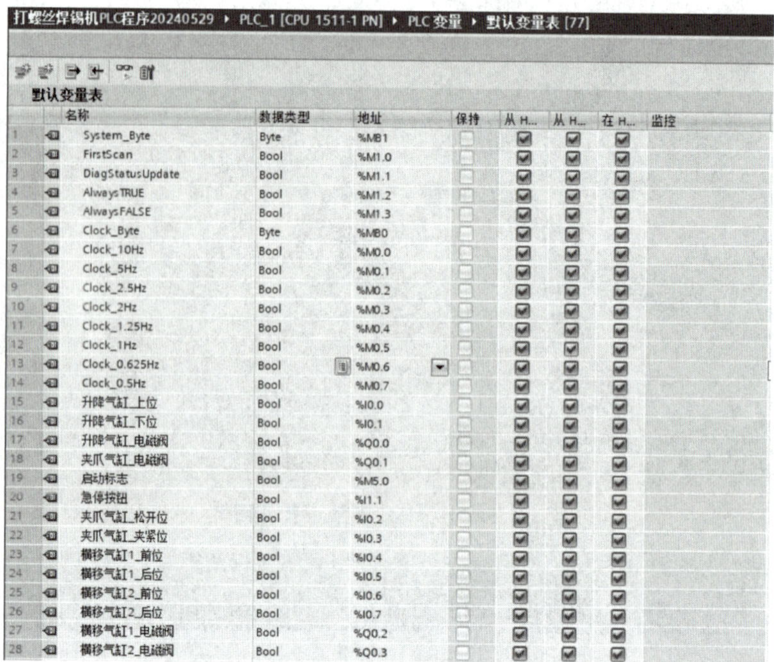
打螺丝焊锡机PLC程序20240529 ▸ PLC_1 [CPU 1511-1 PN] ▸ PLC变量 ▸ 默认变量表 [77]

默认变量表

	名称	数据类型	地址	保持	从 H...	从 H...	在 H...	监控
1	System_Byte	Byte	%MB1	☐	☑	☑	☑	
2	FirstScan	Bool	%M1.0	☐	☑	☑	☑	
3	DiagStatusUpdate	Bool	%M1.1	☐	☑	☑	☑	
4	AlwaysTRUE	Bool	%M1.2	☐	☑	☑	☑	
5	AlwaysFALSE	Bool	%M1.3	☐	☑	☑	☑	
6	Clock_Byte	Byte	%MB0	☐	☑	☑	☑	
7	Clock_10Hz	Bool	%M0.0	☐	☑	☑	☑	
8	Clock_5Hz	Bool	%M0.1	☐	☑	☑	☑	
9	Clock_2.5Hz	Bool	%M0.2	☐	☑	☑	☑	
10	Clock_2Hz	Bool	%M0.3	☐	☑	☑	☑	
11	Clock_1.25Hz	Bool	%M0.4	☐	☑	☑	☑	
12	Clock_1Hz	Bool	%M0.5	☐	☑	☑	☑	
13	Clock_0.625Hz	Bool	%M0.6	☐	☑	☑	☑	
14	Clock_0.5Hz	Bool	%M0.7	☐	☑	☑	☑	
15	升降气缸_上位	Bool	%I0.0	☐	☑	☑	☑	
16	升降气缸_下位	Bool	%I0.1	☐	☑	☑	☑	
17	升降气缸_电磁阀	Bool	%Q0.0	☐	☑	☑	☑	
18	夹爪气缸_电磁阀	Bool	%Q0.1	☐	☑	☑	☑	
19	启动标志	Bool	%M5.0	☐	☑	☑	☑	
20	急停按钮	Bool	%I1.1	☐	☑	☑	☑	
21	夹爪气缸_松开位	Bool	%I0.2	☐	☑	☑	☑	
22	夹爪气缸_夹紧位	Bool	%I0.3	☐	☑	☑	☑	
23	横移气缸1_前位	Bool	%I0.4	☐	☑	☑	☑	
24	横移气缸1_后位	Bool	%I0.5	☐	☑	☑	☑	
25	横移气缸2_前位	Bool	%I0.6	☐	☑	☑	☑	
26	横移气缸2_后位	Bool	%I0.7	☐	☑	☑	☑	
27	横移气缸1_电磁阀	Bool	%Q0.2	☐	☑	☑	☑	
28	横移气缸2_电磁阀	Bool	%Q0.3	☐	☑	☑	☑	

图 14-72　HMI 变量添加

五、NX 与博途的联合仿真

按照以下步骤实现 NX 与博途的联合仿真。

（1）打开并设置 S7-PLCSIM Advanced。

（2）下载 PLC 和 HMI 程序，并将 PLC 转至在线。

（3）在 NX 端打开外部信号配置界面，添加在 Advanced 中打开的实例。区域选择 IOM，点击“更新标记”，勾选需要关联的变量，如图 14-73 所示。

（4）打开信号映射界面，找到需要与博途关联的变量并点击“信号映射”，如图 14-74 所示。

（5）联合调试：

① 在 NX 端点击“播放”按钮；

② 在博途端将“急停”按钮强制为“true”；

③ 在 HMI 操作界面将工作模式切换为“手动”，分别点击“上升”“下降”等 7 个按钮，观察 NX 端气缸运动状况和监控指示灯的亮灭；

④ 在 HMI 操作界面将工作模式切换为“自动”，在申请 I/O 域中输入“1”或“2”，观察 NX 端气缸运动状态和监控指示灯的亮灭；

⑤ 在 HMI 参数设置界面修改两个延时参数，观察 NX 端气缸运动状态和监控指示灯的亮灭状态；

⑥ 点击“停止”按钮或切换“手动/自动”选择开关，观察 NX 端气缸运动状态和监控指示灯的亮灭状态。

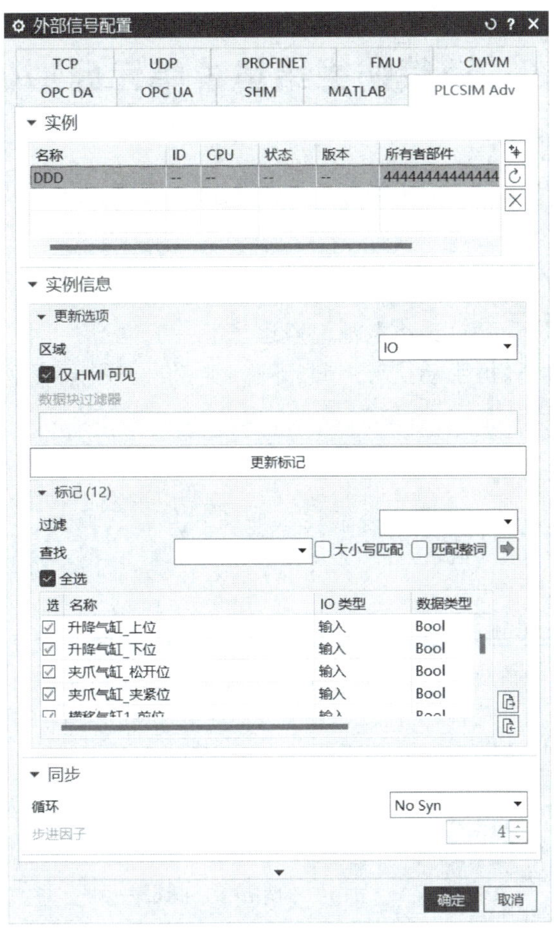

图 14-73 外部信号配置

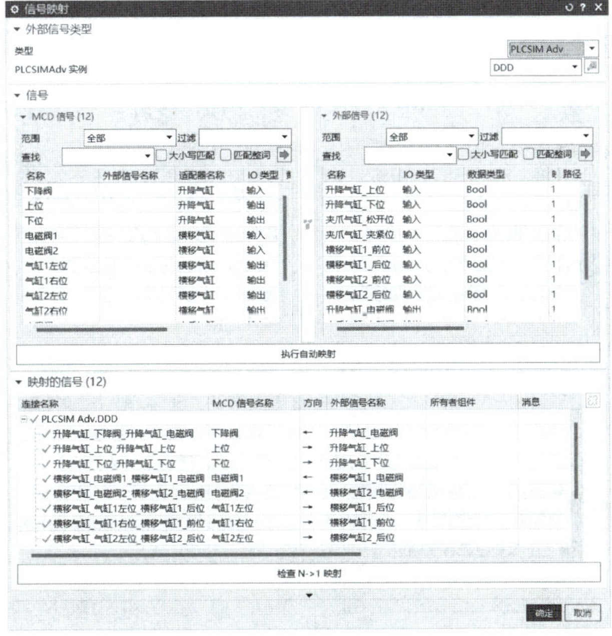

图 14-74 信号映射

14.5 点胶贴绝缘垫片单元虚拟仿真

一、任务目标

控制三等臂机械手抓取电池组，实现以下任务目标：

(1) 自动工作模式下，可自动将电池组搬运至下一工位。

(2) 手动工作模式下，可手动执行上升、下降、夹紧、松开、点动左移、点动右移、去左位、去右位等动作。

(3) 对电磁阀和磁性开关进行监控。

(4) 以列表形式显示当前故障报警信息。

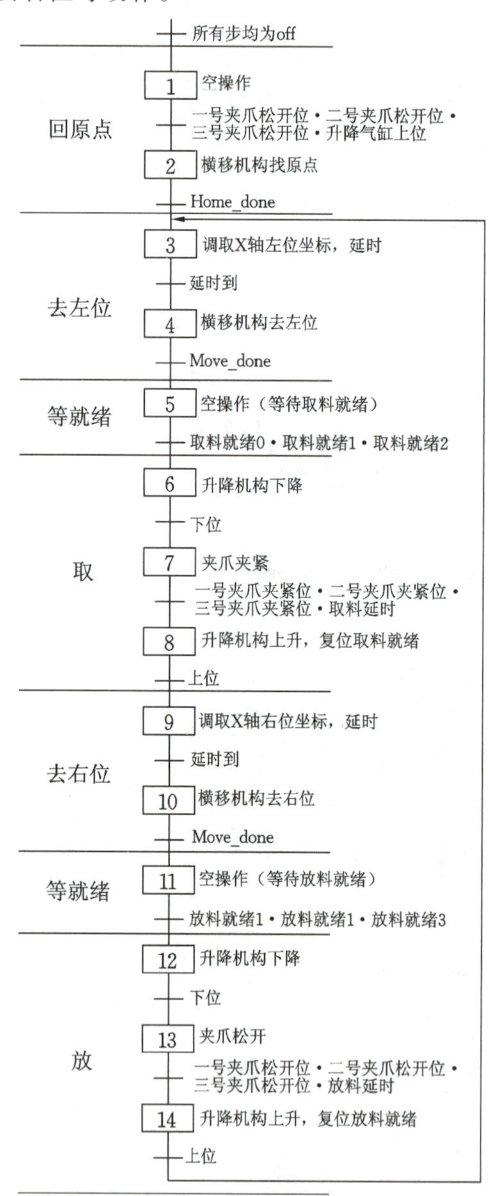

图 14-75 流程图

二、绘制流程图

根据任务目标绘制自动控制部分的流程图，如图 14-75 所示。

(1) 所有步均为 off 时，进入第 1 步，空操作；

(2) 一号夹爪、二号夹爪、三号夹爪均处于松开位，且升降气缸处于上位时，进入第 2 步，横移机构找原点；

(3) 横移机构找到原点后，进入第 3 步，调取 X 轴左位坐标；

(4) 调取 X 轴左位坐标后，进入第 4 步，横移机构去左位；

(5) 横移机构到达左位后，进入第 5 步，等待取料就绪；

(6) 取料就绪 0、取料就绪 1、取料就绪 2 均为 on 时，进入第 6 步，升降机构下降；

(7) 升降机构到达下位后，进入第 7 步，夹爪夹紧；

(8) 一号夹爪、二号夹爪、三号夹爪均处于夹紧位时，进入第 8 步，升降机构上升；

(9) 升降机构到达上位后，进入第 9 步，调取 X 轴右位坐标；

(10) 调取 X 轴右位坐标后，进入第 10 步，横移机构去右位；

(11) 横移机构到达右位后，进入第 11 步，等待放料就绪；

(12) 放料就绪 1、放料就绪 2、放料就绪 3 均为 on 时，进入第 12 步，升降机构下降；
(13) 升降机构到达下位后，进入第 13 步，夹爪松开；
(14) 一号夹爪、二号夹爪、三号夹爪均处于松开位时，进入第 14 步，升降机构上升；
(15) 升降机构到达上位后，则跳转至第 3 步。

三、PLC 编程

微课视频

1. 添加 PLC

添加 S7-1500 CPU 1511-1 PN，如图 14-76 所示。

在连接机制选项卡中勾选“允许来自远程对象的 PUT/GET 通信访问”，在系统与时钟存储器选项卡中勾选“启用系统存储器字节”和“启用时钟存储器字节”，在以太网地址选项卡中设置 PLC 的 IP 地址与子网掩码。

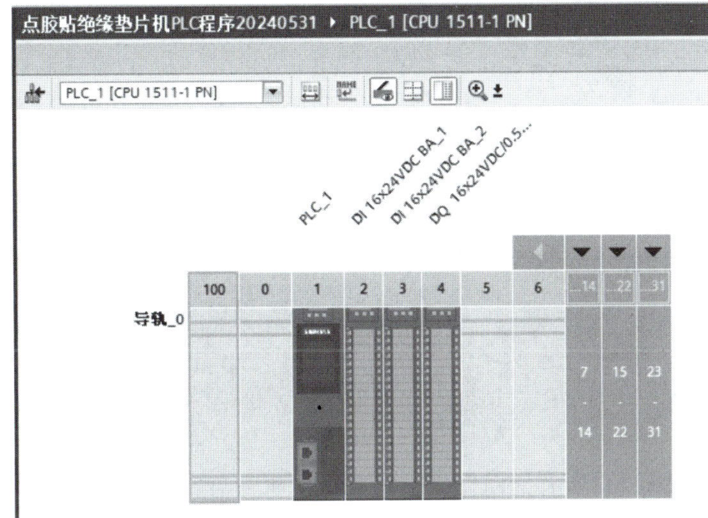

图 14-76　添加 PLC

注意：S7-1200 不能实现与 NX 的联合仿真，所以要添加 S7-1500 CPU。

2. 程序编写

添加“FC1”故障报警程序块、“FC2”启动停止程序块、“FB1”手动自动程序块，并在主程序中调用这三个程序块，如图 14-77 所示。

1) 故障报警

本单元使用了 1 套伺服电动机、伺服驱动器和 4 个气缸，故障报警包括“急停按钮按下报警”“极限报警”“轴错误报警”“气缸磁性开关异常报警”“气缸动作超时报警”等。

2) 启动/停止

启动与停止程序如图 14-78 所示。

这里使用一个中间变量 M5.0 自锁保持启动状态，手动模式、按“停止”按钮、按“急停”按钮或发生严重故障时，均会触发自锁解除。

3) 手动/自动

按照流程图编写程序，程序分为三个部分：

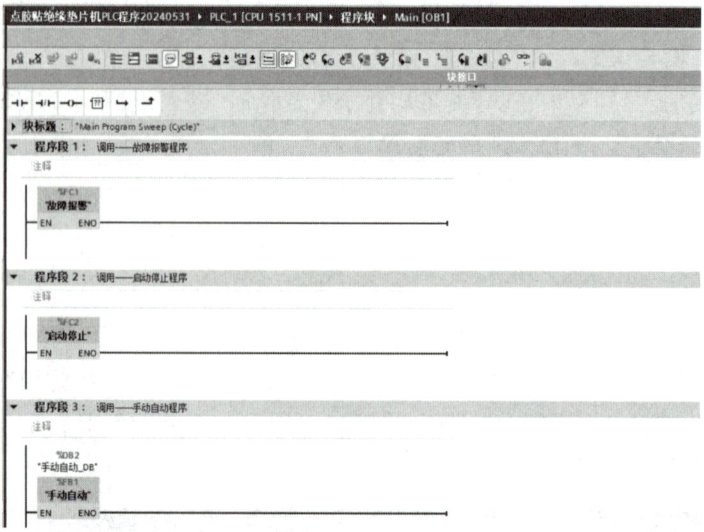

图 14-77　块的调用

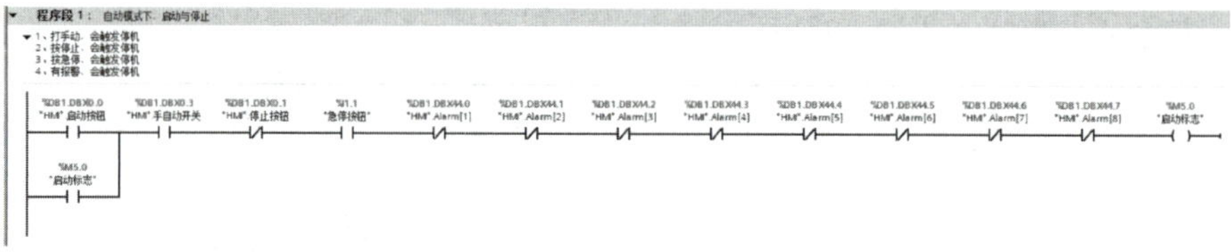

图 14-78　启动与停止程序

第一部分为自动程序，分为 14 步；

第二部分为清步，当工作模式切换到手动模式时，立刻停止自动程序，并将所有步全部复位。

第三部分为动作输出，所有的动作输出都有自动和手动两条分支，对应两种工作模式。

4）HMI DB1 数据块

在该数据块中添加如图 14-79 所示的 HMI 变量。

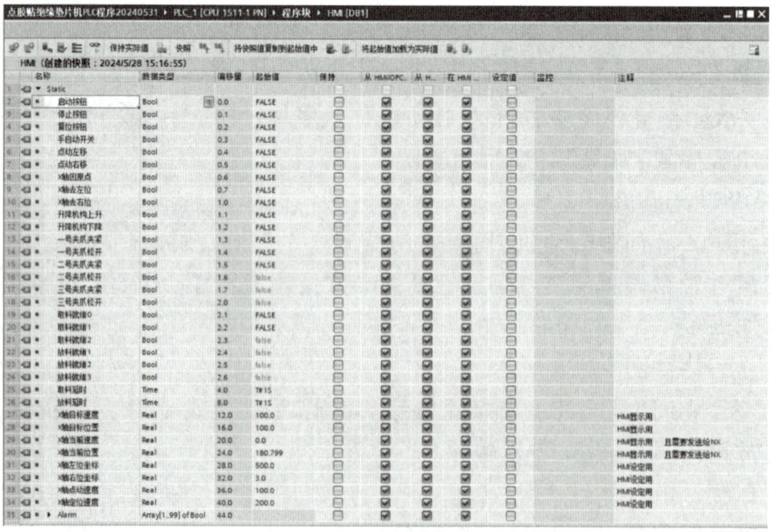

图 14-79　HMI 变量

注意：HMI DB1 数据块要在属性选项卡中取消勾选“优化的块访问”，以便后续可以进行绝对寻址。

5) PLC 变量

添加如图 14-80 所示的 PLC 变量。

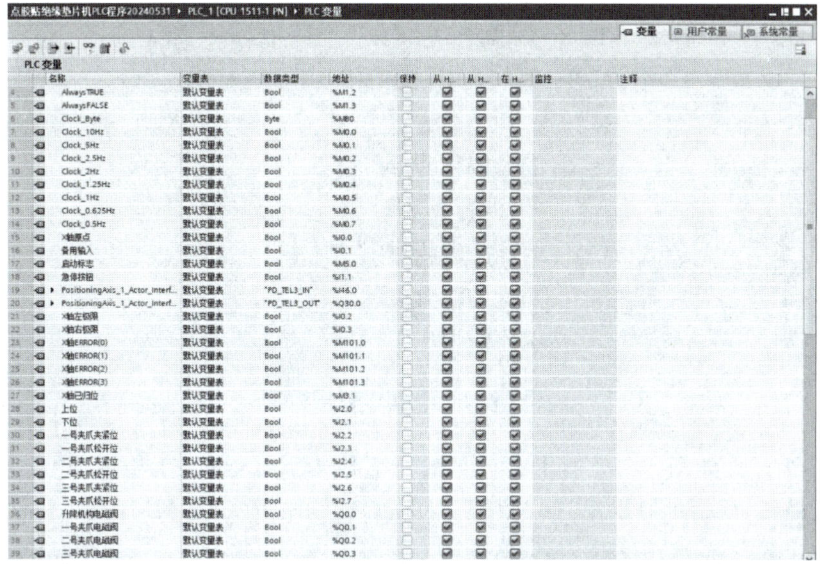

图 14-80　PLC 变量

四、HMI 设计

1. PLC 与 HMI 连接

添加 HMI KTP700 Basic PN，并在设备和网络界面将 PLC 和 HMI 连接起来，如图 14-81 所示。

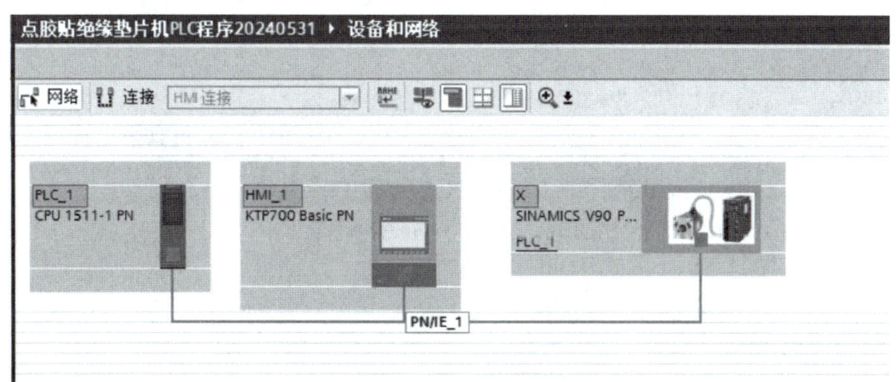

图 14-81　PLC 与 HMI 的连接

2. 添加 HMI 画面

按照任务要求添加 HMI 画面，并在每一个画面中添加需要的元件，如图 14-82 所示。

HMI_1 [KTP700 Basic PN]
设备组态
在线和诊断
运行系统设置
画面
添加新画面
参数设置
操作界面
操作说明
故障报警
监控界面
首页

图 14-82　添加 HMI 画面

(1) HMI 首页如图 14-83 所示。首页的右下角指示灯连接 PLC 的 M0.5，当 HMI 与 PLC 成功连接时，该指示灯以 1 Hz 的频率闪烁，以此判断 PLC 与 HMI 是否正常连接。

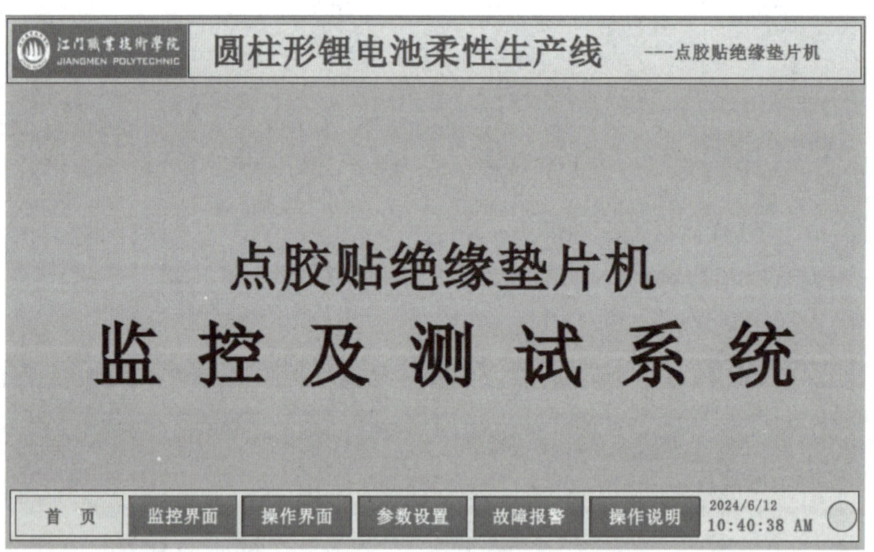

图 14-83　HMI 首页

(2) HMI 监控界面如图 14-84 所示。为了方便监视气缸的动作和位置信息，在监控界面放置了多个指示灯。

(3) HMI 操作界面如图 14-85 所示。该界面放置了一个“手动/自动”选择开关和“上升”“下降”“夹紧”“松开”等按钮。此外，该界面还放置了“取料就绪”和“放料就绪”按钮，以便模拟取料和放料就绪信号。

(4) HMI 参数设置界面如图 14-86 所示。该界面可以修改坐标值和速度值，也可以修改取料延时值和放料延时值。

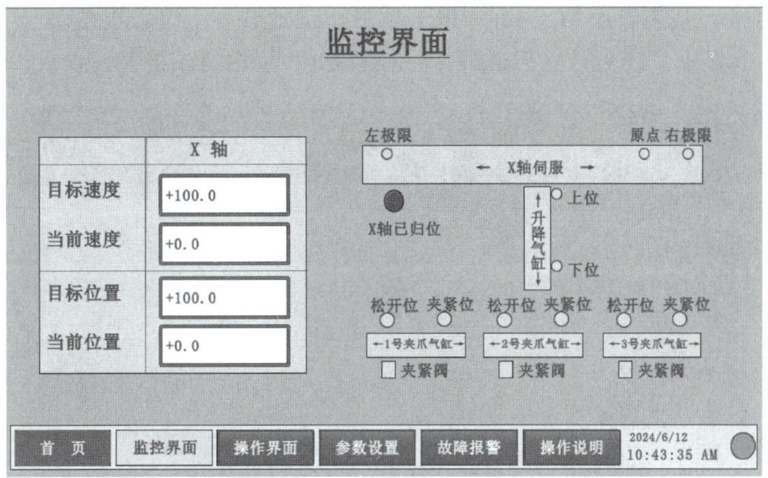

图 14-84　HMI 监控界面

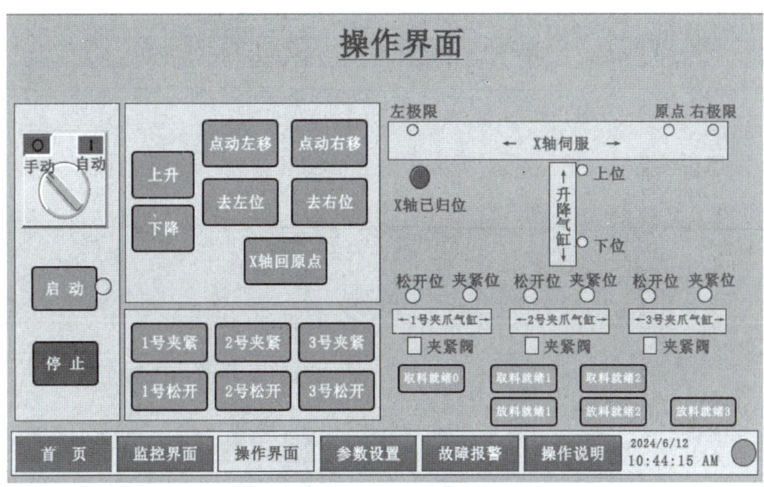

图 14-85　HMI 操作界面

参数设置

X 轴	左位坐标	+500.0	点动速度	+100.0
	右位坐标	+3.0	定位速度	+200.0
夹爪	取料延时:	1000 ms		
	放料延时:	1000 ms		

首 页　监控界面　操作界面　参数设置　故障报警　操作说明　2024/6/12 10:47:53 AM

图 14-86　HMI 参数设置界面

（5）HMI 故障报警界面如图 14-87 所示。该界面放置一个报警视图，发生故障时，故障信息以列表形式显示。故障排除后，按右上角的“复位”按钮消除报警信息。

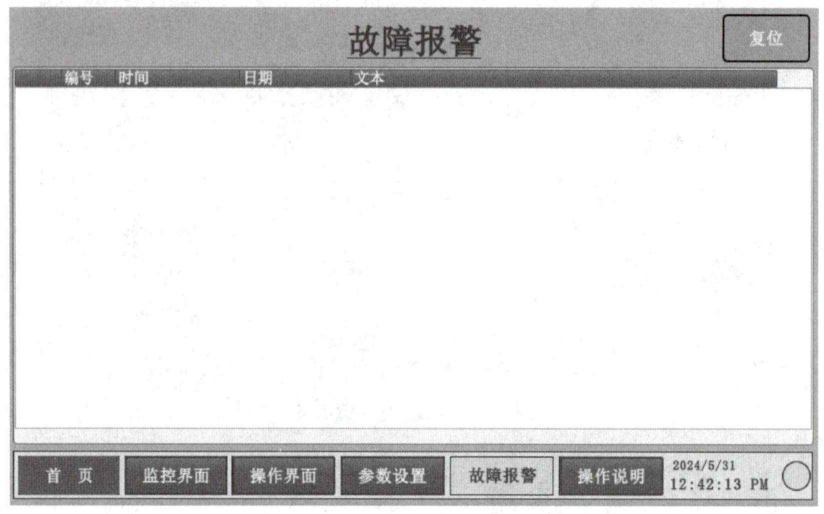

图 14-87 HMI 故障报警界面

（6）HMI 操作说明界面如图 14-88 所示。该界面简要说明了设备的操作步骤及注意事项。

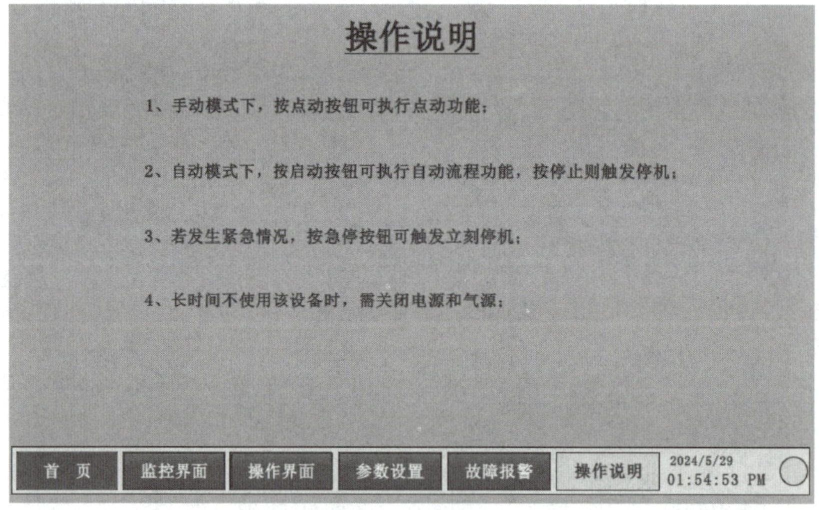

图 14-88 HMI 操作说明界面

3. HMI 变量添加

打开 PLC 变量页面，点击“显示所有变量”，将所需要的变量选中后拖动到 HMI 变量中，即可完成 HMI 变量的添加，如图 14-89 所示。

五、NX 与博途的联合仿真

按照以下步骤实现 NX 与博途的联合仿真。

（1）打开并设置 S7-PLCSIM Advanced。

点胶贴绝缘垫片机PLC程序20240531 ▸ HMI_1 [KTP700 Basic PN] ▸ HMI 变量 ▸ 默认变量表 [55]

默认变量表

名称 ▲	数据类型	连接	PLC 名称	PLC 变量	地址	访问模式
HMI_放料就绪2	Bool	HMI_连接_1	PLC_1	HMI放料就绪2		<符号访问>
HMI_放料就绪3	Bool	HMI_连接_1	PLC_1	HMI放料就绪3		<符号访问>
HMI_放料延时	Time	HMI_连接_1	PLC_1	HMI放料延时		<符号访问>
HMI_点动右移	Bool	HMI_连接_1	PLC_1	HMI点动右移		<符号访问>
HMI_点动左移	Bool	HMI_连接_1	PLC_1	HMI点动左移		<符号访问>
Tag_ScreenNumber	UInt	<内部变量>		<未定义>		
X轴原点	Bool	HMI_连接_1	PLC_1	X轴原点		<符号访问>
X轴右极限	Bool	HMI_连接_1	PLC_1	X轴右极限		<符号访问>
X轴左极限	Bool	HMI_连接_1	PLC_1	X轴左极限		<符号访问>
X轴已归位	Bool	HMI_连接_1	PLC_1	X轴已归位		<符号访问>
一号夹爪夹紧位	Bool	HMI_连接_1	PLC_1	一号夹爪夹紧位		<符号访问>
一号夹爪松开位	Bool	HMI_连接_1	PLC_1	一号夹爪松开位		<符号访问>
一号夹爪电磁阀	Bool	HMI_连接_1	PLC_1	一号夹爪电磁阀		<符号访问>
三号夹爪夹紧位	Bool	HMI_连接_1	PLC_1	三号夹爪夹紧位		<符号访问>
三号夹爪松开位	Bool	HMI_连接_1	PLC_1	三号夹爪松开位		<符号访问>
三号夹爪电磁阀	Bool	HMI_连接_1	PLC_1	三号夹爪电磁阀		<符号访问>
上位	Bool	HMI_连接_1	PLC_1	上位		<符号访问>
下位	Bool	HMI_连接_1	PLC_1	下位		<符号访问>
二号夹爪夹紧位	Bool	HMI_连接_1	PLC_1	二号夹爪夹紧位		<符号访问>
二号夹爪松开位	Bool	HMI_连接_1	PLC_1	二号夹爪松开位		<符号访问>
二号夹爪电磁阀	Bool	HMI_连接_1	PLC_1	二号夹爪电磁阀		<符号访问>
升降机构电磁阀	Bool	HMI_连接_1	PLC_1	升降机构电磁阀		<符号访问>
启动标志	Bool	HMI_连接_1	PLC_1	启动标志		<符号访问>
备用输入	Bool	HMI_连接_1	PLC_1	备用输入		<符号访问>
急停按钮	Bool	HMI_连接_1	PLC_1	急停按钮		<符号访问>
<添加>						

图 14-89 HMI 变量添加

(2) 下载 PLC 和 HMI 程序，并将 PLC 转至在线。

(3) 在 NX 端打开外部信号配置界面，添加在 Advanced 中打开的实例。区域选择 IOM，点击“更新标记”，勾选需要关联的变量，如图 14-90 所示。

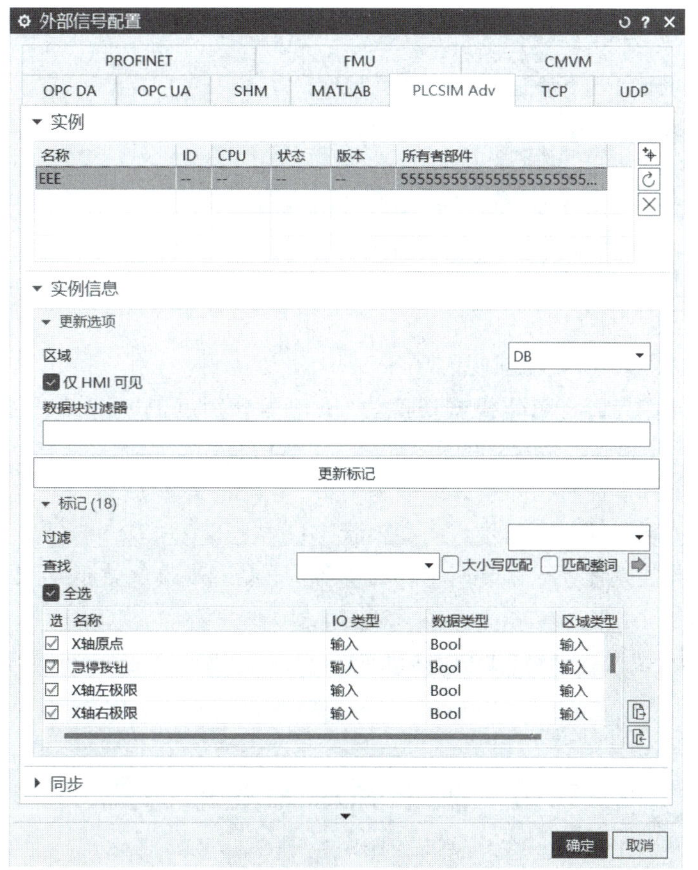

图 14-90 外部信号配置

(4) 打开信号映射界面，找到需要与博途关联的变量并点击“信号映射”，如图 14-91 所示。

图 14-91　信号映射

（5）联合调试：

① 在 NX 端点击“播放”按钮；

② 在博途端将“急停”按钮强制为“true”；

③ 在 HMI 操作界面将工作模式切换为“手动”，分别点击“上升”“下降”等按钮，观察 NX 端气缸运动状况和监控指示灯的亮灭状态；

④ 在 HMI 操作界面将工作模式切换为“自动”，点击“取料就绪”和“放料就绪”按钮，观察 NX 端气缸运动状况和监控指示灯的亮灭状态；

⑤ 在 HMI 参数设置界面修改两个延时参数，观察 NX 端气缸运动状况和监控指示灯的亮灭状态；

⑥ 点击“停止”按钮或切换“手动/自动”选择开关，观察 NX 端气缸运动状况和监控指示灯的亮灭状态。

14.6　装下壳单元虚拟仿真

一、任务目标

控制圆盘旋转，实现以下任务目标：

(1) 自动工作模式下，每次就绪条件满足，则圆盘顺时针旋转 90°。

(2) 手动工作模式下，可手动执行点动运转动作。

(3) 对圆盘运转信号和槽型光电开关进行监控。

(4) 以列表形式显示当前故障报警信息。

二、绘制流程图

根据任务目标绘制自动控制部分的流程图，如图 14-92 所示。

(1) 所有步均为 off 时，进入第 1 步，圆盘找原点；

(2) 圆盘运转至槽型光电开关的上升沿后，进入第 2 步，等待就绪；

(3) 就绪 1～4 均为 on 时，进入第 3 步，圆盘旋转 90°；

(4) 圆盘运转至槽型光电开关的上升沿后，进入第 4 步，复位就绪；

(5) 就绪 1～4 均为 off 时，则跳转至第 2 步。

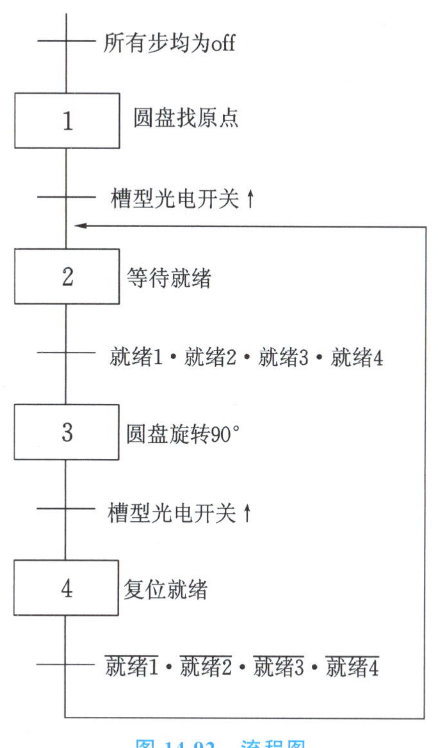

图 14-92 流程图

三、PLC 编程

微课视频

1. 添加 PLC

添加 S7-1500 CPU 1511-1 PN，如图 14-93 所示。

在连接机制选项卡中勾选“允许来自远程对象的 PUT/GET 通信访问”，在系统与时钟存储器选项卡中勾选“启用系统存储器字节”和“启用时钟存储器字节”，在以太网地址选项卡中设置 PLC 的 IP 地址与子网掩码。

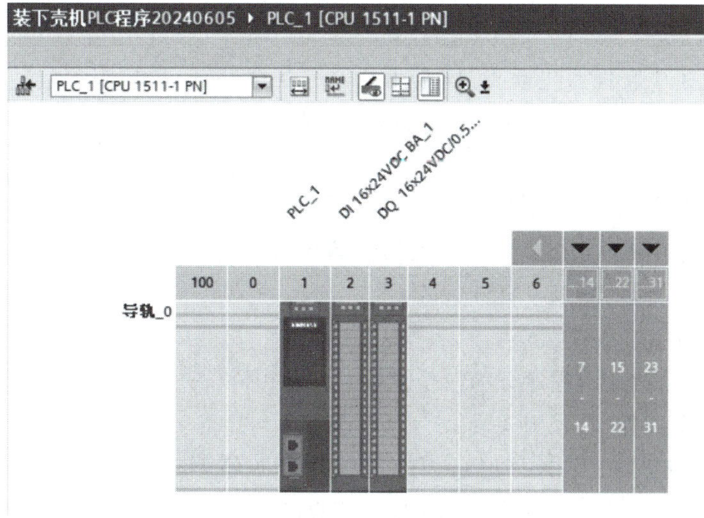

图 14-93 添加 PLC

注意：S7-1200 不能实现与 NX 的联合仿真，所以要添加 S7-1500 CPU。

2. 程序编写

添加“FC1”故障报警程序块、“FC2”启动停止程序块、“FB1”手动自动程序块，并在主程序中调用这三个程序块，如图 14-94 所示。

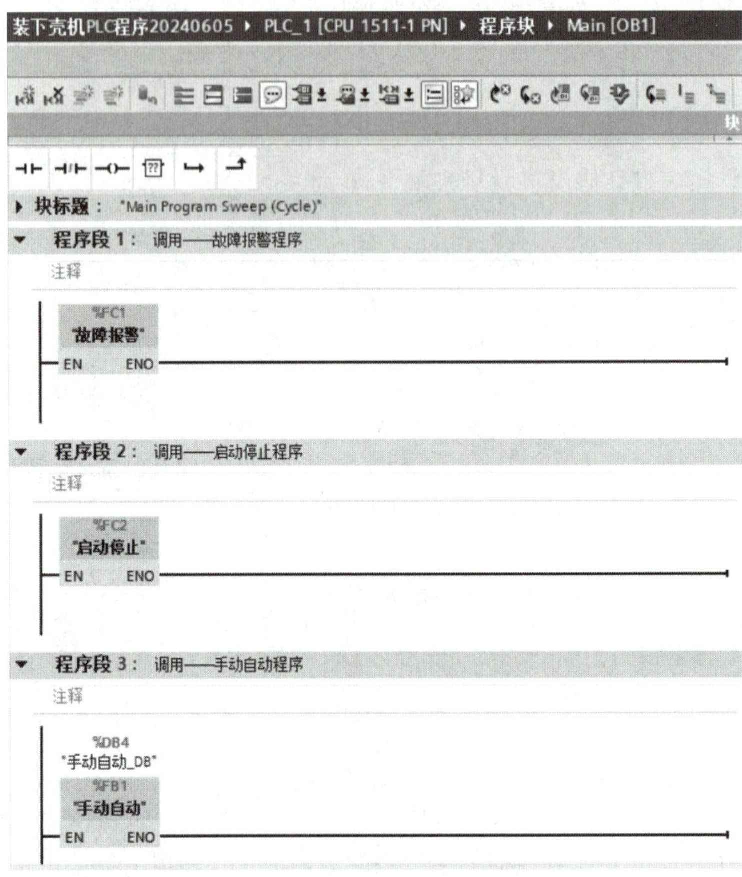

图 14-94　块的调用

1）故障报警

本单元使用了 1 套伺服电动机、伺服驱动器和 4 个气缸，故障报警包括“急停按钮按下报警”“极限报警”“轴错误报警”“气缸磁性开关异常报警”“气缸动作超时报警”等。

2）启动/停止

启动与停止程序如图 14-95 所示。

这里使用一个中间变量 M5.0 自锁保持启动状态，手动模式、按“停止”按钮、按“急停”按钮或发生严重故障时，均会触发自锁解除。

3）手动/自动

按照流程图编写程序，程序分为三个部分：

第一部分为自动程序，分为 4 步；

第二部分为清步，当工作模式切换到手动模式时，立刻停止自动程序，并将所有步全部复位。

第三部分为动作输出，所有的动作输出都有自动和手动两条分支，对应两种工作模式。

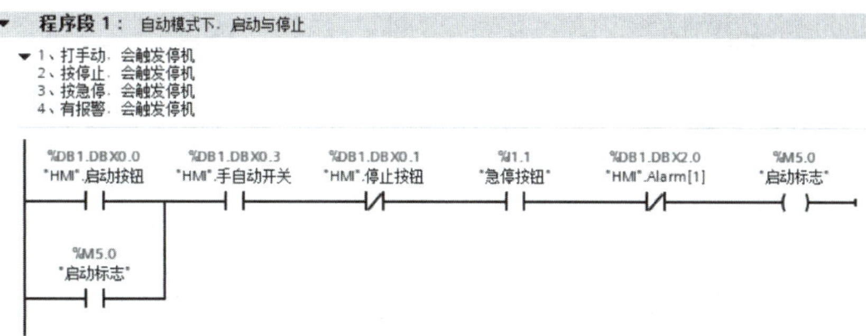

图 14-95 启动与停止程序

4）HMI DB1 数据块

在该数据块中添加如图 14-96 所示的 HMI 变量。

装下壳机PLC程序20240605 ▸ PLC_1 [CPU 1511-1 PN] ▸ 程序块 ▸ HMI [DB1]

保持实际值 快照 将快照值复制到起始值中 将起始值加载为实际值

HMI

	名称	数据类型	偏移量	起始值	保持	从 HMI/OPC...	从 H...	在 HMI ...	设定值
1	▼ Static								
2	启动按钮	Bool	0.0	false	☐	☑	☑	☑	☐
3	停止按钮	Bool	0.1	false	☐	☑	☑	☑	☐
4	复位按钮	Bool	0.2	false	☐	☑	☑	☑	☐
5	手自动开关	Bool	0.3	false	☐	☑	☑	☑	☐
6	点动运转	Bool	0.4	false	☐	☑	☑	☑	☐
7	就绪1	Bool	0.5	false	☐	☑	☑	☑	☐
8	就绪2	Bool	0.6	false	☐	☑	☑	☑	☐
9	就绪3	Bool	0.7	false	☐	☑	☑	☑	☐
10	就绪4	Bool	1.0	false	☐	☑	☑	☑	☐
11	▸ Alarm	Array[1..99] of Bool	2.0		☐	☑	☑	☑	☐

图 14-96 HMI 变量

注意：HMI DB1 数据块要在属性选项卡中取消勾选“优化的块访问”，以便后续可以进行绝对寻址。

5）PLC 变量

添加如图 14-97 所示的 PLC 变量。

装下壳机PLC程序20240605 ▸ PLC_1 [CPU 1511-1 PN] ▸ PLC 变量

PLC 变量

	名称	变量表	数据类型	地址	保持	从 H...	从 H...	在 H...
1	System_Byte	默认变量表	Byte	%MB1	☐	☑	☑	☑
2	FirstScan	默认变量表	Bool	%M1.0	☐	☑	☑	☑
3	DiagStatusUpdate	默认变量表	Bool	%M1.1	☐	☑	☑	☑
4	AlwaysTRUE	默认变量表	Bool	%M1.2	☐	☑	☑	☑
5	AlwaysFALSE	默认变量表	Bool	%M1.3	☐	☑	☑	☑
6	Clock_Byte	默认变量表	Byte	%MB0	☐	☑	☑	☑
7	Clock_10Hz	默认变量表	Bool	%M0.0	☐	☑	☑	☑
8	Clock_5Hz	默认变量表	Bool	%M0.1	☐	☑	☑	☑
9	Clock_2.5Hz	默认变量表	Bool	%M0.2	☐	☑	☑	☑
10	Clock_2Hz	默认变量表	Bool	%M0.3	☐	☑	☑	☑
11	Clock_1.25Hz	默认变量表	Bool	%M0.4	☐	☑	☑	☑
12	Clock_1Hz	默认变量表	Bool	%M0.5	☐	☑	☑	☑
13	Clock_0.625Hz	默认变量表	Bool	%M0.6	☐	☑	☑	☑
14	Clock_0.5Hz	默认变量表	Bool	%M0.7	☐	☑	☑	☑
15	槽型光电	默认变量表	Bool	%I0.0	☐	☑	☑	☑
16	圆盘运转	默认变量表	Bool	%Q0.0	☐	☑	☑	☑
17	启动标志	默认变量表	Bool	%M5.0	☐	☑	☑	☑
18	急停按钮	默认变量表	Bool	%I1.1	☐	☑	☑	☑

图 14-97 PLC 变量

四、HMI 设计

1. PLC 与 HMI 连接

添加 HMI KTP700 Basic PN，并在设备和网络界面将 PLC 和 HMI 连接起来，如图 14-98 所示。

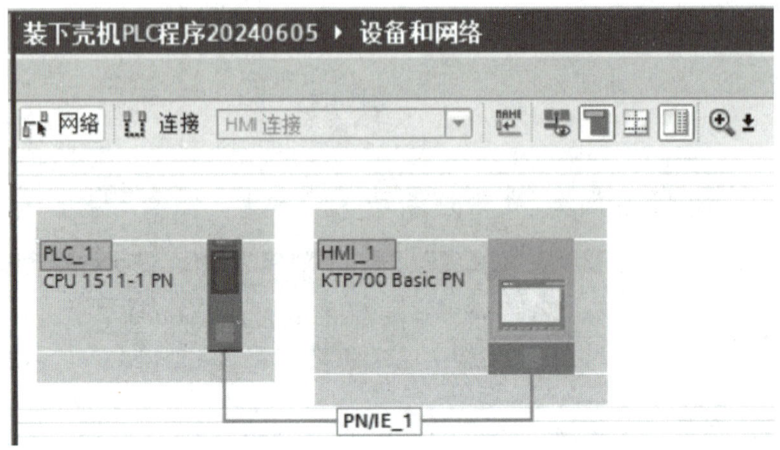

图 14-98　PLC 与 HMI 的连接

2. 添加 HMI 画面

按照任务要求添加 HMI 画面，并在每一个画面中添加需要的元件，如图 14-99 所示。

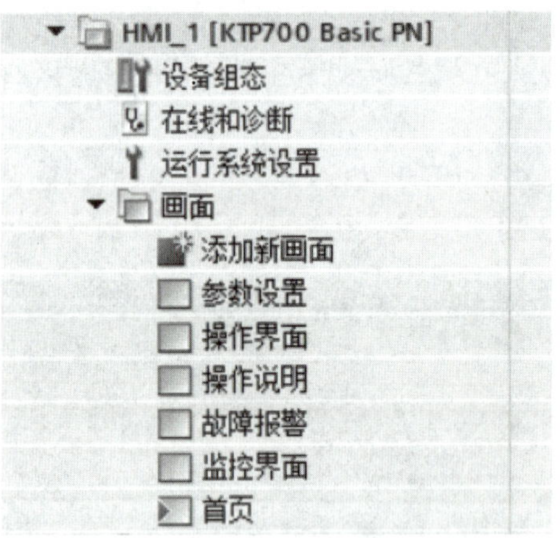

图 14-99　HMI 画面添加

（1）HMI 首页如图 14-100 所示。首页的右下角指示灯连接 PLC 的 M0.5，当 HMI 与 PLC 成功连接时，该指示灯以 1 Hz 的频率闪烁，以此判断 PLC 与 HMI 是否正常连接。

（2）HMI 监控界面如图 14-101 所示。为了方便监视圆盘的动作和位置信息，在监控界面放置了多个指示灯。

（3）HMI 操作界面如图 14-102 所示。该界面放置了一个“手动/自动”选择开关和“点动运转”按钮。此外，该界面还放置了工位“就绪”按钮，以便模拟“就绪”信号。

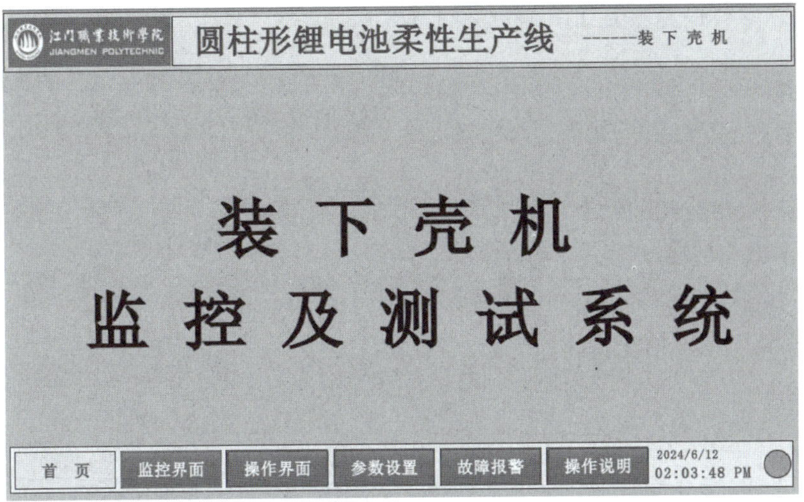

图 14-100　HMI 首页

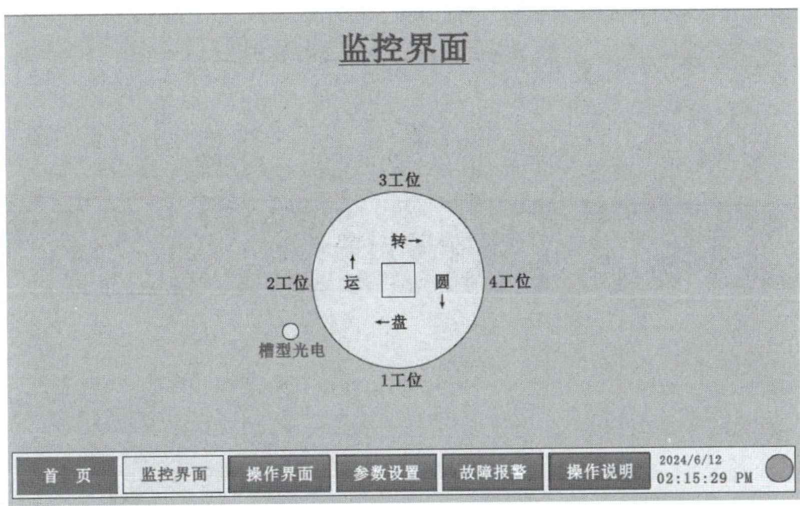

图 14-101　HMI 监控界面

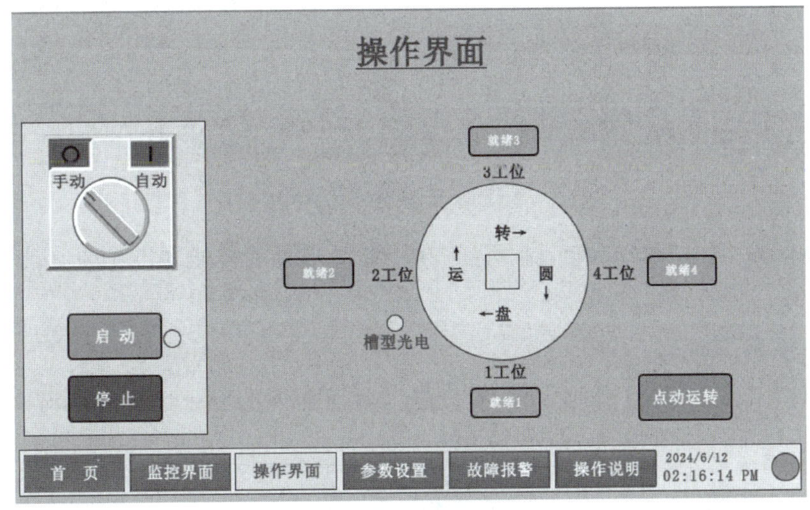

图 14-102　HMI 操作界面

（4）HMI 参数设置界面如图 14-103 所示。

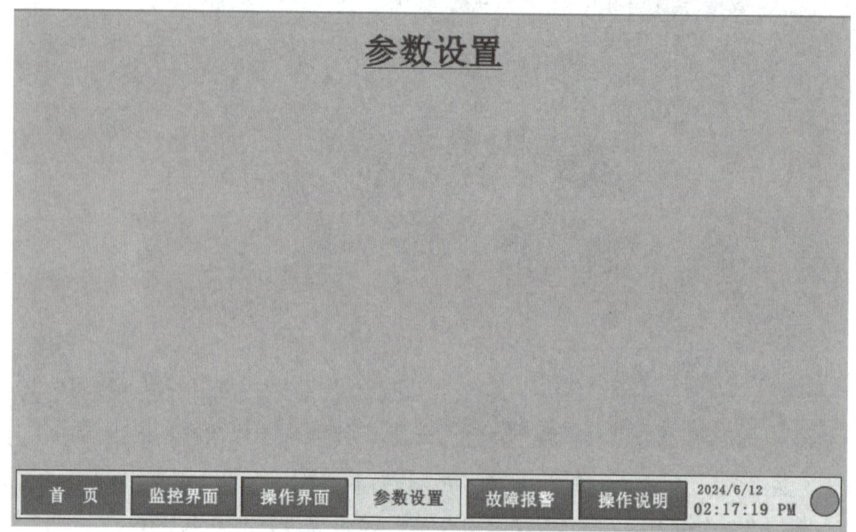

图 14-103　HMI 参数设置界面

（5）HMI 故障报警界面如图 14-104 所示。该界面放置一个报警视图，发生故障时，故障信息以列表形式显示。故障排除后，按右上角的“复位”按钮消除报警信息。

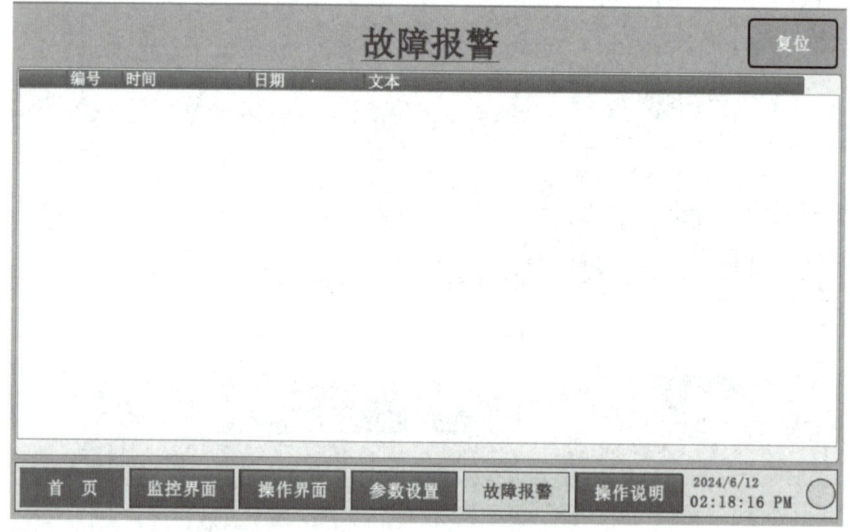

图 14-104　HMI 故障报警界面

（6）HMI 操作说明界面如图 14-105 所示。该界面简要说明了设备的操作步骤及注意事项。

3. HMI 变量添加

打开 PLC 变量页面，点击“显示所有变量”，将所需要的变量选中后拖动到 HMI 变量中，即可完成 HMI 变量的添加，如图 14-106 所示。

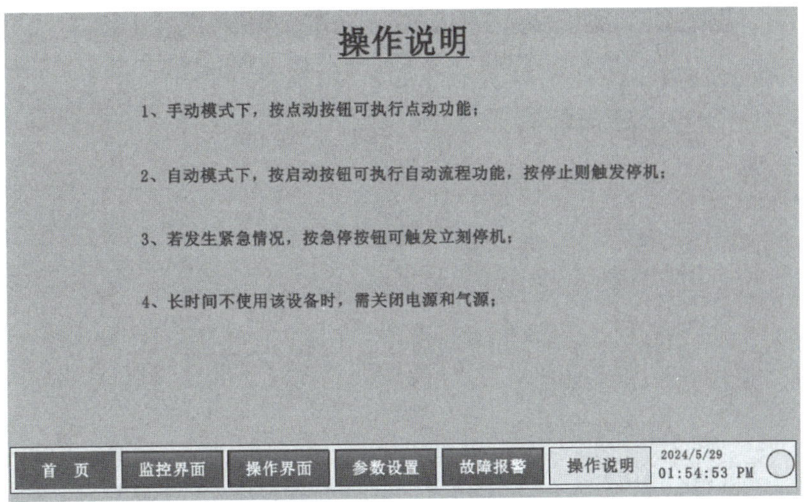

图 14-105 HMI 操作说明界面

装下壳机PLC程序20240605 ▸ HMI_1 [KTP700 Basic PN] ▸ HMI 变量 ▸ 默认变量表 [16]

默认变量表

名称	数据类型	连接	PLC 名称	PLC 变量	地址	访问模式	采集周期
Clock_1Hz	Bool	HMI_连接_1	PLC_1	Clock_1Hz		<符号访问>	100 ms
HMI_停止按钮	Bool	HMI_连接_1	PLC_1	HMI.停止按钮		<符号访问>	100 ms
HMI_启动按钮	Bool	HMI_连接_1	PLC_1	HMI.启动按钮		<符号访问>	100 ms
HMI_复位按钮	Bool	HMI_连接_1	PLC_1	HMI.复位按钮		<符号访问>	100 ms
HMI_就绪1	Bool	HMI_连接_1	PLC_1	HMI.就绪1		<符号访问>	100 ms
HMI_就绪2	Bool	HMI_连接_1	PLC_1	HMI.就绪2		<符号访问>	100 ms
HMI_就绪3	Bool	HMI_连接_1	PLC_1	HMI.就绪3		<符号访问>	100 ms
HMI_就绪4	Bool	HMI_连接_1	PLC_1	HMI.就绪4		<符号访问>	100 ms
HMI_手自动开关	Bool	HMI_连接_1	PLC_1	HMI.手自动开关		<符号访问>	100 ms
HMI_报警	UInt	HMI_连接_1	PLC_1	<未定义>	%DB1.DBW2	<绝对访问>	100 ms
HMI_点动运转	Bool	HMI_连接_1	PLC_1	HMI.点动运转		<符号访问>	100 ms
Tag_ScreenNumber	UInt	<内部变量>		<未定义>			1 s
启动标志	Bool	HMI_连接_1	PLC_1	启动标志		<符号访问>	100 ms
圆盘运转	Bool	HMI_连接_1	PLC_1	圆盘运转		<符号访问>	100 ms
急停按钮	Bool	HMI_连接_1	PLC_1	急停按钮		<符号访问>	100 ms
槽型光电	Bool	HMI_连接_1	PLC_1	槽型光电		<符号访问>	100 ms

图 14-106 HMI 变量添加

五、NX 与博途的联合仿真

按照以下步骤实现 NX 与博途的联合仿真。

(1) 打开并设置 S7-PLCSIM Advanced。

(2) 下载 PLC 和 HMI 程序，并将 PLC 转至在线。

(3) 在 NX 端打开外部信号配置界面，添加在 Advanced 中打开的实例。区域选择 IOM，点击“更新标记”，勾选需要关联的变量，如图 14-107 所示。

(4) 打开信号映射界面，找到需要与博途关联的变量并点击“信号映射”，如图 14-108 所示。

(5) 联合调试：

① 在 NX 端点击“播放”按钮；

② 在博途端将“急停”按钮强制为“true”；

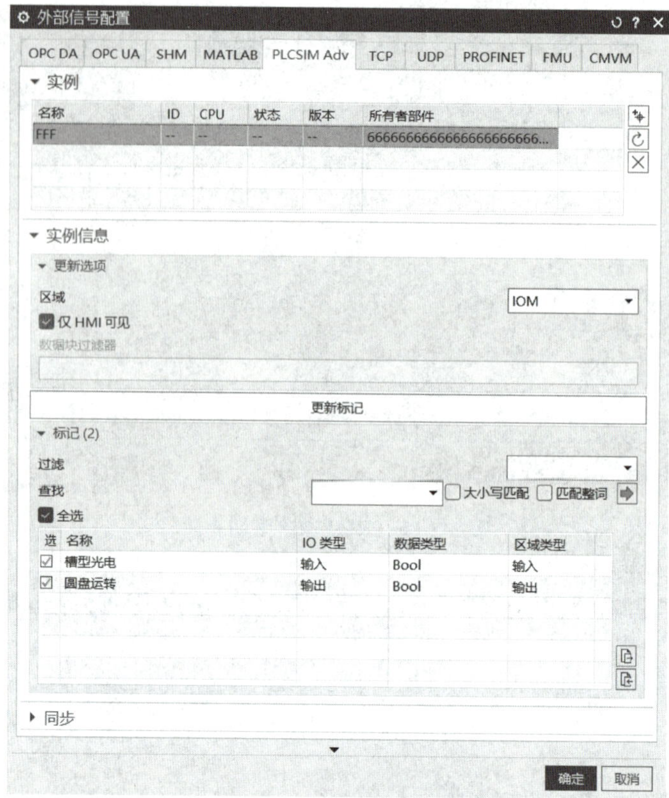

图 14-107　外部信号配置

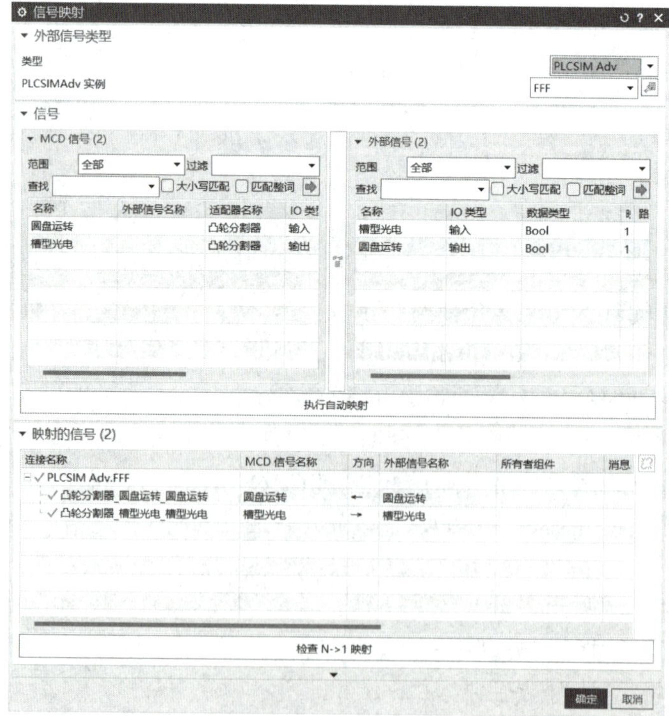

图 14-108　信号映射

③ 在 HMI 操作界面将工作模式切换为“手动”，点击“点动运转”按钮，观察 NX 端圆盘运动状况和监控指示灯的亮灭状态；

④ 在 HMI 操作界面将工作模式切换为“自动”，点击工位“就绪”按钮，观察 NX 端圆盘运动状况和监控指示灯的亮灭状态；

⑤ 点击“停止”按钮或切换“手动/自动”选择开关，观察 NX 端圆盘运动状况和监控指示灯的亮灭状态。

14.7 外壳打螺丝贴标单元虚拟仿真

一、任务目标

控制输送皮带，实现以下任务目标：

(1) 自动工作模式下，可自动将电池组输送至皮带线末端。

(2) 手动工作模式下，可手动执行点动运转。

(3) 对皮带运转信号和对射光电开关进行监控。

(4) 以列表形式显示当前故障报警信息。

二、绘制流程图

根据任务目标绘制自动控制部分的流程图，如图 14-109 所示。

(1) 所有步均为 off 时，进入第 1 步，空操作；

(2) 入口光电开关为 on，出口光电开关为 off 且取料延时，进入第 2 步，皮带运转；

(3) 出口光电开关为 on 时，跳转至第 1 步。

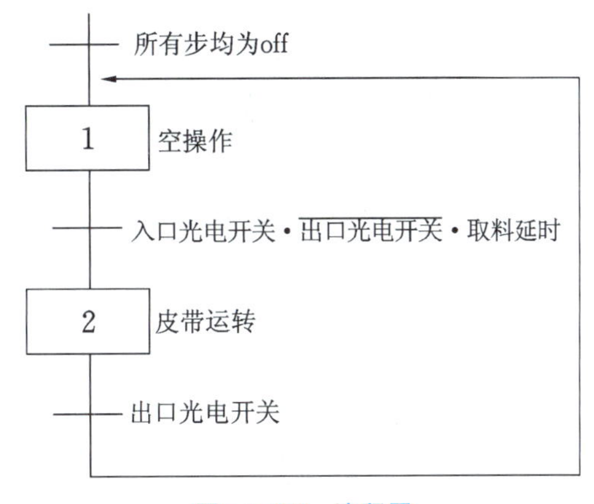

图 14-109 流程图

三、PLC 编程

微课视频

1. 添加 PLC

添加 S7-1500 CPU 1511-1 PN，如图 14-110 所示。

在连接机制选项卡中勾选“允许来自远程对象的 PUT/GET 通信访问”，在系统与时钟存储器选项卡中勾选“启用系统存储器字节”和“启用时钟存储器字节”，在以太网地址选项卡中设置 PLC 的 IP 地址与子网掩码。

注意：S7-1200 不能实现与 NX 的联合仿真，所以要添加 S7-1500 CPU。

2. 程序编写

添加“FC1”故障报警程序块、“FC2”启动停止程序块、“FB1”手动自动程序块，并在主程序中调用这三个程序块，如图 14-111 所示。

外壳打螺丝贴标机PLC程序20240605 ▸ PLC_1 [CPU 1511-1 PN]
PLC_1 [CPU 1511-1 PN]
PLC_1
DI 16x24VDC BA_1
DQ 16x24VDC/0.5...
100
0
1
2
3
4
5
6
导轨_0

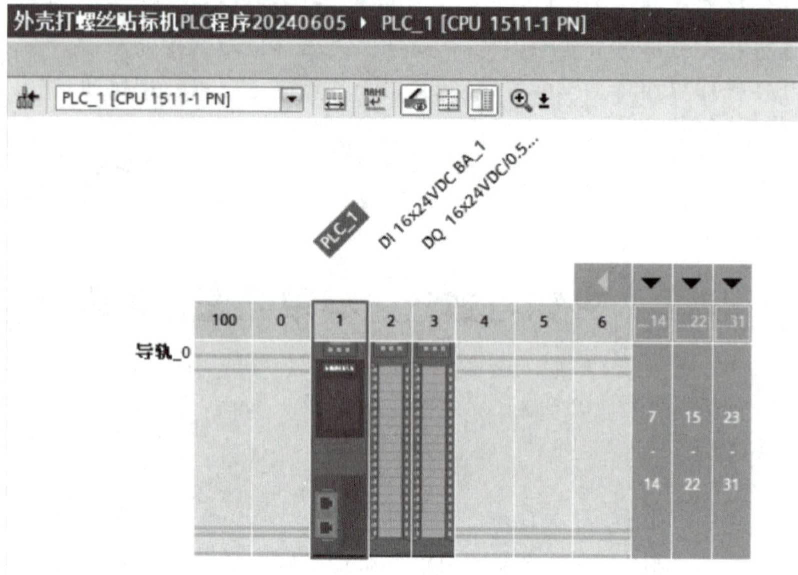

图 14-110　添加 PLC

外壳打螺丝贴标机PLC程序20240605 ▸ PLC_1 [CPU 1511-1 PN] ▸ 程序块 ▸ Main [OB1]
块标题："Main Program Sweep (Cycle)"
程序段 1： 调用——故障报警程序
注释
%FC1
"故障报警"
EN ENO
程序段 2： 调用——启动停止程序
注释
%FC2
"启动停止"
EN ENO
程序段 3： 调用——手动自动程序
注释
%DB4
"手动自动_DB"
%FB1
"手动自动"
EN ENO

图 14-111　块的调用

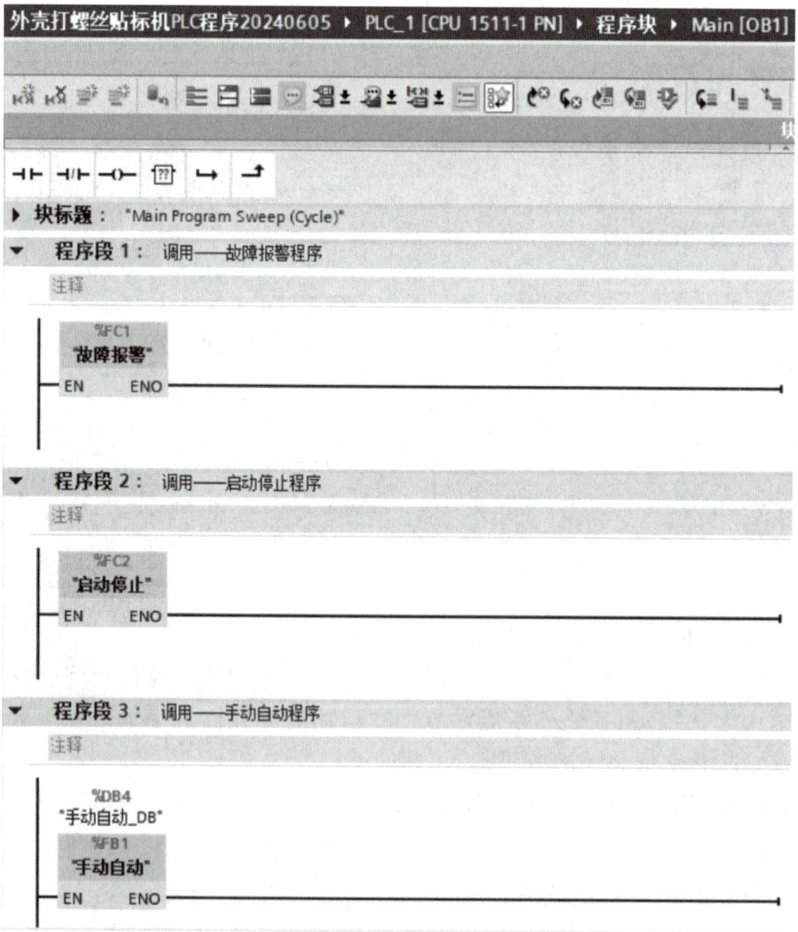

1）故障报警

本单元使用了 1 套伺服电动机、伺服驱动器和 4 个气缸，故障报警包括“急停按钮按下报警”“极限报警”“轴错误报警”“气缸磁性开关异常报警”“气缸动作超时报警”等。

2）启动/停止

启动与停止程序如图 14-112 所示。

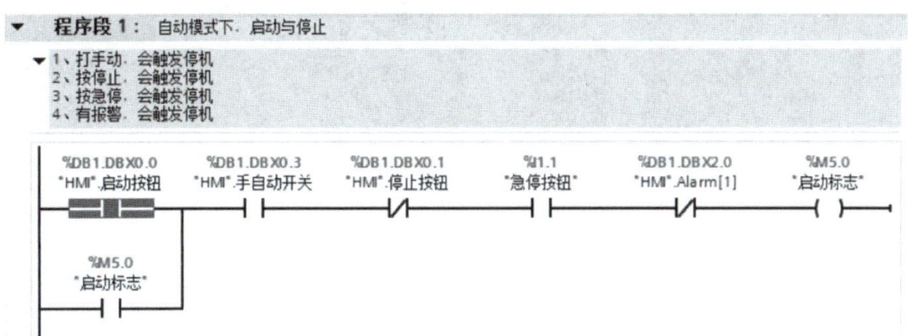

图 14-112 启动与停止程序

这里使用一个中间变量 M5.0 自锁保持启动状态，手动模式、按“停止”按钮、按“急停”按钮或发生严重故障时，均会触发自锁解除。

3）手动/自动

按照流程图编写程序，程序分为三个部分：

第一部分为自动程序，分为 2 步；

第二部分为清步，当工作模式切换到手动模式时，立刻停止自动程序，并将所有步全部复位。

第三部分为动作输出，所有的动作输出都有自动和手动两条分支，对应两种工作模式。

4）HMI DB1 数据块

在该数据块中添加如图 14-113 所示的 HMI 变量。

外壳打螺丝贴标机PLC程序20240605 ▸ PLC_1 [CPU 1511-1 PN] ▸ 程序块 ▸ HMI [DB1]

保持实际值 快照 将快照值复制到起始值中 将起始值加载为实际值

HMI

	名称	数据类型	偏移量	起始值	保持	从 HMI/OPC...	从 H...	在 HMI ...
1	▼ Static				☐	☐	☐	☐
2	■ 启动按钮	Bool	0.0	false	☐	☑	☑	☑
3	■ 停止按钮	Bool	0.1	false	☐	☑	☑	☑
4	■ 复位按钮	Bool	0.2	false	☐	☑	☑	☑
5	■ 手自动开关	Bool	0.3	false	☐	☑	☑	☑
6	■ 点动运转	Bool	0.4	false	☐	☑	☑	☑
7	■ ▸ Alarm	Array[1..99] of Bool	2.0		☐	☑	☑	☑
8	■ 取料延时	Time	16.0	T#1s	☐	☑	☑	☑

图 14-113 HMI 变量

注意：HMI DB1 数据块要在属性选项卡中取消勾选“优化的块访问”，以便后续可以进行绝对寻址。

5）PLC 变量

添加如图 14-114 所示的 PLC 变量。

外壳打螺丝贴标机PLC程序20240605 ▸ PLC_1 [CPU 1511-1 PN] ▸ PLC 变量

PLC 变量

	名称	变量表	数据类型	地址	保持	从 H...	从 H...	在 H...
1	System_Byte	默认变量表	Byte	%MB1	☐	☑	☑	☑
2	FirstScan	默认变量表	Bool	%M1.0	☐	☑	☑	☑
3	DiagStatusUpdate	默认变量表	Bool	%M1.1	☐	☑	☑	☑
4	AlwaysTRUE	默认变量表	Bool	%M1.2	☐	☑	☑	☑
5	AlwaysFALSE	默认变量表	Bool	%M1.3	☐	☑	☑	☑
6	Clock_Byte	默认变量表	Byte	%MB0	☐	☑	☑	☑
7	Clock_10Hz	默认变量表	Bool	%M0.0	☐	☑	☑	☑
8	Clock_5Hz	默认变量表	Bool	%M0.1	☐	☑	☑	☑
9	Clock_2.5Hz	默认变量表	Bool	%M0.2	☐	☑	☑	☑
10	Clock_2Hz	默认变量表	Bool	%M0.3	☐	☑	☑	☑
11	Clock_1.25Hz	默认变量表	Bool	%M0.4	☐	☑	☑	☑
12	Clock_1Hz	默认变量表	Bool	%M0.5	☐	☑	☑	☑
13	Clock_0.625Hz	默认变量表	Bool	%M0.6	☐	☑	☑	☑
14	Clock_0.5Hz	默认变量表	Bool	%M0.7	☐	☑	☑	☑
15	入口光电	默认变量表	Bool	%I0.0	☐	☑	☑	☑
16	出口光电	默认变量表	Bool	%I0.1	☐	☑	☑	☑
17	皮带运转	默认变量表	Bool	%Q0.0	☐	☑	☑	☑
18	启动标志	默认变量表	Bool	%M5.0	☐	☑	☑	☑
19	急停按钮	默认变量表	Bool	%I1.1	☐	☑	☑	☑

图 14-114　PLC 变量

四、HMI 设计

1. PLC 与 HMI 连接

添加 HMI KTP700 Basic PN，并在设备和网络界面将 PLC 和 HMI 连接起来，如图 14-115 所示。

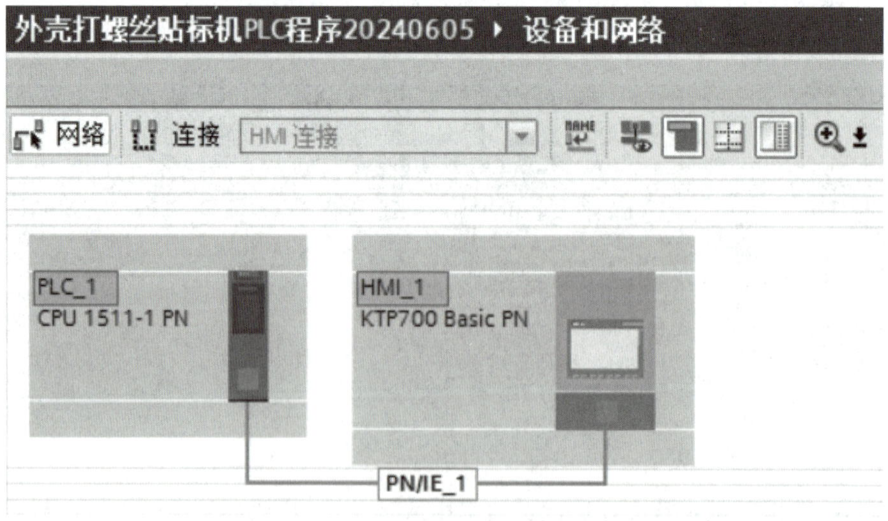

图 14-115　PLC 与 HMI 的连接

2. 添加 HMI 画面

按照任务要求添加 HMI 画面，并在每一个画面中添加需要的元件，如图 14-116 所示。

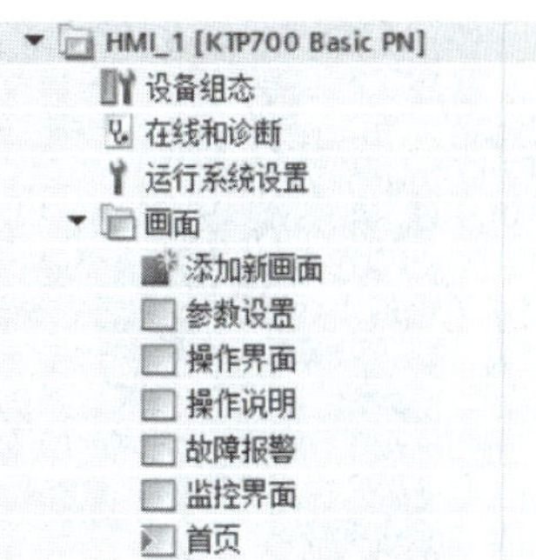

图 14-116 HMI 画面添加

(1) HMI 首页如图 14-117 所示。首页的右下角指示灯连接 PLC 的 M0.5，当 HMI 与 PLC 成功连接时，该指示灯以 1 Hz 的频率闪烁，以此判断 PLC 与 HMI 是否正常连接。

(2) HMI 监控界面如图 14-118 所示。为了方便监视输送皮带的动作和光电开关状态，在监控界面放置了多个指示灯。

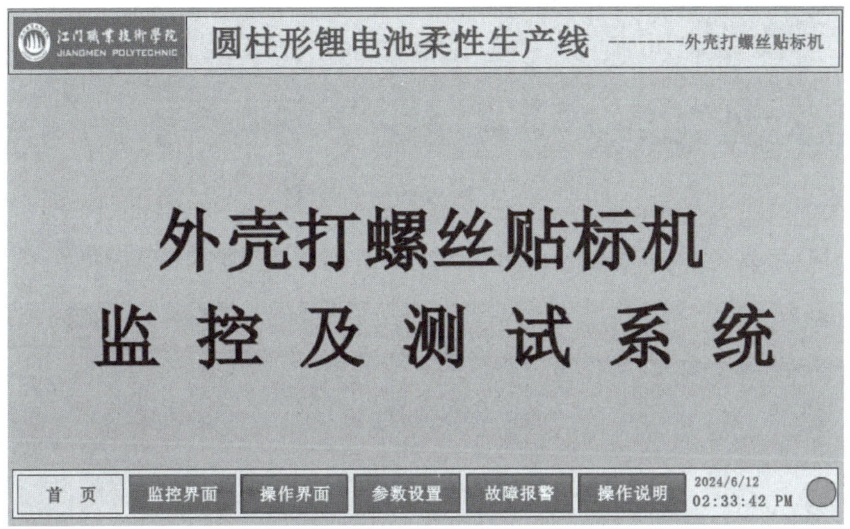

图 14-117 HMI 首页

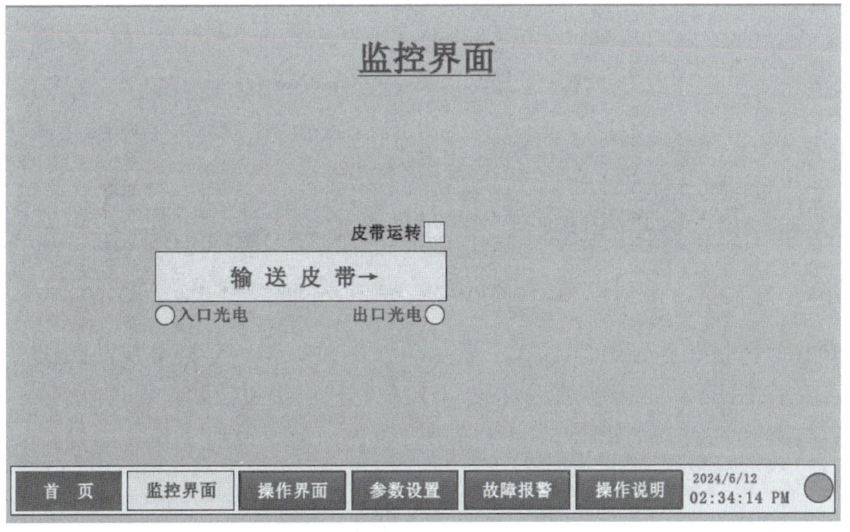

图 14-118 HMI 监控界面

(3) HMI 操作界面如图 14-119 所示。该界面放置了一个“手动/自动”选择开关和“点动运转”按钮。

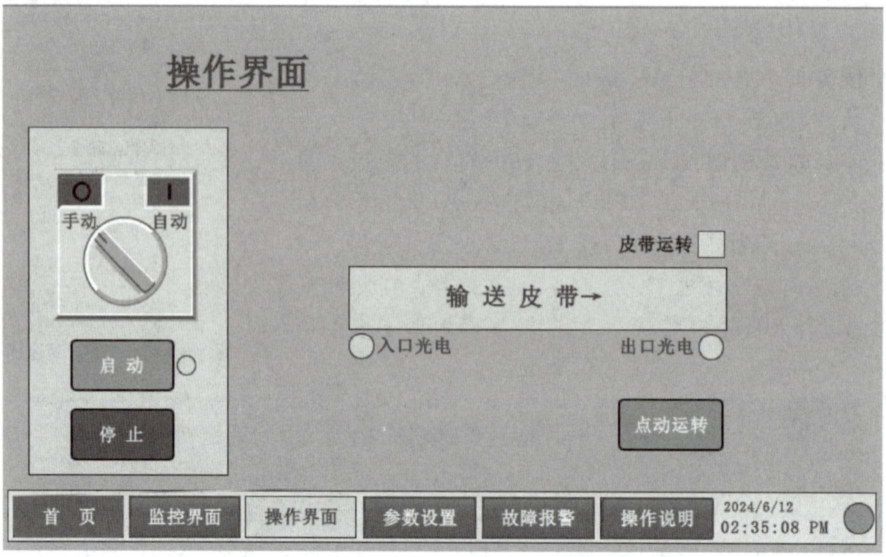

图 14-119　HMI 操作界面

(4) HMI 参数设置界面如图 14-120 所示。该界面可以修改取料延时值。

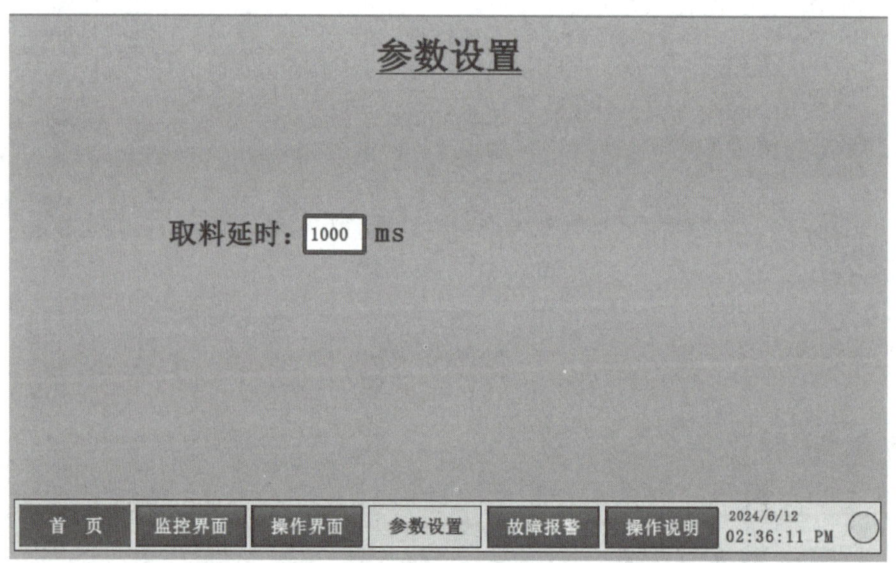

图 14-120　HMI 参数设置界面

(5) HMI 故障报警界面如图 14-121 所示。该界面放置一个报警视图，发生故障时，故障信息以列表形式显示。故障排除后，按右上角的"复位"按钮消除报警信息。

(6) HMI 操作说明界面如图 14-122 所示。该界面简要说明了设备的操作步骤及注意事项。

3. HMI 变量添加

打开 PLC 变量页面，点击"显示所有变量"，将所需要的变量选中后拖动到 HMI 变量中，即可完成 HMI 变量的添加，如图 14-123 所示。

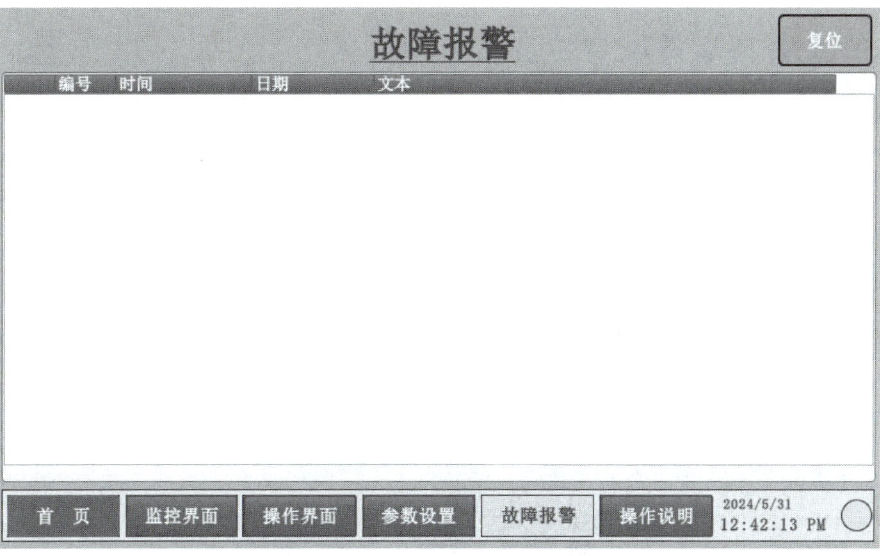

图 14-121　HMI 故障报警界面

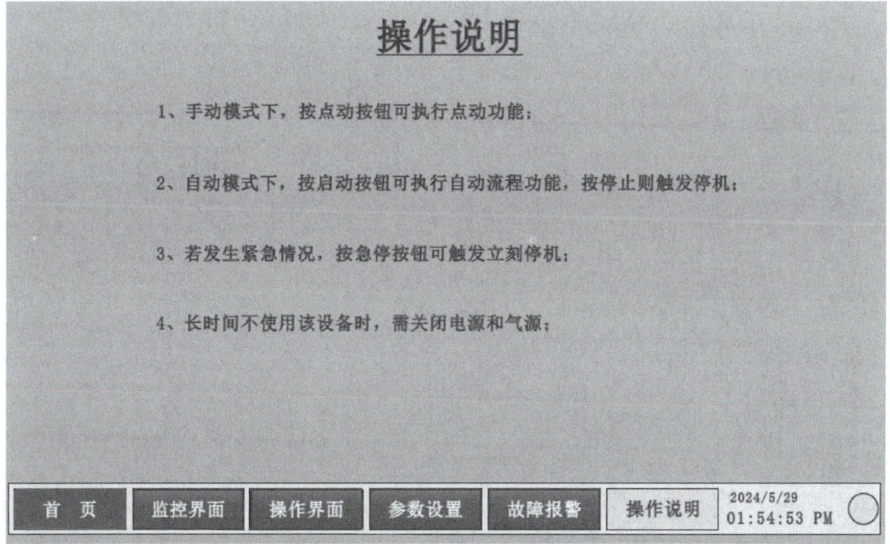

图 14-122　HMI 操作说明界面

外壳打螺丝贴标机PLC程序20240605 ▸ HMI_1 [KTP700 Basic PN] ▸ HMI 变量 ▸ 默认变量表 [13]

默认变量表

名称	数据类型	连接	PLC 名称	PLC 变量	地址	访问模式	采集周期
HMI_报警	UInt	HMI_连接_1	PLC_1	<未定义>	%DB1.DBW2	<绝对访问>	100 ms
皮带运转	Bool	HMI_连接_1	PLC_1	皮带运转		<符号访问>	100 ms
出口光电	Bool	HMI_连接_1	PLC_1	出口光电		<符号访问>	100 ms
入口光电	Bool	HMI_连接_1	PLC_1	入口光电		<符号访问>	100 ms
HMI_取料延时	Time	HMI_连接_1	PLC_1	HMI.取料延时		<符号访问>	100 ms
HMI_点动运转	Bool	HMI_连接_1	PLC_1	HMI.点动运转		<符号访问>	100 ms
HMI_手自动开关	Bool	HMI_连接_1	PLC_1	HMI.手自动开关		<符号访问>	100 ms
HMI_复位按钮	Bool	HMI_连接_1	PLC_1	HMI.复位按钮		<符号访问>	100 ms
HMI_停止按钮	Bool	HMI_连接_1	PLC_1	HMI.停止按钮		<符号访问>	100 ms
HMI_启动按钮	Bool	HMI_连接_1	PLC_1	HMI.启动按钮		<符号访问>	100 ms
启动标志	Bool	HMI_连接_1	PLC_1	启动标志		<符号访问>	100 ms
Clock_1Hz	Bool	HMI_连接_1	PLC_1	Clock_1Hz		<符号访问>	100 ms
Tag_ScreenNumber	UInt	<内部变量>		<未定义>			1 s

图 14-123　HMI 变量添加

五、NX与博途的联合仿真

按照以下步骤实现NX与博途的联合仿真。

（1）打开并设置S7-PLCSIM Advanced。

（2）下载PLC和HMI程序，并将PLC转至在线。

（3）在NX端打开外部信号配置界面，添加在Advanced中打开的实例。区域选择IOM，点击“更新标记”，勾选需要关联的变量，如图14-124所示。

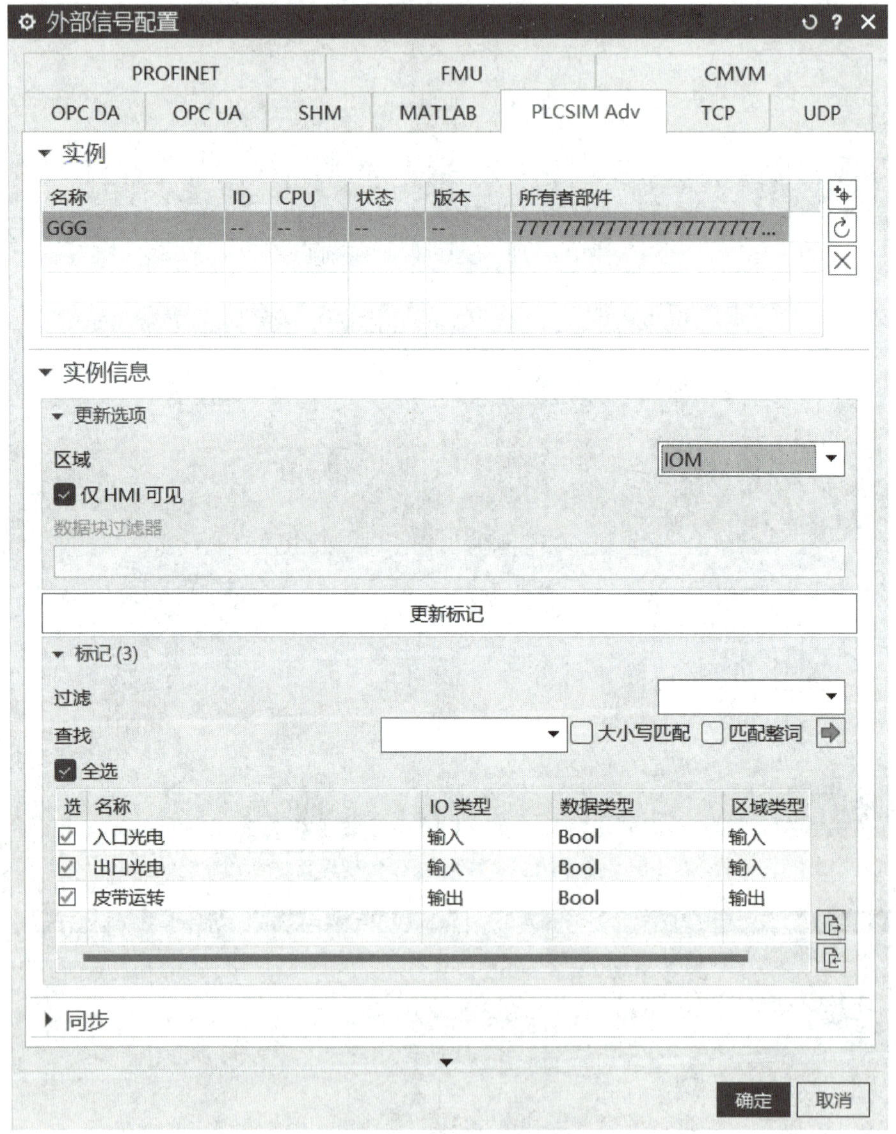

图14-124 外部信号配置

（4）打开信号映射界面，找到需要与博途关联的变量并点击“信号映射”，如图14-125所示。

图 14-125　信号映射

（5）联合调试：

① 在 NX 端点击“播放”按钮；

② 在博途端将“急停”按钮强制为“true”；

③ 在 HMI 操作界面将工作模式切换为“手动”，点击“点动运转”按钮，观察 NX 端输送皮带运动状况和监控指示灯的亮灭状态；

④ 在 HMI 操作界面将工作模式切换为“自动”，在 NX 界面勾选“对象源生成电池组”，观察 NX 端输送皮带运动状况和监控指示灯的亮灭状态；

⑤ 在 HMI 参数设置界面修改取料延时值，观察 NX 端输送皮带运动状况和监控指示灯的亮灭状态；

⑥ 点击“停止”按钮或切换“手动/自动”选择开关，观察 NX 端输送皮带运动状况和监控指示灯的亮灭状态。

14.8 性能测试打码贴标单元虚拟仿真

一、任务目标

控制直线模组、升降机构、夹爪及翻转机构，实现以下任务目标：

(1) 自动工作模式下，可自动将电池组翻转180°。

(2) 手动工作模式下，可手动执行上升、下降、夹紧、松开、翻出、翻回、点动前进、点动后退、去前位、去后位等动作。

(3) 对电磁阀、磁性开关、槽型光电开关进行监控。

(4) 以列表形式显示当前故障报警信息。

二、绘制流程图

根据任务目标绘制自动控制部分的流程图，如图14-126所示。

(1) 所有步均为off时，进入第1步，空操作；

(2) 下位、翻回位、松开位为on时，进入第2步，横移机构找原点；

(3) 横移机构找到原点后，进入第3步，调取X轴前位坐标；

(4) 调取X轴前位坐标后，进入第4步，横移机构去前位；

(5) 横移机构到达前位后，进入第5步，等待放料；

(6) 电池组已放好且延时后，进入第6步，调取X轴后位坐标；

(7) 调取X轴后位坐标后，进入第7步，横移机构去后位；

(8) 横移机构到达后位后，进入第8步，夹爪夹紧；

(9) 夹爪夹紧后，进入第9步，升降机构上升；

(10) 升降机构到达上位后，进入第10步，翻转机构翻出；

(11) 翻转机构翻出后，进入第11步，升降机构下降；

(12) 升降机构到达下位后，进入第12步，夹爪松开；

(13) 夹爪松开后，进入第13步，调取X轴前位坐标；

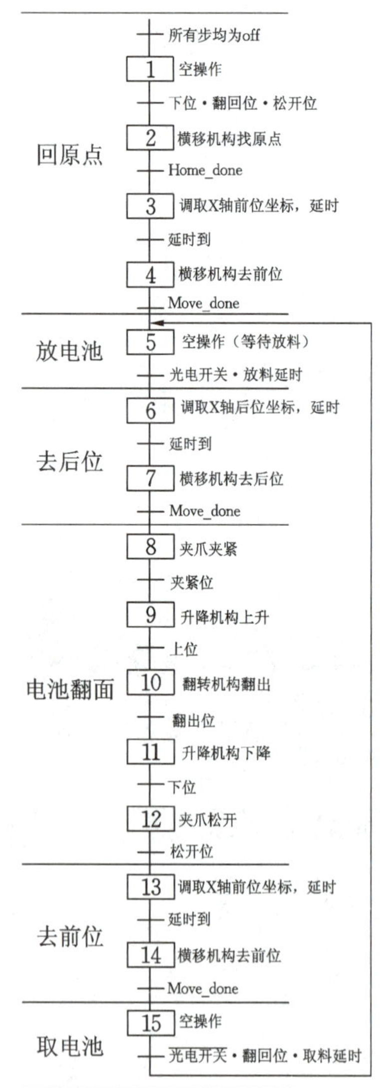

图14-126 流程图

(14) 调取前位坐标后，进入第 14 步，横移机构去前位；

(15) 横移机构到达前位后，进入第 15 步，空操作；

(16) 电池组被移走，翻转机构翻回，则跳转至第 5 步。

三、PLC 编程

微课视频

1. 添加 PLC

添加 S7-1500 CPU 1511-1 PN，如图 14-127 所示。

在连接机制选项卡中勾选“允许来自远程对象的 PUT/GET 通信访问”，在系统与时钟存储器选项卡中勾选“启用系统存储器字节”和“启用时钟存储器字节”，在以太网地址选项卡中设置 PLC 的 IP 地址与子网掩码。

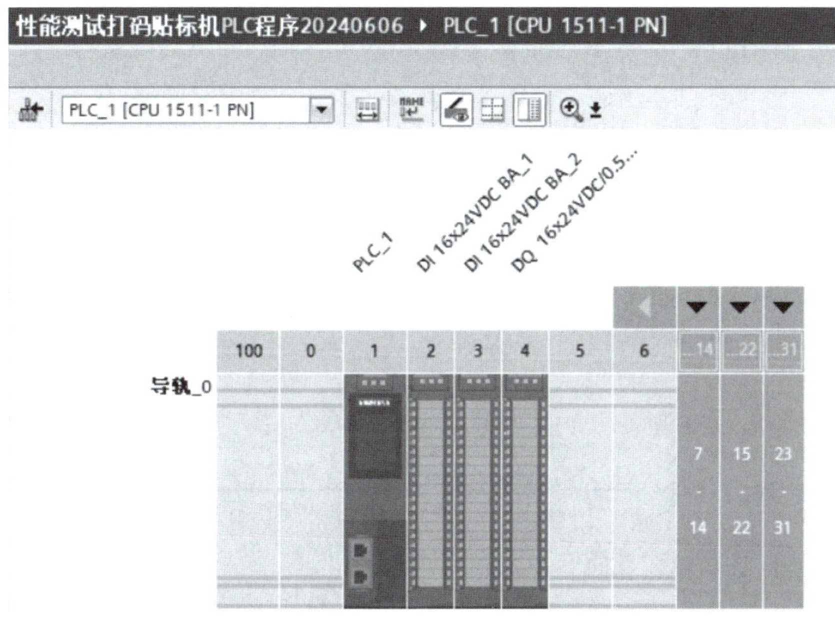

图 14-127 添加 PLC

注意：S7-1200 不能实现与 NX 的联合仿真，所以要添加 S7-1500 CPU。

2. 程序编写

添加“FC1”故障报警程序块、“FC2”启动停止程序块、“FB1”手动自动程序块，并在主程序中调用这三个程序块，如图 14-128 所示。

1) 故障报警

本单元使用了 1 套伺服电动机、伺服驱动器和 4 个气缸，故障报警包括“急停按钮按下报警”“极限报警”“轴错误报警”“气缸磁性开关异常报警”“气缸动作超时报警”等。

2) 启动停止

启动与停止程序如图 14-129 所示。

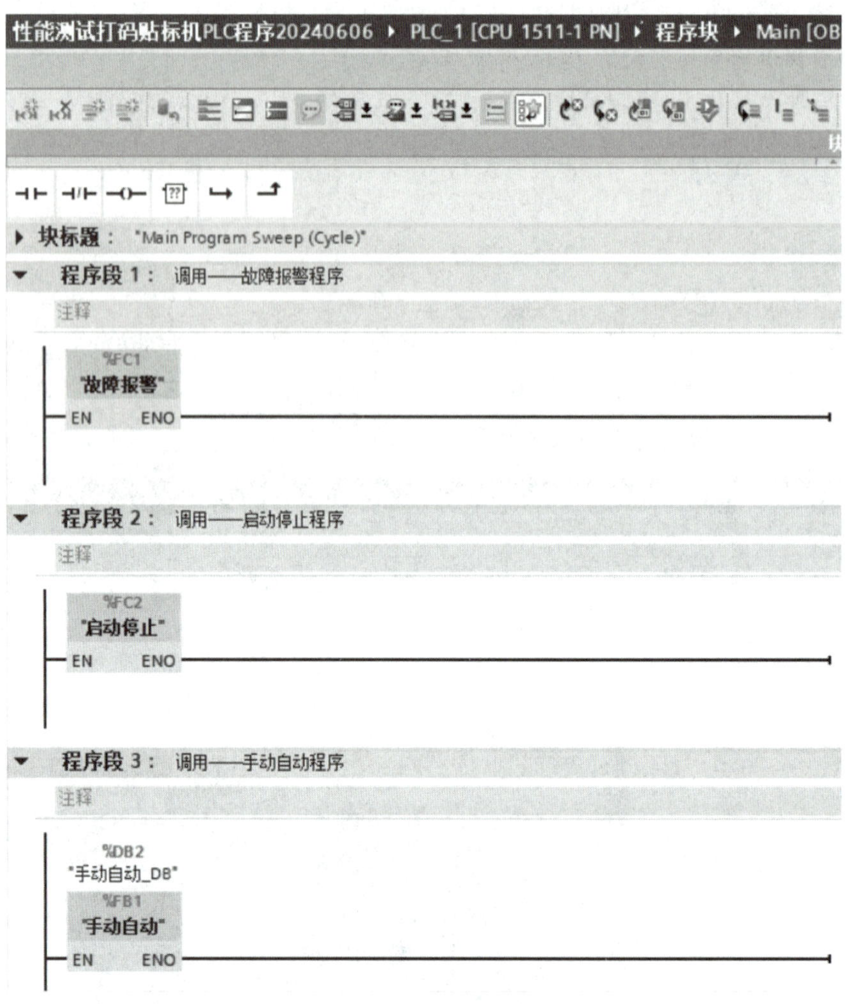

图 14-128 块的调用

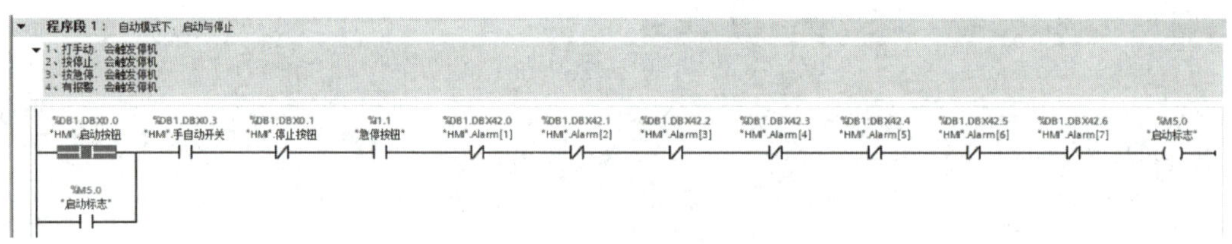

图 14-129 启动与停止程序

这里使用一个中间变量 M5.0 自锁保持启动状态，手动模式、按“停止”按钮、按“急停”按钮或发生严重故障时，均会触发自锁解除。

3）手动/自动

按照流程图编写程序，程序分为三个部分：

第一部分为自动程序，分为 15 步；

第二部分为清步，当工作模式切换到手动模式时，立刻停止自动程序，并将所有步全部复位；

第三部分为动作输出，所有的动作输出都有自动和手动两条分支，对应两种工作模式。

4）HMI DB1 数据块

在该数据块中添加如图 14-130 所示的 HMI 变量。

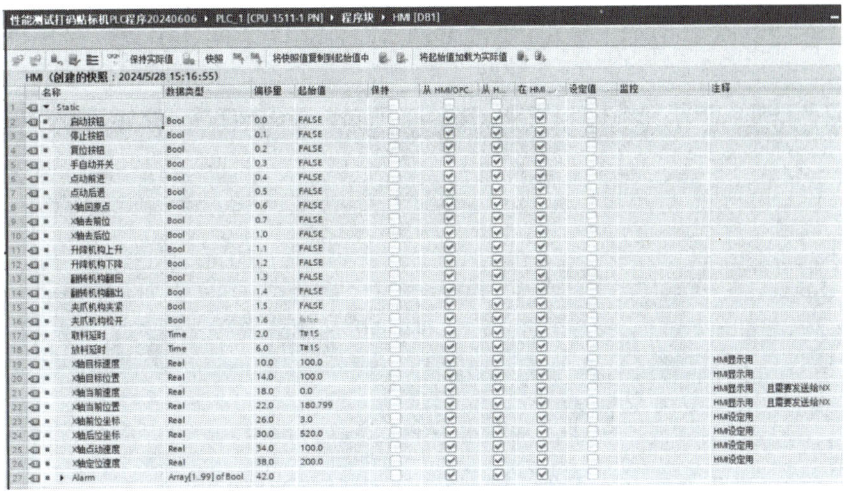

性能测试打码贴标机PLC程序20240606 ▸ PLC_1 [CPU 1511-1 PN] ▸ 程序块 ▸ HMI [DB1]

保持实际值 快照 将快照值复制到起始值中 将起始值加载为实际值

HMI（创建的快照：2024/5/28 15:16:55）

	名称	数据类型	偏移量	起始值	保持	从 HMI/OPC...	从 H...	在 HMI...	设定值	监控	注释
1	▾ Static				☐	☐	☐	☐	☐		
2	启动按钮	Bool	0.0	FALSE	☐	☑	☑	☑	☐		
3	停止按钮	Bool	0.1	FALSE	☐	☑	☑	☑	☐		
4	复位按钮	Bool	0.2	FALSE	☐	☑	☑	☑	☐		
5	手自动开关	Bool	0.3	FALSE	☐	☑	☑	☑	☐		
6	点动前进	Bool	0.4	FALSE	☐	☑	☑	☑	☐		
7	点动后退	Bool	0.5	FALSE	☐	☑	☑	☑	☐		
8	X轴回原点	Bool	0.6	FALSE	☐	☑	☑	☑	☐		
9	X轴去前位	Bool	0.7	FALSE	☐	☑	☑	☑	☐		
10	X轴去后位	Bool	1.0	FALSE	☐	☑	☑	☑	☐		
11	升降机构上升	Bool	1.1	FALSE	☐	☑	☑	☑	☐		
12	升降机构下降	Bool	1.2	FALSE	☐	☑	☑	☑	☐		
13	翻转机构翻回	Bool	1.3	FALSE	☐	☑	☑	☑	☐		
14	翻转机构翻出	Bool	1.4	FALSE	☐	☑	☑	☑	☐		
15	夹爪机构夹紧	Bool	1.5	FALSE	☐	☑	☑	☑	☐		
16	夹爪机构松开	Bool	1.6	false	☐	☑	☑	☑	☐		
17	取料延时	Time	2.0	T#1S	☐	☑	☑	☑	☐		
18	放料延时	Time	6.0	T#1S	☐	☑	☑	☑	☐		
19	X轴目标速度	Real	10.0	100.0	☐	☑	☑	☑	☐		HMI显示用
20	X轴目标位置	Real	14.0	100.0	☐	☑	☑	☑	☐		HMI显示用
21	X轴当前速度	Real	18.0	0.0	☐	☑	☑	☑	☐		HMI显示用 且需要发送给NX
22	X轴当前位置	Real	22.0	180.799	☐	☑	☑	☑	☐		HMI显示用 且需要发送给NX
23	X轴前位坐标	Real	26.0	3.0	☐	☑	☑	☑	☐		HMI设定用
24	X轴后位坐标	Real	30.0	520.0	☐	☑	☑	☑	☐		HMI设定用
25	X轴点动速度	Real	34.0	100.0	☐	☑	☑	☑	☐		HMI设定用
26	X轴定位速度	Real	38.0	200.0	☐	☑	☑	☑	☐		HMI设定用
27	▸ Alarm	Array[1..99] of Bool	42.0		☐	☑	☑	☑	☐		

图 14-130　HMI 变量

注意：HMI DB1 数据块要在属性选项卡中取消勾选“优化的块访问”，以便后续可以进行绝对寻址。

5）PLC 变量

添加如图 14-131 所示的 PLC 变量。

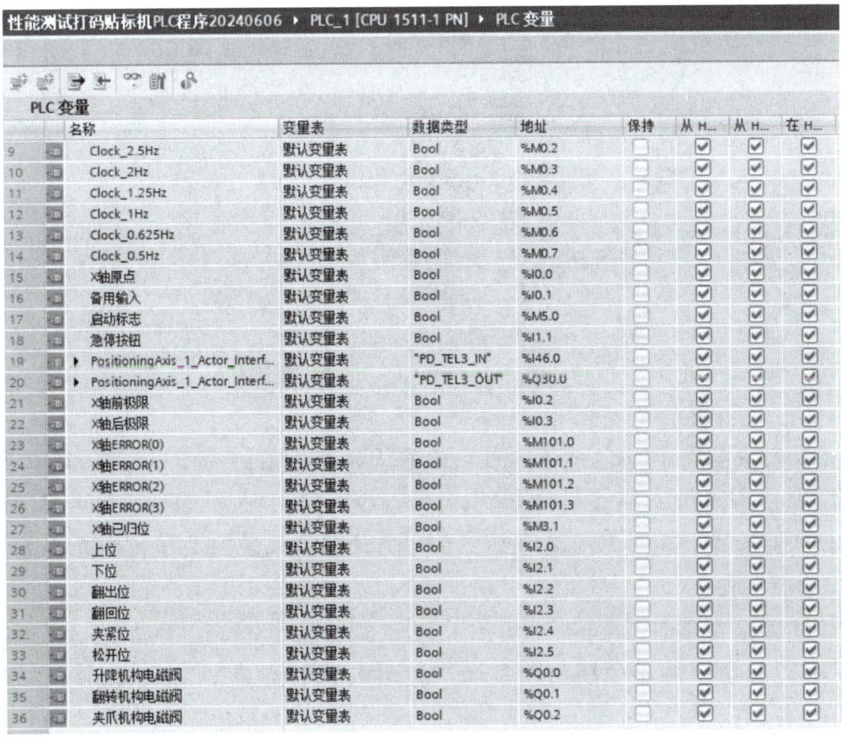

性能测试打码贴标机PLC程序20240606 ▸ PLC_1 [CPU 1511-1 PN] ▸ PLC 变量

PLC 变量

	名称	变量表	数据类型	地址	保持	从 H...	从 H...	在 H...
9	Clock_2.5Hz	默认变量表	Bool	%M0.2	☐	☑	☑	☑
10	Clock_2Hz	默认变量表	Bool	%M0.3	☐	☑	☑	☑
11	Clock_1.25Hz	默认变量表	Bool	%M0.4	☐	☑	☑	☑
12	Clock_1Hz	默认变量表	Bool	%M0.5	☐	☑	☑	☑
13	Clock_0.625Hz	默认变量表	Bool	%M0.6	☐	☑	☑	☑
14	Clock_0.5Hz	默认变量表	Bool	%M0.7	☐	☑	☑	☑
15	X轴原点	默认变量表	Bool	%I0.0	☐	☑	☑	☑
16	备用输入	默认变量表	Bool	%I0.1	☐	☑	☑	☑
17	启动标志	默认变量表	Bool	%M5.0	☐	☑	☑	☑
18	急停按钮	默认变量表	Bool	%I1.1	☐	☑	☑	☑
19	▸ PositioningAxis_1_Actor_Interf...	默认变量表	"PD_TEL3_IN"	%I46.0	☐	☑	☑	☑
20	▸ PositioningAxis_1_Actor_Interf...	默认变量表	"PD_TEL3_OUT"	%Q30.0	☐	☑	☑	☑
21	X轴前极限	默认变量表	Bool	%I0.2	☐	☑	☑	☑
22	X轴后极限	默认变量表	Bool	%I0.3	☐	☑	☑	☑
23	X轴ERROR(0)	默认变量表	Bool	%M101.0	☐	☑	☑	☑
24	X轴ERROR(1)	默认变量表	Bool	%M101.1	☐	☑	☑	☑
25	X轴ERROR(2)	默认变量表	Bool	%M101.2	☐	☑	☑	☑
26	X轴ERROR(3)	默认变量表	Bool	%M101.3	☐	☑	☑	☑
27	X轴已归位	默认变量表	Bool	%M3.1	☐	☑	☑	☑
28	上位	默认变量表	Bool	%I2.0	☐	☑	☑	☑
29	下位	默认变量表	Bool	%I2.1	☐	☑	☑	☑
30	翻出位	默认变量表	Bool	%I2.2	☐	☑	☑	☑
31	翻回位	默认变量表	Bool	%I2.3	☐	☑	☑	☑
32	夹紧位	默认变量表	Bool	%I2.4	☐	☑	☑	☑
33	松开位	默认变量表	Bool	%I2.5	☐	☑	☑	☑
34	升降机构电磁阀	默认变量表	Bool	%Q0.0	☐	☑	☑	☑
35	翻转机构电磁阀	默认变量表	Bool	%Q0.1	☐	☑	☑	☑
36	夹爪机构电磁阀	默认变量表	Bool	%Q0.2	☐	☑	☑	☑

图 14-131　PLC 变量

四、HMI 设计

1. PLC 与 HMI 连接

添加 HMI KTP700 Basic PN，并在设备和网络界面将 PLC 和 HMI 连接起来，如图 14-132 所示。

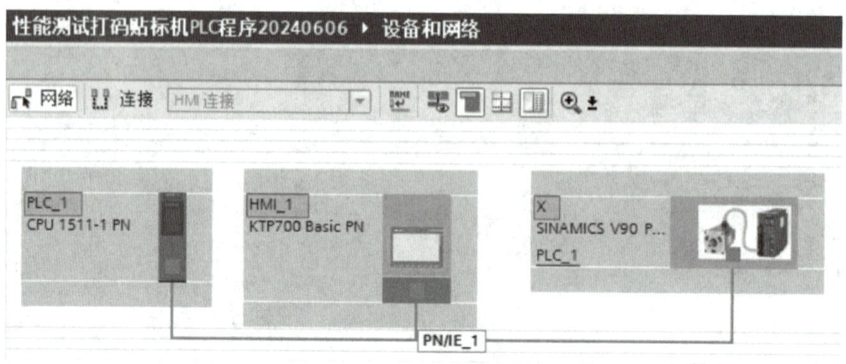

图 14-132　PLC 与 HMI 的连接

2. 添加 HMI 画面

按照任务要求添加 HMI 画面，并在每一个画面中添加需要的元件，如图 14-133 所示。

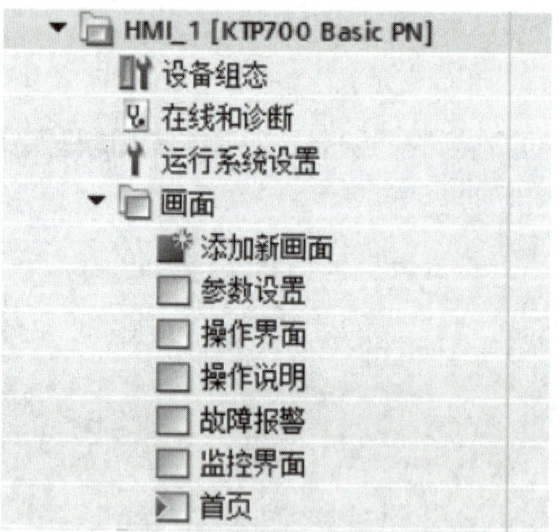

图 14-133　HMI 画面添加

（1）HMI 首页如图 14-134 所示。首页的右下角指示灯连接 PLC 的 M0.5，当 HMI 与 PLC 成功连接时，该指示灯以 1 Hz 的频率闪烁，以此判断 PLC 与 HMI 是否正常连接。

（2）HMI 监控界面如图 14-135 所示。为了方便监视气缸的动作和位置信息，在监控界面放置了多个指示灯。

（3）HMI 操作界面如图 14-136 所示。该界面放置了一个“手动/自动”选择开关和“上升”“下降”“夹紧”“松开”“翻出”“翻回”“点动前进”“点动后退”“去前位”“去后位”等按钮。

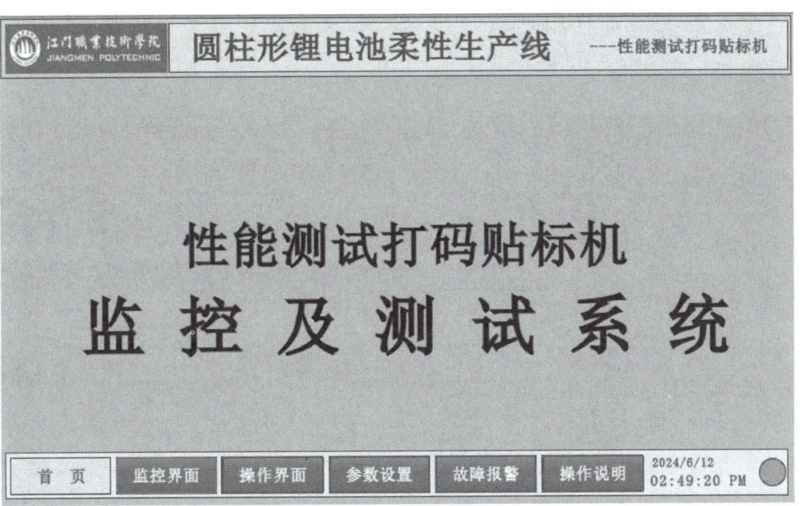

图 14-134 HMI 首页

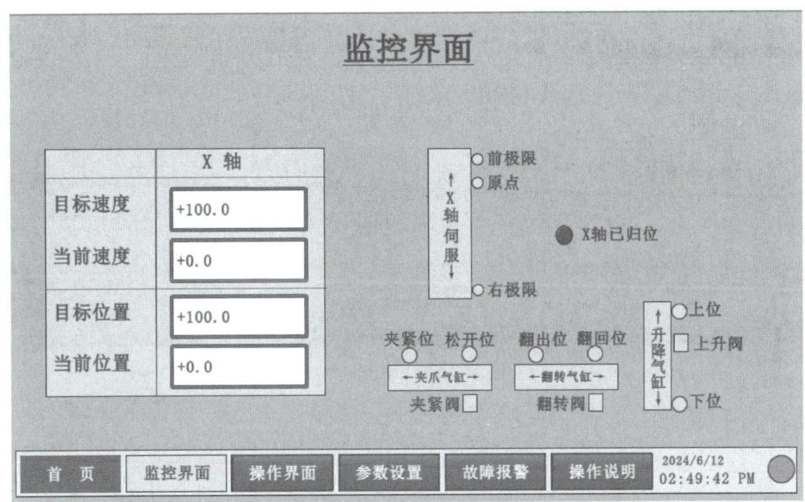

图 14-135 HMI 监控界面

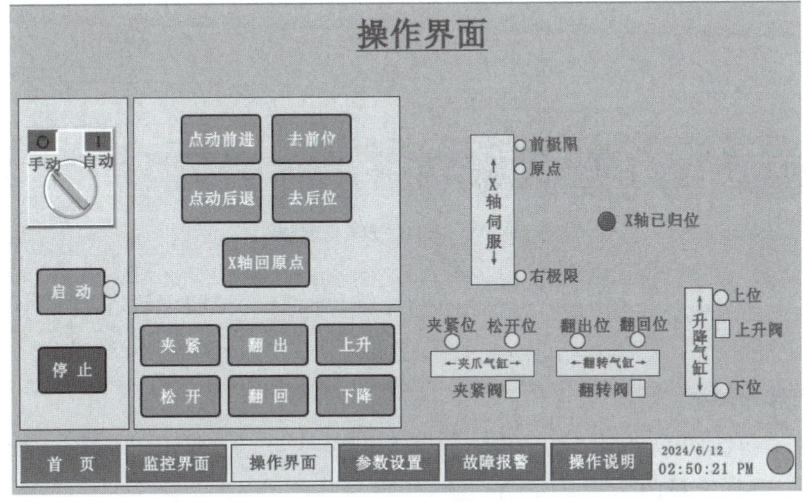

图 14-136 HMI 操作界面

（4）HMI参数设置界面如图14-137所示。该界面可以修改坐标值和速度值，也可以修改取料延时值和放料延时值。

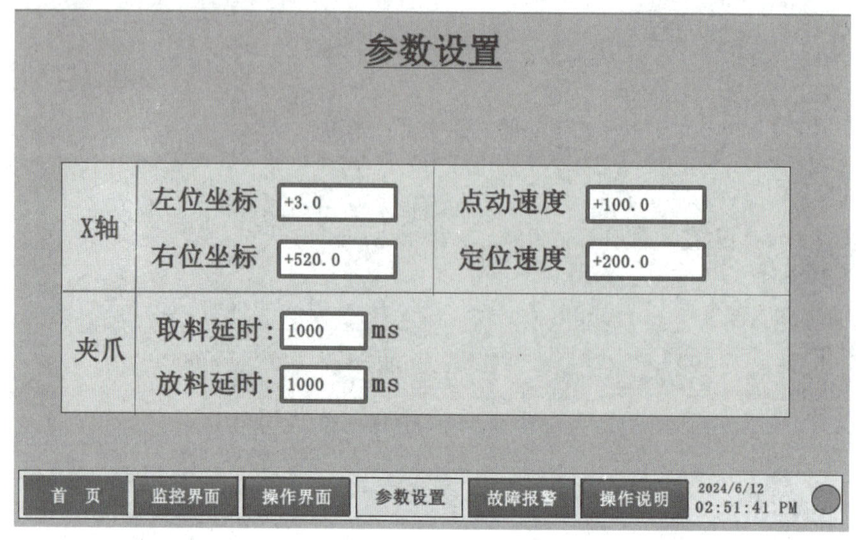

图14-137　HMI参数设置界面

（5）HMI故障报警界面如图14-138所示。该界面放置一个报警视图，发生故障时，故障信息以列表形式显示。故障排除后，按右上角的“复位”按钮消除报警信息。

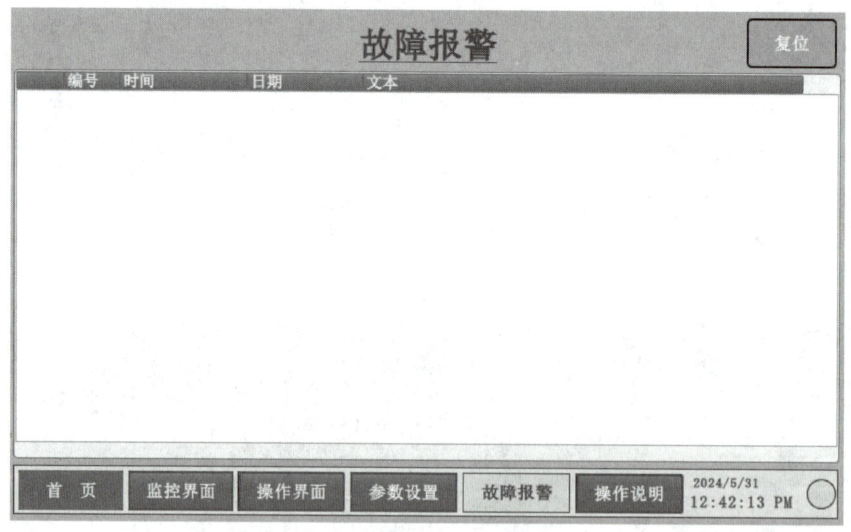

图14-138　HMI故障报警界面

（6）HMI操作说明界面如图14-139所示。该界面简要说明了设备的操作步骤及注意事项。

3. HMI变量添加

打开PLC变量页面，点击“显示所有变量”，将所需要的变量选中后拖动到HMI变量中，即可完成HMI变量的添加，如图14-140所示。

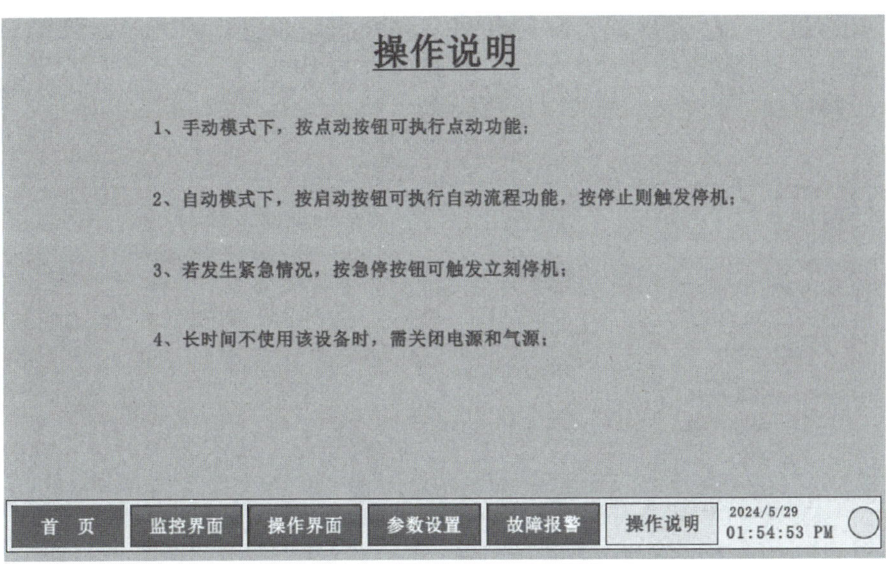

图 14-139 HMI 操作说明界面

性能测试打码贴标机PLC程序20240606 ▸ HMI_1 [KTP700 Basic PN] ▸ HMI 变量 ▸ 默认变量表 [44]

默认变量表

名称	数据类型	连接	PLC 名称	PLC 变量	地址	访问模式	采集周期
HMI_夹爪机构夹紧	Bool	HMI_连接_1	PLC_1	HMI.夹爪机构夹紧		<符号访问>	100 ms
HMI_夹爪机构松开	Bool	HMI_连接_1	PLC_1	HMI.夹爪机构松开		<符号访问>	100 ms
HMI_手自动开关	Bool	HMI_连接_1	PLC_1	HMI.手自动开关		<符号访问>	100 ms
HMI_报警	UInt	HMI_连接_1	PLC_1	<未定义>	%DB1.DBW42	<绝对访问>	100 ms
HMI_放料延时	Time	HMI_连接_1	PLC_1	HMI.放料延时		<符号访问>	100 ms
HMI_点动前进	Bool	HMI_连接_1	PLC_1	HMI.点动前进		<符号访问>	100 ms
HMI_点动后退	Bool	HMI_连接_1	PLC_1	HMI.点动后退		<符号访问>	100 ms
HMI_翻转机构翻出	Bool	HMI_连接_1	PLC_1	HMI.翻转机构翻出		<符号访问>	100 ms
HMI_翻转机构翻回	Bool	HMI_连接_1	PLC_1	HMI.翻转机构翻回		<符号访问>	100 ms
Tag_ScreenNumber	UInt	<内部变量>		<未定义>			100 ms
X轴前极限	Bool	HMI_连接_1	PLC_1	X轴前极限		<符号访问>	100 ms
X轴原点	Bool	HMI_连接_1	PLC_1	X轴原点		<符号访问>	100 ms
X轴后极限	Bool	HMI_连接_1	PLC_1	X轴后极限		<符号访问>	100 ms
X轴已归位	Bool	HMI_连接_1	PLC_1	X轴已归位		<符号访问>	100 ms
上位	Bool	HMI_连接_1	PLC_1	上位		<符号访问>	100 ms
下位	Bool	HMI_连接_1	PLC_1	下位		<符号访问>	100 ms
升降机构电磁阀	Bool	HMI_连接_1	PLC_1	升降机构电磁阀		<符号访问>	100 ms
启动标志	Bool	HMI_连接_1	PLC_1	启动标志		<符号访问>	100 ms
备用输入	Bool	HMI_连接_1	PLC_1	备用输入		<符号访问>	100 ms
夹爪机构电磁阀	Bool	HMI_连接_1	PLC_1	夹爪机构电磁阀		<符号访问>	100 ms
夹紧位	Bool	HMI_连接_1	PLC_1	夹紧位		<符号访问>	100 ms
急停按钮	Bool	HMI_连接_1	PLC_1	急停按钮		<符号访问>	100 ms
松开位	Bool	HMI_连接_1	PLC_1	松开位		<符号访问>	100 ms
翻出位	Bool	HMI_连接_1	PLC_1	翻出位		<符号访问>	100 ms
翻回位	Bool	HMI_连接_1	PLC_1	翻回位		<符号访问>	100 ms
翻转机构电磁阀	Bool	HMI_连接_1	PLC_1	翻转机构电磁阀		<符号访问>	100 ms

图 14-140 HMI 变量添加

五、NX 与博途的联合仿真

按照以下步骤实现 NX 与博途的联合仿真。

（1）打开并设置 S7-PLCSIM Advanced。

（2）下载 PLC 和 HMI 程序，并将 PLC 转至在线。

（3）在 NX 端打开外部信号配置界面，添加在 Advanced 中打开的实例。区域选择 IOM，点击“更新标记”，勾选需要关联的变量，如图 14-141 所示。

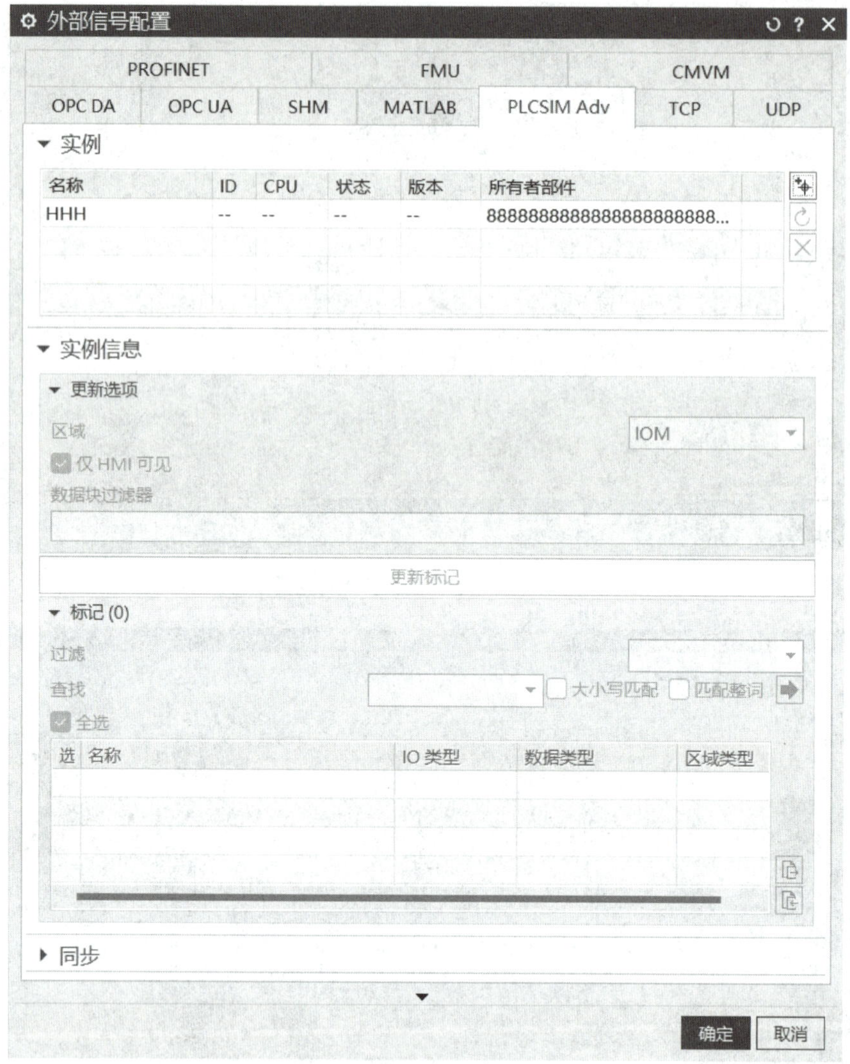

图 14-141　外部信号配置

（4）打开信号映射界面，找到需要与博途关联的变量并点击“信号映射”，如图 14-142 所示。

（5）联合调试：

① 在 NX 端点击“播放”按钮；

② 在博途端将“急停”按钮强制为“true”；

③ 在 HMI 操作界面将工作模式切换为“手动”，分别点击“上升”“下降”“夹紧”“松开”“翻出”“翻回”“点动前进”“点动后退”“去前位”“去后位”等按钮，观察 NX 端气缸运动状况和监控指示灯的亮灭状态。

④ 在 HMI 操作界面将工作模式切换为“自动”，观察 NX 端直线模组的运动状况、气缸的运动状况，并观察指示灯的亮灭状态。

⑤ 在 HMI 参数设置界面修改两个延时参数，观察 NX 端气缸运动状况和监控指示灯的亮灭状态。

⑥ 点击“停止”按钮或切换“手动/自动”选择开关，观察 NX 端直线模组的运动状况、气缸的运动状况，并观察指示灯的亮灭状态。

图 14-142 信号映射

参考文献 CANKAOWENXIAN

[1] 庞恩泉,袁宗杰,李海霞.智能制造装备应用技术[M].北京:化学工业出版社,2024.

[2] 孙莹莹,陈泽群.自动化生产线虚实一体运行与调试——西门子 S7-1200 系列 PLC[M].北京:中国水利水电出版社,2023.

[3] 何用辉.自动化生产线安装与调试[M].3 版.北京:机械工业出版社,2022.

[4] 于玲.现场总线技术及实训[M].北京:化学工业出版社,2018.

[5] 马凯,肖洪流.自动化生产线技术[M].北京:化学工业出版社,2017.

[6] 刘明玲,孙美玲,王华,等.自动化生产线安装与调试课程思政实践研究[J].数字通信世界,2025(2):201-203.

[7] 骆峰,杨帆,胡菡,等.自动化生产线工业机器人的装调工艺仿真[J].武汉工程职业技术学院学报,2024,36(2):39-43.

[8] 陈明发.工业自动化生产线智能工艺制造技术应用[J].网印工业,2024(2):57-59.